海相页岩气藏
精细描述与开发优化技术

龙胜祥　　王卫红　李　军　伦增珉　彭勇民　刘喜武
　　　　　刘长印　牛　骏　刘　华　许　杰　张永庆　　等　著

科学出版社

北　京

内 容 简 介

本书较详细地总结了作者近 10 年来在科技创新和服务生产中形成的成果和实践经验，主要包括富有机质页岩发育特征、页岩气储层表征与评价技术、页岩气测井评价技术、页岩气地震解释预测技术、压裂目标优选与压后评估技术、页岩气藏地质模型建立技术、页岩气解吸附与流动机理、页岩气井产能评价与页岩气藏动态分析技术、页岩气采气工艺技术、页岩气田高产规律及开发目标评价技术等，形成了一个较完整的页岩气开发理论基础和技术系统。

本书可供从事页岩气勘探开发的广大科研工作者参考，也可供大专院校相关专业的师生参考。

图书在版编目（CIP）数据

海相页岩气藏精细描述与开发优化技术 / 龙胜祥等著. —北京：科学出版社，2022.3

ISBN 978-7-03-067364-0

Ⅰ. ①海… Ⅱ. ①龙… Ⅲ. ①海相－岩性油气藏－储集层描述 ②海相－岩性油气藏－气田开发 Ⅳ. ①P618.130.2 ②TE37

中国版本图书馆 CIP 数据核字（2020）第 253828 号

责任编辑：万群霞 崔元春 / 责任校对：王萌萌
责任印制：师艳茹 / 封面设计：图阅盛世

科学出版社 出版
北京东黄城根北街 16 号
邮政编码：100717
http://www.sciencep.com
北京汇瑞嘉合文化发展有限公司 印刷
科学出版社发行 各地新华书店经销
*
2022 年 3 月第 一 版 开本：787×1092 1/16
2022 年 3 月第一次印刷 印张：26 1/2
字数：625 000
定价：378.00 元
（如有印装质量问题，我社负责调换）

前　言

页岩气是一种清洁的化石能源。我国页岩气资源十分丰富，其开发利用对保障国家能源安全、优化能源消费结构、发展绿色低碳经济、提高人民生活质量具有十分重要的意义。

页岩气资源也是一种非常规天然气资源。页岩气的储层为富有机质页岩，矿物颗粒为微纳米级，有机质和不同矿物内部/边缘微纳米级孔隙与微裂缝并存形成复杂孔隙结构，物性很差；页岩气的赋存方式有游离态、吸附态与溶解态三种；页岩气在储层中的富集机理和流动机理复杂且独具特色。这些特征与常规天然气不同，因此其勘探开发理论和技术也与常规天然气大不相同。

我国页岩气勘探开发起步晚。在经过 2004~2008 年的跟踪北美页岩气勘探开发进展与成果、开展国内页岩气地质条件初步分析与评价之后，从 2009 年开始，中国石油化工股份有限公司(简称中国石化)、中国石油天然气集团有限公司(简称中国石油)等逐步扩大和加强了页岩气勘探评价工作，取得了一些成果，但一直未达到商业开发水平。2012 年 11 月 28 日，中国石化焦页 1 井取得高产工业气流，并经试采证实在全国率先突破了页岩气商业开发关。2012 年底，中国石化决定立即开发涪陵页岩气田，但怎么开发？国内尚无页岩气开发的先例可借鉴，国外经验和一些技术已在前几年的勘探实践中证实不能完全适用中国复杂的地质特征和地表条件。因此，亟须开展页岩气藏开发理论研究，以及气藏描述与评价技术、目标优选技术、方案优化技术、钻井与压裂技术、采气技术等一系列技术攻关。

在此形势下，中国石化石油勘探开发研究院于 2012 年底调集地质、地球物理、开发、压裂工程、经济等方面的专家组成一体化攻关团队，充分利用中国石化页岩油气勘探开发重点实验室这一开放式科研平台，联合国内外相关学者、专家，先后开展了国家科技重大专项"涪陵页岩气开发示范工程"(2016ZX05060)、"彭水地区常压页岩气勘探开发示范工程"(2016ZX05061)、中国石油化工股份有限公司和各油田分公司多个项目研究，并利用中国石化页岩油气勘探开发重点实验室开展了多个开放基金项目，针对涪陵及涪陵南部、威荣、永川、丁山、彭水-武隆等页岩气开发/评价区，开展持续的页岩气开发理论创新和地质、工程技术攻关。截至 2020 年底，整个研究工作取得了丰硕的成果：建立了小层与沉积微相划分技术，集成了页岩气储层微观表征技术，创新建立了"四孔隙发育模型"和岩石相评价技术；创新与集成结合形成了页岩气藏精细描述技术和水平井分段大型压裂后页岩气藏地质模型逐级叠加建立技术；形成了页岩气开发理论认识与多段压裂水平井非稳态产能预测、生产试井分析、井控动态储量评估等技术系列；形成了水平井分段压裂选段、压后网络裂缝参数及改造体积(SRV)的评价技术；形成了储层-井筒一体化动态分析预测技术系列。相关成果已经提炼转化为大量专利、专有技术、标准和科技论文。这些成果为涪陵页岩气田建成 $100 \times 10^8 m^3$ 产能和规模生产、威荣页岩气田和永川页岩气田落实储量与产能建设、丁山和彭水-武隆等地区页岩气开发评价等提供了强有力的技术支撑，取得了显著的经济与社会效益。

本书比较详细地阐述了笔者及研究团队的成果和经验，同时适当集成了前人的一些成果，以形成一套完整的、系统化的页岩气开发理论基础和技术系统，供广大页岩气勘探开发工作者参考。

全书共分为十章。前言由龙胜祥撰写；第一章由彭勇民撰写，杜伟、边瑞康、聂海宽、赵建华等参加研究，阐述了富有机质页岩发育特征；第二章由龙胜祥撰写，彭勇民、段新国、蒋恕、申宝剑、朱彤、冯动军、俞凌杰、刘忠宝、赵建华、顾志翔、方屿等参加研究，阐述了页岩气储层表征与评价技术；第三章由李军、金武军撰写，武清钊、陆菁等参加研究，阐述了页岩气测井评价技术；第四章由刘喜武、许杰、刘宇巍撰写，霍志周、刘志远、钱恪然、刘炯、张金强等参加研究，阐述了页岩气地震解释预测技术；第五章由刘长印、孙志宇撰写，宋丽阳、周彤、黄志文、范鑫等参加研究，阐述了压裂目标优选与压后评估技术；第六章由龙胜祥、张永庆撰写，李继红、商晓飞等参加研究，阐述了页岩气藏地质模型建立技术；第七章由伦增珉、刘华、周银邦、赵春鹏撰写，胥蕊娜、刘玄等参加研究，阐述了页岩气解吸附与流动机理；第八章由王卫红、刘华、胡小虎撰写，戴城、郭艳东、王妍妍等参加研究，阐述了页岩气井产能评价与页岩气藏动态分析技术；第九章由牛骏、柯文奇撰写，武俊文、岑学齐、柴国兴等参加研究，阐述了页岩气采气工艺技术；第十章由龙胜祥撰写，刘华、王卫红、彭勇民、王妍妍参加研究，阐述了页岩气田高产规律及开发目标评价技术。全书由龙胜祥策划、组织、修改和定稿。

本书受国家科技重大专项"彭水地区常压页岩气勘探开发示范工程"（20162X05061）项目资助，在此表示感谢。本书包含了尚未具名的有关实验室开放基金项目研究者的成果，同时应用了中国石化江汉油田分公司、中国石化西南油气分公司、中国石化华东油气分公司和中国石化勘探分公司的大量资料和成果，引用了许多具名和未具名专家学者的专著和论文中的成果，在此对上述单位和个人一并致谢！本书在编写中得到郑和荣、何治亮等专家的亲自指导和大力支持，图件由刘雨林、师源、金治光等清绘，在此表示感谢！

由于能力局限，本书难免存在不足之处，恳请读者提出宝贵意见，我们将在未来的工作中继续研究，不断修改完善，为推动我国页岩气产业迅速发展而竭尽全力！

作　者

2021 年 9 月

目　录

第一章 富有机质页岩发育特征研究

页岩气储层是富有机质页岩,其基本特点是颗粒细、有机质含量高,推测距离物源区远、沉积于深水、水体总体动力弱、生物发育、强还原环境。这种沉积环境在海相、陆相及海陆过渡相均可能存在,只要该环境展布足够大、距离物源区足够远即可。具体而言,海相富有机质页岩主要发育在深水陆棚-陆坡,海陆过渡相富有机质页岩主要发育在相对深水区,陆相富有机质页岩主要发育在深湖等。按此条件要求,我国四川盆地及周缘是发育各类富有机质页岩的良好地区之一。下面以四川盆地及周缘五峰组—龙马溪组一段为例,阐述富有机质页岩发育特征。

第一节 富有机质页岩发育背景

一、区域地质演化

四川盆地及周缘是在太古宙—古元古代结晶基底与中元古代褶皱基底上逐步发展形成的。袁玉松等(2020)收集整理前人成果[①],认为四川盆地自震旦纪以来经历了扬子期、加里东期、海西期、印支期、燕山期、喜马拉雅期六个主要构造旋回,具体特征如下。

扬子期构造旋回:包括晋宁运动和澄江运动,以晋宁运动为主。晋宁运动是发生在震旦纪以前(850Ma 左右)的一次强烈构造,它使前震旦纪地槽褶皱回返,扬子准地台普遍固结成为统一基底。早震旦世早期,在黔江、都匀一线以西为古陆,以东榕江、怀化一带出现裂谷性质的以陆源碎屑岩为主的沉积,厚达 1500～5000m;晚期(南沱期)为大冰期,冰川冰碛砾岩一般厚 50～3000m。晚震旦世开始出现相对稳定的被动大陆边缘的初期特征。晚震旦世早期的陡山沱期,在华蓥山基底断裂以东,主要沉积黑色页岩夹泥质白云岩、磷块岩,厚 50～300m;在华蓥山基底断裂以西,沉积两套不同的紫红、黄灰色砂泥岩、泥质白云岩夹磷质岩组合。晚震旦世晚期的灯影组沉积期,出现西高东低、西浅东深的海盆特征,川东南地区属于局限海碳酸盐岩台地白云岩夹膏质白云岩沉积,残厚 500～1000m;长宁附近有咸化潟湖的膏盐存在。震旦纪末的织金运动(或桐湾运动,570Ma 左右)表现为大规模抬升,灯影组上部广遭剥蚀。该期澄江运动导致了一次大规模的海侵,产生陡山沱组较厚的黑色页岩层。

加里东期构造旋回:早寒武世早期一次大规模海侵与缺氧事件,沉积了牛蹄塘组黑色碳质页岩、粉砂质页岩,厚度为 50～200m。中晚寒武世,大面积出现半局限—潟湖相碳酸盐岩沉积。中奥陶世—志留纪,古太平洋板块向西俯冲,导致中上奥陶统和下奥陶统湄潭(大湾)组大面积剥蚀殆尽,部分地区已剥蚀至红花园组;到志留纪,乐山—龙女寺古陆(或川中古陆)、黔中—滇东古陆(或黔中古陆)和雪峰南部古陆(或江南古陆)形成。

---

① 袁玉松, 张荣强, 孙炜, 等. 2020. 构造-压力演化与保存条件研究. 北京: 中国石油化工股份有限公司石油勘探开发研究院。

另一次海侵发生在晚奥陶世和早志留世，沉积了五峰组—龙马溪组含笔石黑色页岩，厚度具有西南部薄、东南部厚的特点，为一套优质烃源岩，即富有机质页岩层。志留纪末的广西运动导致华南地台与扬子地台拼接而组成新的华南陆块（又称南华板块），出现大面积的古陆，板内差异升降形成隆拗格局。总之，该期两次大规模的海侵沉积了下寒武统巨厚的黑色页岩与上奥陶统五峰组—下志留统龙马溪组黑色页岩。

海西期构造旋回：广西运动后，四川盆地及边缘通过"填平补齐"方式，堆积了厚度不大的泥盆系—石炭系沉积；而川东南地区大部处于古陆且又在石炭纪末经历了云南运动的抬升剥蚀，缺失泥盆系—石炭系沉积。早二叠世早期，由于全球海平面上升，海水自南而北席卷淹没了整个扬子古陆区，沉积了厚350～500m的浅海碳酸盐岩；晚期，由于受古特提斯洋打开的强烈拉张作用的影响与区域性的东吴运动的影响，沿北东向的华蓥山断裂产生玄武岩溢流。晚二叠世，水体自西而东加深，涪陵、贵阳一带以西为冲积平原相的砂泥岩及海岸平原相含煤砂泥岩，称龙潭相区，赤水一带属此相区；以东为灰岩相区，称吴家坪相区。晚二叠世晚期（长兴组沉积时期），宜宾以东至万州一带大面积为正常浅海相灰岩，古宋、自贡以西为滨海平原相砂泥岩。

印支期构造旋回（前陆隆起演化阶段）：发生了四川盆地由海相沉积向陆相沉积转变。早三叠世早期，川东南地区大面积沉积飞仙关组滨海平原相页岩、粉砂岩，泸州、赤水地区为潮下碳酸盐岩、砂泥岩，厚450～500m；早三叠世晚期沉积嘉陵江组灰岩、白云岩、膏岩。中三叠世，海盆更为封闭，沉积雷口坡组白云岩、泥质白云岩夹泥岩，中三叠世末期形成"周缘大前陆盆地"，出现北东向展布的"泸州古隆起"和北部万州以西的"开江古隆起"，为前陆隆起的核心部位。晚三叠世晚期（诺利期—瑞替期）的晚印支运动（205～195Ma），龙门山前强烈拗陷，进入川西类前陆盆地演化阶段，须家河组自北西向南东方向扩展形成超覆沉积，赤水、涪陵以东须家河组厚250～50m，以西至泸州厚500m左右，成都一带厚达2000m，由西向东沉积了滨海—湖泊—河流含煤碎屑岩相，从此结束了全区海相沉积历史。

燕山期构造旋回（前陆隆后拗陷演化阶段）：出现江南古陆、龙门山古陆、大巴山古陆。在川西前陆盆地沉积背景下，该前陆隆后拗陷更多具有前陆隆起（泸州—达川）之后的隆后拗陷色彩。侏罗纪末—早白垩世晚期为燕山运动主幕（140Ma左右），川东、川中地区也隆起成陆，大面积缺失下白垩统—古近系沉积。侏罗系和白垩系沉积由陆相红色砂岩、泥岩和黑色页岩组成，厚度为2000～5000m。该期发现多次大规模湖平面上升与多个陆相富有机质页岩层，尤其是下侏罗统巨厚的富有机质页岩层。

喜马拉雅期构造旋回：喜马拉雅运动时期（距今80～3Ma）来自太平洋板块的挤压使川西地区于古近纪、新近纪（即喜马拉雅运动Ⅰ幕）发生强烈的褶断推覆运动；至喜马拉雅运动Ⅱ幕四川盆地完全隆升，在川东北地区形成了大量高陡构造或隔挡式褶皱，结束了大型陆相湖盆的沉积历史。

二、区域地层发育特征

在上述区域地质演化的控制下，四川盆地及周缘白垩系及以前的地层发育比较齐全，且均分布广泛。其中发育陡山沱组、牛蹄塘组、五峰组—龙马溪组、泥盆系—石炭系、二叠系、三叠系和侏罗系共七套富有机质页岩，具体见表1-1。

表 1-1 四川盆地及周缘地层序列简表

界	系	统	组	代号	厚度/m	简要岩性
新生界	古近系—第四系			Q—E	0~1480	第四系为黏土层；古近系为砖红色、紫红色块状砾岩与砂岩、泥岩
中生界	白垩系			K	0~2000	中上部为砖红色、紫红色块状砾岩与砂岩、泥岩；下部为灰色块状砾岩与红色泥岩夹灰色粉砂岩、泥灰岩
中生界	侏罗系	上统	蓬莱镇组	J₃p	650~1400	下部为紫红色泥岩、粉砂岩夹砂岩，上部为灰紫色砂岩夹泥岩
		中统		J₂	420~2130	上部为鲜红色泥岩夹砂岩，中部为紫红色、灰绿色泥岩、中细砂岩夹灰质团块，下部为紫红色泥岩、粉砂岩夹叶肢介页岩
		下统	自流井组	J₁z	200~900	紫红色与黑色泥页岩夹砂岩及灰岩，底部局部夹赤铁矿，可分五段
	三叠系	上统	须家河组	T₃x	100~3400	灰色、紫色砂岩、砾岩夹泥岩
		中统	雷口坡组	T₂l	300~600	灰色泥岩、白云岩夹硬石膏层，底部为绿豆岩
		下统	嘉陵江组	T₁j	460~650	上部为灰色、浅灰色灰质白云岩、白云岩，下部为灰色白云质灰岩、灰岩夹深灰色白云岩，局部为灰褐色泥质灰岩
			飞仙关组	T₁f	400~460	紫红色泥岩夹薄层粉砂岩、泥灰岩、灰岩
上古生界	二叠系	上统	长兴组(大隆组)	P₂c	30~132	深灰色、灰色泥质灰岩、灰岩
			龙潭组(吴家坪组)	P₂l	50~200	深灰色灰质泥岩、泥岩与泥质灰岩、灰岩等厚互层
		下统	茅口组	P₁m	100~356	深灰色、灰色泥质灰岩、灰岩夹深灰色灰质泥岩，顶部为深灰色灰质泥岩
			栖霞组	P₁q	70~210	深灰色、灰色、浅灰色泥质灰岩、灰岩
			梁山组	P₁l	0~20	灰黑色、灰色泥岩夹灰色泥质粉砂岩
	石炭系				0~780	白色、灰白色灰岩夹泥质条带
	泥盆系				0~6250	中上部为灰白色灰岩与白云岩，下部为页岩、粉砂岩与石英砂岩互层夹灰岩
下古生界	志留系	中统	韩家店群	S₂h	0~693	灰绿色、灰黄色页岩、粉砂质页岩夹粉砂岩及生物灰岩
		下统	石牛栏组	S₁s	22~200	深灰色、灰黑色页岩夹薄层灰岩、粉砂岩
			龙马溪组	S₁l	35~460	上部为深灰色页岩夹粉砂质页岩，下部为黑色页岩，与下伏奥陶系呈整合接触
	奥陶系	上统	五峰组	O₃w	2~30	黑色含硅质、灰质页岩，顶部常见深灰色泥灰岩
			涧草沟组	O₃j	1~30	灰色、浅灰色瘤状泥灰岩
		中统			23~320	灰色、浅灰色马蹄纹灰岩
		下统			52~820	上部为灰绿色、黄绿色页岩、粉砂质页岩夹灰岩，中部为灰岩、白云质灰岩夹少量页岩，下部为页岩、灰岩和灰质白云岩
	寒武系	中上统	娄山关群(洗象池组)	∈₂₊₃	1000~1300	灰色、浅灰色白云岩，夹角砾状白云岩及砂质白云岩
		下统	清虚洞组(龙王庙组)	∈₁q	150~400	灰色泥质条带灰岩，底部为鲕状灰岩及海绵灰岩
			金顶山组(沧浪铺组)	∈₁j	100~150	黄绿色砂岩及灰绿色页岩夹灰色灰岩
			明心寺组	∈₁m	250~300	灰绿色页岩、泥岩、粉砂质泥岩及灰色泥质粉砂岩、粉砂岩
			牛蹄塘组	∈₁n	100~150	黑色页岩，与下伏灯影组白云岩呈假整合接触
	震旦系	上统	灯影组	Z₂dn	600~1000	灰~深灰色块状、厚层夹薄层白云岩
			陡山沱组	Z₂d	10~240	灰~灰黑色碳质页岩及砂质页岩，与下伏地层整合接触
		下统	南沱组	Z₁n	60~140	灰色、灰绿色砂质泥岩及砂岩
			莲沱组	Z₁l	200~1000	下部为紫红色、灰紫色砂岩，上部为砂岩夹粉砂岩

三、区域构造特征

在上述六个主要构造旋回的叠加改造下，四川盆地及周缘呈现较复杂的区域构造特征，其构造单元划分如图 1-1 所示。

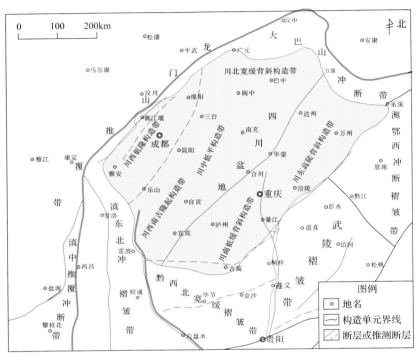

图 1-1　四川盆地及周缘地区构造单元划分图

四川盆地西部和北部为大型前陆盆地型拗陷，除山前构造较复杂外，其他部位构造均较简单，埋深最大；中部及西南部构造最简单，埋深较大；在东部华蓥山断裂至齐岳山断裂之间为隔挡式褶皱，可以细分为川东高陡背斜构造带、川南低缓背斜构造带，构造带主要呈 NE 向，狭长的背斜与宽缓的向斜依次排列，背斜与向斜的宽度比为 1∶3～1∶4，背斜核部地层主要为三叠系，向斜核部地层主要为侏罗系，南部边缘可保留白垩系，背斜轴部多有逆冲断层，在成排高-低陡构造之间还发育大量低缓的箱状背斜、短轴背斜、断鼻等；齐岳山断裂以东为湘鄂西冲断褶皱带、武陵褶皱带，四川盆地以南为黔西北宽缓褶皱带，这些地区总体遭受剧烈抬升剥蚀，仅在残余向斜中保留古生界地层，构造复杂，断裂发育。

第二节　层序地层分析与小层划分技术

一、层序地层分析技术

(一) 层序地层分析思路与方法

页岩属于细粒沉积，具有沉积速率低、沉积时间长、沉积厚度薄的特点，这使其层序地层划分，尤其是关键层序界面的识别成为难点。自 2006 年以来，页岩层段的层序、体系域的准层序的划分与对比受到空前重视（李一凡等，2012）。同时，依据年代框架内的层序对比，建立等时关系以预测富有机质页岩在该区的厚度变化与分布形态，类似的例子是由 Hammes 等（2011）对路易斯安那州上侏罗统海恩斯维尔（Haynesville）页岩所做的层序分析。

本书借鉴 Vail 等（1977）经典层序地层学理论与方法，结合页岩气勘探开发实践，总结了一套页岩层段层序地层分析的思路。总体思路是：地震剖面反射终止定"层序关键界面"、陆架坡折（海相）或关键坡带（陆相）定"低水位体系域"（LST）、测井定"准层序组类型"、岩心定"准层序或相序"，综合分析建立等时层序格架，预测生、储层等空间分布。具体研究流程与方法如下。

第一，识别与确定层序关键界面。地质上，根据厚度快速变薄、岩性岩相突变、水深快速加深或变浅、红色标志层、进退积转变等特征识别层序界面、最大海泛面、初始海泛面等关键界面；从测井上，依据测井曲线跳跃突变或包络形态明显变化识别层序关键界面；尤其是从地震剖面上，利用上超、下超、顶超与截切等地震剖面反射终止类型识别出层序关键界面。由于含气页岩层段的岩性岩相变化不大，电阻率因纯页岩中基本不含水而导致敏感性变差；不过，因总有机碳（TOC）与密度呈很好的正相关关系，密度曲线变化、波动和峰值非常明显，对层序关键界面的识别是有利的。与此同时，含气页岩层段的厚度比较稳定且薄，使层序关键界面的识别难度增加。

第二，确定是否发育低水位体系域。根据陆架坡折（海相）或关键坡带（陆相）、初始海泛面与低水位楔体特征来共同判断低水位体系域。根据陆架坡折或关键坡折带，可以较好地划分出低水位体系域，因为低水位体系域位于陆架坡折或关键坡折带的上、下倾方向的附近，远离陆架坡折或关键坡折带的部位则无低水位体系域。

第三，确定准层序组类型。通过测井曲线包络形态组合类型，在体系域内，识别出进积、加积、退积测井曲线组合类型，从而明确进积、加积、退积序列的准层序组。当然，针对纯页岩层段来说，因为岩性岩相变化不大，可能属于弱进积、弱加积、弱退积，识别难度加大。可以通过野外露头剖面与几何学关系，协同识别出准层序组类型。

第四，确定准层序或相序。通过岩心观察、野外露头剖面实测，根据高级别旋回或相序即正、反、复合旋回，在准层序组内识别出准层序。

第五，建立等时层序格架。在识别层序关键界面与低水位体系域的基础上，综合分析，划分出单井三级层序、体系域，建立层序地层划分方案。结合高级沉积旋回、测井曲线组合样式，划分出准层序；井-震结合，借助地震合成记录标定和垂直地表剖面（VSP）标定，以地层标志层和最大海泛面，进行层序地层对比，建立等时层序格架；预测层序、体系域级的富有机质页岩空间分布。

（二）单井层序地层划分及特征

1. 焦石坝地区
1）界面识别与层序划分
本书在五峰组—龙马溪组一段含气页岩段自下而上可识别出两个三级层序即 SQ1 与

SQ2(图 1-2)，以及 4 个体系域。这些三级层序界面较为清楚。其中，层序 SQ1 底界面的上、下岩性岩相均发生突变且测井曲线跳跃突变；在地震剖面上，SQ1 底界面表现为强相轴、上下反射层呈整一关系(图 1-3)；测井组合类型由界面下的块状箱形向界面上的钟形转变。SQ2 顶界面的岩相与测井相变化明显。该界面之下为五峰组黑色硅质岩夹碳质页岩，双壳多、笔石少量；界面之上为龙马溪组黑色碳质页岩，笔石丰富、种类多；测井组合类型由界面下的钟形向界面上的泥岩基线平直形发生变化。层序 SQ3 顶界面出现岩性岩相突变、水深快速变浅、测井曲线明显变化等标志，由呈泥岩基线平直形转变为箱形或漏斗形；在地震剖面上，SQ3 底界面为弱相轴，局部为强相轴，上下反射层呈整合关系。然而，SQ3 的顶界面在地震剖面上却均为强相轴。SQ3 顶界面之下为黑色或深灰色页岩，顶界面之上为灰绿色泥质粉砂岩与粉砂质页岩。总之，在地震剖面上，SQ1 的底界明显而清晰，但厚度小；SQ2 顶、底界面均为弱相轴，但厚度大、地层均质。

SQ1 最薄，富硅质、退积明显。SQ2 较薄、富泥、进积明显，其中焦页 1 井 TST 发育富有机质页岩，加上五峰组厚度共计 38m。SQ3 厚度大，相对富砂，退积明显。

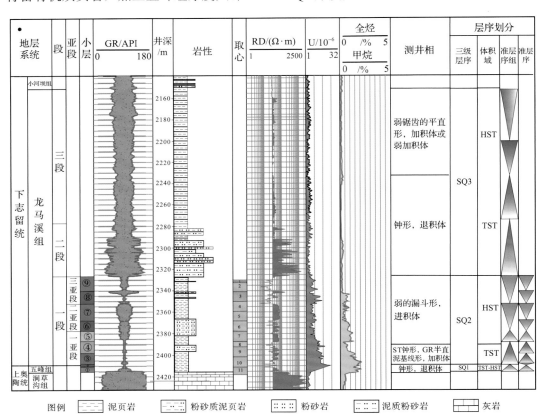

图 1-2 A1 井下志留统层序地层划分柱状图

HST-高位体域；TST-海侵体域；RD-深侧向电阻率；1～9 为岩心取心回次号

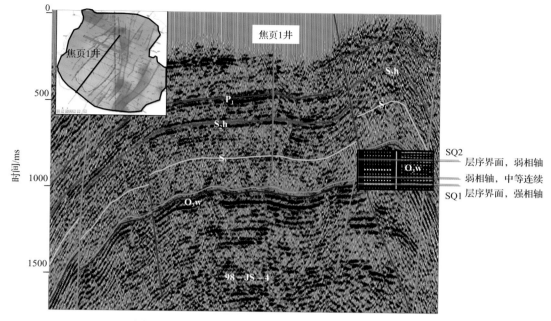

图 1-3 过焦页 1 井地震地质剖面与层序地层界面关系

2)体系域及准层序特征

涪陵地区每个三级层序又细分为两个体系域，即 TST 与 HST，具有二元结构，但未识别出低水位体系域。

从层序内部构成看，焦页 1 井的层序 SQ2、SQ3 结构不对称，TST 厚、HST 薄，反映了慢速海进、快速海退的特征。

SQ1 的海侵体系域为五峰组黑色硅质页岩夹碳质页岩，由一个准层序构成，厚度为 5.68m GR 测井曲线包络形态为大钟形；而五峰组顶部的深灰色含介壳灰岩段(即观音桥段)构成了 SQ1 的高位体系域，也由一个准层序构成，厚度仅 0.32m，测井上 GR 为弱的漏斗形，属于进积体。从沉积特征看，SQ1 的 TST 黑色硅质页岩富含有机质、夹多层极薄的火山成因的斑脱岩，具有高 GR、低补偿密度(DEN)、高 TOC、Th/U 少于 2(即还原性好)、笔石与放射虫化石发育的特点。其中，TOC 大于 4%，平均值为 4.65%。Th/U 分布范围为 0.477～4.556，平均值为 1.4，为强还原环境。根据放射虫与硅质海绵骨针、硅质页岩、高有机质含量、低 Th/U、无陆源碎屑砂、无波浪作用的沉积构造等标志，判断其沉积相为斜坡，位于陆架坡折以下。显微镜下观察及测井解释结果表明微晶石英含量高、黏土矿物含量较低，推测微晶石英为生物作用或生物成因的有机硅，为上升洋流作用的结果。而 SQ1 的 HST 含介壳灰岩属于风暴流沉积，介壳杂乱堆积、泥质胶结，偶见页岩角砾；沉积于深水陆棚环境，位于风暴浪基面附近。

SQ2 属于黑色富泥沉积，其海侵体系域是由两个准层序构成的向上变深至凝缩段的退积序列组成(图 1-2)。测井上 SP 为钟形，GR 为泥岩基线平直型，属于加积体。实验测定 TOC 平均值为 3.6%(对应 GR 值＞180API)，现场解吸含气量为 4.2m³/t。并且 SQ2 内的海侵体系域发育富有机质页岩且试获高产工业气流。SQ2 内的 HST 厚度达 51m，由 五个准层序构成的向上变浅的退积序列构成，GR 测井曲线包络形态为大平直锯齿形，实验测定 TOC 平均值为 1.67%(对应 GR 值为 160API)，同样为富有机质页岩。针对 SQ2 来说，TST 具有高 GR、低 DEN、高 TOC、Th/U 少于 2(即还原性好)、笔石发育的特点。其中，TOC 平均值为 3.89%。Th/U 分布范围为 0.33～2.22，平均值为 1.02，为强还原环境。龙马溪组一亚段主要为陆源碎屑成因的石英，但所夹的薄层硅质页岩中的石英颗粒以生物成因为主。根据陆源碎屑逐渐增多、弱的底流与不连续的粉砂纹层、高 TOC、低 Th/U、大量的双笔石等标志，认为这套细粒沉积或页岩属于黏土质的深水陆棚，位于风暴浪基面以下，陆架坡折之上。SQ2 的 HST 以具纹层构造的粉砂质页岩、耙笔石与单笔石为特色，粉砂质纹层连续而密集发育，导致 TOC 明显降低，平均值为 1.92%；Th/U 分布范围为 1.02～12.18，平均值为 2.66，为氧化环境。全岩 X 射线衍射(XRD)结果表明这套页岩石英与脆性矿物含量逐渐降低，黏土矿物含量逐渐增加。耙笔石与单笔石反映了沉积水体稍微变浅。根据明显的底流与连续的粉砂质纹层、耙笔石、低 TOC、高 Th/U，认为 SQ2 属于粉砂质的深水陆棚环境。

SQ3 由灰绿色富粉砂质页岩构成，TST 厚度为 73m，为向上变浅的弱进积或加积沉积，GR 值低(120 API)，说明 TOC 也低，同时具低的气测异常；HST 厚度为 83m，为向上变浅的进积沉积，对应更低的 GR 值(130API)，推测其 TOC 也低。

2. 彭水地区

C1 井五峰组与上覆龙马溪组呈整合接触，未发育观音桥段含介壳泥灰岩，SQ1 厚层硅质页岩也反映了海侵体系域稳定的深水沉积环境，SQ1 高位体系域缺失(图 1-4)。

SQ2 海侵体系域发育黑色碳质页岩夹硅质页岩，向上过渡为含硅黏土质页岩，再向上变化为黏土质页岩、含粉砂黏土质页岩，这种岩性组合特征与焦石坝地区具有一致性，但是 C1 井 SQ2 海侵体系域发育厚度较小，即富有机质页岩厚度较小。SQ2 高位体系域发育黏土质页岩和含粉砂黏土质页岩，其岩性组合特征与焦石坝地区较为一致，但是其厚度较大。

与此同时，本书还分别开展了涪陵南部地区、威荣地区、永川地区、丁山地区、仁页地区、南川地区、武隆地区及彭水地区 20 余口探井的层序地层划分，最终，建立了不同地区五峰组—下志留统龙马溪组一段含气页岩段的三级层序划分方案：五峰组含一个三级层序 SQ1、龙马溪组一段含一个三级层序 SQ2；每个层序由 TST、HST 两个体系域，具有二元结构，未见 LST；SQ1 与 SQ2 共计发育 9 个准层序。

(三)连井层序地层对比

在单井层序地层划分的基础上，以标志层、最大海泛面为对比界线，开展层序地层对比研究，建立起等时层序格架。在等时层序格架内，SQ1、SQ2 分布稳定、可对比性好。

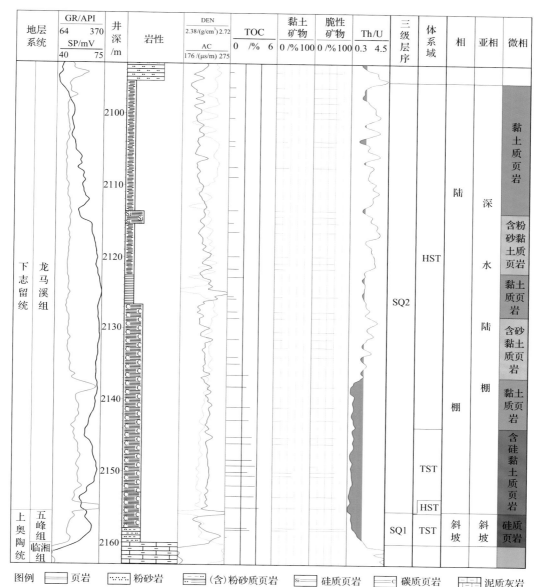

图1-4 C1井五峰组—龙马溪组一段层序地层与沉积亚相柱状图

在北东方向，从图1-5可以看出，仁页1井—焦页1井连井剖面展示了仁怀地区、丁山地区、南川地区及焦石坝地区的层序变化特征。自仁怀地区向丁山地区、南川地区及焦石坝地区SQ2、SQ3厚度逐渐增大，但SQ1厚度变化不大。其中，仁页1井SQ1的TST岩性为含灰黏土质页岩和含硅黏土质页岩，而其他井区发育硅质页岩。SQ1的HST（观音桥段）在仁页1井区为含介壳灰岩，而在丁山地区、焦石坝地区为薄层再沉积特征的含介壳泥灰岩。SQ2、SQ3在仁页1井区与顶2井区的岩性分别以含灰黏土质页岩和灰质页岩为主，在南页1井区、焦石坝地区以黏土质页岩、粉砂质页岩为主，含较少的灰质。

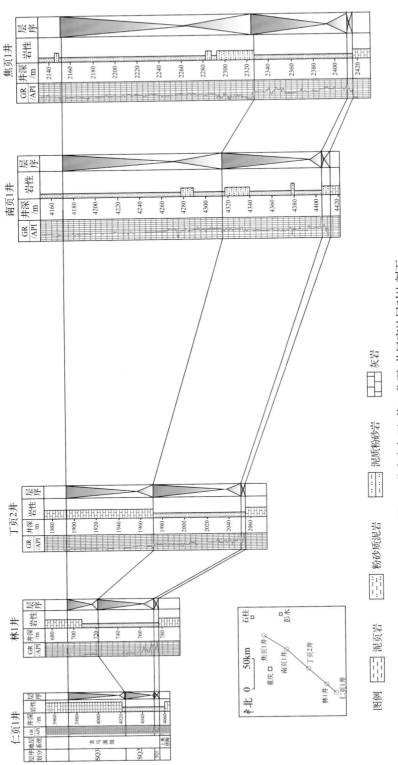

图1-5 北东向仁页1井—焦页1井层序地层对比剖面

通过仁怀地区、丁山地区、南川地区、焦石坝地区、彭水地区五峰组—龙马溪组一段顶拉平对比，揭示了层序及富有机质页岩在区域内的展布特征；由仁怀地区到丁山地区，层序 SQ2 快速增厚，而丁山地区与南川地区及焦石坝地区相比，该层序厚度变化不大；但向东至彭水地区即 C1 井又减薄。横向上层序厚度的差异反映了仁怀地区、彭水地区靠近物源供给方向，沉积速率较低，而丁山地区、南川地区及焦石坝地区靠近深水区，沉积速率较大。层序 SQ1 的厚度向北略有增厚。岩性变化较大，仁怀地区五峰组底部发育灰质页岩，过渡为含硅黏土质页岩，顶部发育厚层含介壳泥灰岩；灰质含量较高，硅质含量较低。而靠近凹陷深水区的丁山地区、南川地区及焦石坝地区五峰组底部发育薄层含灰黏土质页岩，快速过渡为硅质页岩，顶部观音桥段为再沉积特征；灰质含量较低，硅质含量很高。

二、小层划分与对比技术

(一)小层划分

五峰组—龙马溪组一段含气页岩纵向非均质性强，其岩性、电性、含气性和脆性特征纵向变化大，水平井需要在最佳层位穿行才能保证高产。为确定和优化井轨迹，需要对含气页岩段细分小层。本书采取逐步深化、逐级细分的思路，先划分亚段，再细分小层。

1. 亚段划分及特征

在亚段与小层划分中，利用综合方法，根据岩性地层、生物地层、测井、地震等资料，建立不同地区的地层标志层、辅助标志层和小层划分图版。例如，本书在涪陵页岩气田建立了五峰组—龙马溪组一段标志层与辅助标志层(图 1-6)，其特征如下。

标志层 A：为五峰组灰黑色硅质页岩，厚 6.0m；测井显示高伽马、低电阻的特征，伽马平均值为 184.68API，Th/U 为 0.86，密度为 2.49g/cm³，笔石和放射虫含量高，脆性矿物含量在 60%以上。测井曲线组合类型为钟形(图 1-7)。其岩性、放射虫、高伽马值与钟形最具特色。

标志层 B：为龙马溪组二段浊积砂层，厚 44.0m；自然伽马曲线齿化似箱状且具低值，双侧向电阻率齿化似箱状且具高值。其测井曲线的"粗脑袋"最具特色(图 1-7 中的9 小层以上部分)。

辅助标志层 C(即观音桥段)：深灰色、灰色，五峰组顶部的几十厘米至 1m 厚的含介壳化石的碳质页岩(图 1-7 中 1 小层的顶部，图 1-8 中的各井含介壳碳质页岩)。该辅助标志层的伽马最高峰值达 307.43API，将五峰组与龙马溪组分开，其极薄的厚度、少量的介壳化石最具特色。

辅助标志层 D(即纹层状粉砂质页岩)：深灰色，最具特色的是密集的毫米级纹层和粉砂颗粒，实际上代表了 6 小层底界面(图 1-9)。

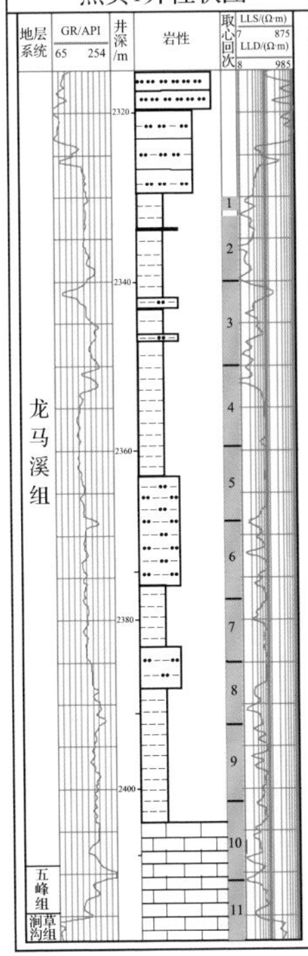

小层编号	黄铁矿纹层数、密度(条/m)	方解石纹层数、密度(条/m)	粉砂质纹层、颜色、染手	裂缝长(cm)/宽(mm)、密度(条/m)	特征峰值	特征曲线类型	曲线组合类型	岩心照片	显微照片	作用	备注
9	9条, 0.7(稀疏)	1条, 罕见	发育, 深灰, 不染手	极发育, 无方解石无填, (2-22)/(0.5-2), 5.8/20		平直基线形	光滑状加积型			用灰岩标志提前瞄准7号	
8	6条, (2结核状)0.5(稀疏)	3条, 稀疏	少量, 暗灰, 弱染手	少量, (6-12)/(0.5-2), 0.9/10	低峰, 灰尖	指形	锯齿状加积型			用GR次峰提前定位6号小层	51m潜力层
7	8条(5结核状, 粒度粗), 0.7(稀疏)	2条, 0.2(稀疏)	发育, 灰黑, 中等染手	发育, (4-12)/(0.5-2), 1.4/23	次高峰	锯齿基线形	光谱状加积型			黄铁矿或粉砂纹层定位6号	高产层
6	82条, 8.0(密集)	2条, 0.2(稀疏)	极发育, 黑色, 强染手	少量, 5/(0.1-2), 0.2/2		光谱箱形	光谱状加积型			漏斗形引导入窗A靶点	高产层
5	3条, 0.3(稀疏)	3条, 罕见	罕见, 黑色, 强染手	少量, 5/(0.1-2), 0.1/12		漏斗形	弱锯齿箱形或光滑加积型			指形确认3号小层	
4	8条, 1.1(中等)	1条, 罕见	罕见, 黑色, 强染手	高角度指, 5/(0.1-2), 1.5/2		宽阔指形	典型进积型			基线形确认2号小层	特高产层
3	40条, 4(密集)	5条(稀疏)	少量, 黑色, 强染手	少量, 8/(0.1-1), 0.2/3		弱锯齿基线形	锯齿状基线形			最高GR确认1号	特高产层
2+1	11条, 1.5(中等)	30条, 7(密集)	网状裂缝极发育, 无, 黑色, 强染手	7/(0.1-1), 4/18	最高峰	钟形	典型退积型				特高产层

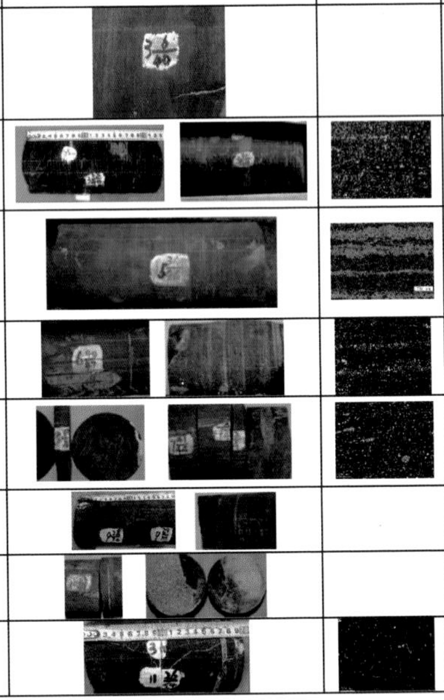

图例：泥页岩　粉砂质泥页岩　泥质粉砂岩　粉砂岩　灰岩

图1-6　涪陵页岩气田焦石坝地区小层识别标志图版

LLS-浅侧向电阻率；LLD-深侧向电阻率

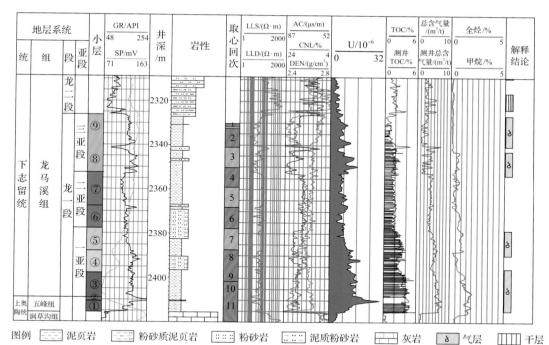

图 1-7 涪陵大焦石坝地区焦页 1 井小层划分图

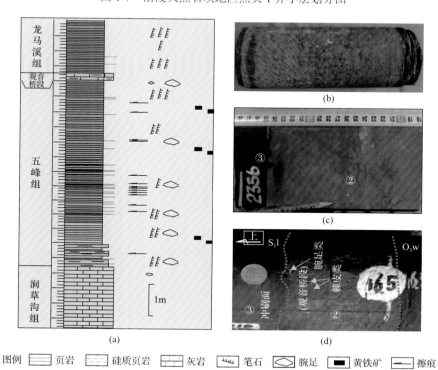

图 1-8 辅助标志层特征

(a) A4 井岩心观察；(b) A4 井，含介壳碳质页岩，厚 46cm；(c) 焦页 11-4 井，含介壳碳质硅质页岩，厚 24cm；
(d) A1 井，含介壳的碳质泥岩，厚 38cm

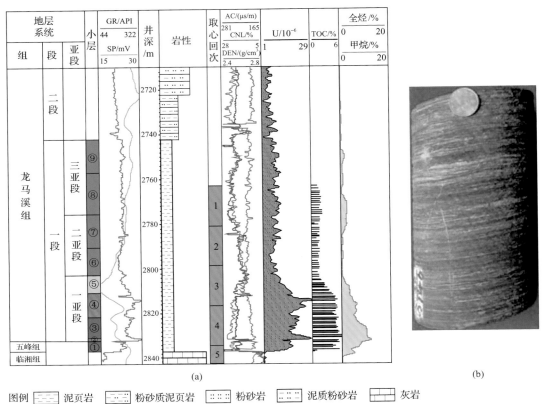

图例 ▭ 泥页岩　▭ 粉砂质泥页岩　▭ 粉砂岩　▭ 泥质粉砂岩　▭ 灰岩

图 1-9　C5 井五峰组—龙马溪组地层划分

(a)柱状图；(b)纹层状粉砂质页岩

根据标志层、沉积旋回、测井曲线组合类型等特征，结合电性变化、岩心观察，龙马溪组一段纵向上可细分为三个亚段。以焦页 1 井为例(图 1-10)，其特征自下而上如下所述。

龙马溪组龙一^{1}亚段：2377.5～2409.5m，厚 32.0m，以灰黑色碳质页岩为主，夹放射虫硅质页岩；测井显示具有高伽马、高含 U、低电阻、低密度及低 Th/U 值的特征，其中伽马平均值为 181.61API，U 平均值为 12.81×10^{-6}，密度平均值为 2.53g/cm³，Th/U 值平均值仅为 1.26；笔石和放射虫含量高，脆性矿物含量在 60%以上。

龙马溪组龙一^{2}亚段：2353.5～2377.5m，厚 24.0m，岩性较为单一，为灰黑色-黑色含粉砂质页岩及粉砂质页岩，夹薄层碳质页岩，砂质含量明显增多；测井显示具有相对较低的伽马、低含 U、高电阻、高密度及高 Th/U 值的特征，自然伽马、电阻率及三孔隙度曲线均呈箱状，其中伽马平均值为 151.24API，U 平均值为 7.23×10^{-6}，密度平均值为 2.63g/cm³，Th/U 平均值为 2.40；本段砂质含量较多，脆性矿物含量分布于 50%～60%。

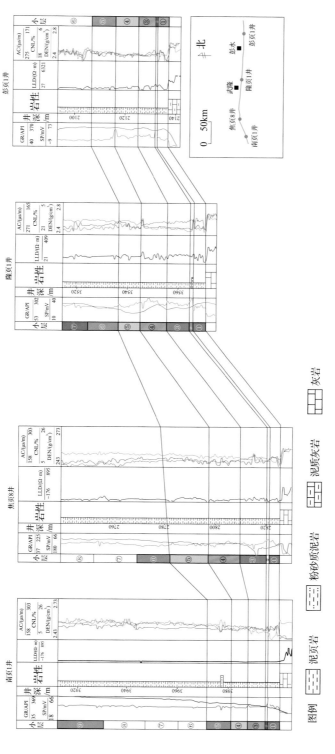

图1-10　近东西向南页1井—彭页1井五峰组—龙马溪组一段小层对比

龙马溪组一^{3}亚段：2326.5～2353.5m，厚27.0m，下部为灰色-深灰色碳质泥岩与粉砂质泥岩互层，偶夹薄层的灰质泥岩；自然伽马和电阻率曲线上齿化似峰状，脆性矿物含量在40%～50%；上部主要为一套灰黑色-黑色含碳质粉砂质泥岩，自然伽马似箱状高值，对应的电阻率为低值，其脆性矿物的含量在40%左右。整段测井显示具有较高伽马、高密度、较低电阻、低U含量、低声波、低中子的特征，伽马平均值为170.22API，U平均值为8.24×10^{-6}，密度平均值为2.66g/cm^3，Th/U平均值为2.47。

2. 小层划分及特征

在亚段划分基础上，进一步划分小层。以C5井为例，各小层划分及特征如下。

①小层(2831.8～2837m，厚5.2m)：岩性以黑色硅质、碳质页岩为主，夹有薄层砂质页岩；测井显示高伽马、低电阻及伽马钟形特征；伽马值及U含量自下而上增大，Th/U则自下至上减小；笔石和放射虫含量高，硅质含量普遍较高，脆性矿物含量在60%以上。该小层顶部的灰黑色凝灰岩或含小型介壳的碳质页岩极薄(几厘米至几十厘米)。

②小层(2830.5～2831.8m，厚1.3m)：该段具有最高伽马、高含U、低电阻、低密度及低Th/U值特征，自然伽马呈尖峰状，平均值可达260.9API，电阻率齿化低值，平均值为23Ω·m，密度平均值为2.47g/cm^3，该小层Th/U值最小，平均值仅为0.3。

③小层(2821.5～2830.5m，厚9.0m)：岩性较单一，为大套深灰色-灰黑色碳质页岩，夹薄层砂质页岩。测井显示高伽马、高含U、相对低电阻、低密度及低Th/U值特征，自然伽马和电阻率呈平直泥岩基线形，密度较低，呈向上逐渐增大的趋势，Th/U值均小于2。

④小层(2810.9～2821.5m，厚10.6m)：岩性为灰色-深灰色碳质页岩与粉砂质泥岩互层，从测井显示看，具有高伽马、高密度及Th/U值相对较高的特征，密度平均值可达2.57g/cm^3，Th/U值均小于2，自然伽马为指形。

⑤小层(2802.6～2810.9m，厚8.3m)：岩性较为单一，主要为一套灰黑色含碳质粉砂质泥岩，从测井曲线看，密度增大至2.58g/cm^3，自然伽马为弱漏斗形。

⑥小层(2790.5～2802.6m，厚12.1m)：以黑色纹层状粉砂质页岩为主；测井显示相对低伽马、相对高电阻的特征，电阻率呈齿化高值，本小层密度均大于2.6g/cm^3，平均值为2.63g/cm^3，Th/U值大部分大于2，平均值为2.58，脆性矿物含量在50%左右。

⑦小层(2775.4～2790.5m，厚15.1m)：为灰黑色泥质粉砂岩，与第⑥小层相比砂质含量明显增加，测井显示相对低伽马，电阻率呈箱状中值，Th/U值及密度变化不大。

⑧小层(2756.8～2775.4m，厚18.6m)：灰色-深灰色碳质泥岩与粉砂质泥岩、灰质泥岩互层，测井具有高伽马、高密度、低电阻、低声波、低中子的特征，自然伽马和电阻率曲线上齿化似峰状。

⑨小层(2741.6～2756.8m，厚15.2m)：为一套灰黑色-黑色含碳质粉砂质泥岩，自然伽马似箱状高值，具有高Th/U值、高密度特征，密度可达2.72g/cm^3，Th/U值大部分大于2，平均值为2.98。

(二)小层对比

小层对比技术：通过"标志层控制、旋回对比"方法，结合层序关键界面 MFS（即最大海泛面或最大湖泛面），开展小层对比研究。

由图 1-10 可以看出，武隆、彭水、南川、涪陵地区含页岩气层段的小层可对比性较好。自西向东，①~⑤小层从 B4 井至 C1 井向江南古陆方向发生上超变薄。受沉积相与古陆控制，优质页岩也向东变薄（①~⑤小层），优质页岩厚度从 B4 井的 44m、B3 井的 49.5m、C5 井的 32m 减薄至 C1 井的 24m。

第三节　沉积相划分技术

一、沉积微相划分思路与方法

美国阿巴拉契亚（Appalachian）盆地、福特沃斯（Fort Worth）盆地、密歇根（Michigan）盆地、伊利诺伊（Illinois）盆地、圣胡安（San Juan）盆地五大地区富有机质页岩均发育于深水沉积相带。例如，福特沃斯盆地的下石炭统 Barnett 页岩属于半远洋静水深斜坡—盆地相沉积（Loucks et al.，2009）；伊利诺伊盆地的上泥盆统 New Albany 页岩为深水陆棚沉积。四川盆地及周缘地区下志留统页岩具有大面积的深水陆棚相带（王鸿祯，1985；刘宝珺和许效松，1994；陈旭等，2001；冯增昭等，2004；郭英海等，2004；马永生等，2009；许效松等，2009；梁狄刚等，2009；郑和荣和胡宗全，2010；李一凡等，2012；郑和荣等，2013）。

在前人沉积学研究的基础上，本书借鉴沉积学原理、现代沉积学新认识，按照"三相"（沉积相、测井相、地震相）定"沉积环境与微相"、"模式"定"沉积相空间叠置关系"的思路，编制沉积环境平面分布图，预测有利沉积相带。其流程与方法如下。

首先，明确沉积环境与亚相。从地质上，通过岩心观察、野外露头和实验分析，根据岩性、矿物组成、有机质含量、物源区远近、水体特征、水动力、生物环境等沉积相标志，明确页岩岩相类型、岩性组合特征，识别出沉积相、亚相。对于深水陆棚亚相（陆坡），由于水动力弱、重力流沉积难识别等，侧重有机碳含量、生物扰动和深水化石（如放射虫、硅质海绵、特种类型的笔石等）沉积标志。

从测井上，根据测井方法及钟形、漏斗形、箱形等曲线类型，识别出不同类型的测井相；通过与岩心观察所确定的沉积相匹配，建立钻井取心的测井相图版，应用于未取心井的沉积相分析。

从地震上，根据地震方法及杂乱、平行与亚平行、前积等多种类型的地震反射结构，识别出不同类型的地震相；将其与岩心观察所确定的沉积相匹配，建立地震相图版，应用于未取心井的沉积相分析。

通过"三相"结合，明确工区整体的沉积环境。

其次，细分沉积微相。在沉积相与亚相的基础上，侧重于水深、有机碳含量、硅质含量、黄铁矿含量、测井响应（自然伽马、电阻率或密度）等指标，进一步划分出沉积微相。

再次，建立沉积模式。根据沉积相类型与空间叠置关系、古构造与古地貌对沉积相的控制作用、高勘探区与邻近盆地的现有沉积模式、国内外成熟沉积模式等，建立研究区沉积模式。

最后，确定有利沉积相带。编制沉积环境平面分布图，结合钻井试气、试采与油气产量结果，明确深水环境与富有机质页岩分布区，进而预测有利沉积相带。

二、典型井/剖面沉积微相分析

通过钻井岩心观察、野外露头剖面观察及室内岩石薄片鉴定、扫描电镜（SEM）、钻（录）井资料综合分析等，对五峰组—龙马溪组一段页岩岩石学特征进行系统研究，明确岩石类型及其组合特征，划分沉积微相。

（一）巴渔剖面

巴渔剖面位于道真仡佬族苗族自治县（简称道真）新 S207 路边的沙坝村水库旁。实测详细情况如图 1-11 和图 1-12 所示，具体各小层地质特征及其沉积微相分析如下。

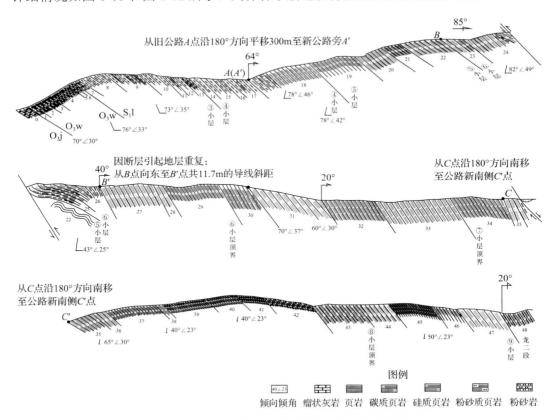

图 1-11　巴渔五峰组—龙马溪组一段实测剖面图

0～48 为分层号

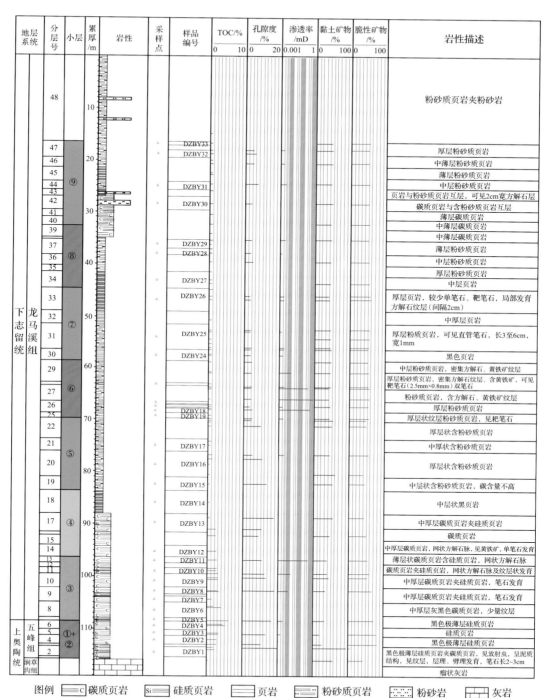

图 1-12 巴渔五峰组—龙马溪组一段实测剖面柱状图

$$1D=0.986923\times10^{-12}\text{m}^2$$

1）①小层：包括实测剖面 1～6 号分层，厚 7.2m

底界为五峰组（O_3w）与涧草沟组（O_3j）界面，顶界为龙马溪组（S_1l）与五峰组界面，未见观音桥段。岩性为黑色硅质页岩夹碳质页岩，其中底部为一层厚 0.45m 的深灰色碳质页岩，顶部为风化的棕色硅质页岩，呈砖块状，劈理密集发育。笔石和放射虫含量高，笔石较丰富且多呈短而粗的形态，见环绕叉笔石、叉笔石、围笔石、直笔石、宽型围笔石、直管单笔石、太平洋拟直笔石、双笔石(图 1-13)。生物作用形成的有机硅质含量普遍较高，脆性矿物含量在 60%以上。据此认为，该小层沉积环境属于生物作用的硅质深水陆棚。

图 1-13 巴渔剖面①小层岩性组合
(a)笔石；(b)页岩呈砖块状；(c)第①小层露头写实照片

2)②+③小层：包括实测剖面 7~13 号分层，厚 12.07m

底界为龙马溪组黑色中厚层碳质页岩与五峰组界面，顶界为④小层厚层碳质页岩与③小层中层碳质页岩夹硅质页岩(O_3j)界面。岩性为黑色碳质页岩夹硅质页岩(图 1-14)。

图 1-14 巴渔剖面②+③小层岩性组合
(a)丰富的笔石；(b)含硅碳质页岩 9、10 分层界限；(c)第②+③小层分布及与④小层界线

沉积构造中，见少量的不连续粉砂质纹层、少量方解石纹层，高角度网状方解石脉发育。笔石丰富，多呈长而细的形态，其中②小层见雕刻笔石、精妙笔石(？)[1]，③小层见原始笔石、尖笔石、尖状栅笔石、里氏笔石、正常笔石、钩笔石、寇笔石(？)，普利贝。第②小层厚 0.74m，测井具有最高的放射性伽马与 U 特征，自然伽马常呈尖峰状。第③小层厚 11.33m，主要为大套深灰色-灰黑色碳质页岩，夹薄层的砂质页岩。据此认为，该小层沉积环境属于陆源的泥质深水陆棚。

3)④小层：包括实测剖面 14～18 号分层，厚 12.69m

底界为厚层碳质页岩与③小层的界面，顶界为⑤小层厚层粉砂碳质页岩与④小层碳质页岩的界面。岩性为黑色碳质页岩夹含硅碳质页岩，含硅碳质页岩发育网状方解石脉。沉积构造上，见少量方解石纹层(图 1-15)。笔石丰富，多呈长而细的形态，见集群寇笔石(？)、旋转笔石、半耙笔石、直笔石、锯笔石、柳雕笔石。据此认为，该小层沉积环境属于陆源的泥质深水陆棚。

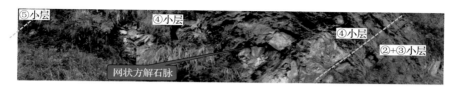

图 1-15　巴渔剖面④小层分布及地质特征

4)⑤小层：包括实测剖面 19～22 号分层，厚 13.93m

底界为⑤小层厚层含粉砂碳质页岩与④小层黑色页岩的界面，顶界为⑥小层纹层粉砂质页岩与⑤小层的界面。岩性为灰黑色含碳质粉砂质泥岩夹黑色页岩，具有反旋回特征，向上粉砂质增多。沉积构造上，见不连续的毫米级粉砂质层，以及少量球状风化。见集群寇笔石、栅笔石、雕笔石、直笔石(？)，上部为锯笔石。据此认为，该小层沉积环境属于陆源的泥质深水陆棚。

5)⑥小层：包括实测剖面 25～29 号分层(23、24 分层因小褶皱与 25、26 分层是重复的)，厚 11.06m

底界为纹层粉砂质页岩与⑤小层的界面[图 1-16(a)]，顶界面为⑦小层深灰色厚层、稀疏粉砂质纹层的黑色页岩的界面。岩性为灰黑色纹层粉砂质页岩夹黑色页岩。见由粉砂质、黄铁矿、方解石构成的密集毫米级纹层，纹层间距 1～5mm。见锯齿状耙笔石或弓形笔石、半耙笔石、围笔石、镰刀笔石(？)，水体稍变浅。23 分层见钩笔石、双笔石、单笔石。本小层密度平均值为 2.63g/cm³，比①～⑤小层明显增大，这是密度拐点的特征，同时，TOC<2%，明显降低。据此认为，该小层沉积环境属于陆源的粉砂质深水陆棚。

6)⑦小层：包括实测剖面 30～33 号分层，厚 9.79m

底界为⑦小层深灰色厚层、稀疏粉砂质纹层黑色页岩与⑥小层密集纹层粉砂质页岩的界面[图 1-16(b)]，顶界为⑧小层深灰色中层页岩与⑦小层的界面。岩性为深灰色厚层

① 指初步确定，还有一些不确定性，下同。

图 1-16 道真巴渔剖面⑥~⑨小层分布及地质特征
(a)⑤小层与⑥小层界线；(b)⑥小层与⑦小层界线和⑦小层与⑧小层界线；(c)⑧小层与⑨小层界线和⑨小层与
龙马溪组二段分界线

页岩夹粉砂质页岩。沉积构造上，见由粉砂质、黄铁矿、方解石构成的稀疏纹层，局部可见方解石纹层、顺层的结核状黄铁矿。见耙笔石、锯笔石、假直笔石、单笔石。据此认为，该小层沉积环境属于陆源的含粉砂质深水陆棚。

7)⑧小层：包括实测剖面 34~39 号分层，厚 16.48m

底界为⑧小层深灰色-灰黑色中层页岩与⑦小层深灰色厚层、稀疏粉砂质纹层页岩的界面[图 1-16(b)]，顶界为⑨小层深灰色-灰黑色中薄层碳质页岩与⑧小层的界面。岩性为深灰色-灰黑色中薄层页岩与中层粉砂质页岩互层。沉积构造上，见少量顺层的结核状黄铁矿。见耙笔石、直笔石、围笔石、双列疑似栅笔石、扭口笔石、少量单笔石。据此认为，该小层沉积环境属于陆源的泥质深水陆棚。

8)⑨小层：包括实测剖面 40~47 号分层，厚 16.61m

底界为⑨小层深灰色-灰黑色中薄层碳质页岩与⑧小层的界面[图 1-16(c)]，顶界为类浊积砂层之灰黄色中层粉砂质页岩夹粉砂岩与⑨小层的界面。岩性为深灰色-灰黑色中薄层粉砂质页岩、黑色页岩夹碳质页岩。沉积构造上，可见顺层的 2cm 厚的方解石剪切裂缝。见栅笔石、疑似锯笔石、单笔石。据此认为，该小层沉积环境属于陆源的泥质深水陆棚。

（二）C5 井

1）①小层

岩性为黑色硅质页岩夹碳质页岩（图 1-17）。生物作用形成的有机硅颗粒均匀散布，放射虫壳壁内为玉髓；无粉砂质纹层，无波浪作用。笔石很发育，其形状短而胖。TOC 为 4.94%，孔隙度为 3.86%，脆性矿物质量分数达 82.58%。毫米级层理缝较发育，可见 16 条方解石顺层剪切裂缝。据此认为，该小层沉积环境属于生物作用的硅质深水陆棚。

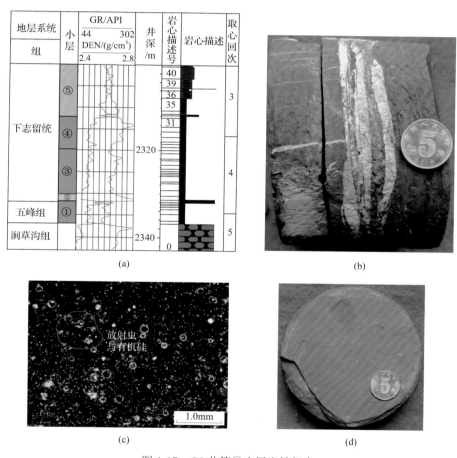

图 1-17　C5 井第①小层岩性组合

（a）小层划分柱状图；（b）C5-（5-95-4）硅质页岩的垂直缝终止于层理缝；
（c）黑色放射虫硅质岩，大量的放射虫，有机硅颗粒大小 0.05mm；（d）C5-（2836.35m）环绕叉笔石（WF2）

2) ②+③小层

岩性为黑色碳质页岩夹硅质页岩(图 1-18)，无粉砂质纹层，波浪作用很弱或无，悬浮作用搬运，无或弱生物扰动。笔石极为发育，形态长而瘦，以双笔石为主。TOC为 5.08%，孔隙度为 5.55%，脆性矿物质量分数达 79.1%。据此认为，该小层沉积环境为陆源的泥质深水陆棚。

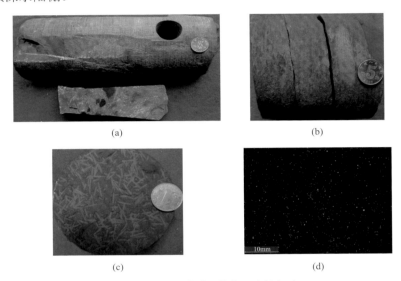

(a)
(b)
(c)
(d)

图 1-18　C5 井第②+③小层岩性组合

(a)C5-(4-164-139)观音桥段介壳灰岩、高角度缝被方解石充填；(b)C5-(4-164-42)碳质页岩中的黄铁矿结核；
(c)③小层顶部的碳质页岩：层面上的笔石发育；(d)碳质页岩：石英、方解石、黏土矿物、有机质

3) ④小层

岩性为黑色碳质页岩夹硅质页岩，无粉砂质纹层，波浪作用很弱或无，悬浮作用搬运，无或弱生物扰动。笔石发育，形态长而瘦，见双笔石、单笔石。顺层剪切方解石脉极少。TOC 为 4.52%，孔隙度为 4.87%，脆性矿物质量分数达 76.21%。据此认为，该小层沉积环境为陆源的泥质深水陆棚。

4) ⑤小层

岩性为黑色含粉砂质页岩与碳质页岩，上部见稀疏、不连续的毫米粉砂质纹层，波浪作用很弱，悬浮作用搬运，无生物扰动。笔石较发育，见双笔石、单笔石，单笔石增多，顶部偶见代表水体稍变浅的耙笔石或弓笔石。TOC 为 2.28%，孔隙度为 3.12%，脆性矿物质量分数达 69.11%。据此认为，该小层沉积环境为陆源的含粉砂质深水陆棚。

5) ⑥小层

岩性为灰黑色纹层状粉砂质页岩夹黑色页岩(图 1-19)，见不间断的粉砂质纹层及黄铁矿，无生物扰动；黏土质被悬浮作用搬运，并絮凝沉积下来。笔石较少，见耙笔石、弓笔石、单笔石或少量双笔石，尤其以耙笔石增多为特征，反映水体明显变浅。TOC 为 1.29%，孔隙度为 2.5%，脆性矿物质量分数为 61.6%。据此认为，该小层沉积环境为陆

源的粉砂质深水陆棚。

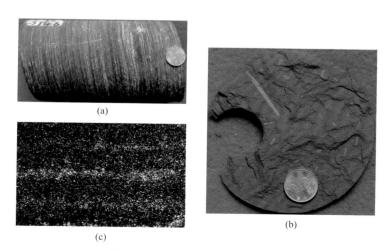

图 1-19 C5 井第⑥小层岩性组合

(a) C5-(3-146-30) 粉砂质泥岩、粉砂质呈纹层状，无生物扰动；(b) C5-(2819.89m) 轴囊直笔石首现 (LM4)；(c) 粉砂质页岩，粉砂含量增加，呈纹层状，硅质质量分数为 50%，黏土矿物与有机质质量分数为 35%，碳酸盐岩质量分数为 8%，黄铁矿质量分数为 2%，2808.2m

三、沉积相分析

(一) 沉积亚相分析

根据含气页岩的颜色、岩性、结构、沉积构造、化石生态、测井与地震等沉积相标志，在四川盆地五峰组—龙马溪组识别出深水陆棚相、中陆棚相、浅水陆棚相、滨岸相等亚相类型，具体识别特征见表 1-2。

表 1-2 五峰组—龙马溪组沉积亚相特征

沉积亚相	岩性	页岩颜色	结构构造	化石	测井特征	地震特征
深水陆棚相	碳质页岩、硅质页岩、硅质岩、笔石页岩	黑色、灰黑色	均一、极少量粉砂质纹层	放射虫，硅质海绵骨针，叉笔石与直笔石	锯齿状的平直基线形	强振幅连续结构、平行反射
中陆棚相	页岩、粉砂质页岩夹碳质页岩	深灰色夹灰黑色	较多纹层	尖、锯笔石较多，半杷笔石较少，腕足	漏斗形、平直基线形	中振幅中连续结构、平行反射
浅水陆棚相	粉砂岩、粉砂质页岩、钙质页岩、钙质、粉砂质增多	灰绿色夹深灰色	砂质团块、水平层理、沙纹层理	腕足、珊瑚，螺旋笔石，笔石个体变长且量少	漏斗形、钟形	中振幅弱连续结构、弱平行反射
滨岸相	砂岩夹页岩	灰绿色、杂色	低角度交错层理、冲洗层理	化石呈碎片且量少	钟形，少量漏斗形	
潟湖	碳质页岩、笔石页岩	灰黑、深灰色	纹层、水平层理	锯笔石较多，无螺旋笔石	平直基线形	

以焦页 1 井为例，在五峰期主要为斜坡相。在龙马溪期，焦页 1 井位于较深水区，SQ2 均为深水陆棚相，且堆积了富有机质页岩；SQ3 内的 TST 为中陆棚相，而 HST 为浅水陆棚相整体而言，焦页 1 井五峰组—龙马溪组自下而上页岩由深水硅质页岩逐渐过渡为较深水碳质页岩，再向上逐渐过渡为以陆源碎屑物质为主的粉砂质页岩及粉、细砂岩，反映了一个水体逐渐变浅的过程。

在单井沉积亚相分析的基础上，结合优质页岩、Th/U 值等的分布，开展沉积相平面特征研究。

在龙马溪组龙一^{1}亚段沉积时期，四川盆地发育一套碳质页岩(即含硅黏土质页岩)夹少量硅质页岩；这一时期呈现出"北面向次深海敞开、东西南三面受古陆围限、陆架广布"的沉积格局(图 1-20)，西面的川中古陆、东面的江南—雪峰古陆和南面的黔中古陆互不相连并向海输送陆源碎屑。由古陆向海依次分布古陆→滨岸→浅水陆棚→中陆棚→深水陆棚。自西而东，由威 201 井，经阳 63 井、华蓥溪口、焦页 1 井至 C1 井，沉积中心位于阳 63 井区、焦页 1 井区，水体到川中的华蓥溪口明显变浅并以浅水陆棚相发育为特色。当时海底地形呈现出"水下隆凹相间"的起伏面貌。深水陆棚相沿宜宾—林 1 井—观音桥—彭水—建始一带分布，东西宽约 150km，面积达 25.5×10^{4}km^2，平均厚度为 28.5m。

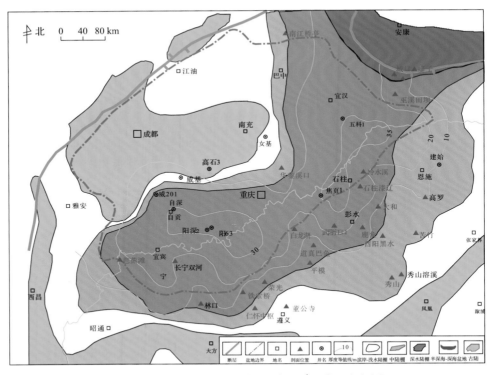

图 1-20　四川盆地及周缘龙马溪组一^{1}亚段沉积相图

在龙马溪组一$^{2+3}$亚段沉积时期：粉砂质增多，水体变浅，深水陆棚相范围明显收缩(图 1-21)。东西方向上深水陆棚相宽 50～80km，面积达 7.8×10^{4}km^2，平均厚度为 26m。其中，威 X1 井、林 1 井以东—D1 井以东—C1 井以东—H1 井一带均成为中陆棚，不利于富有机质页岩的发育。

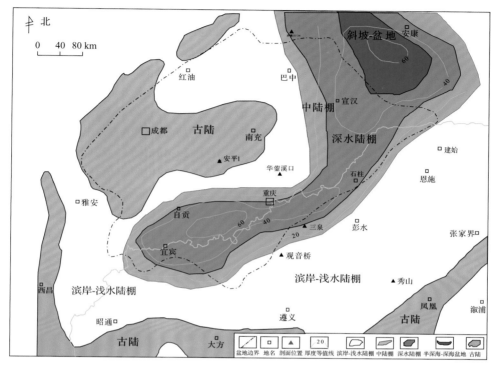

图1-21 四川盆地及周缘龙马溪组—$^{2+3}$亚段沉积相平面图

(二)沉积微相划分方法与标志

在焦石坝地区及邻区，根据五峰组—龙马溪组一段的岩性组合、沉积构造、古生物、古水深、硅质含量、黄铁矿含量、测井响应、地球化学等指标，在深水陆棚亚相内识别出4种沉积微相，具体识别标志见表1-3。各沉积微相特征阐述如下。

表1-3 五峰组—龙马溪组沉积微相识别标志

沉积微相	灰质深水陆棚	泥质深水陆棚	砂泥质深水陆棚	硅质深水陆棚
古水深	风暴浪底至陆架坡折，水体深度介于100～200m			
岩性组合	纹层状灰质页岩	以黑灰色黏土质页岩为主	黑灰色粉砂质页岩和黏土质页岩	以灰黑色硅质页岩为主
沉积构造	平行层理	块状层理、水平层理	水平层理、波状层理、韵律层理	块状层理
古生物	少量笔石	笔石，海绵骨针，角石化石	以笔石为主，见海绵骨针，角石	放射虫，海绵骨针等微体化石，富含笔石
硅质质量分数/%	18～30，平均值为22	25～34，平均值为28	23～40，平均值为33	40～70，平均值为47
黄铁矿质量分数/%		0.5～3，平均值为2	1.5～6，平均值为3.5	2～8，平均值为5
自然伽马/API	90～150，平均值为120	150～221，平均值为180	130～200，平均值为150	130～440，平均值为200
电阻率/(Ω·m)	70～160，平均值为120	6～50，平均值为20	6～65，平均值为46	8～100，平均值为45
TOC/%	0.5～2.0，平均值为1.3	0.5～3.2，平均值为1.6	1～3.5，平均值为2.0	3～6，平均值为3.6

硅质深水陆棚微相：主要沉积了灰黑色富有机质硅质页岩，岩性较为均一，发育块状层理，镜下可见粉砂质细纹层。石英含量较高，质量分数一般大于 45%。石英常常呈微晶、不定形结构，表现出似球粒结构[图 1-22(a)]；部分石英呈椭球状，可能为成岩早期硅质充填藻类的囊孢[图 1-22(b)]后期经压实形成。可见海绵骨针、放射虫等骨架物质残片[图 1-22(c)]。碎屑石英和长石含量相对少。硅质页岩中微晶石英主要为硅质生物在成岩过程中转化的产物，在阴极光照射下表现为弱发光—不发光[图 1-22(d)～(f)]，与碎屑石英易于区分。有机质含量较高，质量分数一般为 2.0%～5.0%，有机质主要呈团絮状赋存在微晶石英颗粒间。黄铁矿非常发育，质量分数为 2%～8%，平均为 5%，主要呈莓球状，局部见自形黄铁矿，直径较小，介于 2～4μm[图 1-22(d)]。测井曲线上表现为高自然伽马值(130～440API，平均值为 200API)，低电阻率值(8～100Ω·m，平均值为 45Ω·m)。生物沉积在硅质深水陆棚微相中普遍存在，悬浮沉积物的另一重要组分是生物的骨骼和遗壳。泥页岩中生物成因矿物主要来自生活在透光带的浮游动物和浮游植物，以及生活在海底的底栖生物。浮游生物的有机残骸常常与黏土矿物通过生物化学作用结合成"海雪"沉到海底。

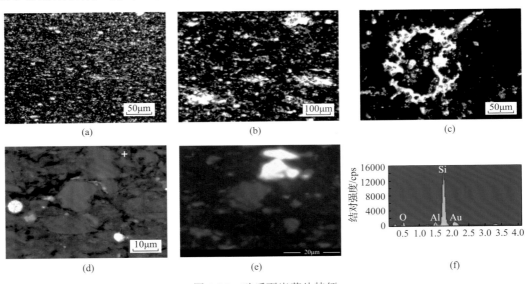

图 1-22　硅质页岩薄片特征

(a)似球粒结构，包含生物化石，经压实形成椭球体，五峰组，焦页 1 井，2570.9m；(b)椭球状的石英，可能为成岩早期硅质充填藻类的囊孢，可见藻的囊壁，五峰组，焦页 1 井，2570.9m；(c)放射虫，龙马溪组，焦页 1 井，2545.2m；(d)硅质页岩背散射图像，五峰组，焦页 1 井，2570.9m；(e)成岩过程中形成石英在阴极光照射下表现为弱发光—不发光，与(c)对应的阴极发光图像；(f)能谱仪测量的自生石英能谱，为图片(d)中标记位置的硅质页岩

砂泥质深水陆棚微相：主要沉积了黑灰色粉砂质页岩和黏土质页岩，发育平行层理、波状层理及韵律层理。石英含量相对硅质页岩低，质量分数介于 30%～40%，主要由陆源粉砂构成。薄片上可见亮色微弱的粉砂质纹层与暗色含有机质泥岩纹层相间[图 1-23(c)、(d)]，陆源碎屑颗粒主要由石英构成，含有少量长石，石英呈漂浮状或连续纹层状产出，分选较差，磨圆中等，次棱角—次圆状[图 1-23(e)、(f)]。粉砂质页岩 TOC 相对较低，

一般为 0.5%～2.0%。测井曲线上表现为相对中等的自然伽马值(130～200API，平均值为 150API)，相对中等的电阻率值(6～65Ω·m，平均值为 46Ω·m)。粉砂质页岩发育纹层状粉砂或韵律性的纹层，小型的冲刷面及小规模的透镜状层理均为牵引流改造的产物，在岩心断面处可见定向排列的笔石化石，这也印证了牵引流的存在。砂泥质深水陆棚微相受底流作用的影响。"底流"的含义比较宽泛，包含温盐差异底流、风力驱动环流、海湾流、内波内潮汐等多种成因的流体。Shanmugam(2003)总结了许多学者的观点，认为底流改造的砂体可以用主要的原生沉积构造来识别，牵引构造是唯一可靠的底流改造砂体的识别标志。

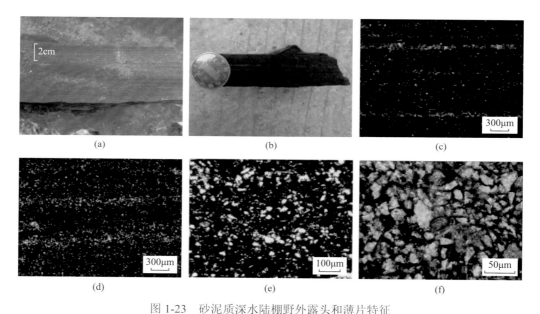

图 1-23 砂泥质深水陆棚野外露头和薄片特征

(a)粉砂质页岩，发育粉砂质纹层，龙马溪组，漆辽剖面；(b)粉砂质页岩，发育粉砂质纹层，龙马溪组，接龙乡剖面；(c)微弱的纹层结构，龙马溪组，A1 井，2363.4m；(d)微弱的纹层结构，龙马溪组，A1 井，2369.6m；(e)粉砂质页岩，见大量陆源粉砂，石英颗粒呈漂浮状，龙马溪组，焦页 1 井，2523.1m；(f)粉砂质页岩，陆源粉砂颗粒分选较差，呈次棱角状，龙马溪组，A4 井，2540.4m

泥质深水陆棚微相：主要沉积黑灰色黏土质页岩，发育水平层理、块状层理。硅质含量较低，质量分数介于 25%～34%，平均值为 33%；黏土矿物质量分数通常大于 50%。在黏土质页岩中石英或长石颗粒粒度一般为粉砂级或黏土级，且含量相对较少(图 1-24)，这是其与砂泥质深水陆棚微相的主要区别。含有硅质海绵骨针生物化石，顺层分布，局部边缘被方解石交代，见笔石化石和角石化石。黏土矿物主要为伊利石、伊蒙混层及少量绿泥石，受压实作用影响，呈平行排列，有机质常常富集在黏土矿物间，呈断续顺层分布，TOC 相对高，一般为 0.5%～3.2%，平均值为 1.6%。测井曲线表现为相对高的自然伽马值(150～221API，平均值为 180API)，低的电阻率值(6～50Ω·m，平均值为 20Ω·m)。

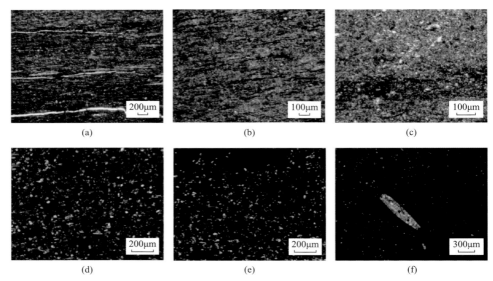

图 1-24 泥质深水陆棚微相岩心薄片特征

（a）黏土质页岩，黏土或粉砂顺层分布，见类似黏结有孔虫目，龙马溪组，A1 井，2471.0m；（b）黏土质页岩，黏土顺层分
布，可见顺层分布的有机质，龙马溪组，A1 井，2452.0m；（c）黏土质页岩，黏土含量高，主要为绿泥石，五峰组，A1 井，
2373.9m；（d）黏土质页岩，石英呈漂浮状，见顺层分布的有机质，龙马溪组，焦页 1 井，2333.9m；（e）黏土质页岩，石英
呈漂浮状，龙马溪组，焦页 1 井，2347.5m；（f）黏土质页岩，见海绵骨针，龙马溪组，焦页 1 井，2352.0m

灰质深水陆棚微相：主要沉积了纹层状灰质页岩，灰白色方解石纹层与灰黑色泥岩
互层，滴酸剧烈起泡（图 1-25）。灰质页岩岩心断面见少量笔石化石；TOC 相对较低，一
般介于 0.5%～2.0%；硅质含量较低，质量分数介于 18%～30%，平均值为 22%；碳酸盐
质量分数介于 10%～30%，主要为方解石，含少量白云石。测井曲线表现为低的自然伽
马值（90～150API，平均值为 120API），相对高的电阻率值（70～160Ω·m，平均值为
120Ω·m）。

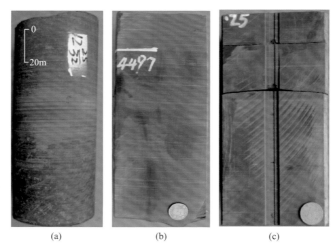

图 1-25 灰质深水陆棚微相岩心特征

（a）灰质页岩，发育纹层状方解石，龙马溪组，A4 井，2571.9m；（b）灰质页岩，发育纹层状方解石，
龙马溪组，YZ1 井，4496.95m；（c）灰质页岩，发育纹层状方解石，龙马溪组，L1 井，2785.25m

　　此外，在四川盆地中部观音桥段存在风暴浅水陆棚微相。观音桥段可划分出两个粒序层段。第一粒序段厚 7cm，介壳较为细碎，自下而上介壳逐渐减少，介壳间为灰黑色硅质泥岩充填，同时发育长条状泥岩角砾，沿水平方向定向排列，中上部角砾呈不规则状杂乱排列。第二粒序段厚 15cm，底部 5cm 层段内介壳较为完整，介壳沿水平方向定向排列，部分介壳出现翻转现象，介壳间发育长条状泥岩角砾，上部 10cm 层段内介壳含量略有减少，介壳较为细碎，介壳间发育不规则状灰黑色硅质泥岩角砾，该段与下伏层段存在一个小型的冲刷面[图 1-26(a)、(d)]。观音桥段由南向北从潮缘相带碳酸盐沉积向陆棚相带泥岩过渡，在大陆架沉积背景上，发育递变的沉积构造，常与逐渐减弱的风暴起因的流动有关，具有侵蚀特征及牵引流机制，与浅海陆棚泥岩沉积序列中的远端"风暴岩"类似。该段上部岩心断面处笔石化石呈定向排列，表明存在牵引流机制[图 1-26(b)、(c)]。通过对观音桥段岩相类型、垂向接触关系及平面分布规律的分析，推测该岩性段具备风暴沉积特征，在 E1 井区介壳保存完整，为原地沉积，而在 A4 井区生物介壳应为晴天浪底之上相对浅水地带的沉积物经风暴搬运而来。

图 1-26　风暴浅水陆棚微相岩心特征

(a)含介壳灰质泥岩，可识别出两个粒序层段，每个段由下至上介壳逐渐减少，观音桥段，A4 井，2613.4m；
(b)笔石定向排列，图(a)岩心顶界面；(c)笔石定向排列，图(a)岩心底界面；(d)含介壳灰质泥岩，观音桥段，
焦页 11-4 井，2356.0m

（三）单井沉积微相

　　以 A4 井为例，在岩心精细观察描述的基础上，结合普通薄片、全岩 XRD 分析及 TOC 测试，分析五峰组—龙马溪组一段沉积微相构成及垂向分布规律如下(图 1-27)。

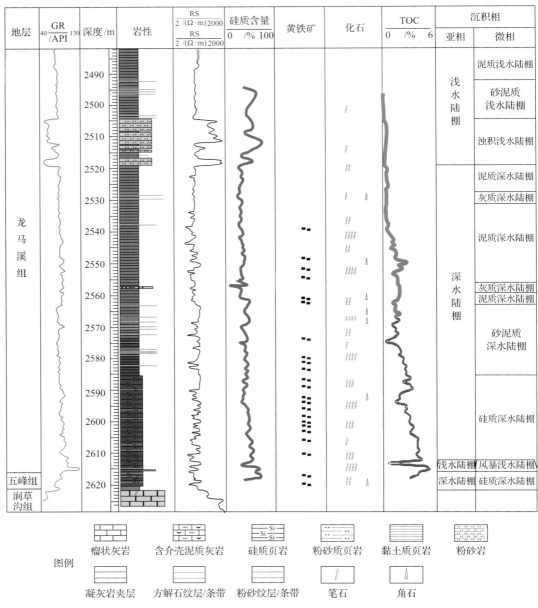

图 1-27　A4 井岩心精细描述及单井沉积微相划分

　　五峰组(对应①小层)主要为硅质深水陆棚沉积,岩性以灰黑色硅质页岩为主,底部为薄层灰黑色硅质页岩与深灰色泥岩不等厚互层(共 0.9m),向上深灰色泥岩逐渐减薄,反映了海侵的过程。发育块状层理和水平层理,富含笔石化石,岩心中可见角石化石。硅质含量高,质量分数介于 35.0%～71.2%,平均值为 59.7%,主要为生物成因石英,陆源粉砂级石英含量相对较低;黄铁矿含量高,质量分数介于 1.9%～5.5%,平均值为 3.9%;TOC 高,介于 3.15%～5.3%,平均值为 4.2%。观音桥段沉积时期,受赫南特冰期的影响，相对海平面下降，沉积了一套含介壳灰质泥岩，厚度为 22cm。主要为风暴浅水陆棚沉积，破碎的生物介壳为风暴搬运而形成的异地沉积。硅质含量和黄铁矿含量较低，TOC 小于 0.5%。龙马溪组一^{1}亚段(对应②～⑤小层)沉积时，主要发育硅质深水陆棚微相，岩性、沉积构造及古生物特征与五峰组相类似，TOC 介于 1.4%～4.4%，平均值为 3.0%。龙马溪组一^{2}亚段(对应⑥、⑦小层)沉积时，主要发育砂泥质深水陆棚微相，岩性主要为黑灰色粉砂质页岩，发育波状层理、透镜状层理和韵律层理，岩心断面处笔石定向排列，表明受到深水底流的影响。石英含量介于 23%～40%，质量分数平均值为 33%，以陆源石英为主；TOC 介于 1%～3.5%，平均值为 2.0%。龙马溪组一^{3}亚段(对应⑧、⑨小层)沉积时，主要发育泥质深水陆棚和灰质深水陆棚微相，岩性主要为黏土质页岩和灰质页岩，硅质含量低，介于 18%～34%，平均值为 25%；黏土矿物质量分数通常大于 50%。TOC 介于 0.5%～3.2%，平均值为 1.8%。

(四)沉积微相平面分布

五峰组沉积时期，四川盆地及邻区形成了"三隆夹一拗"的古地理格局，沉积环境为开口向北、水面辽阔的半封闭海湾。川东—川北地区发育深水硅质页岩，整体处于硅质深水陆棚相带。沉积中心分布在 L1 井区和 N1 井区，地层厚达 10m，向周围五峰组厚度有所减薄，焦页 1 井区五峰组厚度介于 4～5m(图 1-28)。川西北地区受川中隆起的影响，发育泥质深水陆棚微相。

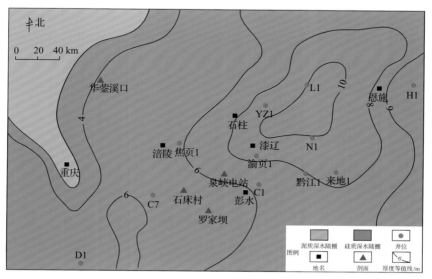

图 1-28　焦石坝地区及周缘五峰组沉积微相图

龙马溪组一^{1}亚段沉积时期，随着气候变暖和全球冰盖的消融，海平面快速上升并形成志留纪最大的海侵，在川东北—川东—川南拗陷区形成广袤的半封闭深水海湾。

川东南地区及周缘主要发育硅质深水陆棚微相，出现两个沉积中心，分别位于北部和西南部（图 1-29）。东南部受江南—雪峰古陆的控制，发育泥质深水陆棚微相。西北部受川中隆起的影响，在隆起周缘主要发育滨岸-泥质浅水陆棚微相。

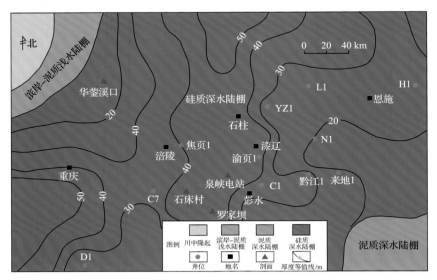

图 1-29 焦石坝地区及周缘龙马溪组一^{1}亚段沉积微相图

龙马溪组一^{2}亚段沉积时期，随着海平面下降和海水向北减退，沉积中心向川中和川北地区迁移。川东南地区深水区大幅度减少，在黔江—利川以东的陆棚区，出现大面积纹层状灰质页岩，为灰质深水陆棚微相。涪陵一带主要发育砂泥质深水陆棚微相，厚度介于 20～30m，以纹层状粉砂质页岩为典型的岩相类型（图 1-30）。西北部受川中隆起

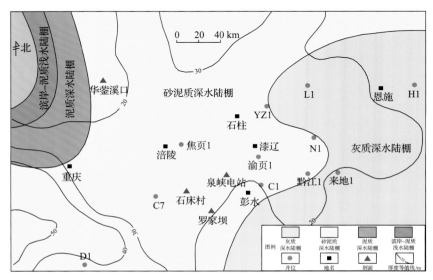

图 1-30 焦石坝地区及周缘龙马溪组一^{2}亚段沉积微相图

的影响，在隆起周缘主要发育滨岸-泥质浅水陆棚微相，向盆地内部过渡为泥质深水陆棚微相。

龙马溪组一³亚段沉积时期，随着海平面下降和海水向北减退，沉积中心继续向川中和川北地区迁移。利川—黔江以东水体较浅，主要发育砂泥质浅水陆棚微相，岩性以灰色、深灰色粉砂质泥岩和泥质粉砂岩为主；涪陵—重庆以西地区整体处于泥质深水陆棚沉积相带，厚度介于 20~30m，岩性以黏土质页岩为主(图 1-31)。西北部受川中隆起的影响，在隆起周缘主要发育滨岸-泥质浅水陆棚微相。

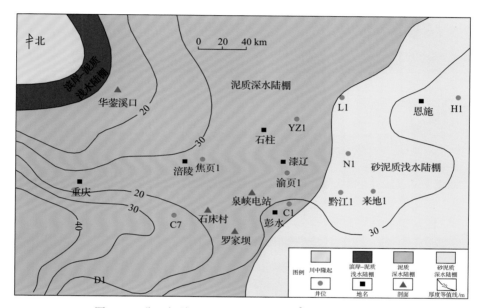

图 1-31　焦石坝地区及周缘龙马溪组一³亚段沉积微相图

四、沉积模式

从图 1-32 可以看出沿四川盆地的东西方向，沉积相具有对称性。两侧为古陆，分别为川中古陆和黔中古陆，由古陆向盆地依次展布滨岸-浅水陆棚、中陆棚、深水陆棚相。深水陆棚相，面积达 $10 \times 10^4 km^2$ 以上，广泛发育暗色页岩，TOC 高。此外，在四川盆地靠东侧一带，见到华蓥山水下隆起。这反映了四川盆地当时海底地形为隆、凹相间的略有起伏的地貌。

在五峰组沉积时期，受到东南方向雪峰山古陆的影响，在四川盆地外围沿着北东-南西方向形成了一个临近雪峰山古陆的凹槽，该凹槽连通了盆地外围古秦岭洋，形成了一套硅质页岩和硅质岩互层的沉积。而沿着黔中古陆向北东方向古秦岭洋一侧发育被动大陆边缘沉积模式，沉积物主要是砂质、灰质、泥质和硅质。

在龙马溪组沉积早期，随着海侵的发生，沉积环境由氧化转为缺氧，在悬浮沉积和生物沉积作用下形成了一套页岩，水体闭塞流动性差，由于缺氧的环境和低的沉积速率，有利于有机质的保存，TOC 高。

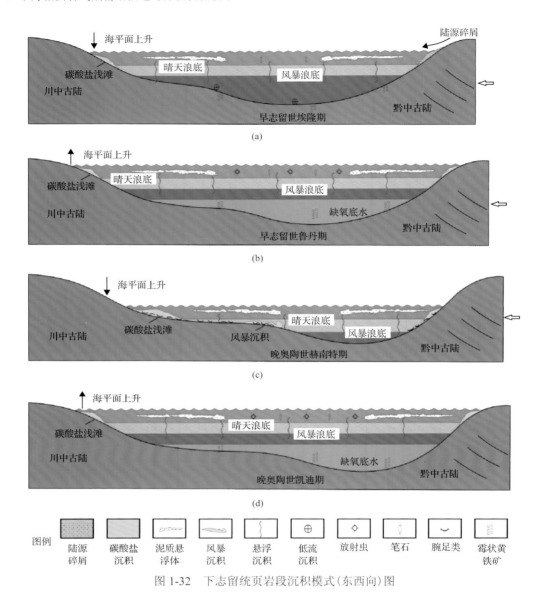

图 1-32 下志留统页岩段沉积模式(东西向)图

第四节　富有机质页岩发育特征

一、富有机质页岩概念及发育特征

作者认为富有机质页岩是指 TOC≥1%的页岩，而当 TOC≥2%时，富有机质质岩称为优质页岩。本书分层统计钻井 TOC 与相应的厚度数据，再综合地质、实验分析、测井、地震资料，开展富有机质页岩尤其是优质页岩分布规律研究。

四川盆地及周缘不同区域的钻井 TOC≥2%的页岩厚度各有不同(表 1-4)。在数据统计的基础上，以 TOC=4%、TOC=2%和 TOC=1%为界线开展 TOC 连井对比分析。

表 1-4   四川盆地及周缘页岩气钻井优质页岩厚度统计

序号	井名	TOC>2%的页岩厚度/m
1	焦页1井	38
2	C7井	30
3	D3井	33.5
4	W1井	27.5
5	Y1井	30
6	C1井	24
7	C5井	32
8	YZ1井	32
9	E1井	20
10	H1井	15.5

从北东-南西向剖面对比来看，TOC≥4%的页岩层段厚度差异较大，显示最优质的烃源岩主要集中分布于焦石坝地区，而仁怀地区、丁山地区和南川地区 TOC≥4%的页岩层段厚度均小于 10m，远低于焦石坝地区。焦石坝地区向川东北区域延伸，TOC≥4%的页岩层段的也略有减小。例如，盐井地区 TOC≥4%的页岩层段主要为五峰组中上部和龙马溪组底部，厚度小于焦石坝地区(图 1-33)。

二、优质页岩平面分布特征

(一)五峰组(对应①小层)优质页岩

五峰组和龙马溪组一段优质页岩的平面分布还是存在差异的。在五峰组沉积时期，沉积中心主要位于四川盆地外围宜宾到凤凰一线，同时在宜宾—长宁、威远—富顺形成两个较小的沉积中心(图 1-34)，主要沉积硅质页岩。因此，TOC≥2%的优质页岩在整个川东地区均在 6m 以上，特别是在石柱—利川一带达 10m 以上，而在涪陵—彭水—丁山一带较大区域内仅 6～8m。另外在宜宾—长宁、威远—富顺也有两个优质页岩厚度大于 10m 的地区。这种分布格局在进入观音桥段沉积时期以后发生了变化，伴随着雪峰山挤压，沉积中心逐渐向北西方向迁移。

(二)龙马溪组一段优质页岩(对应②～⑤小层)

从现有的页岩气井揭示的优质页岩厚度来看(图 1-35)，在龙马溪组一¹亚段沉积时期，以涪陵—宣汉南—利川地区为沉积中心(厚度 30m 以上)，向东南逐渐变薄，至彭水地区厚度为 24m；向南也逐渐变薄，至南川地区厚度为 15m。另外，在威远至江津一带形成另一个沉积中心，优质页岩厚度在 30m 以上，甚至在永川南—江津南地区厚度大于 40m。

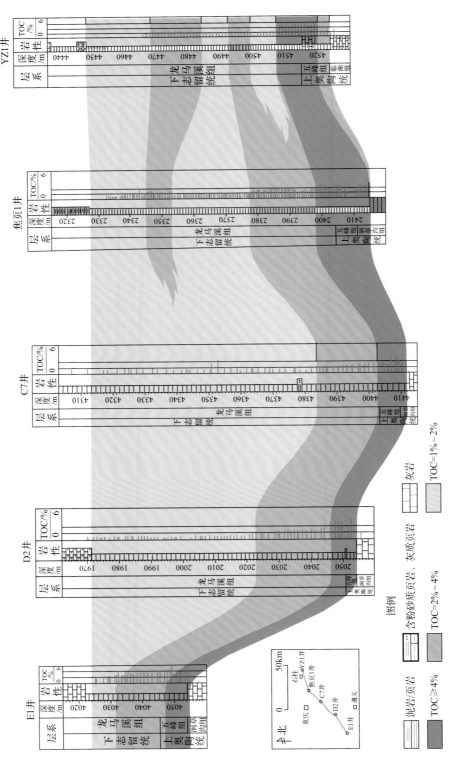

图1-33 北东-南西向五峰组-龙马溪组一段不同TOC的页岩对比图

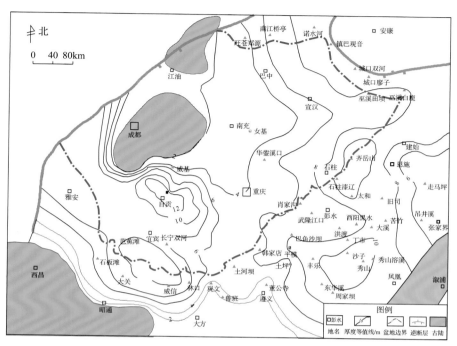

图 1-34　四川盆地及周缘五峰组页岩厚度等值线图(大关以东等值线加"10")

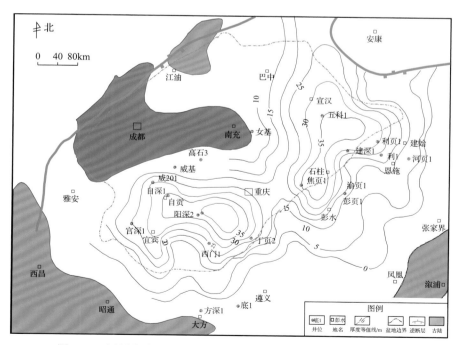

图 1-35　四川盆地及周缘龙马溪组一¹亚段优质页岩厚度等值线图

第二章　页岩气储层表征与评价技术

页岩气储层也是烃源层，因此针对页岩气储层，除分析岩性与矿物组成、孔隙结构与物性外，还应开展页岩有机质及其地球化学特征、页岩含气性等研究。由于页岩属细粒沉积物，孔隙属微纳米级，物性属超低孔渗级，其表征与评价需要纳米 CT 等系列微纳米级实验技术。本章对富有机质页岩矿物组成及其分布、地球化学特征、微观孔隙结构及物性等进行了精细表征，分析了成岩作用及其影响，建立了页岩气储层评价方法。

第一节　矿物组成及其分布特征

一、矿物组成分析

(一)页岩矿物组成

页岩矿物组成极为复杂，主要包括黏土矿物类、碎屑矿物类和有机质等。

黏土矿物类是一种含水的硅酸盐或铝硅酸盐矿物，主要有高岭石、蒙脱石、伊利石及伊蒙混层、绿泥石、水白云母、拜来石等。黏土矿物一般是由陆源矿物搬运沉积形成的；但也有在成岩过程中水与黏土矿物或硅酸盐矿物发生反应而形成的自生黏土矿物，如高岭石、蒙脱石的伊利石化、绿泥石化，主要以填隙和聚集状态赋存。

碎屑矿物类是黏土级大小的非黏土类矿物，一般是陆源区母岩经机械和化学作用破碎的矿物，主要包括石英、燧石、钾长石、斜长石、石灰石、白云石、云母等，此外还有碳质碎屑、铁类氧化物、硫化物及少量重矿物等。在成岩过程中，也形成各种类型的自生矿物，如蛋白石、自生石英、钾长石、钠长石、斜长石、黄铁矿等，呈细小颗粒状，有的自形较好，有的(如黄铁矿)还呈草莓状聚集分布。在页岩气开发中，我们发现优质页岩段发育大量生物化学成因的自生石英。

对于页岩气开发的目的层段，有机质也是其重要组成部分。部分有机质还保留了生物碎屑特征，即生物或植物的完整个体或碎片。

(二)页岩矿物组成分析技术

页岩属于细粒沉积物，其矿物均很细，因此其分析实验技术受限。常规的薄片鉴定法通常只能通过结晶特点观察和光学性质测定来大致鉴定页岩中的碎屑矿物成分，但对页岩中的黏土矿物难以鉴别。一般地，要应用扫描电镜、X 射线衍射、电子探针、微区矿物分析等方法进行分析、鉴定。

1. 扫描电镜分析技术

扫描电镜所用的样品(薄片)可以是普通方法制备的，也可以是氩离子抛光技术制备的。

扫描电镜就是利用聚焦非常细的高能电子束在样品上扫描，激发出各种物理信息。按"科普中国"介绍，当一束极细的高能入射电子轰击扫描样品表面时，被激发的区域将产生二次电子、俄歇电子、特征 X 射线和连续谱 X 射线、背散射电子、透射电子，以及在可见、紫外、红外光区域产生电磁辐射。同时可产生电子-空穴对、晶格振动(声子)、电子振荡(等离子体)。通过对这些信息的接受、放大和显示成像，获得样品表面形貌特征，进而根据不同形貌确定矿物组成。

电子束撞击样品并将部分能量转移到样品的原子上。这种能量可以使原子中的电子"跳跃"到具有更高能量的能量轨道，或者是脱离原子。如果发生这样的转变，电子就会留下一个空位。空位相当于一个正电荷，会吸引来自高能量轨道的电子填补进来。当这样一个高能量轨道的电子填满低能量轨道的空位时，这种转换的能量差可以以 X 射线的形式释放出来。X 射线的能量是通过这两个轨道之间的能量差的特征所展现出来的。它取决于原子序数，是每个元素的属性。所以，X 射线是每个元素的"指纹"，可以用来识别样品中存在的元素的类型，进而确定矿物组成。

2. X 射线衍射分析技术

不同的多晶体物质的结构和组成元素各不相同，当 X 射线沿某个方向入射时，它们的衍射花样在线条数目、角度位置、强度上呈现出差异。衍射花样与多晶体的结构和组成有关，一种特定的物相具有自己独特的一组衍射线条(即衍射谱)，反之不同的衍射谱代表着不同的物相。若多种物相混合成一个试样，则其衍射谱就是其中各个物相衍射谱叠加而成的复合衍射谱。因此，可以通过测定试样的复合衍射谱，并对复合衍射谱进行分解，从而确定样品的物质组成。物相定量分析的任务是用 X 射线衍射技术准确测定混合物中各相的衍射强度，从而求出多相物质中各相的含量。其理论基础是物质参与衍射的体积或者质量与其所产生的衍射强度成正比。因此，可通过衍射强度的大小求出混合物中某相参与衍射的体积分数或者质量分数，从而确定混合物中某相的含量。

3. 电子探针分析技术

电子探针的功能主要是进行微区成分分析。其原理是用细聚焦电子束入射样品表面，激发出样品元素的特征 X 射线，分析特征 X 射线的波长(或特征能量)则可知道样品中所含元素的种类(定性分析)；分析 X 射线的强度，则可知道样品中对应元素含量的多少(定量分析)。

4. 多种技术综合应用

笔者采集焦石坝地区钻井岩心样品，开展了偏光薄片鉴定与氩离子抛光-扫描电镜鉴定，辅以能谱分析、X 射线衍射分析、黏土 X 射线衍射分析，较好地分析了龙马溪组一段页岩的矿物组成，具体如下(图 2-1)。

龙马溪组一^{1}亚段以灰黑色富有机质硅质页岩为主。在无机组分方面，石英含量高，质量分数一般大于 45%，常常呈微晶(1～2μm)、微晶聚集体结构[图 2-1(a)、(b)]，在阴极光照射下表现为弱发光—不发光，分析其主要是在成岩过程中形成的。碎屑石英和长石含量相对较少。黄铁矿含量高，质量分数介于 1.9%～5.5%，平均值为 3.9%，主要呈莓球状集中分布，局部见自形黄铁矿，直径较小，介于 2～4μm。

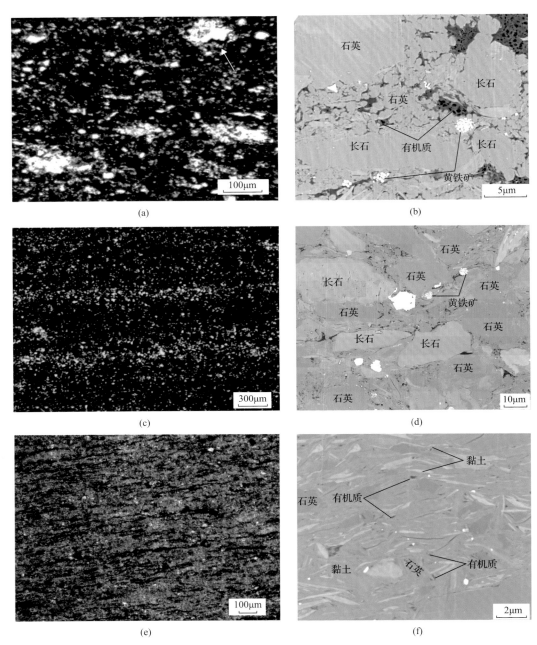

图 2-1 焦页 1 井龙马溪组一段岩石微观特征

(a)硅质页岩,偏光薄片可见球状石英,形成于早成岩阶段,龙马溪组一¹亚段;(b)硅质页岩,扫描电镜下可见自生微晶石英(1~3μm)、不规则的微晶石英及草莓状黄铁矿,龙马溪组一¹亚段;(c)粉砂质页岩,偏光薄片可见纹层状结构,大量陆源石英发育,龙马溪组一²亚段;(d)粉砂质页岩,以陆源粉砂为主,扫描电镜下可见石英与长石,长石表面可见溶蚀孔,龙马溪组一²亚段;(e)黏土质页岩,偏光薄片可见黏土矿物顺层分布,层内含有机质,龙马溪组一³亚段;(f)黏土质页岩,扫描电镜下黏土矿物具有一定的定向性,龙马溪组一³亚段

龙马溪组一²亚段以灰黑色-黑色含粉砂质页岩及粉砂质页岩为主,夹薄层碳质页岩,

砂质含量明显增多；石英含量相对硅质页岩较低，质量分数介于 30%～40%，主要由陆源石英构成；还有少量长石，呈漂浮状或连续纹层状产出，分选较差，磨圆中等，次棱角—次圆状 [图 2-1(c)、(d)]。

龙马溪组一 ^{3} 亚段主要为黑灰色黏土质页岩。硅质矿物含量较低，质量分数介于 25%～34%；黏土矿物质量分数通常大于 50%。其中石英和长石颗粒一般为粉砂级或黏土级，且含量相对较少 [图 2-1(e)、(f)]。黏土矿物主要为伊利石、伊蒙混层，受压实作用影响，呈平行排列。此外，该亚段还存在纹层状灰质页岩，碳酸盐质量分数介于 10%～30%，主要为方解石，含少量白云石；硅质含量较低，质量分数介于 18%～30%。

二、矿物组成分布特征

通过大量样品分析，再结合测井矿物组成解释成果数据，笔者发现四川盆地及周缘地区五峰组—龙马溪组一段富有机质页岩的矿物组成具有较明显的空间分布规律。

（一）纵向上矿物组成变化

在焦石坝地区，针对一口典型井五峰组—龙马溪组一段富有机质页岩段，系统采集 86 个样品进行了 X 射线衍射、黏土矿物分析，表 2-1 为各小层矿物组成平均值统计结果（②小层未有样品分析数据），可以发现八个小层的石英含量平均值具有明显的从下往上总体减少的趋势，其中①小层石英平均质量分数高达 58.42%，③小层为 47.95%，①～⑤小层优质页岩段石英平均质量分数为 38.71%～58.42%，而⑥和⑦小层的石英平均质量分数降至 31.07%～33.31%，⑧和⑨小层的石英平均质量分数更是低于 30%。长石质量分数平均值在①～⑥小层由 5.98% 逐步增加到 13.54%，至⑨小层又逐步减少到 7.23%。碳酸盐矿物质量分数平均值表现为：①～⑤小层的优质页岩段呈由 5.74% 增至 13.72% 又降至 7.68% 的一个旋回，⑥～⑨小层呈由 11.43% 增至 11.82% 又降至 3.86% 的另一个旋回。黄铁矿质量分数平均值总体在 1.48%～2.83% 变化，未表现出较强的规律性。赤铁矿则仅

表 2-1 焦石坝典型井实测主要矿物含量分小层平均值统计表 （单位：%）

小层	黏土矿物含量					石英	长石	碳酸盐	黄铁矿
	伊蒙混层	伊利石	高岭石	绿泥石	总量				
⑨	27.37	29.43	0	2.55	59.35	27.85	7.23	3.86	1.48
⑧	23.49	22.72	0	2.68	48.89	28.66	8.85	10.95	2.65
⑦	19.01	18.26	0	4.36	41.63	33.31	10.54	11.82	2.7
⑥	18.46	21.44	0	2.45	42.35	31.07	13.54	11.43	1.62
⑤	21.06	17.04	0	2.96	41.06	38.71	9.73	7.68	2.83
④	22.04	13.28	0	1.91	37.23	40.40	8.40	10.41	2.52
③	21.79	5.4	0	0.78	27.97	47.95	7.82	13.72	1.76
②	—	—	—	—	—	—	—	—	—
①	19.26	8.99	0.31	1.07	29.63	58.42	5.98	5.74	2.67

注："—"表示未有样品分析数据。

在少量样品中测得，基本在 1.05%以下。按照一般的概念，将石英、长石和碳酸盐矿物视为脆性矿物，则可以发现，本井脆性矿物含量总体较高，各小层平均值介于 38.94%～70.14%，具有明显的向上逐渐减少的规律，其中①～⑤小层的优质页岩段脆性矿物质量分数高达 56.12%以上，可压性良好。

该井各小层黏土矿物含量平均值则体现出较强的由下往上逐步增加的趋势。其中①、③小层黏土矿物质量分数平均值低于 30%，向上④～⑨小层则由 37.23%逐步增加至59.35%。在黏土矿物中，主体为伊蒙混层和伊利石，二者基本上占黏土矿物含量的 90%以上，其中伊蒙混层含量平均值由①小层的 19.26%向上逐步增加至⑨小层的 27.37%，变化规律为增高—降低—再增高；伊利石自下而上也逐渐增加，①小层和③小层伊利石质量分数平均值低于 10%，④～⑨小层伊利石质量分数平均值由 13.28%逐步增加到 29.43%；绿泥石质量分数平均值介于 0.78%～4.36%，变化规律不太强；高岭石基本不发育，仅在①小层见少许(0.31%)。

图 2-2 为焦石坝典型井页岩矿物含量示意图，从图中可以发现：石英、长石和碳酸盐等脆性矿物含量与黏土矿物含量呈此消彼长的关系，在下部优质页岩段，脆性矿物含量高，而黏土矿物含量低，这种矿物组成是其可压性良好的内因。

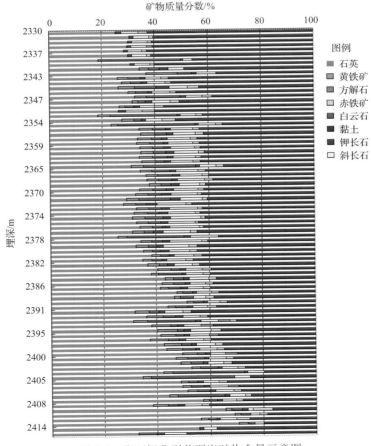

图 2-2 焦石坝典型井页岩矿物含量示意图

（二）横向上矿物组成变化

海相页岩气层段矿物组成横向变化比较缓慢，因此在局部区域具有相对稳定性。图 2-3 显示，涪陵页岩气田主体及南部四口井岩心分析获得的优质页岩段脆性矿物含量变化较小，总体在 64.2%～69.1%，最大差值小于五个百分点，相对而言涪陵南部井（B1井、B3 井、B4 井）优质页岩段脆性矿物含量略高于北部井。

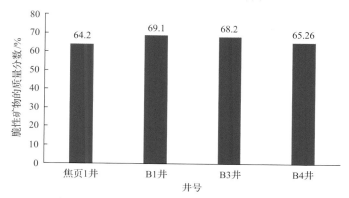

图 2-3　不同钻井优质页岩的脆性矿物对比图

但是，不同地区、不同海相页岩气层段矿物组成差异还比较大。表 2-2 显示①和②小层石英含量从威荣地区至彭水地区逐步增大，黏土矿物含量则逐步减少。③～⑥小层石英含量总体上从威荣地区至武隆地区逐步增高，到彭水地区有较大幅度下降；黏土矿物含量则从威荣地区至永川地区总体上有所增加，至武隆地区则逐步降低，至彭水地区又有所增高。⑦小层石英含量基本稳定在 35% 左右，黏土矿物含量则从威荣地区至彭水地区逐步降低。⑧小层石英含量在威荣地区至永川地区稳定在 38% 左右，在涪陵地区至彭水地区则在 30% 左右；黏土矿物含量从威荣地区向东至彭水地区整体上逐步降低。⑨小层石英含量也是在威荣地区至永川地区稳定在 38% 左右，在涪陵地区至彭水地区则

表 2-2　不同地区各小层石英含量与黏土含量统计表　　　　　（单位：%）

小层	石英含量					黏土矿物含量				
	威荣	永川	涪陵	武隆	彭水	威荣	永川	涪陵	武隆	彭水
⑨	38.0	38.50	27.85		29.97	57.0	47.21	59.26		50.43
⑧	38.6	38.30	28.66	32.20	33.10	56.2	47.36	50.66	41.77	39.48
⑦	37.5	29.00	33.31	35.43	35.94	56.5	48.33	40.86	41.73	31.09
⑥	37.8	28.60	31.07	38.98	37.84	49.2	52.25	42.35	40.00	30.63
⑤	38.6	32.70	38.71	41.65	35.89	51.2	48.17	41.49	31.57	31.67
④	33.2	35.86	40.40	57.47	40.69	43.3	50.29	37.38	21.80	26.84
③	37.1	48.81	47.95	59.11	51.35	38.5	41.33	30.50	21.75	25.29
②	37.0	55.33	—	60.20	61.10	32.2	26.75		19.35	20.70
①	37.3	39.90	58.42	56.77	67.30	33.8	40.60	27.80	24.27	23.70

注：空白处指该地区该小层未做相应的样品分析。

在 30%左右；黏土矿物含量从威荣地区至永川地区大幅度下降，到涪陵地区大幅度增加，至彭水地区又逐步降低。

第二节 富有机质页岩地球化学特征

一、地球化学特征

(一)地球化学特征分析技术

在页岩气开发评价中，富有机质页岩地球化学特征分析的主要内容是分析 TOC、有机质类型与演化程度。

1) TOC 测定

将岩石样品粉碎至粒径小于 0.2mm 的颗粒，用 5%的稀盐酸煮沸，除去碳酸盐后的剩余残渣在高温有氧条件下燃烧，将有机质燃烧释放出 CO_2。检测产生的 CO_2 并将其换算成碳元素的含量。根据 CO_2 含量的检测原理不同可分为体积法、重量法、容量法、库仑法、仪器法，其中比较常用的为重量法与仪器法两种。重量法：先用稀盐酸除去岩石样品中的无机碳，然后将样品放在高温氧气流中燃烧，生成的 CO_2 用碱石棉吸收，以碱石棉的增量计算出 TOC。仪器法：先用稀盐酸除去岩石样品中的无机碳，然后将样品放在高温氧气流中燃烧，将总有机碳转化成 CO_2，经红外检测器检测出总有机碳含量。

2) 有机质类型测定

通常用两种方法划分有机质(干酪根)类型：一种是通过干酪根显微组分镜下鉴定来划分有机质(干酪根)类型，即在数百倍镜下，先统观样品全貌，再对显微组分进行透射光、落射荧光鉴定，分别选择 50 个以上视域统计各组分所占面积，进而统计各显微组分含量，采用各组分含量加权计算类型指数 TI，并按标准划分有机质(干酪根)类型。另一种是通过干酪根的 C、H、O 元素测定划分有机质(干酪根)类型。在装有 Cr_2O_3 和 Cr_3O_4 的石英燃烧管中，在 1020℃下有机质被氧化成 CO_2、H_2O 及 NO_x，再将其通过 600℃的还原铜管，氧化物被还原成氮，生成的 CO_2、H_2O、N_2 由色谱柱分离，分别由热导检测器鉴定，最后根据 C、H、O 比值划分有机质(干酪根)类型。

3) 演化程度测定

通常应用镜质组反射率 R_o 反映页岩有机质演化程度。镜质组反射率测定仪器主要利用光电效应原理，通过光电倍增管将反射光强度转变为电流强度，并与相同条件下已知反射率的标准样品产生的电流强度相比较而得出镜质组反射率。根据测定需要，选用合适的国内外镜质组反射率测定的标准样品系列。

(二)川东南及邻区地球化学特征

1. TOC

川东南及邻区五峰组—龙马溪组富有机质页岩 TOC 变化较大，一般介于 1.0%~5.0%，最高可达 8.1%。本书对焦页 1 井、C1 井等探井 838 个五峰组—龙马溪组泥页岩样品进行了统计，结果显示富有机质页岩平均 TOC 达到 2.53%。其中，TOC 大于 2%的样品约占到样品总数的 60%(图 2-4)。本书将 TOC≥2%的富有机质页岩称为优质页岩。从川东南及邻区各井样品分析结果来看，优质页岩集中分布在五峰组和龙马溪组一^{1}亚段，即通常所说的优质页岩段。各井分析表明，优质页岩段在焦页 1 井厚度为 38m，TOC 介于 2.01%～5.89%，平均值为 3.63%；在 C1 井厚度为 24m，TOC 介于 2.13%～4.74%，平均值为 3.28%；在 C7 井厚度为 34m，TOC 介于 0.35%～7.90%，平均值为 3.41%；在 D3 井厚度为 31.6m，TOC 介于 2.00%～6.00%，平均值为 4.04%；在 E1 井 TOC 介于 3.05%～7.85%，平均值为 4.43%；在威远地区威 X1 井，TOC 介于 2.00%～8.09%，平均值为 3.43%(图 2-5)。在纵向上富有机质页岩主要分布于五峰组—龙马溪组下部，有机质丰度具有自下向上逐渐变低的特点(图 2-6)。

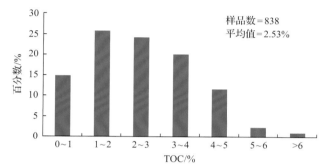

图 2-4　川东南地区五峰组—龙马溪组页岩 TOC 分布图

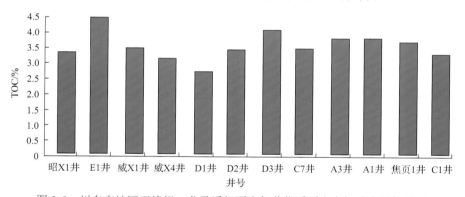

图 2-5　川东南地区五峰组—龙马溪组页岩气井优质页岩有机碳含量柱状图

从平面分布特征来看，高有机碳含量区主要位于黑色页岩的沉积中心。在自贡—桐梓一带为川南—黔北高值区，TOC 普遍大于 2%，局部地区超过 4%。在鄂西—渝东的南川—隆—石柱①—利川—建始一带也为有机碳含量高值区，TOC 普遍大于 2%，在武隆—彭水—黔江—利川—石柱一带超过 3%(图 2-7)。

2. 有机质类型

对四川盆地及周缘地区焦页 1 井、兴文县晏阳镇等剖面共 79 个五峰组—龙马溪组泥页岩样品进行了干酪根碳同位素测试并对其结果进行了统计分析，结果表明：干酪根碳

① 石柱全称为石柱土家族自治县(简称石柱)。

同位素值介于–30.7‰～–25.6‰，平均值为–29.5‰，其中，有 72%的样品干酪根碳同位素值小于–29‰，22%的样品干酪根碳同位素值介于–29‰～–28‰，极少数样品干酪根碳同位素值大于–27‰，揭示该套页岩有机质类型以腐泥型和腐殖-腐泥型为主，低等浮游生物是主要的母质来源。

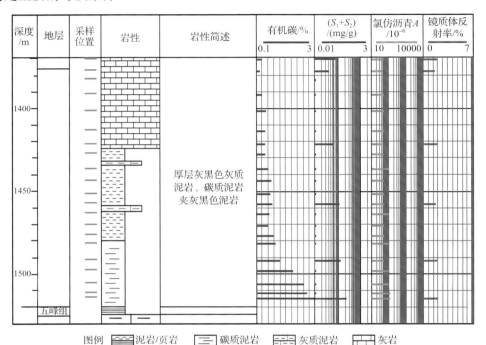

图 2-6　D1 井五峰组—龙马溪组一段页岩地化剖面图

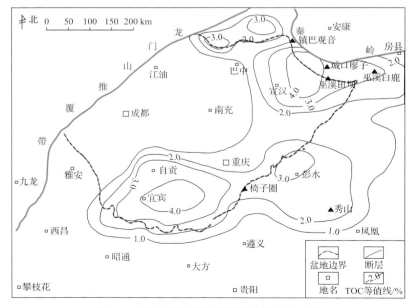

图 2-7　下志留统泥质烃源岩有机碳分布图

3. 演化程度

四川盆地及周缘上奥陶统—下志留统泥页岩演化程度较高，钻井及野外剖面样品测试数据统计结果表明(表2-3)，川南—川东南各井点 R_o 平均值均在2%以上。从平面上看，除川西北及江南雪峰西北缘热演化程度相对较低(R_o值小于2.0%)外，四川盆地及周缘其他地区普遍进入过成熟阶段，特别是鄂西—渝东和宜宾—泸州两个地区热演化程度很高，其 R_o 值大于3.0%(图2-8)。

表2-3　四川盆地及周缘上奥陶统—下志留统页岩 R_o 值汇总表

井号/剖面名称	层位	颜色+岩性	R_o/%			
			最大值	最小值	平均值	样品数
焦页1井	S_1l	灰黑色泥岩	3.13	2.2	2.65	9
C1井	O_3w—S_1sh	黑色含粉砂质页岩	2.95	1.91	2.64	28
渝页1井	S_1l	黑色页岩	2.28	1.61	2.04	21
昭X1	S_1l	黑色页岩、粉砂质页岩	4.10	2.20	2.96	22
D3井	S_1l	黑色页岩	2.94	2.94	2.94	1
C7井	S_1l	黑色页岩	2.83	2.03	2.41	17
E1井	S_1l	黑色页岩	2.88	2.33	2.66	7
威X1井	S_1l	黑色页岩	2.70	2.64	2.68	3
昭X2井	S_1l	黑色页岩	3.92	2.69	3.58	8
石柱县马武镇漆辽	O_3w—S_1sh	风化页岩	2.52	2.11	2.29	3
南江桥亭—沙滩	O_3w—S_1sh	黑色页岩	2.79	2.2	2.50	2

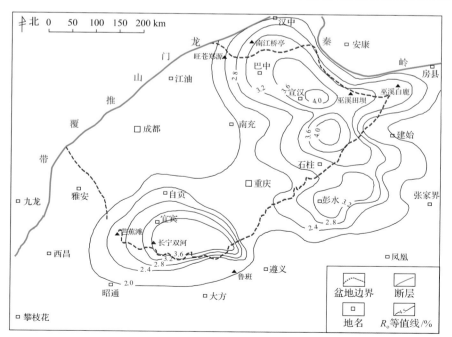

图2-8　下志留统泥质烃源岩演化程度分布图

对四川盆地不同地区龙马溪组烃源岩热演化史的对比研究(图2-9)表明,建深1井龙马溪组烃源岩烃源岩在早二叠世进入生油门限,在晚二叠世末期进入成熟阶段生油高峰期,在中三叠世末进入了湿气-凝析油阶段,在早侏罗世进入过成熟干气阶段;D1井龙马溪组烃源岩在二叠纪进入生油门限,在三叠纪进入成熟阶段生油高峰期,在中侏罗世进入湿气-凝析油阶段,在晚侏罗世进入过成熟阶段;而盆地内部大部分地区五峰组—龙马溪组烃源岩进入过成熟阶段较晚,且后期构造抬升较晚,对于页岩气保存较为有利。

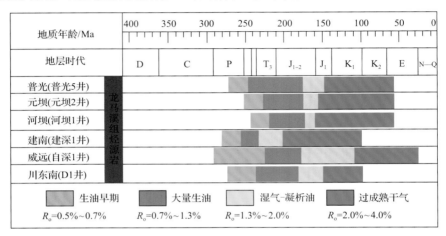

图2-9　四川盆地下志留统龙马溪组生烃史差异性对比图

二、成烃生物及其生烃潜力

(一)焦石坝地区成烃生物发育情况

本书所提成烃生物是指页岩中曾经生成过烃的古生物。五峰组—龙马溪组页岩主要赋存低等生物,并经历长期热演化,故原始生物形态及内部结构均已遭受强烈改造,只能通过反射光、透射光及扫描电镜对成烃生物进行观察和干酪根薄片镜下鉴定,参考前人(申宝剑等,2016)的研究成果,本书将四川盆地下古生界页岩气层系中成烃生物划分为有形态成烃生物和无形态成烃生物(表2-4),其中有形态成烃生物包括藻类体

表2-4　四川盆地下古生界页岩成烃生物分类

类型	显微组分		来源	成因
有形态成烃生物	藻类体	结构藻类体	疑源类、浮游藻类	生物经过复杂热演化作用及凝胶化作用或者其他后期改造作用形成
		层状藻类体	浮游藻类	
		宏观底栖藻类体	底栖藻	
	动物碎屑	几丁石	几丁虫	
		笔石	笔石	
		海绵骨针	海绵动物	
无形态成烃生物	无定形体		藻类	由藻类等低等水生生物降解形成
	微粒体		有机质、分散凝胶基质	富氢有机质及沥青质体和矿物沥青基质热演化及微粒化形成

(结构藻类体、层状藻类体、宏观底栖藻类体)和动物碎屑(笔石、几丁石、海绵骨针等)两类，无形态成烃生物主要指生烃过程产生的无定形体、微粒体等。

1. 有形态成烃生物特征

1)藻类体

藻类体是四川盆地下古生界页岩气层系中最主要、最常见的一种类型。综合其形态和来源，我们将藻类体进一步划分为层状藻类体、结构藻类体和宏观底栖藻类体三类。

层状藻类体：是浮游藻类经热演化作用而形成的，在透射光下能见到类似的藻纹层，呈暗黑色，纹层宽度不一，与矿物层形成明暗相间的纹层，纹层之间可能夹有独立分散分布的结构藻类体。由于演化程度高，结构藻类体内部结构不明显，整体呈现黑色团状结构[图 2-10(a)]。而在反射光下，由于与矿物包裹，残余有机质颗粒细小，纹层状结构不是很明显[图 2-10(b)]。

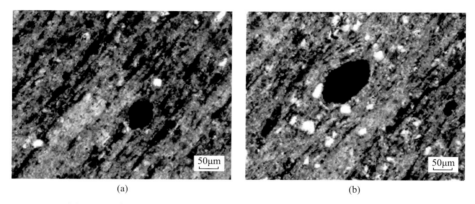

图 2-10　志留系龙马溪组层状藻类体显微照片(A4 井，2519.88m)

(a)透射光照片；(b)反射光照片

结构藻类体：四川盆地下古生界黑色富有机质页岩中结构藻类体基本来源于疑源类和浮游藻类，以疑源类为主，尤其是在五峰组页岩中。疑源类是一个未知或不确定生物亲缘关系的有机质壁微体化石类群，它们可能代表包括海生杂色藻、绿藻和单细胞原生物的有机质壁囊胞，以及一些真菌孢型、高等生物的卵及其他非海相形态类型，其中以单个膜壳保存的疑源类化石为主，可能源自单细胞生物。疑源类膜壳中空，个体规模从小于 20μm 至大于 250μm 不等，多数为球形，也有圆柱形、长颈瓶形、梨形及星形等。突起是从膜壳表面突出的线性附生物，是疑源类的重要形态特征，一般常见和较典型的突起都长于 5μm。突起的大小、形状、与膜壳的连接样式及表面的雕饰等有很大差异。此外，许多疑源类具有休眠状态原生质体脱囊的证据，即脱囊结构，在膜壳壁上表现为各种形状的开口。四川盆地五峰组－龙马溪组底部发育较多的疑源类化石有瘤面椭球状、光面球状或椭球状、多孔球状、刺球状、糙面或表面凸起球状、不规则状等众多形态，在反射光下能见到部分内部平滑均一，边缘平整或者呈现锯齿状，而且许多个体内部侵染颗粒状黄铁矿；透射光下见到的球状、椭球状藻类体也不是单一种类的，有的内部被硅质、钙质充填，有的能见到内部层圈状结构。

宏观底栖藻类体：主要来源于较大型的水生藻类或底栖宏观藻类，可分为多核体和多细胞集合体两类。偏光显微镜下见到的宏观底栖藻类保存极差，多为碎片形态(图 2-11)，与高等植物镜质体比较相似，由于后期改造，未能观察到其内部结构，其中图 2-11(a)的宏观底栖藻类碎片略带褐色。

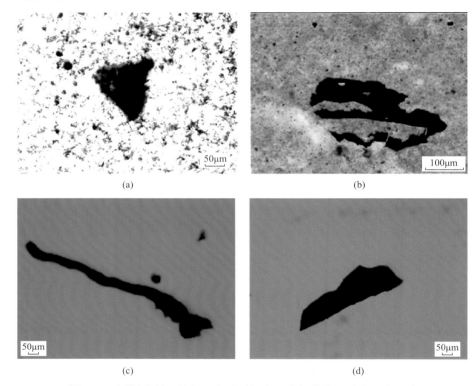

图 2-11　四川盆地五峰组—龙马溪组宏观底栖藻化石碎片显微照片
(a)、(c)、(d)为焦页 1 井龙马溪组；(b)为 A4 井龙马溪组

2）动物碎屑

动物碎屑有机质主要由海洋浮游动物原地沉积转化而来，如五峰组—龙马溪组页岩中存在大量的笔石、几丁虫和海绵骨针类动物化石。

笔石：是一类灭绝的浮游动物，主要生存于早古生代的海洋中，一般其部分或整体残留物呈扁平状保存在富有机质泥页岩中。五峰组—龙马溪组笔石常呈碎片分散于矿物基质中，颗粒尺寸较固体沥青大，大多形态保存不好，形态较好的一般具有板条状特征[图 2-12(a)、(b)]，或是保留对称的外壳残留[图 2-12(c)、(d)]。显微镜下，这些可观察到的笔石碎屑来源于笔石的周皮组织(Link et al.，1990；Briggs et al.，1995)，无荧光，在反射光下呈现颗粒状(镶嵌)或非颗粒状(均质)两种形态，非颗粒状碎屑比颗粒状碎屑具有更高的反射率值和更明显的双反射现象(Goodarzi，1984)。非颗粒状笔石碎屑主要分布于页岩中，而颗粒状笔石碎屑普遍存在于碳酸盐岩中。在龙马溪组页岩中，主要存在非颗粒状的笔石碎屑。而在扫描电镜下，可发现结构保存完整的笔石个体(图 2-13)，笔石周皮外壳平行纹理结构清晰可见，周皮内部生长有黄铁矿颗粒。垂直层理面的截面上笔石呈薄片状平行层理面分布，与上下矿物之间存在明显的缝隙。

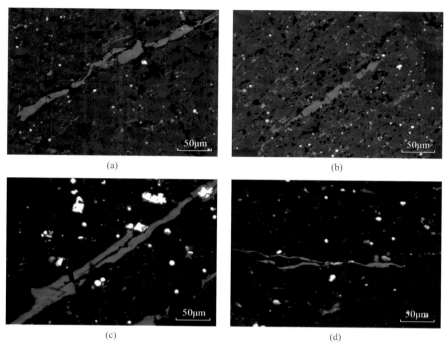

图 2-12 四川盆地五峰组—龙马溪组笔石反射光显微照片

(a)焦页 1 井，2406.12m；(b)D2 井，2049.72m；(c)林 1 井，762.5m，油浸；(d)C7 井，4371.22m，油浸

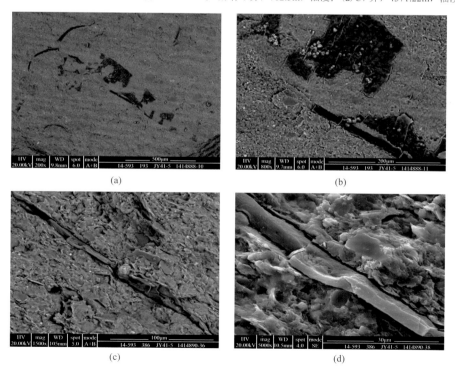

图 2-13　A4 井龙马溪组笔石扫描电镜显微照片

（a）、（b）2550.75m，天然层理面上笔石个体，（b）为（a）的局部放大，是明显的周皮结构，伴有黄铁矿颗粒；
（c）、（d）2590.29m，天然断面上笔石截面，（d）为（c）的局部放大；（e）、（f）2599.41m，天然层理面上直笔石化石，
（f）为（e）的局部放大，是明显的外壳平行纹理结构

　　几丁虫：是早古生代海洋沉积中的一类具有有机质壳壁的海洋微体化石。这类微体化石的亲缘关系仍然未确定。几丁石是划分、对比奥陶系—泥盆系的一类重要的标准化石，其基本形状为扁壶形、长棒形、酒瓶形。壳体辐射对称，一端开口一端封闭，大小介于 50～2000μm。扫描电镜下可见多种类型的几丁石（图 2-14）。

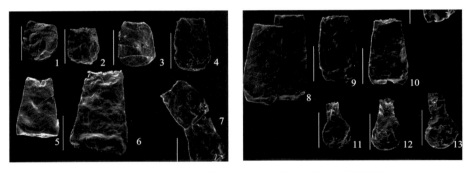

图 2-14　焦页 1 井龙马溪组部分几丁虫化石扫描电镜显微照片
1～9 为化石标本编号

　　海绵骨针：见于龙马溪组底部，两轴四射式，细长针状，内部呈黄铁矿化[图 2-15（a）]或为硅质矿物和有机质的结合体，内部含有机质[图 2-15（b）]。横切面轴心为有机质，边缘为硅质矿物包裹[图 2-15（c）]，也可能不含有机质，全部为硅质矿物[图 2-15（d）]，直径一般不超过 100μm。

　　2. 无形态成烃生物特征

　　无定形体：是藻类、浮游动物、细菌等经热演化作用强烈降解形成的残余有机质。早期形成的无定形体具有明显的荧光，显示较好的生烃潜力，随着成熟阶段大量生烃，残余有机质减少，在全岩光片中以细小颗粒分散于基质之中，其特征与沥青非常相似。而在干酪根样品中，由于无机矿物的溶解与去除，原先充填于基质中的无形态有机质呈现相同的形态与光性，统一称为无定形体。

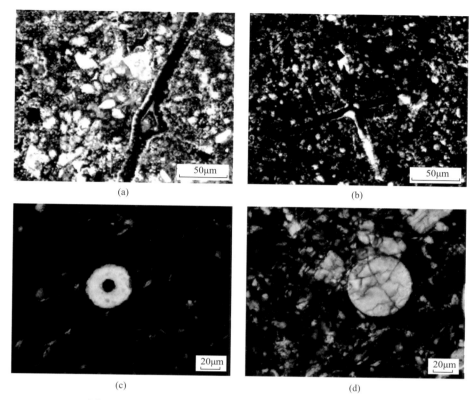

图 2-15　四川盆地五峰—龙马溪组海绵骨针化石显微照片
(a)、(b)焦页 1 井，2411.1m；(c)、(d)焦页 1 井，2387.65m

微粒体：是富氢组分在热演化过程中生烃的残余物(刘大锰，1995)。在显微镜下，微粒体呈现出由极细小的颗粒密集组合在一起形成颗粒集合体，一般为圆形，反射色较高。下古生界寒武系筇竹寺组黑色泥页岩中的微粒体含量较高，说明微粒化作用较强烈。

(二)成烃生物生烃潜力

本书采取仿真地层热压模拟实验技术，对海相不同有机质类型(成烃生物)烃源岩原样进行了仿真地层热压模拟实验。原样仿真地层热压模拟实验结论(图 2-16)如下。

浮游藻类生物形成 I 型优质烃源岩，其在高成熟阶段早期达到生气高峰，最高生气率达到 418.09kg/tC，总有机碳中约 32% 转化为甲烷。在生气过程中，约有 85% 的 I 型优质烃源岩先在成熟阶段生成原油，然后在高成熟—过成熟阶段再裂解成烃气(甲烷)。

以底栖藻类为主的生物形成 II 型优质烃源岩，也是在高成熟—过成熟阶段早期达到生气高峰，最高生气率为 257.06kg/tC，总有机碳中约 20% 转化为甲烷，在生气过程中约有 71% II 型优质烃源岩先在成熟阶段生成原油，然后在高成熟—过成熟阶段再裂解成烃气(甲烷)。与 I 型优质烃源岩相比，最高生气率约降低了 38%，原油再裂解成烃气(甲烷)的比例约降低了 15%。

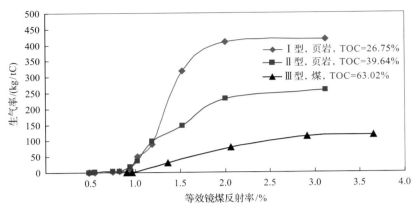

图 2-16　烃源岩（Ⅰ&Ⅱ）和煤岩（Ⅲ）原样仿真地层热压模拟实验生气率对比

以高等植物为主的煤岩是Ⅲ型优质烃源岩，在高成熟—过成熟阶段达到的最高生气率为 117.33kg/tC，相对最低，总有机碳中约 9%转化为烃气(甲烷)，仅相当于Ⅰ型优质烃源岩的 28%、Ⅱ型优质烃源岩的 45%。

第三节　页岩微观孔隙结构及物性表征

一、微观孔隙结构及连通性

(一)页岩储集空间类型、微观孔隙结构及连通性表征技术

页岩不仅矿物颗粒细小，而且其储集空间属于微米级，需要应用纳米 CT、聚焦离子束+扫描电镜、氩离子抛光仪-扫描电镜及相应的图像处理等技术进行表征。

纳米 CT：利用 X 射线具有的波长短、穿透性强两大显著特点，对样品进行高分辨率的内部结构观测而又不损害样品。其基本原理：同步辐射光源保证了 X 射线源高准直、高亮度、低发散度、波长连续可调；微纳加工的菲涅尔波带片、复合透镜、K-B 镜、施瓦氏镜、沃特镜、锥形毛细管等 X 射线聚焦和成像光学元件保证了 X 射线显微术分辨率达到纳米级；高速度、高敏感度 X 射线探测器和高精度控制系统保证高分辨率 X 射线显微成像。另外，利用计算机技术将 X 射线每一个切片观测数据进行重构，形成三维观测数据体，供各种分析、统计和可视化展示。

聚焦离子束+扫描电镜：目前聚焦离子束系统集微纳米尺度刻蚀、注入、沉积、材料改性和半导体加工等功能于一体，在纳米科技领域起到越来越重要的作用。在聚焦离子束加工系统中，来自离子源的离子束经过加速、质量分析、整形等处理后，聚焦在样品表面，离子束斑直径目前可达到几个纳米，其加工方式为将高能离子束聚焦在样品表面逐点轰击，可通过计算机控制束扫描器和消隐组件来加工特定的图案。聚焦离子束的成像原理：利用聚焦离子束轰击样品表面，激发出二次电子、中性原子、二次离子和光子等，收集这些信号，经处理显示样品的表面形貌。目前聚焦离子束系统的成像分辨率已达 5～10nm，尽管比扫描电镜低，但聚焦离子束成像具有更真实反映材料表层详细形貌

的优点。聚焦离子束-电子束(FIB-SEM)双束系统充分发挥了聚焦离子束和电子束的长处，可以在高分辨率扫描电子显微图像监控下发挥聚焦离子束的微细加工作用。由于扫描电镜技术相对比较成熟，一种较方便的方法就是在扫描电镜上增配聚焦离子束，通过连接，构建 FIB-SEM 双束系统，使聚焦离子束与电子束同时聚焦在样品表面待分析区域。聚焦离子束+扫描电镜观测的各切片数据再集成重构成三维数据体，供各种分析、统计和可视化展示。

氩离子抛光仪+扫描电镜：氩离子抛光仪利用氩离子束轰击页岩样品表面，除去样品表面凹凸不平的部分及附着物，得到一个非常平的样品表面，然后用导电胶将样品固定在台上，喷金处理后用扫描电镜观察页岩样品表面纳米级孔隙与微裂缝的结构特征。也可配备背散射电子成像设备，利用黄铁矿等金属、黏土、石英、长石、方解石、白云石及有机质等的背散射电子成像亮度差异进行矿物鉴定。

压汞-液氮吸附定量测试方法：分两部分进行。压汞法就是利用汞的导电性能和液体表面张力等特性，在真空条件下将汞注入样品管中，然后逐步加压将汞压入样品孔隙中，产生的电信号通过传感器输入计算机，分析与各压力点对应的一定孔径范围的孔隙体积，进而计算出各孔径孔隙所占比例。目前所用的压汞仪的使用压力最大约 200MPa，可测孔半径范围为 3.75～750nm，但主要还是测定 50nm 以上的孔隙。氮气吸附实验法是通过控制和调节吸附质的压力，使其由低向高逐级变化，测量出每个压力下产生的吸附或脱附量，利用压力和孔径之间的定量关系，从而计算得到孔体积随孔径的变化，测试的压力点越多，孔径分布的描述就越精确。在该方法中，等温吸附、脱附曲线的测定是孔径分析唯一的实验依据。氮气吸附法仪器测量范围一般在 2～500nm，但是一般用以测试的孔径上限是 200nm 左右。

页岩不同孔隙空间连通性特征及定量表征方法：中国石化页岩油气勘探开发重点实验室与中国科学院青岛生物能源与过程研究所联合研制，建立了大视域高清页岩孔隙结构 SEM 观测技术，实现了"看得广""看得清"；建立了对页岩样品 SEM 图片中孔隙特征结构的模式识别、特征参数提取和指标化方法，对孔洞、狭缝等典型结构特征的自动识别率可达到 90% 以上；建立了"单因素分析法和单因素特征值判据""主成分分析法和位置函数判据"两种方法判别所观测的结构特征对样品整体特征的代表性，确定能够获得样品表面完整信息的最少观测点数目。

页岩岩心多源多尺度高分辨率图像处理技术：中国石化页岩油气勘探开发重点实验室与四川大学联合研制了包括多视域页岩图像拼接的尺度不变特征变换(SIFT)算法、采用 RANSAC 配准算法进行特征匹配及"选择"和"平均"的融合规则进行图像多分辨率融合；主要基于稀疏表示的图像超分辨率重建算法、A+图像超分辨率重建算法、深度学习的图像超分辨率重建算法，对不同算法页岩图像两倍超分辨率重建算法的客观评价指标进行对比；研究了高分辨率页岩图像多级浏览技术、高分辨率页岩图像插值算法和深度缩放算法，创建了深度缩放图像和图像金字塔，实现了高分辨率图像的无级缩放。

(二)涪陵地区龙马溪组一段页岩储集空间类型及连通性特征

1. 页岩储集空间类型

本书应用纳米 CT、FIB、氩离子抛光仪-扫描电镜等技术,对涪陵地区龙马溪组一段页岩进行了纳米级微观孔隙特征刻画和统计分析,发现主要发育有机质孔隙、黏土矿物孔隙、脆性矿物孔隙和裂缝(含页理缝)四种储集空间类型。

龙马溪组一段下部优质页岩发育有机质孔隙,其在氩离子抛光-扫描电镜照片上呈圆形、椭圆形及不规则形状[图 2-17(a)],空间上由管状喉道连接形成复杂内部结构。统计显示,有机质孔隙主要为纳米级,少数为微米级,按 IUPC 分类方案其多数属小孔和中孔。据相关实验结果统计,有机质面孔率为 10%～50%,平均值为 30%;自下而上,随 TOC 减少,龙马溪组一段有机质孔隙也相应减少。

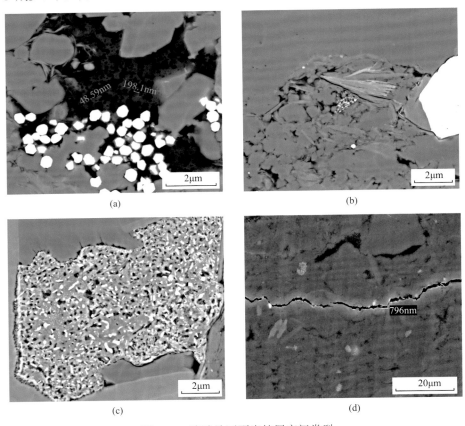

(a)　　　　　　　　　　　　　　(b)

(c)　　　　　　　　　　　　　　(d)

图 2-17　涪陵地区页岩储层空间类型
(a)有机质纳米孔,2585.26m,A4 井;(b)黏土矿物晶间孔,2585.26m,A4 井;
(c)脆性矿物粒间孔、粒内孔,2585.26m,A4 井;(d)微裂缝,2386m,焦页 1 井

页岩内黏土矿物呈片状分布,以伊利石为主,在片状黏土矿物间或脆性矿物颗粒与片状黏土矿物间发育了一定数量的晶间孔,属于大于 1μm 的大孔级别[图 2-17(b)]。

页岩内脆性矿物主要有石英、长石、碳酸盐、黄铁矿等,发育粒间孔和粒内孔,其中粒间孔孔径多数在 0.1～1.0μm，部分粒间孔边缘具备溶蚀港湾状边缘；颗粒内部可见到溶蚀孔隙，孔径多在 50nm 以上，属于大孔级别 [图 2-17(c)]。

龙马溪组一段页岩微裂缝和层理缝发育。氩离子抛光-扫描电镜观察显示焦页 1 井井深 2386m 处见到一条宽 796nm 的页理缝，呈微米级波状起伏，未充填，该缝上、下的有机质近平行于页理缝分布，不同类型的颗粒也未被页理缝切割 [图 2-17(d)]。通过镜下观察发现，焦页 1 井下部纹层密度达 1～13 条/cm，平均值为 6.61 条/cm；中部发育粉砂质粗纹层，密度为 7～13 条/cm，平均值为 8.6 条/cm；上部页理密度平均值为 4.29 条/cm，粉砂质粗纹层密度平均值为 3.5 条/cm。另外，在成像测井资料上，也可估算出层理缝或页理缝的发育程度，如在焦页 1 井龙马溪组一[1]亚段发现层理缝发育密度高达 46 条/m。

2. 孔隙结构特征

通过微观孔隙结构观测，确定基质中的纳米级孔隙大小（小、中、大孔）与连通性，这对于理解页岩气赋存具有重要的指导意义。本书应用 2D 氩离子抛光-扫描电镜半定量观察方法、3D 纳米 CT 与 FIB 定量观测方法、压汞-液氮吸附定量测试方法开展了页岩储层孔隙结构研究。

纳米 CT 能真实、直观地观察到 30nm 以上的孔隙，用该技术对焦页 1 井四块样品进行分析表明：龙马溪组一[1]亚段的微观孔隙结构特征与上部龙马溪组一[2,3]亚段存在一定的差异，前者属于中孔，估算的孔隙度和渗透率均较高，连通性中—差，喉道直径变小（表 2-5）；后者以大孔为主，原生孔发育，但孔隙度降低，连通性变差。例如，JSB-11 样品（井深 2393.73m，岩性为黑色碳质页岩）可以见到微纳米级结构组分，孔隙以有机质内的圆管状纳米级次生孔为主，连通性中等，估算的孔隙度为 3.97%；喉道形态为针管状，喉道大小分布出现双峰，峰值分别为 30nm 和 60nm。

表 2-5　焦页 1 井纳米 CT 分析结果表

样品号	小层	岩性	深度/m	孔隙度/%	喉道峰值/nm	TOC/%
JSB-6	⑥小层	灰黑色粉砂质页岩	2367.98	2.44	50、70，以 50 为主	1.72
JSB-1	⑤小层上部	黑灰色含粉砂碳质页岩	2379.2	3.4	40、90，以 40 为主	2.67
JSB-2	⑤小层下部	黑灰色含粉砂碳质页岩	2384.7	6.98	31、80，以 31 为主	3.54
JSB-11	④小层下部	黑色碳质页岩	2393.73	3.97	30、60，以 30 为主	2.54
JSB-18	①小层	黑色硅质碳质页岩	2415.2	5.06	30、70，以 30 为主	2

3D FIB 技术能更好地直观观察到 1.0nm 以上的纳米级孔隙与成因类型。对优质页岩段样品运用 3D FIB 测试可以看到，该类样品孔隙发育且以有机质孔隙为主，黏土矿物孔隙和脆性矿物孔隙少；有机质内纳米孔多，且多属于中孔（2～50nm），既有连通的、也有不连通的，总体来看有机质孔隙的连通性较差；发育纳米级与微米级裂缝。

二、物性分析

（一）物性分析技术

页岩物性分析包括两个方面：孔隙度测试和渗透率测试。

1. 孔隙度测试

页岩孔隙度测试中,一般是测试有效孔隙度(即块样中连通孔隙占比)和总孔隙度(连通孔隙和孤立孔隙总占比,其中孤立孔隙即盲孔是靠样品粉碎后测试的)。通常所谓的 GRI 孔隙度就是总孔隙度(样品粉碎后测试,可同步开展基质渗透率测试)。常用的页岩孔隙度测试技术有如下几种(表 2-6)。

表 2-6 常用的页岩孔隙度测试技术

方法	适用条件	弊端
丈量法-气体法	柱塞样	丈量体积误差较大
纯液体法	规则、不规则均可以	需抽真空并加压饱和,致密岩心难以完全饱和,污染岩心
液体法-气体法	规则、不规则均可以	需在液体中浸泡,略污染岩心
纯气体法	柱塞样	对页岩类小孔发育样品存在气体滞留,导致结果偏低

页岩是致密岩石,其孔隙度测试时间一般较长,需保证仪器长时间无微漏,保持压力平衡和环境温度稳定;页岩烘干后的存放也比较关键,推荐采用电子干燥柜(湿度可控在 1%左右);纯气体法存在小孔气体滞留难以跑出,导致孔隙度测试显著偏小的问题。

2. 渗透率测试

常用的页岩渗透率测试技术有三种(表 2-7)。当有效应力足够大时,柱样内部的微裂隙基本发生闭合,脉冲渗透率与颗粒渗透率基本一致。目前,中国石化石油勘探开发研究院已自主建立 GRI 基质渗透率、压差脉冲衰减法渗透率、稳态法渗透率全系列渗透率表征技术,其渗透率测试范围>$0.00001 \times 10^{-3} \mu m^2$。

表 2-7 常用的页岩渗透率测试技术

方法	适用条件	弊端
稳态法	柱塞样	岩心两端保持稳定压差,通过测量出口端流量计算渗透率(低渗时出口端流量难以准确计量,>$0.001 \times 10^{-3} \mu m^2$)
压差脉冲衰减法	柱塞样	给定起始压差,根据压差-时间关系计算渗透率($1 \times 10^{-9} \sim 1 \times 10^{-3} \mu m^2$)
压力衰减法(GRI 基质渗透率)	粉碎颗粒	根据进气过程中压力衰减曲线计算渗透率

(二)涪陵地区页岩物性特征

根据焦石坝地区五口井岩心氮气稳态法测定的物性数据统计可知,整个富有机质页岩段孔隙度主要为 1.17%～9.0%,平均值为 4.78%。并且纵向上表现出"上下高、中间低"的三分性特征,如焦页 1 井的下部和上部属于中高孔隙度段,中部属于中低孔隙度段。

焦页 1 井六块岩心全直径稳态法测定的垂直渗透率普遍低于 $0.001 \times 10^{-3} \mu m^2$,而对应相同深度的水平渗透率普遍高于 $0.01 \times 10^{-3} \mu m^2$,一般水平渗透率高出垂直渗透率两三个数量级(表 2-8)。

表 2-8 焦页 1 井水平渗透率和垂直渗透率数据表

序号	深度/m	水平渗透率/$10^{-3}\mu m^2$	垂直渗透率/$10^{-3}\mu m^2$
1	2341.64	0.0338	0.000278
2	2359.45	0.4560	0.000222
3	2393.20	6.4630	0.000369
4	2403.20	0.07810	0.020400
5	2405.54	1.0250	0.000473
6	2407.20	0.1030	0.000491

数据来源：中国石化江汉油田分公司，2015。

三、四孔隙发育模型

应用多种方法技术对四川盆地及周缘地区五峰组—龙马溪组一段海相页岩气层段的微观孔隙结构、物性进行表征与测试，总结建立了四孔隙发育模型，其主要内容如下。

(1)富有机质页岩中发育有机质孔、脆性矿物粒间/内孔、黏土矿物晶间孔、微裂缝/层理缝四种孔缝类型。其中孔隙绝大多数为微孔(孔径小于 2nm)—介孔(孔径 2～50nm)，大孔(孔径大于 50nm)一般很少(图 2-18)。有机质孔发育于有机质中，因此其具有天然的亲油气性，是页岩气赋存的主要孔隙空间；黏土矿物晶间孔和脆性矿物粒间/内孔发育于沉积细粒物(黏土或脆性矿物)中，沉积时赋存水，因此具有明显的亲水性，一般情况下黏土矿物晶间孔和脆性矿物粒间/内孔均吸附水；微裂缝主要是页岩气的流动通道，也是页岩气的一大储集空间。因此，富有机质页岩特别是优质页岩发育有机质孔和微裂缝是其一大特点，也是其富集页岩气的有利条件。

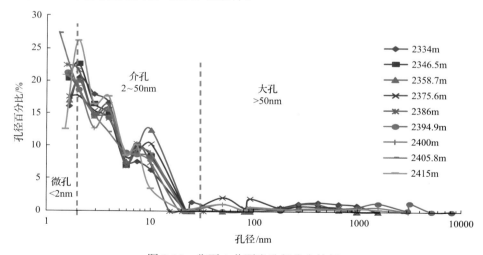

图 2-18 焦页 1 井页岩孔径分布特征

(2)有机质孔提供了主要的孔容体积(平均为 0.0124mL/g，与 TOC 呈正相关)；黏土矿物孔贡献小。有机质孔这种大的孔容及大的比表面积有利于赋存游离气和吸附气。

(3)自下而上孔隙度降低，有机质孔占比减小，无机质孔占比增大，纳米孔喉增大，明显受沉积微相控制(图2-19)。

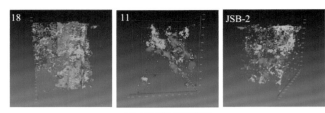

(a) 硅质深水陆棚相

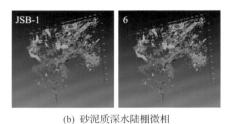

(b) 砂泥质深水陆棚微相

图2-19 焦页1井页岩微观孔隙分布图

(4)成岩作用模拟实验表明：随着加温加压即热演化程度增高，有机质纳米孔先略增加后又减小；后期呈现压扁化、个别破裂并出现少量的微米级裂缝(图2-20)。

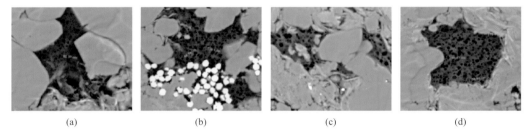

(a)   (b)   (c)   (d)

图2-20 泥页岩成岩模拟试验结果

(a)未模拟；(b)400℃模拟后；(c)460℃模拟后；(d)550℃模拟后

(5)有机质孔发育程度与保存条件呈负相关关系。在相同的显示尺度下，C7井由于保存条件较好，有机质孔大孔至微孔均较发育；而C1井因保存条件较差，仅存在一些微孔和介孔(图2-21)。

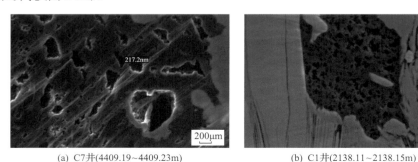

(a) C7井(4409.19～4409.23m)   (b) C1井(2138.11～2138.15m)

图2-21 C7井和C1井有机孔发育特征对比图

第四节 页岩成岩作用及其影响

一、页岩成岩作用特点及研究方法

(一)页岩成岩作用特点

泥页岩成岩作用与砂岩大致相同,但因其具有封闭性和矿物组分多样性,所以成岩过程更为复杂。

在压实作用逐渐减小至基本消失时,成岩作用以有机质生烃为主。有机质在生烃过程中会产生大量有机酸,导致水溶液呈酸性并对钾长石产生溶蚀生成微晶石英充填于溶蚀孔隙中,同时产生的 K^+ 促进蒙脱石的伊利石化(图 2-22),转化过程中生成的 Na^+、Ca^{2+}、Fe^{3+} 和 Mg^{2+} 等将继续参与其他成岩作用。地层中含有的少量石膏,可能和烃类发生还原反应,并生成 H_2S 和 $CaCO_3$ 等,$CaCO_3$ 可溶于水导致介质性质发生变化而对溶蚀作用产生影响,而 H_2S 则可与蒙脱石向伊利石转化过程中释放的 Fe^{3+} 发生还原反应生成黄铁矿(栾国强等,2016)。

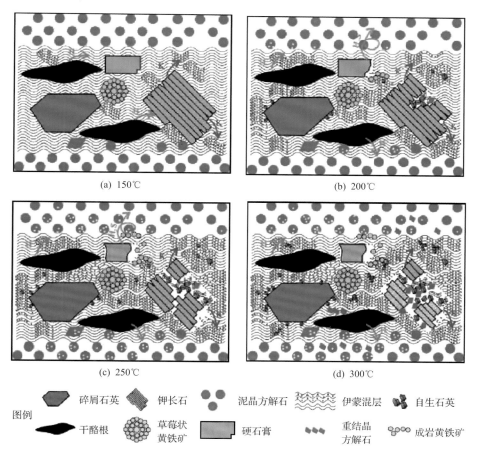

(a) 150℃　　　　　　　　　(b) 200℃

(c) 250℃　　　　　　　　　(d) 300℃

图例　碎屑石英　钾长石　泥晶方解石　伊蒙混层　自生石英
　　　干酪根　草莓状黄铁矿　硬石膏　重结晶方解石　成岩黄铁矿

图 2-22　富有机质泥页岩成岩演化模式简图(据栾国强等,2016)

综合以上分析，有机质生烃作用会促进溶蚀作用，溶蚀作用又促进了黏土矿物之间的转化，而黏土矿物之间的转化一方面会影响溶蚀作用，另一方面则会与烃类还原氧化物生成的 H_2S 反应，将 Fe^{3+} 还原成黄铁矿，反映了泥页岩在成岩过程中，各种成岩作用之间是相互影响、相互制约的。

(二)页岩成岩作用研究途径

1. 常规研究途径

本书使用了扫描电镜和场发射扫描电镜观察描述样品矿物成分和成岩作用现象，观察不同成熟度下有机质孔隙的发育情况；还进行了岩石薄片观察、TOC 实验、氮气吸附实验、孔隙度和渗透率测试等一些常规实验方法；结合多种实验数据，以及前人的实验经验，才能较好地分析页岩成岩作用及其对岩性、物性的影响。

2. 成岩模拟

模拟实验采用的是 DK-II 型实验仪器，其是由中国石化石油勘探开发研究院自主研制，主要由高温高压反应系统(反应釜体、加热炉等)、双向液压控制系统、自动排烃产物收集与流体补充系统、数据采集及自动控制和外围辅助设备组成。

为了尽可能模拟泥页岩在真实地质条件下的演化轨迹，本次实验综合考虑了温度、加热方式、介质、压力四方面的条件。

温度：采集的样品原始镜质体反射率 R_o 介于 0.55%~0.75%，大致对应生物化学生气阶段晚期或热催化生油气阶段早期。实验共设置了九个最终温度，为 325~550℃，分别对应的镜质体反射率 R_o 为 0.7%~3.5%(表 2-9)，即表示干酪根演化的热催化生油气阶段、热裂解生凝析气阶段和深部高温生气阶段。加热方式为先以 60℃/h 的功率加热至设定温度(图 2-23)，达到设定温度后恒温 2880min，模拟主要生烃过程。然后降温至排烃温度后恒温 2000min，模拟地层抬升过程的排烃作用。最后降至室温后，收集油气水产物和岩样。

表 2-9　地层-孔隙热压模拟条件设置

序号	样品编号	岩性	深度、热演化史(PY1)			模拟条件设置	
			深度/m	地温(排烃温度)/℃	预期 R_o/%	温度/℃	静岩压力/MPa
1	1-325	含钙硅质页岩	1900	110	0.7	325	48
2	2-340	含钙硅质页岩	2800	130	0.9	340	70
3	3-360	含钙硅质页岩	4100	170	1.3	360	102
4	4-400	含钙硅质页岩	4400	180	1.6	400	110
5	5-420	含钙硅质页岩	4600	190	1.8	420	115
6	6-450	含钙硅质页岩	4800	195	2.2	450	120
7	77480	含钙硅质页岩	5200	200	2.5	480	130
8	8-500	含钙硅质页岩	5600	210	3.0	500	140
9	9-550	含钙硅质页岩	6000	220	3.5	550	150

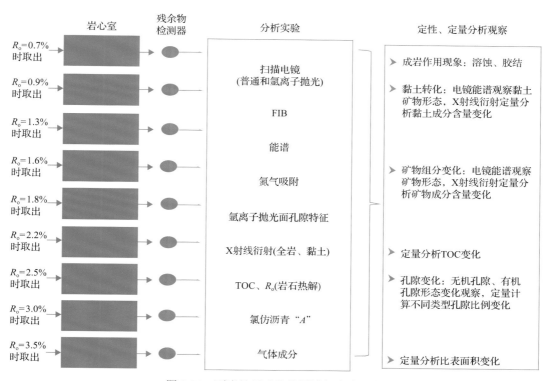

图 2-23　页岩储层成岩作用模拟实验方案

压力：实验过程中，泥页岩样品生排烃，尤其是在高温条件下，气态烃类在密闭装置内会产生一定的气体压力，通过调节主控压力(该压力加载在密封圈上)和静岩压力(该压力加载在样品上)，密封样品室和反应釜体，适当压实粉末样品，达到地下压实作用的模拟还原。依据研究区典型井沉降史和热史，计算前面 9 个温度点所处的埋藏深度，再根据压力与深度关系曲线计算对应的静岩压力。

介质：考虑本次实验样品新鲜，到达地表后水分以蒸发的方式散失，主要盐分还留在样品内部，因此选择加蒸馏水补充散失的水分，加水量为样品质量的 50%。

对模拟后的产物作定性、定量分析。通过扫描电镜和能谱分析定性分析样品的矿物组成变化、孔隙变化、成岩作用现象。通过 FIB-SEM 双束系统对有机质孔隙进行定量分析(图 2-23)；通过 X 射线衍射全岩、黏土实验对矿物组分进行定量分析；通过氮气吸附对孔隙特征进行定量分析；通过岩石热解实验对 TOC 和 R_o 随着热演化的变化进行定量分析；通过氯仿沥青"A"和气体组分实验对热演化生成的有机质进行定量分析。

二、成岩作用类型

(一)压实作用

泥页岩沉积时为由水分、黏土矿物和矿物颗粒搭成的松散絮状骨架，原始孔隙度通常高达 50%～60%。压实作用使这些松散骨架迅速垮塌变形，在最初数百米埋深内孔隙度迅速降低到 30%，随着埋深的增加，其孔隙度最终降低到仅百分之几。因此，压实作用是五峰组—龙马溪组页岩致密化最主要的原因。研究区五峰组—龙马溪组页岩常见的压实作用识别标志包括片状矿物的顺层定向分布。

（二）有机质生烃作用

有机质在热演化生烃过程中形成有机质孔隙，分布广泛，一般形状不甚规则，大多呈凹坑状、蜂窝状（吴林钢等，2012）；有机质孔隙的多少、大小、形状与有机质的类型、含量等有关。本书针对广元大隆黑色硅质页岩进行热成熟模拟实验，然后用氩离子抛光-扫描电镜对样品进行分析，发现有机质孔隙结构极不规则，与黏土矿物混杂严重［图 2-24（a）］，有机质孔隙呈现非均质性［图 2-24（b），与图 2-23（a）为同一块样，但有机质孔隙不发育］，模拟实验后有机质收缩缝异常发育［图 2-24（c）］，推测为模拟实验温度远高于地下埋藏最高温度，由于热胀冷缩原理，收缩缝较为发育；同时由于高温作用，与有机质充填在一起的黄铁矿受高温高压作用，晶体变形严重，有机质孔隙较发育［图 2-24（d）］。

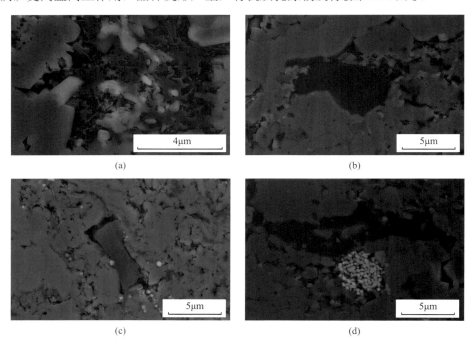

图 2-24　页岩在有机质生烃作用下孔隙特征

（a）R_o=2.2%，有机质孔与黏土矿物混杂；（b）R_o=2.2%，有机质孔不发育；（c）有机质收缩缝发育；（d）有机质与黄铁矿共生

（三）胶结作用

胶结作用是五峰组—龙马溪组泥页岩中重要的成岩作用之一。常见的胶结物有硫化物、硅质和碳酸盐。无论哪种胶结物类型，均会充填孔隙空间，使岩石致密化。

1. 黄铁矿胶结

本书在彭水地区采集了 11 个钻井岩心样品，利用 Quanta 400 场发射环境扫描电镜对草莓状黄铁矿颗粒进行观测，并统计草莓体个体粒径大小。为了保证数据的可靠性，共统计了 11 个样品中的 8867 个草莓状黄铁矿的粒径(表 2-10),可见五峰组的草莓状黄铁矿的平均粒径为 $4.44 \times 10^{-6} \mu m^2$,中间粒径为 $4.06 \times 10^{-6} \mu m^2$,最大粒径为 $20.81 \times 10^{-6} \mu m^2$;龙马溪组的平均粒径为 $3.66 \times 10^{-6} \mu m^2$,中间粒径为 $3.43 \times 10^{-6} \mu m^2$,最大粒径为 $21.93 \times 10^{-6} \mu m^2$。

表 2-10 草莓状黄铁矿粒径大小统计表

样品号	层位	样品号	个数	平均粒径/$10^{-6} \mu m^2$	中间粒径/$10^{-6} \mu m^2$	最大粒径/$10^{-6} \mu m^2$	标准差/$10^{-6} \mu m^2$
73	龙马溪组	73	1816	3.44	3.21	20.45	1.48
74	龙马溪组	74	954	3.94	3.71	21.33	1.59
75	龙马溪组	75	1096	3.35	3.21	13.75	1.38
76	五峰组	76	118	4.52	3.99	10.06	1.93
77	龙马溪组	77	1174	4.03	3.82	11.78	1.32
78	龙马溪组	78	1059	3.58	3.36	16.5	1.34
80	龙马溪组	80	828	3.71	3.54	20.39	1.47
84	龙马溪组	84	726	4.09	3.73	21.93	1.84
88	龙马溪组	88	500	3.11	2.89	7.99	1.23
93	五峰组	93	429	4.18	3.86	20.81	1.76
94	五峰组	94	167	4.62	4.33	12.01	1.55

2. 硅质胶结

研究区五峰组—龙马溪组页岩中的硅质胶结物主要以石英包壳和自生石英颗粒的形式存在,也有少部分在孔隙和裂缝中以充填物的形式存在。综合分析认为,硅质胶结物的物质来源主要包括长石溶蚀或者黏土矿物交代导致孔隙流体中游离硅过剩,从而成为潜在的硅质胶结物来源;蒙脱石向伊利石转化,释放的大量阳离子一部分在原地发生沉淀作用,其中 $Si(IV)$ 以石英加大或充填孔隙石英胶结物形式出现;龙马溪组底部为一套黑色硅质页岩,其中富含大量的菌藻体,生物成因的硅质均可成为硅质胶结物的物质来源;龙马溪组页岩下部普遍可见斑脱岩,其在蚀变过程中可提供大量的 $Si(IV)$,从而成为硅质胶结物的物质来源。根据扫描电镜大量观察发现,石英的主要赋存形式为陆源石英颗粒和孔隙中的自生石英,其次为颗粒外包壳,最后为少量与生物有关的硅质。

3. 碳酸盐胶结

碳酸盐胶结物包括方解石和白云石。方解石胶结物充填孔隙、裂缝或交代长石颗粒,形成时间较早。白云石胶结物呈自形—半自形晶分散状产出,交代早期方解石胶结物或黏土矿物,或以裂缝充填物的形式出现。通过大量扫描电镜鉴定发现方解石胶结物含量与岩石粒度存在明显的正相关关系,在粉砂质页岩或泥页岩中因生物扰动粒度明显变粗处,方解石胶结物尤为发育。此外,方解石胶结物含量还与原始沉积物中是否含有钙质组分密切相关。胶结物从孔隙水中析出需要有一个可依附的晶核,原始沉积物中若有泥晶方解石或钙质碎屑,则它们可提供晶核,方解石胶结物较为发育。

(四)黏土矿物的转化作用

研究表明,泥页岩黏土矿物在成岩开始时以高岭石为主,随着成岩演化,逐渐向伊利石和伊蒙混层转化，到成岩晚期时，高岭石几乎消失或仅少量残留。而在成岩过程中，有机质生烃排酸导致绿泥石溶解，所以绿泥石一般赋存于成岩作用晚期浅变质期。

通过黏土矿物含量分析，可知黏土矿物转化主要是高岭石向伊利石的转化，其转化过程（黄思静等，2009）为

$$KAlSi_3O_8（钾长石）+Al_2Si_2O_5(OH)_4（高岭石）══KAl_3Si_3O_{10}(OH)_2（伊利石）+2SiO_2+ H_2O$$

高岭石向伊利石的转化会消耗钾长石，并生成硅质矿物，以石英次生加大或胶结物的形式存在，增加了储层的抗压实能力。此外，根据前人分析，这个反应是一个体积减小的过程。统计矿物的摩尔体积，钾长石为 $108.87cm^3/mol$、高岭石为 $99.52cm^3/mol$、伊利石为 $140.71cm^3/mol$、硅质（SiO_2）为 $22.688cm^3/mol$，则钾长石溶解，伴随高岭石的伊利石化，按反应式计算，岩石会有 $22.304cm^3/mol$ 的固体相体积减小，该反应过程有约 10.7%的额外空间产生（黄思静，2009），虽然一部分由钾长石溶解形成的次生孔隙会因其他非建设性成岩作用减少，但由于已经考虑了硅质胶结物和伊利石胶结物的体积计算，同时该成岩阶段的压实作用已十分有限，由钾长石溶解形成的次生孔隙会较好地保存下来，造成储层空间增加。

当泥页岩中原始蒙脱石含量较高，在 K^+和 Al^{3+}供应充足的情况下，蒙脱石便可经伊蒙混层向伊利石大量转化，从而使伊利石含量增加。蒙脱石向伊利石转化是成岩演化中钾长石克服溶解动力学屏障的重要机制。Berger 等（1997）通过实验研究认为，蒙脱石向伊利石转化是一个低能耗的自发反应，有机质的成熟可以加速钾长石的溶解，增加蒙脱石伊利石化的反应速率，同时形成溶蚀孔隙。蒙脱石向伊利石转化脱出层间水，导致层间塌陷，颗粒体积收缩也会增加孔隙度（吴林钢等，2012）。

长石在埋藏成岩过程中的酸性条件下发生溶解形成高岭石，但如果地层中有富钾流体存在，则长石溶解会沉淀出伊利石。长石各端元类型（包括钾长石、钠长石、钙长石）在埋藏成岩过程的温度和压力条件下溶解形成伊利石的反应也都可以自行发生。随着温度的增加，反应速率加快，当钠长石和钙长石向伊利石转化的时候，需要孔隙流体提供 K^+。并且三种长石中钙长石最不稳定，最先发生反应，其次是钠长石，钾长石最为稳定，但是前两者往往会受到 K^+的影响。最后溶蚀孔隙和钾长石的关系最为密切。

$$3KAlSi_3O_8（钾长石）+2H^++H_2O══KAl_3Si_3O_{10}(OH)_2（伊利石）+6SiO_2（硅质）+2K^++H_2O$$

黏土矿物转化对于页岩孔隙度的影响不大，原因是黏土矿物大多来自陆源成因，只有少部分是由非黏土矿物的长石转化而来，这类孔隙度增加量比较少。

（五）溶蚀作用

泥岩在成岩过程中有机质生烃排酸而引起流体性质的变化，导致黏土、石英、长石、方解石等不稳定碳酸盐矿物发生溶蚀作用，形成溶蚀孔隙。通过扫描电镜观察，长石和方解石颗粒多被黏土矿物包裹，另外由于沉积时黏土矿物含量比较高，在压实中孔隙度下降较快，这时有机质往往还没有形成有机酸，溶蚀作用总体不发育，往往仅在有机质附近长石和方解石颗粒发生溶蚀。

（六）构造破裂作用

通过五口井岩心观察，发现五峰组发育有大量构造裂缝，且被方解石充填（图 2-25）。构造挤压变形导致岩石发生破裂，产生大量不均匀缝隙。构造破裂一方面能够增加岩石孔隙度，另一方面能够导致页岩气逸散。但早期构造裂缝又被大量方解石充填，降低了岩石孔隙度。总体来说，五峰组的早期构造破裂作用对研究区储层的影响不大。

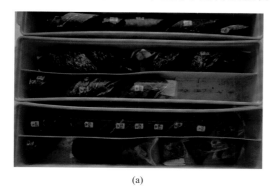
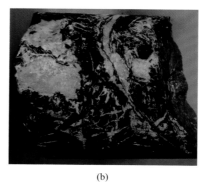

(a)　　　　　　　　　　　　　　　　　(b)

图 2-25　C1 井岩心照片

三、彭水地区五峰组—龙马溪组泥页岩成岩阶段

根据彭水地区五峰组—龙马溪组沉积特征、储层埋藏史和泥页岩黏土矿物特征、地球化学特征、古地温等资料，结合泥页岩成熟阶段划分标准和有机质演化模式，参照石油天然气行业标准《碎屑岩成岩阶段划分》（SY/T 5477—2003）划分成岩阶段（表 2-11）。

表 2-11　研究区龙马溪组页岩的成岩阶段划分依据（据王秀平等，2015，有修改）

划分标志	样品数	分布范围或主要类型	平均值/次要类型	成岩阶段
R_o	67	0.2%～3.1%	2.52%	晚期成岩阶段
T_{max}	14	349～546℃	428℃	晚期成岩阶段
黏土矿物组合	174	绿泥石+伊蒙混层+伊利石	高岭石+绿泥石+伊蒙混层+伊利石	晚期成岩阶段
蒙脱石含量	174	0%～5%	3%为主	晚期成岩阶段

（1）彭水地区五峰组—龙马溪组泥页岩厚度为 30～140m，现埋深 200～4000m。前人研究认为其在白垩纪末埋深达到 7300m。志留纪—侏罗纪古地温梯度主要介于 2.5～3.5℃/100m，反映了其古地温超过了 170℃，为晚期成岩阶段（王秀平等，2015）。

（2）彭水地区五峰组—龙马溪组泥页岩的 R_o 平均值为 2.52%，表明有机质成熟度较高，成岩作用处于晚期成岩阶段。

（3）彭水地区五峰组—龙马溪组泥页岩有机质热解峰顶温度 T_{max} 主要处于 349～546℃，平均值为 428℃，反映了有机质演化已达到过成熟阶段，处于晚期成岩阶段。

（4）通过 C1 井龙马溪组下部页岩段 49 个样品岩石学组分分析，黏土矿物以伊利石和伊蒙混层为主，绿泥石、高岭石含量较少。其中伊利石含量最高，为 34%～72%，平均值为 48.67%；绿泥石含量为 5%～22%，平均值为 12.35%；伊蒙混层含量为 19%～57%，平均值为 39%；高岭石含量为零。黏土矿物大多为绿泥石＋伊蒙混层＋伊利石，少数为伊利石＋伊蒙混层、高岭石＋绿泥石＋伊蒙混层＋伊利石等组合形式。根据黏土矿物的组合形式和对应矿物的含量分析，也可以得出泥页岩处于晚期成岩阶段的结论。

综合以上四点分析，认为彭水地区五峰组—龙马溪组泥页岩处于晚期成岩阶段。

四、主要成岩作用对页岩孔隙度的影响

（一）压实作用对页岩孔隙度的影响

通过彭水地区五峰组—龙马溪组泥页岩孔隙度研究，可以看出孔隙度随深度的变化趋势(图 2-26)与国内外孔隙度的变化基本相似，可划分以下几段：①深度处于 0～1000m 的正常压实阶段，压实速率很快，压实曲线几乎呈直线；②深度在 1000～2000m 的过渡压实阶段，压实速率较前一阶段有所减小；③深度在 2000～4000m 的紧密压实阶段，压实速率缓慢；④深度在 4000m 往下的过密压实阶段，压实速率几乎为 0。

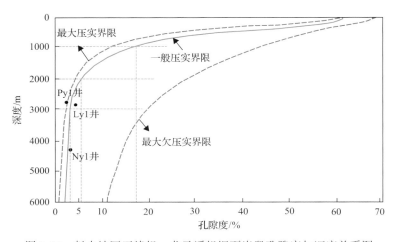

图 2-26　彭水地区五峰组—龙马溪组泥页岩段孔隙度与深度关系图

根据对研究区五峰组—龙马溪组泥页岩样品的镜下观察，可以发现不同深度的孔隙形态也不一样，随着埋深的增大，孔隙逐渐变小，由不规则状向扁平状或椭圆状演化(刘若冰，2015)(图 2-27)。这一现象也说明了孔隙度随埋深的增大而减小。

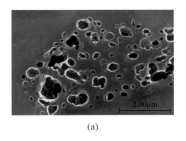 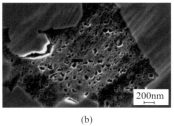 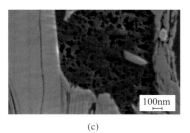

(a)　　　　　　　　　　　(b)　　　　　　　　　　　(c)

图 2-27　有机质孔隙发育对比

（二）有机质成熟作用对页岩孔隙度和比表面积的影响

1. 有机质成熟作用对页岩储层孔隙度的影响

通过不同演化阶段页岩样品的氩离子抛光-场发射扫描电镜观察（图 2-28）可知，从未熟—低熟—成熟—高成熟—过成熟，有机质孔隙的形成与演化非常复杂，呈现以下特点。

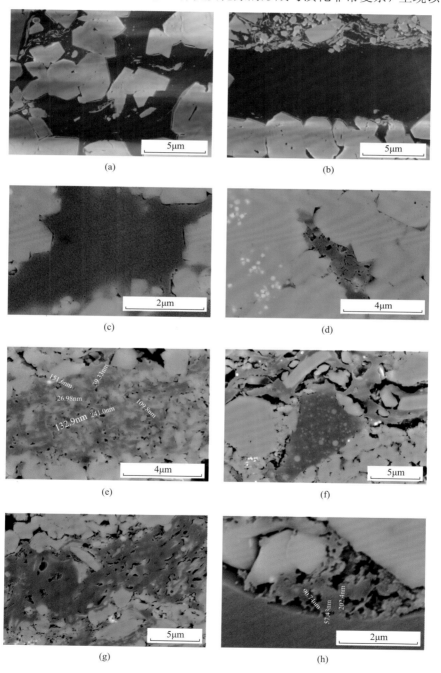

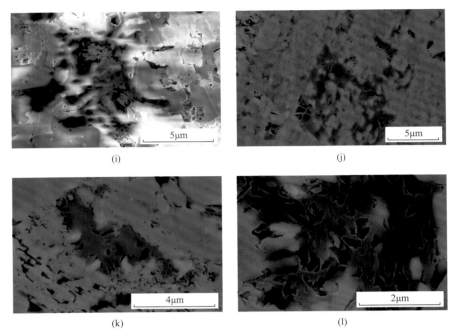

图 2-28　不同演化阶段有机质分布与有机孔隙发育情况

(a)、(b)：原样，R_o=0.63%；(c)、(d)：温度 360℃，预期 R_o=1.3%；(e)、(f)：温度 400℃，预期 R_o=1.6%；(g)、(h)：温度 450℃，预期 R_o=2.2%；(i)、(j)：温度 480℃，预期 R_o=2.5%；(k)、(l)：温度 550℃，预期 R_o=3.5%

　　泥页岩在相同演化程度下，不同有机质的孔隙发育程度不同。不同演化阶段的泥页岩均可见两种孔隙发育特征不同的有机质体。一种有机质体内微孔隙发育良好，孔隙大小均匀且相互连通，孔径大多在 10～500nm 范围内，且随演化程度的增加孔隙的大小与形貌都会改变。另一种有机质体内孔隙不发育，部分边缘可见收缩缝。依据有机质的化学性质和物理状态差异，可将其分为三类：①化学吸附有机质，以化学键结合为主、呈三维交联网络结构形式存在的有机大分子，不溶于任何有机溶剂，只有通过热降解才能将网络结构打开；②物理吸附有机质，分子量为数百、数千甚至更高，相当于沥青质和有机质的大型和中型分子，其各种非化学键自身相互缔合，或与化学吸附有机质中的极性基团相缔合，形成非化学键缔合网络结构；③游离有机质，主要为分子量小于数百的非极性分子，包括各种饱和烃和芳香烃，多呈游离态而被包络、吸附或互溶于化学吸附有机质、物理吸附有机质构成的网络结构之中。随着热演化程度的增加，化学吸附有机质逐渐向物理吸附有机质转化，进而向游离有机质转化，并形成新的化学吸附有机质、物理吸附有机质，在每个相应阶段游离有机质排出后，会在其产生游离有机质的母体中产生有机质孔隙。

　　黏土矿物对有机质孔隙的演化具有一定的催化作用。通过扫描电镜观察样品，发现和黏土矿物混杂在一起的有机质往往孔隙更发育，这是因为黏土矿物的比表面积比较大，能够提供大量化学反应的场所，进而加快了化学反应。另外黏土矿物能够大量吸附有机质演化生成的游离有机质，推动反应向正方向进行，形成有机质和黏土矿物的混合体。

有机质收缩缝/有机质边缘孔可能是页岩气赋存的重要空间。扫描电镜结果显示，不同演化阶段页岩都见到了较多有机质收缩缝/有机质边缘孔，其主要是有机质成烃转化过程中体积收缩产生的。但不论有机质发生"解聚型"反应还是"平行脱官能团型"反应，其本质还是有机质物理化学组成结构的差异，在从化学吸附有机质向物理吸附有机质和游离有机质转化时，大分子解聚、小分子脱落分别形成有机质收缩缝/有机质边缘孔和有机质内部孔。热演化程度高，生成的轻质组分较多、易排出，则易形成有机质内部孔；热演化程度低，生成的重质组分多、易滞留在有机质体内，产生的有机质孔隙易被这些组分填堵，从而在镜下较少观察到有机质孔隙；由于各个阶段都发育有机质收缩缝/有机质边缘孔，其提供的储集空间要大于有机质内部孔，而且有利于孔隙之间的连通，可能是页岩气赋存的重要空间。

2. 热模拟过程中有机质变化定量评价

将广元大隆组黑色硅质页岩热成熟模拟实验后的样品进行了岩石热解实验(实验仪器为 Rock-EVAL6，热解仪为 YQ3-13-02XP205，电子天平为 TP3-10-02)，实验结果见表 2-12。通过实验直接参数与数据结合相关公式得出间接参数，见表 2-13。

表 2-12 不同成熟度样品的直接参数及数据

参数	原始样品	不同实验阶段样品								
		325℃	340℃	360℃	400℃	420℃	450℃	480℃	500℃	550℃
自由烃 S_1/(mg HC/g 岩石)	1.03	2.21	4.84	4.95	2.56	1.64	0.53	0.47	0.14	0.07
石油潜力 S_2/(mg HC/g 岩石)	37.7	22.6	18.81	9.72	2.46	1.37	0.56	0.19	0.12	0
有机 CO_2 S_3/(mg CO_2/g 岩石)	0.34	0.48	0.41	0.37	0.45	0.44	0.53	0.41	0.41	0.26
有机 CO S_3CO/(mg CO/g 岩石)	0.05	0.07	0.07	0.05	0.06	0.04	0.07	0.03	0.11	0.07
有机和矿物 CO $S_3'CO$ /(mg CO/g 岩石)	1.3	1.9	2.2	1.2	1	0.7	0.6	0.3	0.2	0.1

表 2-13 不同成熟度样品的计算参数及数据

参数	原始样品	不同实验阶段样品								
		325℃	340℃	360℃	400℃	420℃	450℃	480℃	500℃	550℃
产率指数 PI	0.03	0.09	0.2	0.34	0.51	0.55	0.48	0.72	0.55	0.96
T_{max}/℃	440	439	438	444	571	587	605	607	607	
有效有机碳 PC/%	3.25	2.12	2.02	1.26	0.45	0.28	0.12	0.07	0.04	0.02
残留有机碳 RC/%	6.91	4.85	5.28	4.66	6.63	6.64	8	5.26	4.7	6.02
总有机碳 TOC/%	10.16	6.97	7.3	5.92	7.08	6.92	8.12	5.33	4.74	6.04
氢指数 HI/(mg HC/g TOC)	371	324	258	164	35	20	7	4	3	0
氧指数 CO(OICO)/(mg CO/g TOC)	0	1	1	1	1	1	1	1	2	1
氧指数 OI/(mg CO_2/g TOC)	3	7	6	6	6	6	7	8	4	4
矿物碳 MINC/%	2.6	4.13	3.91	4.42	2.76	3	3.04	3.94	4.15	1.91

有机碳按照在热演化过程中的作用可以分为不转化碳(称之为残留碳，等于岩石热解分析的 RC)和可以转化为烃类的活性碳(近似等于岩石热解分析的热解烃 S_2)，残留

碳率等于死碳和原始 TOC 的比率，为 ΔRC，即 ΔRC=(RC/原始 TOC)×100%。对广元大隆组黑色硅质页岩和模拟后样品的残留碳率进行统计，发现残留碳含量基本在区间 (4.5%，7%) 内呈散点分布 (图 2-29)，最终取平均残留碳率为 ΔRC=56.9%，见表 2-14。

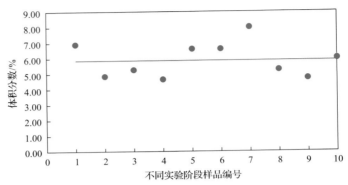

图 2-29　广元大隆组黑色硅质页岩和模拟后样品残留碳

表 2-14　广元大隆组黑色硅质页岩和模拟后样品残留碳率

参数	原始样品	不同实验阶段样品								
		325℃	340℃	360℃	400℃	420℃	450℃	480℃	500℃	550℃
PC/%	3.25	2.12	2.02	1.26	0.45	0.28	0.12	0.07	0.04	0.02
RC/%	6.91	4.85	5.28	4.66	6.63	6.64	8.00	5.26	4.70	6.02
TOC/%	10.16	6.91	7.30	5.92	7.08	6.92	8.12	5.33	4.74	6.04
ΔRC/%	68.0	47.7	51.9	45.9	65.3	65.4	78.7	51.8	46.3	59.3

3. 定量分析彭水地区龙马溪组和五峰组有机质孔隙度随 R_o 的变化过程

根据前期数据统计，总结了彭水地区 C1 井与 C7 井有利储层①～⑤小层的 TOC 数据，见表 2-15。

表 2-15　彭水地区五峰组—龙马溪组①～⑤小层 TOC 统计表　　　(单位：%)

井号	不同层位 TOC			
	①+②小层	③小层	④小层	⑤小层
C1 井	3.4	3.1	2.4	1.5
C7 井	3.85	3.3	2.8	2.4

根据物质平衡原理可以得

$$\Delta v_{1c} = \Delta v_{1c}' \frac{TOC}{TOC'}$$

式中，Δv_{1c} 为预测 C1 井五峰组—龙马溪组有机质孔隙度增量，%；$\Delta v_{1c}'$ 为模拟样品 R_o=2.5% 时有机质孔隙度增量，%；TOC 为 C1 井有机碳含量，%；TOC′ 为模拟样品平均有机碳含量，%。

基于上述理论模型，对 C1 井和 C7 井①～⑤小层热演化阶段有机质孔隙度增量及其岩石化学参数进行了预测，结果如图 2-30 所示。

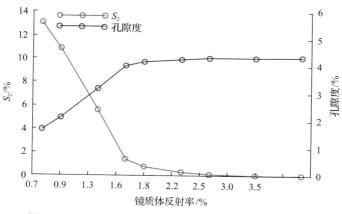

图 2-30 C1 井第①~⑤小层 S_2 与孔隙度热演化趋势图

热成熟过程孔隙度变化如图 2-31 所示,微孔(孔隙≤2nm 的孔隙)呈现出先平缓增长过程,当实验温度达到 400℃时(即 R_o=1.6%),微孔数量有小幅下降,然后呈快速上升过程。如图 2-32 所示,介孔(孔隙介于 2~50nm 的孔隙)呈现先快速增长过程,当模拟温度达到 400℃时(即 R_o=1.6%),呈急速下降;当模拟温度达到 420℃时(即 R_o=1.8%),缓慢上升;当模拟温度达到 500℃(即 R_o=3.0%)时又出现下降。如图 2-33 所示,大孔(直径大

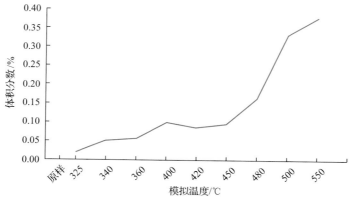

图 2-31 微孔氮气吸附量变化曲线

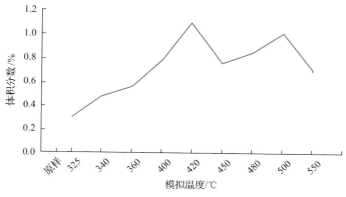

图 2-32 介孔氮气吸附量变化曲线

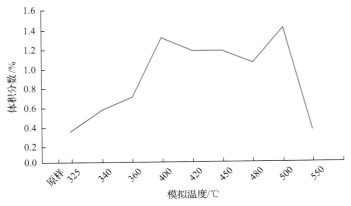

图 2-33　大孔孔隙吸附量变化曲线

于 50nm)随热模拟实验成熟度的提高变化趋势大致与介孔相似，呈现先快速增长过程，当模拟温度达到 360℃时（即 R_o=1.3%）急速下降；当模拟温度达到 450℃时（即 R_o=2.2%）缓慢上升；最后当模拟温度达到 500℃时（即 R_o=3.0%），又出现下降。

　　热成熟过程比表面积不断变化。本实验将热成熟模拟后的样品，送到中国石化油气成藏重点实验室进行 N_2 气体吸附法微孔隙结构分析，得出比表面积数据如图 2-34 所示。①未熟—低熟阶段，主要生成少量可溶沥青，伴生一定量 CO_2、甲烷和少量烃，有机质孔隙较少；②成熟阶段，部分"游离有机质"排出烃源岩，有机质孔隙的面孔率快速增加；③成熟晚期—高演化阶段，先前生成的未排出的大分子烃类及其他残余有机质主要经过重排、环构化和芳构化缩聚反应逐渐向"两极"转化，生成分子量更小的烃类和不溶有机质，总有机质孔隙面孔率稍有下降；④高过成熟演化阶段，以滞留烃与残余不溶有机质之间的热解环构化、芳构化缩聚或交联反应生成的天然气为主，有利于有机质孔隙的形成，同时大孔与介孔通过压实等转化为微孔，此时有机质孔隙面孔率急剧增加。

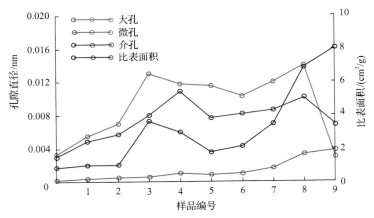

图 2-34　不同演化阶段比表面积与孔隙变化情况

(三) 草莓状黄铁矿对页岩孔隙度的影响

通过对十个样品进行的热模拟实验分析(图 2-35)可以看出：草莓状黄铁矿晶间孔发

育且充填大量有机质。随着 R_o 的升高,黄铁矿单晶颗粒的溶蚀程度逐渐加大,黄铁矿晶间有机质演化程度逐渐增强,晶间有机质孔隙发育程度逐渐升高。同时在热模拟实验高温状态及生烃作用后期,有机质生成的油气储存在黄铁矿晶间孔中,由此可见,黄铁矿晶间孔也为页岩油气的生成和储存提供了有利条件和空间。

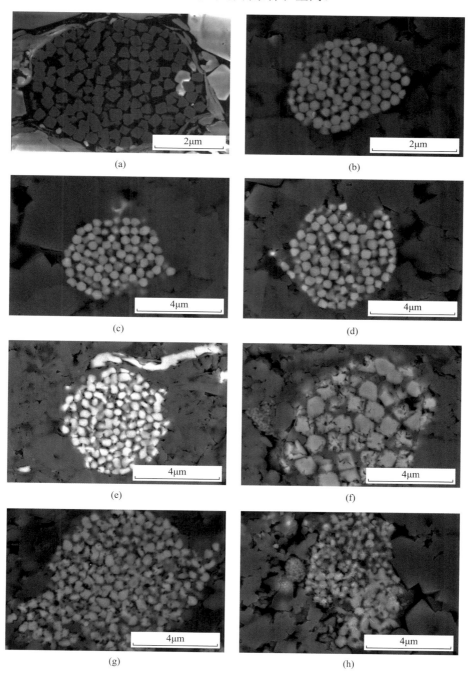

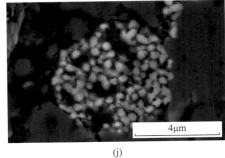

(i)   (j)

图 2-35　研究区草莓状黄铁矿热模拟实验分析图

(a)原样特征；(b)T=325℃下热模拟实验样品特征；(c)T=340℃下热模拟实验样品特征；(d)T=360℃下热模拟实验样品特征；
(e)T=400℃下热模拟实验样品特征；(f)T=420℃下热模拟实验样品特征；(g)T=450℃下热模拟实验样品特征；(h)T=480℃下
热模拟实验样品特征；(i)T=500℃下热模拟实验样品特征；(j)T=550℃下热模拟实验样品特征

黄铁矿集合体在页岩中呈局部、零星状分布。草莓状黄铁矿是由多个六面体晶体堆积而成的球状集合体，直径大多在 3～10μm，经常与有机质相伴生。较早形成的黄铁矿球体较大、晶粒较大、晶体更完整，与周围硬质颗粒共同形成支撑结构，有机质中靠近黄铁矿球体部位的有机质孔隙有所增多。黄铁矿晶粒间有机质孔隙最大直径在 100nm 左右，中心部位的有机质孔隙一般较大。而孔隙不发育的有机质周围无机质矿物种类和形态明显不同，主要为石英和非层状黏土矿物。在成岩演化中，黄铁矿的存在对有机质孔隙形态的保存可以起到一定的保护作用。无机质的催化成烃作用可以使页岩中部分有机质提前进入生烃演化阶段，产生更多的有机质孔隙。综上所述，页岩本身的物质不均一性导致有机质孔隙的发育产生差异，具有催化生气作用的无机质矿物或元素、有机质赋存关系的差异是其重要原因。

(四)溶蚀作用页岩储层孔隙度的影响

有机质成熟可产生大量 CO_2 和羧酸，使页岩中的长石、碳酸盐等易溶组分发生溶蚀作用，形成次生溶蚀孔隙。但是五口井大量样品观察发现，五峰组—龙马溪组页岩溶蚀作用总体不强，长石及方解石颗粒溶蚀较为少见，仅有机质附近部分颗粒有轻微溶蚀现象(图 2-36、图 2-37)。发生此现象的主要原因是页岩渗透率极低，流体"交流"不畅，

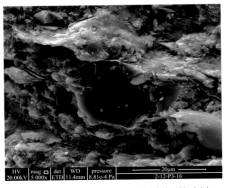

图 2-36　方解石颗粒发生轻微溶蚀现象　　　　图 2-37　石英颗粒边缘发生轻微溶蚀

溶蚀反应后流体中的 H^+ 得不到及时更新，溶蚀产物也不能及时被带出，从而阻碍了溶蚀作用的持续进行。

第五节 页岩储层评价方法

一、页岩储层非均质性评价技术

储层非均质性是各种岩性储层均存在的固有特性。海相页岩虽然分布广，横向发育稳定，但其储层非均质性仍然很强。开展富有机质页岩储层非均质性研究是页岩气成藏研究、勘探开发目标遴选的重要内容。

(一)非均质性评价技术

目前国内外对页岩储层非均质性的表征、评价刚起步，尚处于探索阶段。中国石化页岩油气勘探开发重点实验室与美国犹他大学合作，开展了页岩非均质性评价技术研究，取得了初步进展，建立了龙马溪组页岩非均质性定性及定量表征方法。

为了定量刻画非均质性，引入了页岩非均质性指数 SHI。在地层层序格架内，选用 TOC、孔隙度、渗透率、矿物组成、纹层和裂缝六个参数对页岩储层非均质性进行了刻画。六个参数相对独立，且对页岩储层质量具有关键的控制作用。表征如下：

$$SHI=a×TOC+b×孔隙度+c×渗透率+d×黏土矿物含量+e×纹层+f×裂缝$$

式中，TOC、孔隙度、黏土矿物含量是直接用数据进行归一化，渗透率是取对数后进行归一化，纹层和裂缝根据统计的数据采用以下方法进行归一化：纹层密度(层数/m)<10 为 0，10～50 为 0.25，50～100 为 0.5，100～200 为 0.75，>200 为 1；裂缝密度(层数/m)<10 为 0，10～20 为 0.25，20～30 为 0.5，30～40 为 0.75，>40 为 1；a、b、c、d、e、f 是分别对应于六个参数的权重，$a+b+c+d+e+f=1$。

首先根据归一化后六个参数的数值求取各自的变异系数，其次将得到的六个参数的变异系数归一化即可得到其权重值。

(二)川东南及邻区非均质性评价

通过对 328 组样品 TOC、孔隙度、渗透率、黏土矿物含量、纹层和裂缝六个参数的数据进行皮尔逊(Pearson)相关性分析得到不同参数的变异系数和归一化权重(表 2-16)，据此计算得到页岩非均质性指数 SHI：

$$SHI=0.25×TOC+0.19×孔隙度+0.12×渗透率+0.13×黏土矿物含量+0.17×纹层发育程度+0.14×裂缝发育程度$$

典型井单井非均质性定量表征结果如图 2-38 所示。在区域上，SHI 值表现为从四川盆地内部沿东南方向至盆地以外整体呈减小的趋势(图 2-39)。盆地以外地区非均质性的减弱，推测主要原因是盆地以外的页岩特征更加单一，各种地质参数趋于一致，低 TOC、低孔渗特征更加明显；而盆地内部非均质性较强的原因是盆内页岩的各地质参数高值增多，更容易出现高低不一的变化。

表 2-16　SHI 系数分析结果

参数	TOC	孔隙度	渗透率	黏土矿物含量	纹层发育程度	裂缝发育程度
N	328	328	328	328	328	328
均值	0.2029	0.3060	0.5521	0.4691	0.4259	0.5919
标准差	0.1679	0.1943	0.2163	0.2008	0.2369	0.2739
变异系数	0.82760	0.6350	0.3918	0.4281	0.5563	0.4627
权重	0.25	0.19	0.12	0.13	0.17	0.14

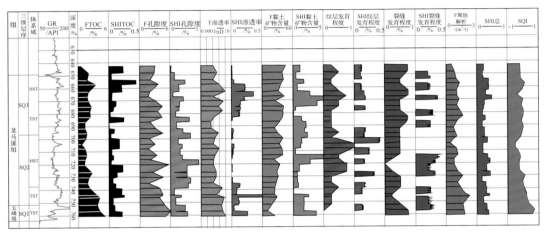

图 2-38　YC4 井非均质性定量表征

F 表示分析化验

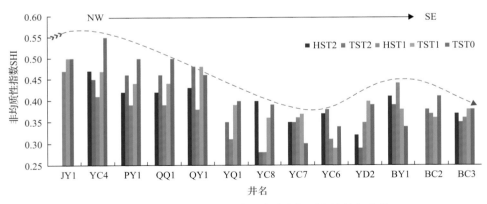

图 2-39　储层非均质性指数从盆地内部到盆地外部变化

二、含气性特征分析

(一)含气量测试方法

1. 现场含气量测试

现场含气量测试是直接获取页岩含气量的主要手段。主要包括先钻井获取岩心,然后在井场快速截取岩心样品放进现场测试仪中获得解析气量(通常称为解析气),再把解析后的岩心样品送到室内实验室粉碎后解析测定剩余含气量(通常称残余气)。实际上,在钻井取心和提升、截取岩心的整个过程中,由于岩心所处的封闭条件已不存在,温压等条件也快速变化,岩心大量气体散失(通常称损失气)。一般而言,这种测试流程中,残余气容易测试且准确性较高,但存在的困难主要有如下两方面:①对于解析气,其测试时需要模拟地层条件,特别是地温条件、季节及昼夜温差可能影响解析速度,从而影响结果误差及可对比性,因此应将样品罐置于与地层温度一样的恒温设备中;②损失气,实际上这个量可能很大,而且可能是开发的主体资源部分,现在一般采用多种方法(如直接法、改进的直接法、曲线拟合法、史密斯-威廉斯法等)进行恢复,但由于每桶岩心在钻取、提升、地面截割等过程中均有各自的变化特点,很难用数学方法准确恢复。

为了克服常规含气量测试方法和测试过程中岩心压力大幅度下降,损失气难以确定的缺点,目前已有人提供了一种页岩含气量测试装置及测试方法,将井口获取的页岩岩心装入高压解吸罐,利用增压泵将甲烷泵入岩心,使逃逸的天然气重新回到岩心中,压力达到地层压力,在高压下开始解吸,解析装置能够适应高压解吸初期流量高、压力高的特点,利用常温常压下水密度为 $1g/cm^3$ 的特点,将含气量的测试转换为对水的累计质量的测试,可以获得可靠的测试数据,提高页岩气区域评价、储气能力评价的准确性。

2. 等温吸附测试

页岩含气量等温吸附测试技术就是利用朗缪尔(Langmuir)理论,在温度恒定条件下,测定不同组分气体在不同压力下的吸附量,进而确定恒定温度下富有机质页岩对以甲烷为主的天然气的吸附特征随压力的变化关系,以及富有机质页岩的总含气量和达到饱和状态时最多能吸附的天然气量。实际上这一技术与煤层含气量等温吸附测试技术是一样的,但是页岩气勘探开发层位一般在 2000m 以深,因此测试的温度、压力比煤层等温吸附测试要高很多。这时若利用低压测试,会导致高压下吸附量被低估。目前,德国Rubotherm 吸附仪等就是应用高压质量法进行页岩含气量等温吸附测试,即用磁悬浮天平直接测量吸附过程的质量变化,不存在累积误差,且样品室和测试天平完全隔开,更适合 150℃、70MPa 的高温高压测试。

在高压下,富有机质页岩孔隙中吸附气量较大,必然在孔隙中占据部分空间,导致出现高压背景下随着压力增加,吸附量反而下降的现象。若把各压力下页岩的实际吸附量看成绝对吸附量,把实验测得的吸附量看成过剩吸附量,即绝对吸附量扣除吸附相体积产生的浮力后额外的吸附量(图 2-40)。所以,页岩气赋存量用如下两种方法计算:

(1)过剩吸附量+含气孔隙中游离气量,其中,含气孔隙=总孔隙–含水孔隙。

(2)绝对吸附量+(含气孔隙–吸附气占据孔隙)中游离气量。

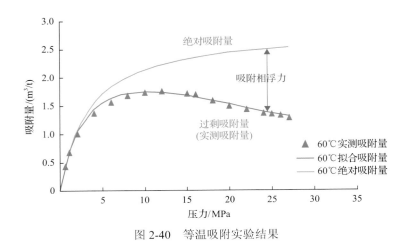

图 2-40　等温吸附实验结果

(二)含气性特征及影响因素

1. 涪陵页岩气田含气量变化规律

目前，各单位应用现场含气量测试方法对四川盆地及周缘的探井、评价井进行了大量的岩心含气量测试。总体来看，不论是高产井，还是低产井甚至干井，其现场测试的含气量均较高，这是由损失气恢复偏高造成的。因此，运用现场测试的含气量数据时，需要与保存条件、压力系数和气测录井联系起来慎重分析。如果保存条件好、压力系数高、气测显示好，则现场测试含气量数据较为可靠，否则可信度较低。

从焦石坝地区钻井现场含气量测试结果来看，整个页岩气层段含气量为 0.44～5.11m³/t(表 2-17)，其中下部(五峰组—龙马溪组一¹亚段)优质页岩含气量最好，0.89～5.11m³/t，平均为 2.99m³/t；中部(龙马溪组一²亚段)次之，为 1.41m³/t；上部(龙马溪组一³亚段)较差，0.44～1.08m³/t，平均为 0.73m³/t。并且从下向上，虽然残余气(全为吸附气)变化不大，但解吸气(其中前面解吸的部分可视为游离气，后面部分为吸附气)、损失气(基本全为游离气)含量均逐渐减小。从现场测试数据和测井解释结果看，在 2370m 界面以上，含气量以吸附气为主；在此界面之下以游离气为主。吸附气和游离气呈正相关关系(图 2-41)。

表 2-17　焦页 1 井实测含气量数据分小层统计表

组段	厚度/m	损失气量/(m³/t)			解吸气量/(m³/t)			残余气量/(m³/t)			总含气量/(m³/t)		
		最小	最大	平均	最小	最大	平均	最小	最大	平均	最小	最大	平均
龙马溪组一³亚段	27	0.11	0.24	0.16	0.31	0.82	0.55	0.01	0.04	0.26	0.44	1.08	0.73
龙马溪组一²亚段	24	0.14	2.06	0.72	0.51	0.73	0.64	0.01	0.06	0.05	0.74	2.83	1.41
五峰组—龙马溪组一¹亚段	38	0.22	3.9	1.93	0.6	1.27	1.02	0.02	0.07	0.04	0.89	5.11	2.99
五峰组—龙马溪组一段	89	0.17	2.31	1.07	0.49	0.99	0.78	0.01	0.06	0.11	0.72	3.29	1.89

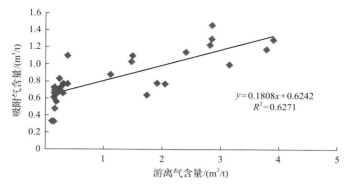

图 2-41　焦页 1 井游离气含量占比和吸附气含量占比之间的关系

　　同样，A1 井、A3 井优质页岩也是以游离气为主。通过焦页 1 井实测含气量分析，残余气量较小，基本上可以用损失气量和解吸气量之和代表总含气量。通过焦页 1 井、A1 井、A2 井、A3 井的损失气量+解吸气量之和对比（表 2-18），可以看出各井富有机质页岩段均具备自下而上解吸气量明显降低的特点，且四口井之间损失气量+解吸气量大致相当，焦页 1 井加权平均值为 1.88m³/t，稍高于 A1 井和 A2 井（平均值为 1.62m³/t）。从龙马溪组一³ 亚段对比情况来看，A1 井的损失气量+解吸气量最高，其次为 A2 井，焦页 1 井最低，A3 井该亚段未做解吸试验；从龙马溪组一² 亚段对比情况来看，焦页 1 井、A1 井和 A3 井大体相当，损失气量+解吸气量分别为 1.50m³/t、1.41m³/t 和 1.55m³/t，A2 井最低，为 1.27m³/t；从五峰组—龙马溪组一¹ 亚段对比情况来看，焦页 1 井和 A3 井较高，分别为 2.94m³/t 和 2.96m³/t，A1 井和 A2 井相对较低，分别为 2.30m³/t 和 2.36m³/t。从目前已钻水平井的显示对比情况来看，焦石坝地区五峰组—龙马溪组一段下部优质页岩段气测显示活跃，具备整体含气的典型特征。从焦页 1 井、A1 井、A2 井、A3 井气测异常显示对比情况来看，目的层段均钻遇良好气测异常显示，具备自下而上气测异常值逐渐降低的特点。

表 2-18　焦石坝 4 口井实测损失气量+解吸气量数据分小层统计表　　　　（单位：m³/t）

组段	焦页 1 井			A1 井			A2 井			A3 井		
	最小值	最大值	平均值	最小值	最大值	平均值	最小值	最大值	平均值	最小值	最大值	平均值
龙马溪组一³ 亚段	0.42	1.06	0.73	0.29	1.68	0.97	0.47	1.71	0.93	—	—	—
龙马溪组一² 亚段	0.69	2.78	1.50	0.93	1.61	1.41	0.67	1.97	1.27	0.84	1.97	1.55
五峰组—龙马溪组一¹ 亚段	0.82	5.17	2.94	1.95	2.84	2.30	0.21	2.48	2.36	2.40	3.83	2.96
五峰组—龙马溪组一段	0.66	3.28	1.88	1.12	2.14	1.62	0.4	2.1	1.62			

　　平桥地区 B4 井钻遇优质页岩的现场解吸气量为 0.29～5.892m³/t，平均值为 2.7m³/t，较低，但扣除 1 个样品低值（0.29m³/t）后平均值为 3.93m³/t，评价为 I 类；并且①、②+③、④、⑤小层平均现场解吸气量分别为 5.530m³/t、4.424m³/t、3.249m³/t、2.820m³/t，评价为 I 类。纵向上，下部现场解吸气量相对高、中上部相对低。B4 井气测 3.95%、泥浆密度 1.38g/cm³、泥浆黏度 62s、钻时 17min/m（图 2-42），考虑钻井技术因素，实际情况气测显示要高于焦页 1 井（气测 1.22%、泥浆密度 1.4g/cm³、泥浆黏度 82s、钻时 22min/m）。

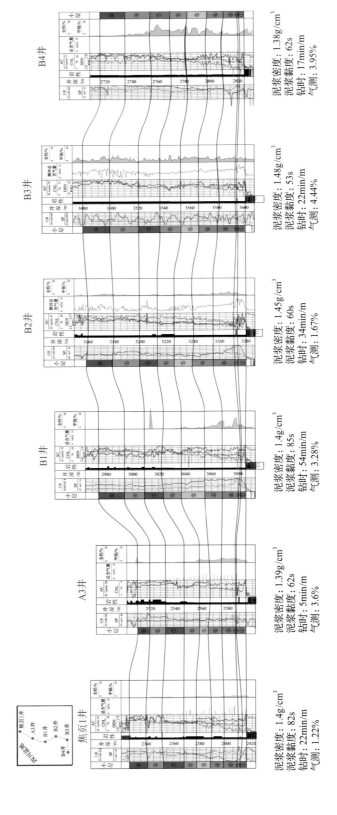

图2-42 南北向焦页1井—B4井含气性连井对比图

白马地区 B2 井优质页岩的现场测试含气量为 1.361～5.379m³/t，平均值为 2.638m³/t，评价为 I 类，向上含气量逐步降低；B2 井气测 1.67%、泥浆密度 1.45g/cm³、泥浆黏度 60s、钻时 34min/m（图 2-42），考虑钻井技术因素，实际情况与焦页 1 井相当。B3 井优质页岩的现场测试含气量为 2.337～4.863m³/t，平均值为 3.772m³/t，评价为 I 类；B3 井气测 4.44%、泥浆密度 1.48g/cm³、泥浆黏度 53s、钻时 22min/m（图 2-42），考虑钻井技术因素，实际气测显示高于焦页 1 井，与 B4 井相当。

由于本区各井现场含气量测试存在仪器不同、人员不同造成的系统误差，本书以测井解释的总含气量数据（表 2-19）为准进行分析对比，发现平面上，涪陵页岩气田优质页岩段含气量较高，总体侧向变化不大，大致具有北高南低的趋势（表 2-19）：北部含气量高，且 A5 井含气量最高，高于焦页 1 井；南部含气量明显偏低，其中 B3 井相对最高，但也低于焦页 1 井，B4 井中等，略低于 B3 井，再次为 B1 井，而 B2 井最低。

表 2-19　不同钻井含气量数据表　　　　　　　　　　　　（单位：m³/t）

小层	焦页 1 井		B4 井		B3 井		B2 井		B1 井		A5 井	
	总含气量	测井总含气量	总含气量	测井总含气量	总含气量	测井总含气量	总含气量	测井总含气量	总含气量	测井总含气量	总含气量	测井总含气量
⑨	0.5133	2.18	1.682	3.54	1.802	4.82	3.3115	3.14		2.21	1.56	2.77
⑧	0.9025	3.12	1.786	3.44	2.475	3.82	2.352	2.04		1.85	2.19	4.06
⑦	0.8814	4.2	1.560	3.67	2.634	3.46	1.969	2.97		1.96	2.88	4.12
⑥	2.2100	3.8	1.869	3.8	2.108	3.74	1.709	1.76		3.29	2.43	4.35
⑤	2.8467	5.21	2.820	4.23	3.401	4.43	1.73	2.95		4.48	4.36	5.61
④	1.5133	5.17	3.249	4.68	3.796	4.94	2.149	3.26		4.78	5.05	5.37
②+③	3.9820	6.29	4.424	5.32	4.863	5.31	2.635	4.4		5.65	6.8	6.88
①	3.9300	6.64	5.530	5.09	4.005	6.25	4.215	5.9		5.27	3.39	6.94

2. 含气量影响因素

研究表明，游离气受孔隙度、脆性矿物、TOC 和黏土矿物的影响；吸附气受 TOC 控制；此外，二者均受保存条件的影响。

游离气随孔隙度的增加而增加，且 ≥1.4m³/t 后呈跳跃式升高；随 TOC 的增加而增加，且 TOC ≥3.0% 后呈跳跃式升高。游离气还随脆性矿物的增加而增加，随黏土矿物的增加而减少（图 2-43）。

吸附气随 TOC 的增加而增加，没有明显的跳跃，也无快速升高；与孔隙度相关性欠佳，无明显规律；与脆性矿物相关性欠佳，大致呈正相关关系；与黏土矿物的相关性也较差，呈负相关关系（图 2-44）。

与此同时，游离气、吸附气均受保存条件的影响。盆地之内，压力系数多半较高，构造稳定，断层少，保存条件好，游离气多；盆地之外，压力系数多半较低，构造活动、断层多且复杂，保存条件差，游离气、吸附气均较少（图 2-45）。

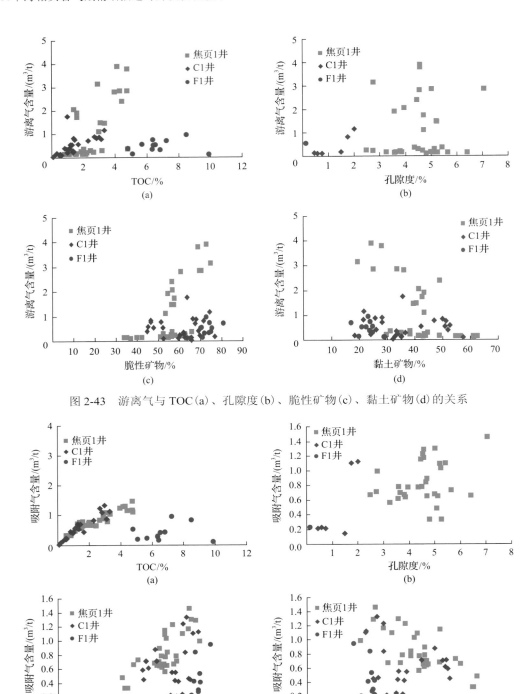

图 2-43　游离气与 TOC(a)、孔隙度(b)、脆性矿物(c)、黏土矿物(d)的关系

图 2-44　吸附气与 TOC(a)、孔隙度(b)、脆性矿物(c)、黏土矿物(d)的关系

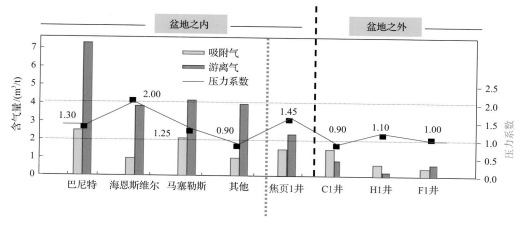

图 2-45　游离气、吸附气与压力系数的关系

三、可压性评价技术

(一)基于矿物成分的脆性指数评价方法

基于矿物成分的脆性指数评价方法是目前页岩脆性评价的主要方法之一。该方法的局限性在于不同学者对脆性矿物的定义不同。有的学者将石英作为脆性矿物，有的学者则将石英、长石、碳酸盐均作为脆性矿物，这样导致不同方法计算的结果必然存在误差。同时，利用矿物分析法不能反映应力状态的变化对岩石脆性程度的影响，也没有考虑成岩作用的影响。不同的地质作用，在压实程度、孔隙度等方面的影响不同，即使矿物成分相同，脆性程度也存在差异。例如，碳酸盐岩中的灰岩含量高时，往往成为裂缝的遮挡层，并不利于造缝。同时，因为将具有高杨氏模量和低泊松比的矿物($E>30\mathrm{GPa}$，$\nu<0.25$)视为脆性矿物，长石和方解石并不包含在内。利用矿物组成进行脆性指数计算时，脆性矿物的杨氏模量和泊松比都不一样，对岩石脆性的贡献也不一样，公式中如何分配权重对最后的脆性指数计算结果影响较大。

脆性矿物含量越高，水力压裂时岩石破裂程度越高，可压性越好。所以岩石的脆性矿物含量是脆性的正向评价参数，因此将不同深度点的脆性矿物含量进行正向归一化处理，可以得到基于脆性矿物含量的脆性因子 I_4：

$$I_4 = \frac{M - M_{\min}}{M_{\max} - M_{\min}} \tag{2-1}$$

式中，M 为实测脆性矿物含量值；$M_{\max}$ 和 $M_{\min}$ 分别为研究区域或者研究深度范围内脆性矿物含量的最大值和最小值。

B5 井计算的基于脆性矿物含量的脆性因子见表 2-20。

表 2-20 B5 井力学参数统计表

深度/m	基于脆性矿物的脆性因子
2697.00	1
2696.31	0
2686.02	0.700
2678.18	0.112
2676.22	0.872
2645.23	0.396
2631.35	0.156

(二)基于天然裂缝影响的脆性指数评价方法

1. 天然裂缝对可压性的影响

在页岩储层中，天然裂缝的存在可以显著降低岩石的抗张强度，这些裂缝的破裂压力能够低到不含裂缝页岩层 50%的程度，小规模裂缝能够促进局部渗透率的上升，压裂液不断滤失到储层中，并使井筒附近的地应力发生了改变，将会对诱导裂缝的产生和扩展产生影响。水力裂缝与天然裂缝相互作用只会产生两种情况：水力裂缝没有穿透天然裂缝而沿着天然裂缝延伸；水力裂缝穿透天然裂缝继续向前延伸。当压裂液进入天然裂缝且缝内压力超过壁面正应力时，天然裂缝会开启成为水力裂缝的分支，反之天然裂缝则闭合。水力裂缝能否穿透天然裂缝、天然裂缝能否重新开启主要由空间三向主应力大小分布、天然裂缝处产状、摩擦系数、内聚力、地层岩石的抗张强度等性质决定。

2. 基于电镜图像的天然裂缝描述及天然裂缝脆性指数计算

1)实验与分析步骤

扫描电镜获取的原始图片需要进行处理后，才可以进行分形维数的计算。相关数字图像处理和分形维数的计算步骤如下所述。

图像处理：将拍摄好的照片用 Photoshop CS 软件剪除图像中的无用部分，挑选成像质量较好且无干扰的区域作为计算区域，并将其剪裁转换为灰度图像。在获取完灰度图像以后，还需要对图像进行增益除噪处理。对灰度图像进行亮度和对比度的调整，使裂缝处于较高的灰度值，使试件观测面处于较低的灰度值。然后进行曲线调整，使裂缝细节凸显而将照片上的其他图像隐去。经过上述处理后，一般仍有灰度值较高的其他图像干扰，此时擦去其他干扰图像，同时对一些表现不够充分的裂隙用画笔功能进行增灰，得到比较清晰的裂缝图像。

基于 MATLAB 的数字图像盒维数计算：将图像读入 MATLAB 并进行二值化处理。如果图像尺寸不是 $2^n \times 2^n$ 像素就调整所得矩阵大小，使矩阵维数变为 $2^n \times 2^n$；由最小盒子($2^0 \times 2^0$ 像素)开始覆盖，遍历所有子矩阵后统计出所需总盒子数；改变盒子尺寸继续统计不同尺寸盒子的总数，直到盒子大小等于图像尺寸时停止；将所得各组盒子尺寸(r)与盒子数(N_r)求取对数并绘入坐标系；用最小二乘法拟合坐标系中的各点，并得出盒维数。

2）天然裂缝表征灰度处理结果

利用扫描电镜得到 B5 井的 SEM 图像，如图 2-46 所示。

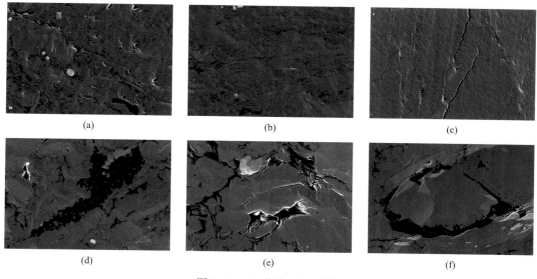

图 2-46　B5 井的 SEM 图片

岩石裂缝体系的分布具有极不规则的几何形态。采用网络覆盖法统计岩心铸体薄片上裂缝分布的分形维数 D 值。利用分形维数方法计算可以得到相关的分析盒维数。计算的 B6 井两个深度点天然裂缝密度的分形结果如图 2-47 所示。

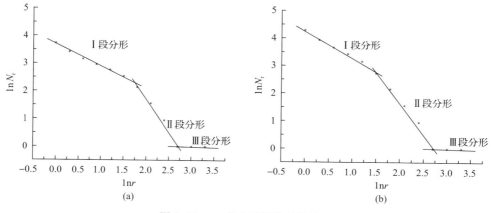

图 2-47　B6 井分形计算统计结果

（a）3983.3m；（b）3996.95m

岩屑表面的裂缝在给定的网格尺寸范围内 $\ln N_r$ 和 $\ln r$ 之间普遍存在较好的线性关系，这就证明岩屑表面的裂缝分布在一定标度范围内满足统计意义上的分形。用最小二乘法拟合出直线 $\ln N_r$–$\ln r$，直线的斜率就是岩屑表面裂缝的分形维数 D_f。以上研究结果表明，岩屑表面裂缝的分形维数反映了裂缝从生长、发育、发展到破坏的过程，分形维数是裂缝形态量化的表现。分形维数值不仅反映了裂缝的几何特征，也反映了试样裂纹扩展路径的粗糙程度和不规则程度，其值越大，表明损伤开裂越严重，裂缝扩展的路径越为粗糙和不规则。另外，从计算结果来看，裂缝形态均具有多重分布特征，反映了龙马溪组样品发育了不同尺度的裂缝，考虑到裂缝尺度越大，对水力裂缝扩展越有意义，因此选取第 Ⅰ 段的分形数据点斜率表征裂缝发育程度。

3）天然裂缝脆性因子计算结果

天然裂缝越多，代表储层可压性越好，所以天然裂缝是脆性的正向评价参数，因此将不同深度点的天然裂缝分形维数进行正向归一化处理，可以得到基于天然裂缝分形维数的脆性因子 I_2：

$$I_2 = \frac{D - D_{min}}{D_{max} - D_{min}}$$

式中，D 为实测样品天然裂缝的分形维数值；D_{max} 和 D_{min} 分别为研究区域或者研究深度范围内天然裂缝分形维数的最大值和最小值。

各实测样品天然裂缝的分形维数可通过图 2-48 来求取，即对图中直线段分别求取斜率 (K)，然后对 K 取绝对值得到分形维数，表 2-21 是 B5 井计算的天然裂缝分形维数。再利用上述公式即可计算各深度点的脆性因子。可见，计算分形维数高时，则代表天然裂缝发育更明显，当裂纹扩展时易产生复杂裂缝网络；相反，裂纹维数低，则代表天然裂缝发育数量较少，当裂纹扩展时易产生简单水力裂缝形态；同时，当分形维数越大时，裂缝发育越不规则。因此，分形维数为可压性评价的正向指标，分形维数越大，越利于压裂改造。

表 2-21　B5 井天然裂缝分形维数和脆性指数计算结果

深度/m	曲线斜率	分形维数
2697.00	−1.3404	1.3404
2696.31	−1.2954	1.2954
2686.02	−1.5099	1.5099
2678.18	−1.5508	1.5508
2676.22	−1.3487	1.3487
2645.23	1.4910	1.4910
2631.35	−1.6254	1.6254

(三)基于岩屑粗糙度的脆性指数评价方法

1. 岩屑粗糙度定量表示理论与方法

岩屑粗糙度表征的关键是绘制扫描等高度图。一般来说，绘制等高度图的基本手段是将具有相同高度的点用直线相连，通过一系列的等高曲线形成 3D 图形(图 2-48)。粗糙度的 3D 评定参数，可分为幅度参数、空间参数、功能参数、综合参数，其中共给出了 14 个评定参数。幅度参数，如均方根偏差、十点高度、偏斜度、陡峭度，综合参数，如均方根斜率、顶点曲率等的计算可直接使用采样点的 Z 坐标值。功能参数的计算需要利用采样点的 Z 坐标值，但计算结果与表面的表示方式有直接关系。表面粗糙度参数的评定需要有个基准面，因为实际表面本身是被测量的对象，它不能作为基准面，而设计的几何表面是个理想表面，它的具体位置也不太清楚。所以，要用某个给定面来体现基准面。作为基准面的给定面，它具有几何表面的形状，其方位和实际表面在空间的走向一致，可用最小二乘法、算术平均法、最小包容区域法等数学方法确定。当表面是名义上的平面时，基准面是平面；当表面是曲面时，必须采用具有相同曲率的基准面，以便除去宏观几何形状的影响。粗糙度解释结果如图 2-48 所示。

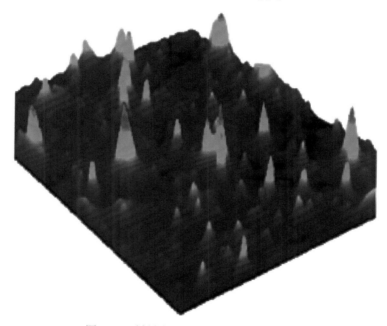

图 2-48　材料表面粗糙度定量解释成果图

本书主要采用综合参数法。综合参数主要包括幅度和间距两方面的信息，典型的综合参数是均方根斜率 S_{dq}（或算术平均斜率 S_{da}）、算术平均顶点曲率 S_{sc} 和展开界面面积比率 S_{dr}。综合参数是影响表面摩擦性能的重要因素，对表面尺度有很大的敏感性，它们的值依赖于测量分辨率。

2. 岩屑粗糙度评价实验及粗糙度脆性指数计算结果

1）实验步骤

粗糙度扫描和计算主要包括以下步骤：第一步，将加工好的样品放到实验台上面，开启设备，初始化 Z 轴和 X-Y 载台；第二步，逐渐移动形貌仪镜头到岩屑表面，在岩屑表面随机选取 10 个位置进行扫描，观察岩屑表面形貌，在测试时，需要在每个岩屑表面测试 5 个以上的测点，即每个样品具有 50 个数据点；第三步，计算每个测点相应的表面均方根斜率 S_{dq} 及算术平均顶点曲率 S_{sc}，将每个数据点得到的粗糙度结果进行处理得到相应的岩屑平均粗糙度；第四步，取出试样。重复上述步骤依次对剩余样品的表面形貌进行测试。

2) 岩屑粗糙度评价结果与分析

通过粗糙度测试实验，利用综合参数法可以得到单井不同深度的平均粗糙度计算结果。

粗糙度作为脆性评价因素之一还需要进一步落实粗糙度高低和脆性的相互关系。为此，本书绘制了基于脆性矿物脆性因子和粗糙度之间的关系，如图 2-49 所示，发现岩屑粗糙度越高，裂缝破裂程度越高，可压性越好，反映了粗糙度和岩石矿物学脆性特征具有较好的正向关系。所以岩屑粗糙度是脆性的正向评价参数，将不同深度点的粗糙度进行正向归一化处理，可以得到基于粗糙度的脆性因子 I_1：

$$I_1 = \frac{S - S_{\min}}{S_{\max} - S_{\min}}$$

式中，S 为实测粗糙度值；$S_{\max}$ 和 $S_{\min}$ 分别为研究区域或者研究深度范围内的粗糙度最大值和最小值。

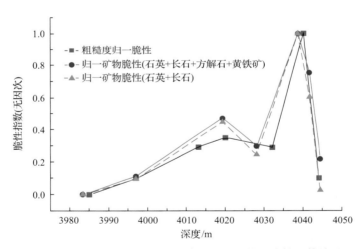

图 2-49　B6 井各井深平均粗糙度与岩石矿物学脆性计算结果

三口井计算的平均粗糙度和归一化粗糙度脆性因子见表 2-22。

表 2-22　计算的平均粗糙度和脆性指数计算结果

	样品号	深度/m	粗糙度	基于粗糙度脆性因子
焦页 1 井	1	2334	42.02	0.24
	2	2348	24.02	0.12
	3	2354	62.26	0.39
	4	2358	10.12	0.02
	5	2364	71.86	0.46

续表

	样品号	深度/m	粗糙度	基于粗糙度脆性因子
B6 井	1	3913	25.69	0.17
	2	3934	49.31	0.40
	3	3943	72.38	0.63
	4	3948	10.64	0.03
	5	3960	65.63	0.56
Y3 井	1	3779	54.50	54.50
	2	3803	9.05	9.05
	3	3808	94.47	94.47
	4	3817	33.77	33.77
	5	3823	60.72	60.72

图 2-50 为焦页 1 井粗糙度解释结果。整体来看，研究层位上部粗糙度较低，底部粗糙度较高，反映了下部龙马溪组的整体脆性比较强。同时结合岩石矿物学分析结果可以看出，在富含黏土段，粗糙度偏低，而富含石英段整体粗糙度较高。

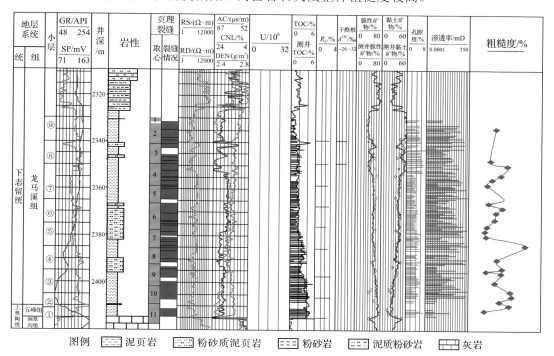

图 2-50　焦页 1 井平均粗糙度解释结果

(四)基于微观力学参数的脆性指数评价方法

1. 纳米压痕页岩力学测试实验

纳米压痕技术起源于 1961 年，当时英国剑桥大学的 Stillwell 和 Tabor 率先提出利用外物压入、压出后材料的弹性回复量来计算力学参数。本书将纳米压痕技术应用到页岩力学性质表征，其测试样品可以是岩屑、岩心碎样，加之纳米压痕实验具有可重复性且实验周期短，可以和原子力显微镜、数字岩心、3D 打印等其他先进的数字成像技术有效结合，从而实现对页岩力学和微观结构的同步和原位精细刻画。

本书纳米压痕实验中所用的力学设备为美国安捷伦 Nano Indenter®G200。相关的纳米压痕实验步骤如下。

（1）以 30nm/s 的载荷下降速率使纳米压头向试样表面逐渐靠近，当测试系统显示载荷突然增大时表示压头已经接触到试样表面，此时系统按设定方式开始加载并自动记录载荷及对应的压入深度。

（2）试样测试时，最大载荷设定为 500mN，并在最大载荷状态保持 15s 的时间。

（3）实验时，首先利用已知纳米尺度下的材料力学参数对测试参数进行标定。然后在每个页岩试样表面开展包含点矩阵压痕测试，从而可以获取杨氏模量、硬度和断裂韧性实验数据，采用均质化分析理论对这些力学参数进行处理。另外，利用能量色散 X 射线光谱仪（EDX）技术对岩石表面进行分析和对特定矿物进行定位，计算不同矿物的纳米压痕测试力学参数。

2. 纳米压痕评价实验结果及力学参数脆性指数计算

1）纳米压痕测试评价结果与分析

载荷位移曲线是表征纳米压痕变形行为和力学参数的主要手段。在纳米压痕过程中，部分纳米压痕实验获取的载荷位移曲线并不光滑，加载阶段存在突进现象［图 2-51（a）］。统计样品发现，加载突进现象出现的比例不高（平行层理为九次，垂直层理为七次），说明页岩内部存在较少微裂纹、微孔洞。尽管纳米压痕过程中的页岩加卸载曲线由弹性变形、弹塑性变形和塑性变形三个阶段组成，但是不同阶段随着位移的加载大小不同，存在一定的差异。图 2-51（a）在位移为 1000nm 左右时就开始由弹性阶段进入了弹塑性阶段，而图 2-51（b）则约在 2000nm 以后才由弹性阶段进入弹塑性阶段。整体来看，载荷位移曲线

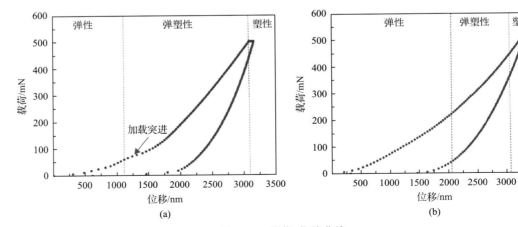

图 2-51　载荷-位移曲线

的加载阶段曲率在弹性阶段和弹塑性阶段会迅速增大，反映了在纳米压头与页岩表面接触时，会先产生快速的弹性变形，而在到达岩石本身屈服强度后，则发生弹塑性变形，并开始出现纳米压痕裂纹，之后在压入载荷达到岩石本身强度之后则开始出现塑性破坏，并造成永久裂缝的出现。

采用点矩阵纳米压痕技术对样品进行力学实验测试以后，对部分样品进行 SEM 观察压痕前后的裂缝形态(图 2-52)，并结合 EDX 技术对压痕位置的矿物组成进行综合分析，将有助于对特定矿物的岩石力学性质进行测试与分析。

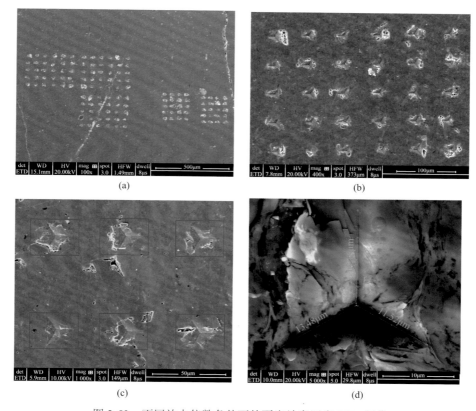

图 2-52　不同放大倍数条件下的页岩纳米压痕 SEM 图像

采用压痕表面平均值法对试样内所有点的数据进行处理，可以得到每个样品的平均杨氏模量和平均硬度值，以 B5 井 2631.35m 井深为例，得到力学参数的统计结果如图 2-53 所示。

采用平均值处理方法得到的各井测试样品的压痕统计结果见表 2-23：

2)基于压痕力学参数脆性因子计算结果

由于在纳米压痕中可以得到岩石的杨氏模量，杨氏模量越高，则水力压裂时岩石破裂程度越高，可压性越好，所以岩石的杨氏模量值是脆性的正向评价参数。因此，将不同深度点的杨氏模量值进行正向归一化处理，可以得到基于杨氏模量的脆性因子 I_3：

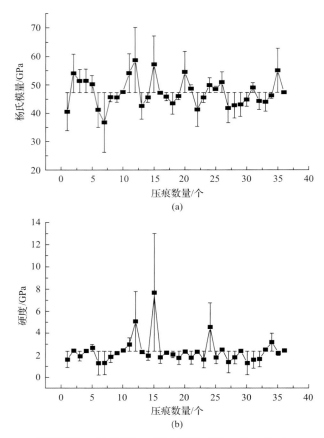

图 2-53　平均法计算纳米压痕力学参数结果(B5 井，井深 2631.35m)

(a)图平均杨氏模量为 47.39GPa；(b)图平均硬度为 2.39GPa

表 2-23　B5 井力学参数统计表

深度/m	杨氏模量/GPa	硬度/GPa
2697.00	70.449	3.258
2696.31	21.357	1.051
2686.02	53.529	1.755
2678.18	47.246	2.390
2676.22	45.246	2.390
2645.23	45.676	2.756
2631.35	50.421	1.459

$$I_3 = \frac{E - E_{\min}}{E_{\max} - E_{\min}}$$

式中，E 为实测杨氏模量值；$E_{\max}$ 和 $E_{\min}$ 分别为研究区域或者研究深度范围内杨氏模量的最大值和最小值。

单井计算的不同深度平均杨氏模量和归一化杨氏模量脆性因子见表 2-24。

表 2-24 B5 井脆性因子统计表

深度/m	基于杨氏模量的脆性因子
2697.00	1
2696.31	0
2686.02	0.655341
2678.18	0.527357
2676.22	0.486617
2645.23	0.495376
2631.35	0.592031

(五) 综合可压性评价模型的建立与应用

1. 多因素可压性综合模型的建立

本书尝试利用岩屑开展地质参数对可压裂性影响的室内实验研究，并从地质参数对可压裂性的影响机理入手，从粗糙度、天然裂缝、硬度、矿物组分等多个角度建立基于岩屑地质参数的五峰组—龙马溪组页岩储层可压裂性评价模型：

$$I = \sum_{i=1}^{4} \alpha_i I_i \qquad (2-2)$$

式中，I 为总脆性因子；I_i 为第 i 个参数表征的脆性因子；α_i 为第 i 个脆性因子的权重。

极差变换中参数分为正向指标、负向指标、中性指标和非定量指标四种。正向指标即指标值越大越好，如石英含量、脆性系数；负向指标即指标值越小越好；中性指标即越靠近中值区间越好，如埋深；非定量指标是指不能定量化的指标，如裂缝发育。

2. 权重确定方法

在建立可压性评价模型的过程中，最大的问题是如何确定各个储层参数的权重。确定权重的方法较多，其中包括统计平均法、变异系数法（coefficient of variation method）和层次分析法，这些也是实际工作中常用的方法。本书主要采用变异系数法进行权重处理。变异系数法是直接利用各项指标所包含的信息，通过计算得到指标的权重，是一种客观赋权的方法。此方法的基本做法：在评价指标体系中，指标取值差异越大的指标，也就是越难以实现的指标，更能反映被评价单位的差距。

由于评价指标体系中各项指标的量纲不同，不宜直接比较其差别程度。为了消除各项评价指标的量纲不同产生的影响，需要用各项指标的变异系数来衡量各项指标取值的差异程度。各项指标的变异系数公式如下：

$$V_i = \frac{\sigma_i}{\overline{x}_i}, \quad i = 1, 2, \cdots, n \tag{2-3}$$

式中，V_i 为第 i 项指标的变异系数，也称为标准差系数；σ_i 为第 i 项指标的标准差；$\overline{x}_i$ 为第 i 项指标的平均数。

各项指标的权重 W_i 为

$$W_i = \frac{V_i}{\sum\limits_{i=1}^{n} V_i} \tag{2-4}$$

利用上述方法对各井脆性因子的权重进行计算，得到表 2-25 中的结果。

表 2-25 B5 井权重系数计算结果

参数	N	平均值	标准差	变异系数	权重
矿物脆性	10	0.5574	0.34822	0.624722	0.352903
天然裂缝脆性	10	0.4673	0.33420	0.715172	0.403998
压痕脆性	10	0.6216	0.26750	0.430341	0.243098

3. 可压性评价计算结果

B5 井的单项脆性因子及可压性评价结果如图 2-54 所示：在深度 2654.26m，矿物反映可压性低，但天然裂缝可压性高裂缝发育，综合可压性高。在深度 2686.02m，天然裂缝可压性高，裂缝发育，矿物反映可压性高，压痕可压性高，综合可压性高。在深度 2697m，天然裂缝可压性低，矿物反映可压性低，压痕可压性低，裂缝不发育，综合可压性低。

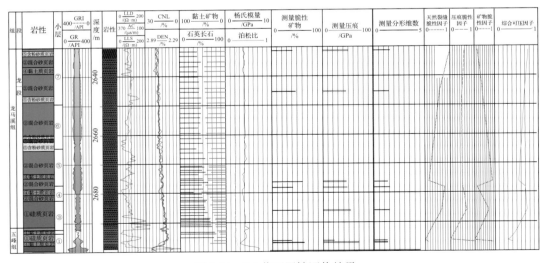

图 2-54 B5 井可压性评价结果

四、岩石相评价技术

目前，关于页岩气储层储集特征的研究很多，多集中在烃源岩特性、岩性、物性和含气性等方面。朱华等(2009)在评价页岩储层时除了考虑与常规储层有相同意义的岩石学、物性等储层基本特征外，还考虑页岩含气性及能否被开采；蒋裕强等(2010)筛选了有机质丰度、热成熟度、含气性等八大关键地质因素来评价页岩储层；李庆辉等(2012)和王宇等(2014)对评价方法进行了研究。但这些研究主要依赖实验分析资料，且分析较单一。我们在开展四川盆地几个地区五峰组—龙马溪组富有机质页岩地质特征评价中，我们按照地质、勘探开发、工程三者一体化的思路，建立了岩石相评价技术。

(一)页岩岩石相的概念及分类方案

本书提出的岩石相是指在一定沉积环境和成岩作用序列下形成的岩石或岩石组合，是一个集岩性、物性与含气性、可压性于一体的综合性概念。选择岩石类型或岩石组合类型为基本名称，以有机碳含量、脆性矿物含量作为特征描述参数来对页岩岩石相进行分类和命名。

第一步是确定岩石相基本类型：根据岩性组合进行命名。研究区五峰组—龙马溪组富有机质页岩段包括硅质页岩、笔石页岩、页岩、灰质页岩、含粉砂质页岩、粉砂质页岩、泥质粉砂岩、泥质灰岩或泥质白云岩等。按照简明、清楚、实用的原则，在进行岩石相分类命名时将硅质页岩岩性组合、笔石页岩岩性组合、页岩岩性组合归为一类岩石相，即页岩相；其他五类岩性组合在进行岩石相分类时，依次命名为灰质页岩相、含粉砂质页岩相、粉砂质页岩相、泥质粉砂岩相、泥质灰岩或泥质白云岩相(表2-26)。

表 2-26 海相页岩层段的岩石相分类方案

分类指标		类别			
岩石相基本类型		按岩性组合命名：页岩相、灰质页岩相、含粉砂质页岩相、粉砂质页岩相、泥质粉砂岩相、泥质灰岩或泥质白云岩相			
TOC		富碳(≥4%)	高碳(4%~2%)	中碳(2%~1%)	含碳(<1%)
硅质含量	高硅(≥40%)	富碳高硅页岩相	高碳高硅页岩相	中碳高硅页岩相	含碳高硅页岩相
	中硅(40%~30%)	富碳中硅页岩相	高碳中硅页岩相	中碳中硅页岩相	含碳中硅页岩相
	低硅(<30%)	富碳低硅页岩相	高碳低硅页岩相	中碳低硅页岩相	含碳低硅页岩相

注：①岩石相类型以岩石相基本类型加碳质与硅质前缀定名，碳质放前、硅质放后；②岩石相分类以页岩相基本类型为例，其他可以类推。

第二步是确定具体页岩岩石相类型：以岩石相基本类型加碳质与硅质前缀定名，碳质放前、硅质放后。例如，岩石相基本类型为页岩相，如果该岩石相的 TOC 分级属于富碳，硅质含量分级属于高硅，则该岩石相命名为富碳高硅页岩相；同理，岩石相基本类型为页岩相的其他类型依次命名为高碳高硅页岩相、中碳高硅页岩相、含碳高硅页岩相、富碳中硅页岩相、高碳中硅页岩相、中碳中硅页岩相、含碳中硅页岩相、富碳低硅页岩相、高碳低硅页岩相、中碳低硅页岩相、含碳低硅页岩相。

其他岩石相基本类型的分类命名可以照此类推。

(二)海相页岩岩石相地质特征

1. 典型井页岩岩石相划分

根据岩石相分类方案，以准层序界面或小层界面为约束，开展岩石相划分。

以 A1 井为例，按照上述分类方案，针对五峰组—龙马溪组富有机质页岩段九个小层，除去第②小层为凝灰岩外，依据分析化验数据将其他八个小层自下而上分别划分为富碳高硅页岩相 2、富碳高硅页岩相 1、高碳中硅页岩相、高碳高硅页岩相、中碳中硅含粉砂质页岩相、中碳中硅粉砂质页岩相、高碳低硅页岩相、含碳低硅页岩相，厚度分别为 7.30m、10.15m、7.63m、10.18m、11.02m、16.35m、12.63m、12.97m（图 2-55）。其中，底部 38m 由富碳高硅页岩相、高碳高硅页岩相、高碳中硅页岩相构成，为优质页岩段。

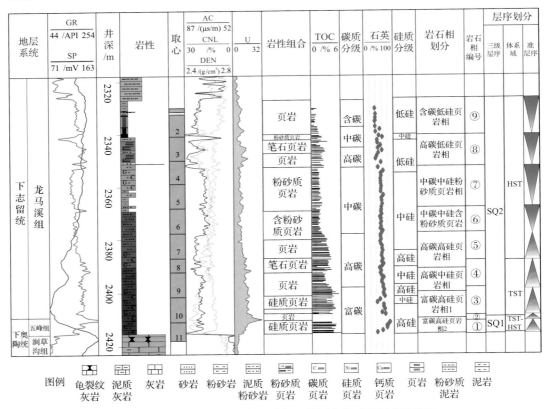

图 2-55　A1 井五峰组—龙马溪组一段页岩岩石相划分柱状图

2. 不同岩石相地质特征

通过对海相泥页岩层段不同岩石相类型的沉积微相、有机质丰度、矿物组分、储集性及含气性等相关地质特征进行分析对比，对有利的页岩气的岩石相类型进行优选。以焦页 1 井为例，明确了富碳高硅页岩相为最有利的岩石相类型，高碳高硅页岩相为有利的岩石相类型(表 2-27)。

表 2-27　焦页 1 井不同类型的岩石相特征对比

岩石相类型	深度/m	TOC/%	石英/%	孔隙度/%	渗透率/mD	含气量/(m³/t)
富碳高硅页岩相	2398.1～2415.5	4.01～5.89/4.59	3.8～70.6/55.5	4.05～7.08/5.10	0.0016～0.097/0.0038	3.55～4.31/3.93
高碳中硅页岩相	2390.5～2398.1	2.24～4.03/2.95	31.0～43.6/38.0	2.83～6.24/4.46	0.0048～0.1143/0.0249	0.89～2.57/1.51
高碳高硅页岩相	2380.3～2390.5	1.04～3.99/3.24	35.0～51.4/42.4	3.075～5.63/4.64	0.0023～0.0349/0.0105	2.0～4.04/2.85
中碳中硅含粉砂质页岩相	2369.3～2380.3	1.32～3.22/1.85	25.7～38.2/32.0	3.27～5.89/4.21	0.0072～0.2473/0.0708	0.94～2.83/2.21
中碳中硅粉砂质页岩相	2352.9～2369.3	0.91～2.53/1.68	23.5～37.7/33.8	2.49～4.55/3.52	0.0041～0.217/0.0599	0.74～1.14/0.88
高碳低硅页岩相	2340.3～2352.9	1.02～3.26/2.13	18.4～36.8/28.6	2.01～7.22/5.71	0.0015～2.0032/0.3581	0.81～1.08/0.90
含碳低硅页岩相	2327.3～2340.3	0.55～1.56/1.00	18.8～30.7/27.9	1.17～6.11/4.88	0.0348～0.6041/0.2619	0.44～0.63/0.51

富碳高硅页岩相:TOC 高达 4.01%～5.89%,平均值为 4.59%;硅质含量高(3.8%～70.6%,平均值为 55.5%),易于压裂;网状裂缝发育,裂缝长 7cm,宽 0.1～1cm,发育 18 条,裂缝未充填,或被方解石部分至完全充填;孔隙度一般为 4.05%～7.08%,平均值为 5.10%;渗透率为 0.0016～0.097mD,平均值为 0.0038mD;含气量高,为 3.55～4.31m³/t,平均值为 3.93m³/t。因此,该相为最有利的岩石相类型。

高碳高硅页岩相:TOC 较高,为 1.04%～3.99%,平均值为 3.24%;硅质含量较高,为 35.0%～51.4%,平均值为 42.4%,较易于压裂;裂缝较发育,裂缝长 7～13cm,宽 1～2cm,发育两条,裂缝未被充填;孔隙度一般为 3.075%～5.63%,平均值为 4.64%;渗透率为 0.0023～0.0349mD,平均值为 0.0105mD;含气量较高,为 2.0～4.04m³/t,平均值为 2.85m³/t。因此,该相为有利的岩石相类型。

(三)海相页岩岩石相测井识别技术

本书通过常规-成像测井交互刻度及其测井相特征总结,形成了一套海相页岩岩石相识别技术(图 2-56)。

1. 含碳低硅页岩相

该类页岩相在地质上具有高黏土含量、低有机质含量、低硅质含量,总孔隙度相对较大,有效孔隙与总含气量低,页岩层理不发育、渗透性差等特征。

从常规测井响应形态上看,测井曲线近平直至齿形,反映出页岩层状结构不发育,且层理厚度较大的地质特征。从常规测井响应特征值上看,表现出中等自然伽马(GR)、高去铀伽马、低铀含量、高声波时差、高体积密度、高中子孔隙度、低电阻率、自然电位无明显异常等典型特征,具体测井特征值见表 2-28。FMI 静态成像结果表现出暗色低阻特征,动态成像结果反映该套页岩主要呈块状结构,层理不发育。

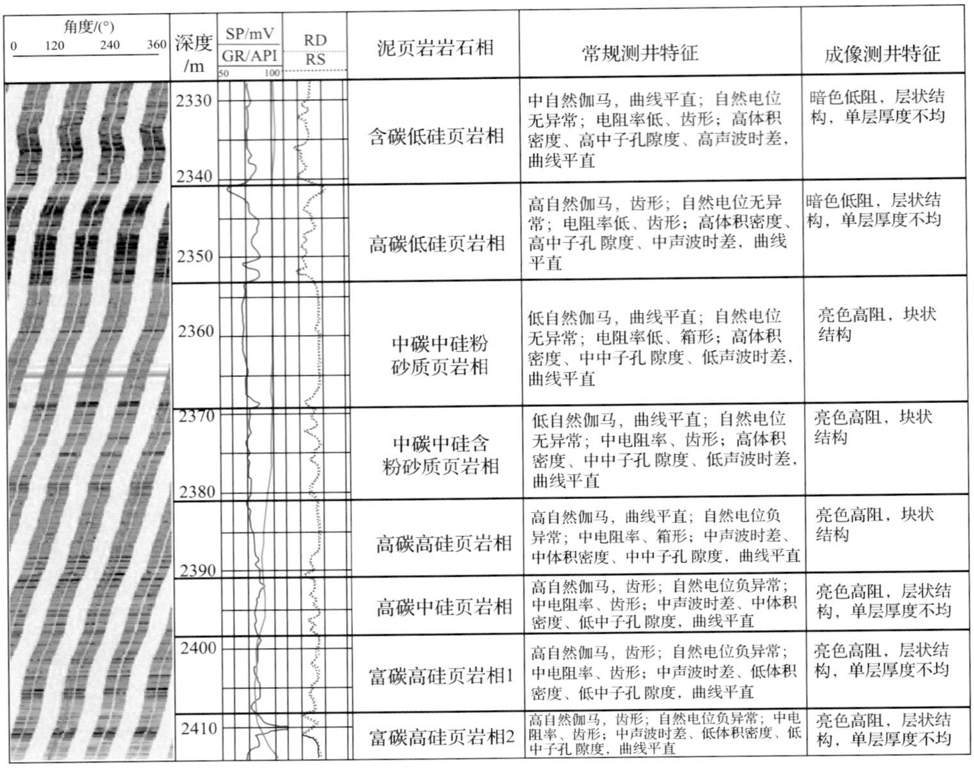

图 2-56　五峰组—龙马溪组页岩气储层岩石相测井响应特征总结

表 2-28　含碳低硅页岩相常规测井特征值统计

参数	体积密度/(g/cm³)	自然伽马/API	电阻率/(Ω·m)	中子孔隙度/%	声波时差/(μs/m)	自然电位/mV
响应范围	2.42~2.74	156~197	6~37	17~24	246~304	136~144
特征值	2.68	168	22	22	258	141

2. 高碳低硅页岩相

该类页岩相在地质上具有高黏土含量、中高有机质含量、低硅质含量，总孔隙度相对较大，有效孔隙与总含气量较低，页岩层理相对较发育，渗透性差等特征。

从常规测井响应形态上看，测井曲线呈齿形，反映出该页岩岩石相层状结构较上段明显，但层理厚度依然较大。从常规测井响应特征值上看，表现出高自然伽马、高去铀伽马、较高的铀含量、中声波时差、高体积密度、高中子孔隙度、低电阻率、自然电位无明显异常等典型特征，具体测井特征值见表 2-29。FMI 静态成像结果表现出暗色低阻特征，动态成像反映该套页岩主要呈厚层状结构，层理较不发育。

表 2-29　高碳低硅页岩相常规测井特征值统计

参数	体积密度/(g/cm³)	自然伽马/API	电阻率/(Ω·m)	中子孔隙度/%	声波时差/(μs/m)	自然电位/mV
响应范围	2.48~2.69	86~210	6~157	10~27	199~284	132~137
特征值	2.64	174	36	20	262	134

3. 中碳中硅粉砂质页岩相

与前两类岩石相相比，该类岩石相黏土含量有所降低、有机质含量较高、硅质含量较高，总孔隙度低，有效孔隙度比例上升，总含气量较上两段增加，页岩层理较发育，渗透性较好。

从常规测井响应形态来看，测井曲线近箱形，反映出该页岩岩石相为块状结构。从常规测井响应特征值来看，表现出自然伽马与去铀伽马低，电阻率较上两段泥质含量非常高的岩石相有所上升，电阻率曲线较为平直(近箱形)，在数值上较上段亦有明显升高，为三个岩石相段中最高值。孔隙度曲线与上下井段相比的表现：中等中子孔隙度，高体积密度，低声波时差；自然电位较泥岩基线无明显异常(具体测井特征值见表 2-30)。FMI 静态图像为棕黄色-黄色中、高阻特征，层状纹理不明显，FMI 动态图像隐约可见层状页理特征，反映出该套页岩较上两段出现以水平层理为主的层状结构。

表 2-30　中碳中硅粉砂质页岩相常规测井特征值统计

参数	体积密度/(g/cm^3)	自然伽马/API	电阻率/(Ω·m)	中子孔隙度/%	声波时差/(μs/m)	自然电位/mV
响应范围	2.60～2.69	133～206	15～80	13～19	234～254	126～137
特征值	2.63	148	63	15	241	132

4. 中碳中硅含粉砂质页岩相

该段页岩黏土含量和硅质含量与上段相当、有机质含量略有上升，总孔隙度略有增大，有效孔隙度与含气量较高，层理较上段更加发育，渗透性较好。

从常规测井响应形态上看，测井曲线呈齿形，反映出该段页岩岩石相的层状结构特征，且层理厚度较上一岩石相明显变薄。从常规测井响应特征值上看，表现出低自然伽马(GR)、低铀含量(U)、低声波时差(DT)、高体积密度(DEN)、中等中子孔隙度(CNL)、中电阻率(RD)、自然电位负异常不明显，具体测井特征值见表 2-31。FMI 静态图像为黄色-亮黄色中、高阻特征，隐约可见薄层纹理，FMI 动态图像为薄层状页理特征，反映出该套页岩较上一岩石相具有更细更薄的层状结构。

表 2-31　中碳中硅含粉砂质页岩相常规测井特征值统计

参数	体积密度/(g/cm^3)	自然伽马/API	电阻率/(Ω·m)	中子孔隙度/%	声波时差/(μs/m)	自然电位/mV
响应范围	2.59～2.67	146～166	12～81	14～17	228～264	111～129
特征值	2.63	157	46	16	242	123

5. 高碳高硅页岩相

与中碳中硅含粉砂质页岩相相比，高碳高硅页岩相黏土含量明显降低、硅质含量与有机质含量显著增高、总孔隙度与上段相比略大，有效孔隙度与总含气量与上段相当，层理厚度较上段明显增厚，渗透性进一步增大。

从常规测井响应形态上看，测井曲线近箱形，反映出该段页岩岩石相的厚层状-块状结构特征，且层理厚度较上一岩石相明显变厚。从常规测井响应特征值上看，表现出高自然伽马、中等声波时差，中等体积密度、中等中子孔隙度、中等电阻率、自然电位负异常较为明显，具体测井特征值见表 2-32。FMI 静态图像为黄色中阻特征，易见厚层-块状层理，FMI 动态图像为厚层-块状层理特征，反映出该套页岩具有较厚的层状结构。

表 2-32　高碳高硅页岩相常规测井特征值统计

参数	体积密度/(g/cm³)	自然伽马/API	电阻率/(Ω·m)	中子孔隙度/%	声波时差/(μs/m)	自然电位/mV
响应范围	2.51~2.63	148~204	15~71	12~17	249~268	92~113
特征值	2.56	172	52	15	260	102

6. 高碳中硅页岩相

高碳中硅页岩相的黏土含量急剧下降，硅质与有机质含量显著上升，总孔隙度与中碳中硅含粉砂质页岩相相当，有效孔隙度与总含气量较上段更高，薄层状结构更加发育，渗透性进一步增大。

从常规测井响应形态上看，测井曲线呈密齿形，反映出该段页岩具有良好的互层状层理结构。从常规测井响应特征值上看，表现出高自然伽马、中等声波时差、中等体积密度、低等中子孔隙度、中等电阻率、自然电位负异常幅度进一步增大，具体测井特征值见表 2-33。FMI 静态图像为黄色-亮黄色高阻特征，易见明显的棕色或暗色层理缝，FIM 动态图像为薄层状结构。

表 2-33　高碳中硅页岩相常规测井特征值统计

参数	体积密度/(g/cm³)	自然伽马/API	电阻率/(Ω·m)	中子孔隙度/%	声波时差/(μs/m)	自然电位/mV
响应范围	2.51~2.61	168~220	12~71	13~17	239~274	85~107
特征值	2.57	189	39	14	253	100

7. 富碳高硅页岩相

富碳高硅页岩相黏土含量低，硅质与有机质含量更高，总孔隙度与高碳中硅页岩相相当，有效孔隙度与总含气量较高，薄互层状结构发育，渗透性最佳。

从常规测井响应形态上看，测井曲线呈密指形，反映出交互频繁的页理状结构特征。从常规测井响应特征值上看，表现出极高自然伽马、中等声波时差、极低体积密度、低中子孔隙度、中等电阻率、自然电位负异常达到最大值，具体测井特征值见表 2-34。FMI 静态图像为黄色-亮黄色高阻特征，可见较明显的薄层纹理，FMI 动态图像为清晰的薄互层状页理特征，单层厚度不一，层厚度随埋深增加而减小，单层厚度在 0.5~0.1m。

表 2-34　富碳高硅页岩相常规测井特征值统计

参数	体积密度/(g/cm³)	自然伽马/API	电阻率/(Ω·m)	中子孔隙度/%	声波时差/(μs/m)	自然电位/mV
响应范围	2.45~2.53	158~202	11~70	11~14	241~257	71~85
特征值	2.49	186	42	13	251	76

(四)岩石相技术的应用

1. 岩石相纵横向分布

页岩岩石相从地质角度可以宏观评价单井页岩气储层品质，进而通过井间对比反映页岩气储层品质纵横向变化和各地区(或井)页岩气储层品质差异性。

本书通过四口井页岩岩石相识别及井间对比(图 2-57)，基本明确了页岩岩石相纵横向分布。在纵向上可以看出，最有利岩石相(即富碳高硅页岩相)分布在各地区富有机质页岩段的底部，对应着焦页 1 井上奥陶统五峰组—下志留统龙马溪组页岩段底部的 38m 高产气层；有利岩石相(即高碳高硅页岩相)基本是紧邻发育在富碳高硅页岩相之上；再往上则为相对较差的几类岩石相。在威远—彭水的东西向剖面上可以看出，各页岩岩石相稳定发育，呈毯状展布；但不同页岩岩石相的展布面积和具体厚度变化不同，如富碳高硅页岩相集中分布在研究区五峰组—龙马溪组一段底部(主要是①、③小层)，总体趋势是从西部威远地区约 15m，向东到永川地区减薄至 10m 左右，在涪陵地区基本在 20m 以上，再到彭水即不存在富碳高硅页岩相；高碳高硅页岩相基本紧邻富碳高硅页岩相顶部发育，全区分布，但从西向东呈现厚(威远—永川地区 20m 以上)—薄(涪陵地区 10m 左右)—厚(彭水地区 20m 左右)的趋势。

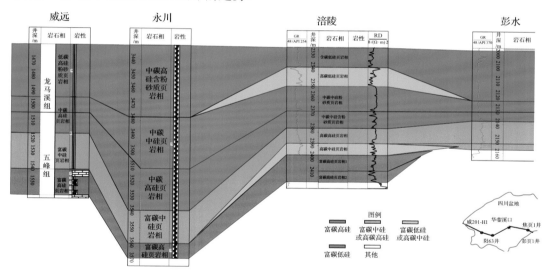

图 2-57　威远—彭水岩石相对比图

2. 水平井钻井跟踪分析及其应用

页岩气开发中，水平井井轨迹穿行层位(或者岩石相)十分重要。对于川东南地区五峰组—龙马溪组一段页岩气藏，水平井最佳穿行的岩石相应为富碳高硅页岩相。当水平井完钻后，我们通过地质与测井相结合的方法来标定水平段穿行的各种类型岩石相的情况。例如，针对 A6 井，根据 A 靶点井深 2814m、垂深 2556.81m，B 靶点井深 4314.0m、垂深 2590.32m 和井轨迹资料，通过垂直投影对比法水平段标定到虚拟垂直井段上，再与焦页 1 井等有钻穿五峰组—龙马溪组一段的垂直井段的井进行对比，可以确定该井水平段仅 A 靶点附近约 15% 穿行在④小层，后续 85% 水平段均穿行在①～③小层，即富碳高硅页岩相中(图 2-58)。

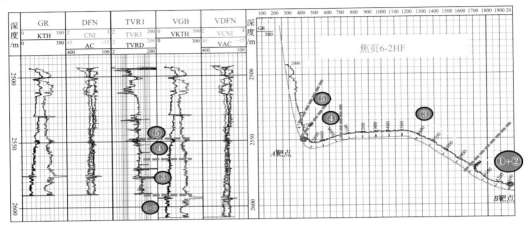

图 2-58　A6 井水平段穿行小层(即岩石相)标定图

　　页岩气水平井穿行层位(岩石相)标定结果有两大用途：一是依据标定结果预测页岩气水平井的产量。二是依据标定结果，可对压裂段划分与选择、各段压裂方案的优化提供可靠依据。例如，针对穿行层位较高，在④～⑦小层(即非富碳高硅页岩相)，可以开展定向压裂，以延伸人工裂缝向下至最佳的①～③小层(即富碳高硅页岩相)，以提高产能。

第三章 页岩气测井评价技术

国内外围绕页岩气藏精细描述与评价的主要任务之一就是测井评价，目前而言主要集中在以下四个方面：①页岩气定性识别；②页岩生烃潜力评价；③页岩岩性及储集参数评价；④岩石力学参数、地应力及裂缝评价。页岩复杂多变的矿物组成、微米-纳米级孔隙及极低物性特征，页岩气多种赋存形式共存等，使常规油气藏测井解释评价技术已不能满足页岩气藏描述与评价的需要。为此，笔者团队开展了页岩气测井解释评价技术研发，并在页岩气勘探开发过程中进行了推广。

第一节 页岩气测井识别

典型页岩气段在常规测井曲线上具有"四高一低"的响应特征(图 3-1)。

(1)自然伽马测井呈高值。其原因包括两方面：页岩中泥质、粉砂质等细粒沉积物含量高，放射性强度随之增强；页岩中富含干酪根等有机质，干酪根通常形成于一个放射性铀元素富集的还原环境，自然伽马测井响应升高。

(2)电阻率测井表现为低值背景上的相对高值。一般来说，页岩中泥质含量高，且含有较多束缚水，导致储层呈现低阻背景；而有机质和烃类具有的高电阻率物理特性，致使含气页岩电阻率测井值升高。

(3)声波时差测井呈高值。随着页岩中有机质及含气量的增加，声波速度降低、声波时差增大，在含气量较大或含气页岩内发育裂缝的情况下，声波测井值将急剧增大，甚至出现周波跳跃现象。

(4)中子测井响应呈高值。页岩中束缚水及有机质含量较高，可以显著抵消天然气造成的氢含量下降，致使含气页岩中子测井响应表现为高值。

(5)密度测井呈低值。一般页岩密度较低，随着页岩中有机质(密度接近于 1.0g/cm^3)和烃类气体含量的增加，密度测井值将进一步减小；如遇裂缝段，密度测井值将变得更低。

另外，页岩段一般出现扩径现象，且有机质含量越高、脆性越好的页岩段，扩径越明显。

焦页 1 井五峰组—龙马溪组一段页岩气段测井响应除了特征外，还有其特性。优质页岩气段自然电位显示负异常，反映地层具有较好的渗透性；密度测井和中子测井显示"挖掘响应"特征，指示地层中游离气含量高。此外，在成像测井图上，优质页岩气段水平缝(层间缝)发育(图 3-1)。

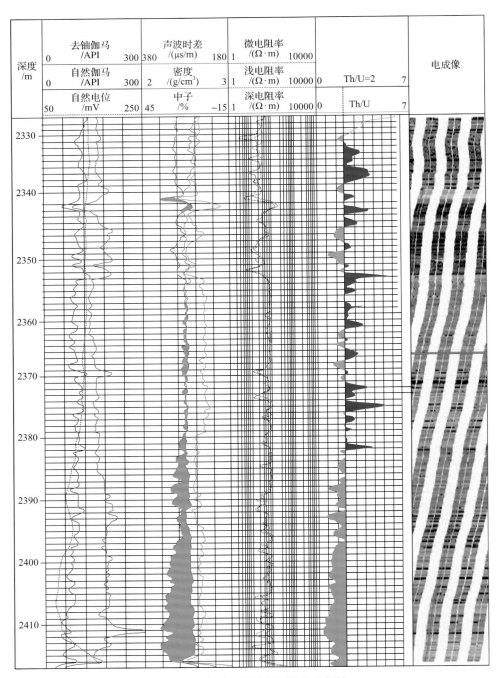

图 3-1　焦页 1 井页岩气测井响应图

自然伽马能谱测井中 Th/U 是古沉积环境的良好指标：Th/U 小于 2 时，指示海相还原环境，有利于有机质保存；Th/U 为 2～7 时，指示海相还原-氧化过渡带；Th/U 大于 7 时，指示陆相氧化环境，不利于有机质保存。焦页 1 井下部 2380～2416m Th/U 小于 2，指示为海水较深的还原环境，发育优质页岩气储层，而中上部 2330～2380m Th/U 在 2～7，指示为还原-氧化过渡环境，页岩气储层品质较差(图 3-1)。

第二节　页岩气储层测井定量评价

一、矿物组分测井评价

目前比较先进的测井评价方法是基于元素俘获测井(ECS)的评价方法，通过直接测量地层元素的含量，利用氧化物闭合技术将测量获得的元素含量转化为岩石矿物组分含量。此外，在岩心刻度测井的基础上，基于体积模型建立测井响应方程组，通过最优化算法求解矿物组分含量。

(一)目标函数

利用常规测井信息开展非线性联合最优化反演解释矿物组分，具体的方法如下：首先，对实测测井响应进行预处理，得到接近原始储层真实物理特性的测井响应；其次，依据岩心观察与常规评价结果得到的初步认识，圈定解释评价井段内存在的矿物组分类型，并确定其初始含量，形成完整的基于原始假设的储层岩石物理体积模型；再次，依据地区经验或理论参数合理选取各组分的测井响应骨架值，以非线性测井响应方程正演各常规测井响应，建立正演曲线与校正曲线相似程度的目标函数 $T(X^j)$：

$$T(X^j) = \left\| W \cdot (\mathrm{logging}_s^j - \mathrm{logging}_c) \right\|_2^2 + \alpha^2 \left\| X^j \right\|_2^2$$
$$X^j = (x_1^j, x_2^j, \cdots, x_i^j), \quad \sum_i x_i^j = 1, \quad 0 \leqslant x_i^j \leqslant 1 \tag{3-1}$$

式中，$\mathrm{logging}_s^j$ 为第 j 次迭代后产生的正演曲线组；$\mathrm{logging}_c$ 为实测曲线经校正产生的校正曲线组；X^j 为第 j 次迭代确定的各矿物组分含量；W 为各测井曲线在目标函数中的权重；α 为迭代稳定性控制参数。

最后，通过反复迭代调整各矿物组分含量，使目标函数 $T(X)$ 达到最小值，并将此时的矿物组分与含量模型作为反演最终结果，即通过解决最优化问题，达到求解储层矿物组分与含量问题的目的。

(二)初始模型假设

初始模型假设的建立，需要分别确定待求解的储层矿物组分及其初始含量，以及参与矿物组分评价的测井曲线。

依据实验室全岩分析结果，初始模型假设页岩中不存在除干酪根之外的其他固体有机碳；脆性矿物包括石英、方解石、长石，塑性矿物为黏土；另外，相关研究表明，页岩成岩过程中的自生黄铁矿常结晶于储层层理界面之间，在一定程度上有利于水力压裂形成网状缝，且黄铁矿具有极好的导电特性、极高的光电俘获截面指数(PEF)及较高的密度，即使含量较少，对电阻率、光电俘获截面指数与体积密度等测井响应的影响也十分明显。因此，作为影响页岩力学性质与岩石物理特性的重要矿物，黄铁矿在矿物组分模型中不可忽略。由于该段泥页岩黏土矿物含量较高、有效孔隙度较低，且地层水矿化度不高，自由水对测井响应影响不大，模型仅考虑黏土束缚水存在，且假设页岩储层有效孔隙全部被游离气占据。综合上述考虑，最终确定焦页1井五峰组—龙马溪组一段页岩需要反演计算的矿物组分，依次包含黏土(含黏土束缚水)、石英、方解石、长石、黄铁矿、孔隙(游离气)与有机碳(干酪根)。

综合考查本井可参考的测井曲线条数，以及上述页岩岩石体积模型需要涵盖的组分种类，确定利用光电截面指数、自然伽马(GR)、中子孔隙度(NPHI)、体积密度(DEN)、声波时差(DT)、浅侧向电阻率(LLS)、深侧向电阻率(LLD)七条曲线，反演八种矿物组分的含量(图3-2)。值得注意的是，参加非线性反演的测井曲线条数理论上最多可解决八种矿物组分含量的求解问题，满足模型非线性求解条件，可确保评价结果更加接近页岩气储层的真实情况。

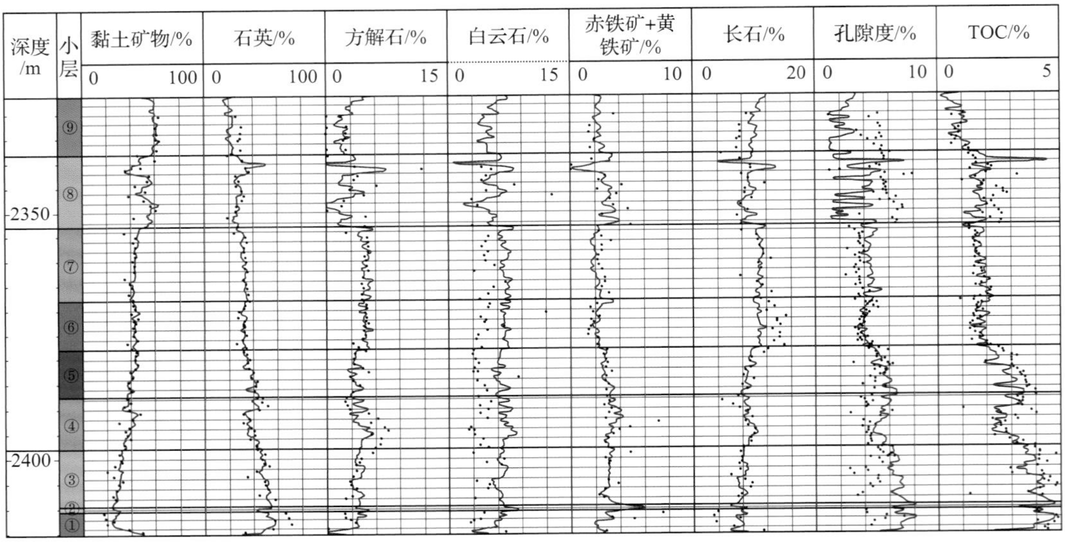

图3-2 焦页1井五峰组—龙马溪组一段页岩非线性反演初始模型

应用其他评价方法，可以取得黏土、孔隙度、干酪根含量的初步评价结果，对本井矿物组分初始含量$(x_{clay}^0, x_{calcite}^0, \cdots, x_i^0, \cdots, x_{ker}^0)$进行赋值，即将$V_{sh}$设定为$x_{clay}^0$，TOC设定为$x_{ker}^0$，Phi设定为$x_{por}^0$，剩余组分的初始含量——石英含量$(x_{quartz}^0)$、方解石含量$(x_{calcite}^0)$、白云石含量$(x_{doolomiete}^0)$、黄铁矿含量$(x_{pyrite}^0)$、长石含量$(x_{feldspar}^0)$根据实验室岩心分析确定的平均含量，依据多元回归初步计算各矿物组合含量，结果如图3-2第3～第8道棕色实线所示。需要注意的是，各矿物组分初始含量(棕色实线)与岩心分析结果(黑色圆点)相比，均存在不同程度的偏差。其中方解石、长石两种矿物含量的偏差最为明显；利用中子-密度孔隙度评价的孔隙度结果也明显偏高；此外，利用自然伽马泥质含量评价方法计算的黏土矿物含量，以及利用电阻率-声波重叠 Passey 法(Passey et al., 1990)计算的有机碳含量，在局部深度上存在一定误差。本书将通过的反演计算逐步降低这些误差，以得到最接近地层矿物组分的评价结果。

(三)模型反演结果

经过非线性反演计算，最终确定该井矿物组分的含量如图 3-3 所示，第 3～第 9 道依次为黏土矿物(含黏土束缚水)、石英、长石、方解石、白云石、黄铁矿、干酪根评价结果(棕色实线)与对应组分实验室分析结果(黑色圆点)，第 10 道与第 11 道分别为页岩矿物组分非线性反演结果与岩心实验室分析结果。

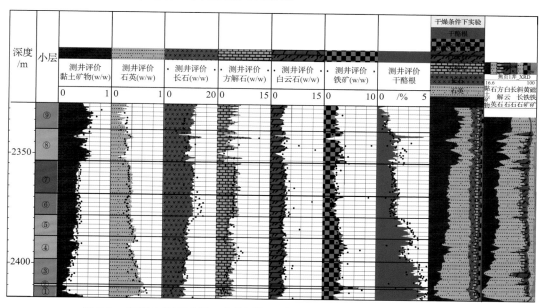

图 3-3 焦页 1 井五峰组—龙马溪组一段页岩矿物组分非线性反演成果图

w/w 表示质量比

通过对比分析可以发现(图3-4)非线性反演计算结果(红色三角)的对比分析可以发现，非线性反演计算结果与实验室分析结果具有很好的线性相关性，与初始评价结果相比(黑色方块)，更集中于 45°对角线附近。非线性反演算法显著提高了石英与方解石含量的评价精度；使孔隙度评价结果更加接近实验室分析结果；此外，黏土矿物与有机碳含量各自在局部位置上的误差也得到了较好的修正；在初始模型中，以平均含量为依据粗略估算的长石与黄铁矿含量，在这里也得到了进一步细化，评价结果与实验室分析结果在整体趋势上更为吻合。

(四)非线性反演结果分析

为验证非线性反演结果的可靠性与有效性，本书同时分析了非线性反演结果及其反演结果下模拟测井响应的误差。

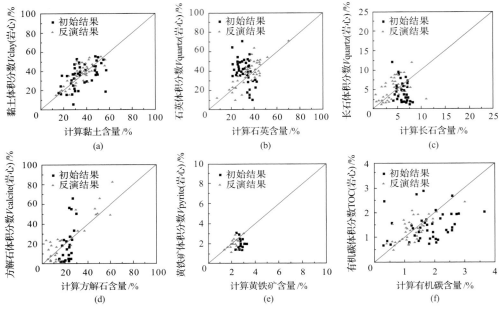

图 3-4 页岩矿物组分初始评价结果与非线性反演计算结果对比

图 3-5 展示了非线性反演结果下的模拟测井响应(红色虚线)与环境校正后的测井响应(黑色实线),具有良好的一致性。表 3-1 列出了两组测井响应之间的相关系数,各项测井响应的相关系数为 0.867~0.996,均值达到 0.921,说明通过非线性反演得到的矿物组分含量已十分接近页岩气储层的实际情况。此外,以实验室分析结果为标准,表 3-2 分别统计分析了图 3-4 中初始评价结果及非线性反演计算结果与岩心分析结果的相关系数,两组相关系数的对比表明,本书建立的非线性反演算法明显提高了矿物组分评价的精确度。

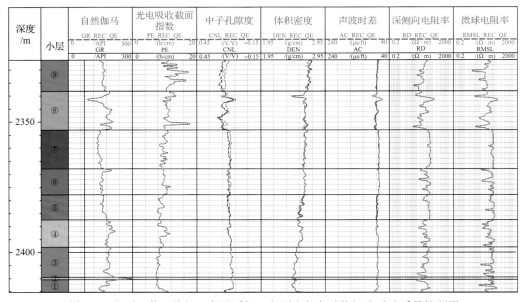

图 3-5 焦页 1 井五峰组—龙马溪组一段页岩复杂矿物组分反演质量控制图

表 3-1　模拟测井响应与实测响应的相关系数

	测井项目								
	GR	Uran	Th	NPHI	DEN	U	DT	CXO	CT
相关系数	0.937	0.928	0.972	0.911	0.927	0.996	0.884	0.867	0.868

注：Uran 表示铀含量；CXO 表示冲洗带电导率；NPHI 表示中子孔隙度；U 表示体积光电指数。

表 3-2　初始评价及非线性反演评价与岩心分析结果的相关性对比

		矿物组分与分析结果						
		黏土	石英	方解石	长石	黄铁矿	孔隙度	TOC
与岩心分析的相关系数	初始评价结果	0.498	0.486	0.570	0.482	0.083	0.347	0.541
	反演计算结果	0.668	0.762	0.875	0.605	0.658	0.507	0.592

　　该方法能够同时解决页岩气储层矿物组分与有机碳含量评价两大问题，进而为后续储层脆性、吸附气含量等重要参数评价提供了科学依据与技术保障。

二、有机碳丰度测井估算方法

　　诸多学者利用不同测井响应特征差异，研究出不同的有机碳含量估算方法(表 3-3)。这类方法均建立在岩心刻度测井的基础上，利用测井资料确定有机碳含量及成熟度等一系列地球化学参数。

表 3-3　利用测井曲线计算有机质碳含量的方法(Sondergeld et al., 2010)

方法名称	方法描述	参考文献
自然伽马能谱	利用铀含量与 TOC 之间具有的近似线性关系估算 TOC	Fertl 和 Chilingar(1988)
伽马强度	利用总伽马强度估算 TOC	Fertl 和 Chilingar(1988)
体积密度	建立体积密度和 TOC 经验关系估算 TOC	Schmoker(1979)
$\Delta \lg R$	孔隙度和电阻率重叠法	Passey 等(1990)
神经网络	利用常规测井曲线来预测 TOC	Rezaee 等(2007)
密度-核磁共振-地球化学测井	通过密度和核磁共振 NMR 测井计算含有机质的页岩密度，通过地球化学测井计算不含有机质的页岩骨架密度，然后利用二者之间的差异估算 TOC	Jacobi 等(2008)
脉冲中子矿物-自然能谱伽马	利用脉冲中子矿物组分和自然伽马能谱联合估算 TOC	Pemper 等(2009)
能谱伽马(GR-KTH)重叠法	利用能谱总伽马、去铀伽马曲线重叠与分离识别、估算 TOC	路菁等(2016)

(一)线性回归法

　　在岩心、岩屑分析的 TOC 的基础上，利用对有机质响应灵敏的测井信息(如自然伽马能谱、体积密度、声波时差等)，根据地区实际情况确定适用的经验关系公式。

(二)电阻率与声波时差重叠法

　　将声波时差曲线和电阻率曲线进行适当刻度，使其在细粒非烃源岩段重叠，在富有机质页岩段分离，依据分离程度确定有机质含量(Passey et al., 1990)。重叠段对应的曲线分别称为电阻率基线($R_{基线}$)和声波时差基线($\Delta t_{基线}$)，曲线间的分离程度$\Delta \lg R$如下：

$$\Delta \lg R = \lg(R/R_{基线}) + 0.02(\Delta t - \Delta t_{基线}) \tag{3-2}$$

式中，R、Δt分别为计算点的电阻率和声波时差值；$R_{基线}$、$\Delta t_{基线}$分别为电阻率和声波时差曲线基线值。

$\Delta \lg R$与 TOC 呈线性关系，并且是成熟度的函数。在成熟度已知的前提下，通过下式计算 TOC：

$$TOC = \Delta \lg R \times 10^{(2.207 - 0.1688LOM)} \tag{3-3}$$

式中，LOM 与有机质成熟度有关，LOM 越大，成熟度越高。LOM 可以由实验分析或从埋藏史和热史评价中得到。LOM=7 对应干酪根成熟阶段，LOM=12 对应干酪根过成熟阶段。TOC 与 $\Delta \lg R$ 关系如图 3-6 所示。

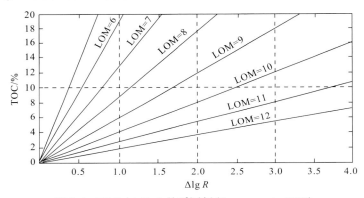

图 3-6 TOC 与 $\Delta \lg R$ 关系图版(Passey et al., 1990)

使用该方法需要满足以下两个条件：烃源岩与非烃源岩地层含有相似黏土矿物；有机质成熟度为已知。对于过成熟页岩，该方法估算的 TOC 偏低。为了弥补这个缺点，Sondergeld 等(2010)在原始经验公式的基础上进行修改，得到如下转换公式：

$$TOC = \Delta \lg R \times 10^{(2.207 - 0.1688LOM)} \times C \tag{3-4}$$

式中，C 为一个乘法算子，用于校正 TOC 估算值。

(三)GR-KTH 重叠 TOC 评价方法建立

地层自然伽马放射性主要由岩石中 U、Th 和 K 的含量确定。U 的沉积主要与有机碳吸附作用及还原环境有关，处于还原环境的富有机碳黏土岩 U 含量最高，并且其中绝大多数 U 以吸附形式赋存于有机碳中。Th 的沉积主要与黏土矿物对 Th 的选择性吸附及 Th 在稳定矿物中的存在有关。另外，K 的离子半径较大、极化率高，易被黏土矿物所吸收，岩石 Th、K 含量是体现黏土矿物含量的最主要因素。据此，可以利用自然伽马能谱中的总伽马与去铀伽马曲线重叠，识别富有机碳井段。将两条曲线的无有机碳井段重叠，若两条曲线分离即可定性识别有机碳富集井段。

进一步量化 GR 曲线与 KTH 曲线的分离程度，如下式：

$$D = \frac{GR - GR_{left}}{GR_{right} - GR_{left}} - \frac{KTH - KTH_{left}}{KTH_{right} - KTH_{left}} \tag{3-5}$$

式中，D 为 GR 与 KTH 两曲线分离度；GR 与 KTH 分别为自然伽马能谱测井总伽马曲线与去铀伽马曲线，API；GR_{left}、GR_{right} 分别为 GR-KTH 曲线重叠时 GR 曲线左、右刻度，API；KTH_{left}、KTH_{right} 分别为 KTH 曲线左、右刻度，API。GR_{right}、KTH_{left} 分别为两曲线按前述规则重叠时 GR 曲线的最大值及 KTH 曲线的最小值。据前述重叠规则，GR_{left}、KTH_{right} 即可随之确定。

自然伽马能谱测井 Th 含量与 U 含量之比可以反映沉积环境的变化。陆相沉积氧化环境、风化层为 Th/U>7；海相沉积、氧化还原过渡带、灰色或绿色页岩为 2<Th/U<7；海相还原环境、黑色页岩为 Th/U<2。本书广泛选取四川盆地及周缘焦石坝、威远、彭水、南川、丁山等地区海相页岩气储层，按测井资料明确沉积环境，分析发现，不同沉积环境下，多地区海相页岩 TOC 与 D 均呈线性相关关系，据此建立了 GR-KTH 重叠法页岩气储层 TOC 测井评价模型，如下式：

$$TOC = D \times 10^{(0.7483 + 0.1124 \times Th/U)} \tag{3-6}$$

选取威远地区某井，检验上述评价方法的适用性。从图 3-7 中可以看出，本书建立的评价方法有效解决了海相页岩气储层围岩岩性不一、储层发育大量导电矿物且成熟度

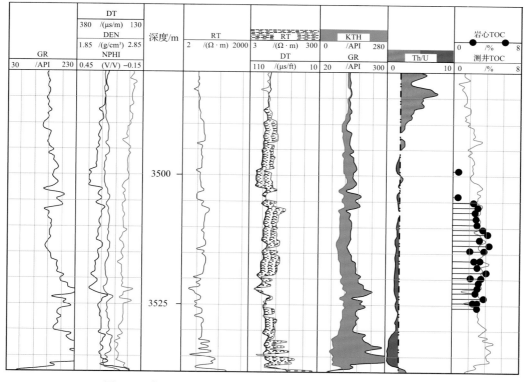

图 3-7 威远地区某井海相页岩气储层有机碳含量评价成果图

偏高等因素对 Passey 法带来的负面影响，评价结果（右侧最后 1 道红色曲线）与岩心测试结果（右侧最后 1 道黑色杆状线）吻合一致，绝对误差小于 0.23%，相对误差小于 14%。

三、"四孔隙组分" 模型

依据第二章建立的"四孔隙地质模型"和微观孔隙组分测井响应差异，建立"四孔隙组分模型"：将总孔隙分为有机质孔隙、黏土晶间孔隙、碎屑孔隙和微裂缝，骨架分为有机骨架和无机骨架（图 3-8），利用测井资料确定总孔隙度、有机质孔隙度、黏土孔隙度、脆性矿物孔隙度和裂缝孔隙度。

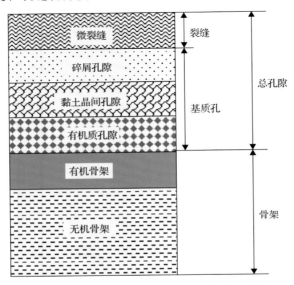

图 3-8　页岩气储层"四孔隙组分模型"建立

(一) 总孔隙度测井计算

1. 基于干黏土骨架确定总孔隙度

基于干黏土、有机质、非黏土颗粒骨架和孔隙流体体积模型，利用密度测井、中子测井及声波测井等测井响应方程确定总孔隙度，方程组如下：

$$\begin{cases} \rho_{b} = \rho_{gr}V_{gr} + \rho_{cldry}V_{cldry} + \rho_{org}V_{org} + \phi_{t}S_{wb}\rho_{w} + \phi_{t}(1-S_{wb})\rho_{f} \\ CNL = CNL_{gr}V_{gr} + CNL_{cldry}V_{cldry} + CNL_{org}V_{org} + \phi_{t}S_{wb}CNL_{w} + \phi_{t}(1-S_{wb})CNL_{f} \\ \Delta t = \Delta t_{gr}V_{gr} + \Delta t_{cldry}V_{cldry} + \Delta t_{org}V_{org} + \phi_{t}S_{wb}\Delta t_{w} + \phi_{t}(1-S_{wb})\Delta t_{f} \\ V_{gr} + V_{cldry} + V_{org} + \phi_{t} = 1 \end{cases} \tag{3-7}$$

式中，ρ_{b} 为测井密度，g/cm³；CNL 为测井中子孔隙度；S_{wb} 为束缚水饱和度；Δt 为测井声波时差，μs/m；ρ_{gr}、ρ_{cldry}、ρ_{org}、ρ_{w}、ρ_{f} 分别为非黏土颗粒、干黏土、有机质、束缚水、孔隙流体骨架密度，g/cm³；CNL_{gr}、CNL_{cldry}、CNL_{org}、CNL_{w}、CNL_{f} 分别

为非黏土颗粒、干黏土、有机质、束缚水、孔隙流体骨架中子孔隙度；Δt_{gr}、Δt_{cldry}、Δt_{org}、Δt_w、Δt_f 分别为非黏土颗粒、干黏土、有机质、束缚水、孔隙流体骨架声波时差，$\mu s/m$；V_{gr}、V_{cldry}、V_{org} 分别为非黏土颗粒、干黏土、有机质体积含量，%；ϕ_t 为总孔隙度，%。

对于页岩等细粒储层，孔隙以纳米级孔隙为主，毛细管阻力大，因此一般泥页岩中的孔隙全被黏土束缚水和毛细管束缚水所占据，测井解释有效孔隙度为 0，这也是常规砂泥岩储层测井评价中的常识。而对于页岩气储层有效孔隙的理解则要摒弃这种常识。页岩气储层孔隙分为无机质孔隙和有机质孔隙，无机质孔隙包括黏土孔隙、脆性矿物孔隙和微裂缝等。有机质孔隙表面具有亲油性，不含束缚水，孔隙中为自生自储的天然气，因此有机质孔隙是地下页岩气储层有效孔隙的主要来源。此外，微裂缝和尺寸较大的粒间孔隙也是有效孔隙的贡献者。黏土矿物表面和黏土晶间微孔隙主要为束缚水占据，故在部分黏土微孔隙为无效孔隙。综上所述，地层束缚水条件下，页岩气储层有效孔隙主要包括有机质孔隙、微裂缝及少量尺寸较大的颗粒(脆性矿物)粒间孔隙，定量关系式如下：

$$\phi_e = \phi_{org} + \phi_{crack} + \phi_{intergranular} \tag{3-8}$$

式中，ϕ_e 有效孔隙度；ϕ_{org} 为有机质孔隙度；ϕ_{crack} 为微裂缝孔隙度；$\phi_{intergranular}$ 为脆性矿物粒间孔隙度。

有效孔隙度与总孔隙度关系如下：

$$\phi_t = \phi_e + \phi_{wir} \tag{3-9}$$

式中，ϕ_{wir} 为束缚水孔隙度，主要与黏土矿物含量有关。

首先，利用自然伽马能谱或者其他测井方法确定有机质体积含量，并确定各组分骨架值。其次，对方程组求优化解，确定总孔隙度。总孔隙度包含束缚水孔隙度和含烃孔隙度。最后，确定黏土矿物体积含量后，再计算有效孔隙度。

2. 岩心刻度测井法确定总孔隙度

1)总孔隙度计算

依据岩心刻度测井方法，建立经验公式，求取页岩总孔隙度。在页岩气储层孔隙度测井系列中，密度测井受井眼影响大，中子测井受黏土晶间水影响大。声波时差测井受井眼影响较小，能够较好地反映页岩储层总孔隙度。涪陵地区页岩岩心 He 测量总孔隙度与测井声波时差呈现高度正相关关系，相关系数达到 0.75 以上。其关系式如下：

$$\phi_t = 0.062DT - 10.959 \tag{3-10}$$

式中，DT 为声波时差，$\mu s/m$。

2)有机质孔隙度测井计算

为了计算有机质孔隙度就必须先要确定有机质含量。有机质含量有两种表示方法，一种是质量分数，常用于实验室分析；另一种是体积分数，常用于测井评价中。

有机质密度低、声波传播速度慢、含氢指数高及不导电等特性，造成鲜明的测井响应特征，同时富有机质页岩还表现为高自然伽马特征，在自然伽马能谱测井响应上表现为高铀含量特征。可以利用这些测井特征定量计算 TOC。

利用 SEM 测试技术可以直观地确定有机质孔隙大小及其分布，估算有机质面孔率（图 3-9）。利用平均面孔率对测井计算的 TOC_V（体积分数）进行刻度，获得确定有机质孔隙度（ϕ_{org}）的关系式：

$$\phi_{org} = aTOC_W \frac{\rho_b}{\rho_{org}} \tag{3-11}$$

式中，a 为刻度系数，与有机质成熟度有关，由 SEM 分析确定；ρ_b 为岩石基质密度；ρ_{org} 为有机质密度。

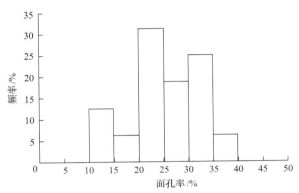

图 3-9　利用 SEM 测试技术确定有机质面孔率分布
面孔率峰值在 23% 左右

3）黏土孔隙度计算

黏土孔隙是束缚水的主要赋存空间。从成因上看，黏土束缚水分为黏土矿物表面的薄膜束缚水和微小孔隙中的毛细管束缚水。图 3-10（a）展示了页岩气储层中实测束缚水孔隙度与黏土矿物含量具有很好的正相关关系，相关系数达到 0.89，表明黏土孔隙是页岩气储层束缚水的主要赋存空间。微细黏土孔隙表面显现亲水性特征，优先吸附和储集水分子，这一点不同于有机质孔隙。图 3-10（b）展示了束缚水孔隙度与有机质含量之间强烈的负相关关系，相关系数达到 0.82。微细有机质孔隙是有机质成熟、演化和脱水作用的产物，其孔隙表面吸附烃类，表面润湿性为亲油性特征，是烃类的主要储集空间。

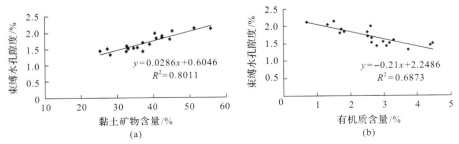

图 3-10　页岩气储层束缚水孔隙度与黏土矿物含量、有机质含量关系
（a）束缚水含量与黏土矿物含量关系；（b）束缚水含量与有机质含量关系

黏土孔隙度关系式如下：

$$\phi_{\text{clay}} = \phi_{\text{tclay}} V_{\text{clay}} \tag{3-12}$$

式中，ϕ_{clay} 为黏土孔隙度；ϕ_{tclay} 为 100%黏土含量时的总孔隙度，由邻近泥岩测井响应确定；V_{clay} 为测井计算的黏土含量。

4）裂缝孔隙度计算

井壁成像测井是研究裂缝最重要的手段，利用成像测井可以直观地确定裂缝类型和裂缝产状，还可定量地确定裂缝密度、张开度和裂缝孔隙度等参数。

在实际生产中，由于裂缝电性与围岩电性存在显著差异，经常采用双侧向测井识别和评价裂缝。研究表明，页岩储层中裂缝对双侧向测井响应有所影响，包括绝对电阻率降低和深、浅电阻率差异性质变化。数值模拟技术是研究特殊地质体响应规律，进而建立特殊地质体参数评价方法的有效手段，相对于物理模拟具有实现简单、模拟参数容易改变的优点。前人采用数值模拟技术提出了很多利用双侧向测井对高阻基岩储层中低阻裂缝进行评价的方法。例如，Sibbit 和 Faiver(1985)提出的计算裂缝张开度的 Sibbit 模型，罗贞耀(1990)提出的任意视倾角的裂缝张开度计算模型等。然而以上模型均是针对基岩电阻较高的碳酸盐岩储层或致密砂岩储层提出的，并不能应用于基岩导电明显的页岩储层。中国石化典型页岩储层中，基岩电阻率低至 $20\sim100\Omega\cdot\text{m}$，与裂缝电阻率对比度低，双侧向响应受基岩导电影响大，双侧向幅度差除受裂缝张开度影响明显外，受裂缝视倾角、充填物电阻率、基岩电阻率等因素影响亦较大，常用模型在基岩导电明显的页岩储层中应用受限。

本书从三维有限元法出发，系统模拟了基岩导电明显的页岩中板状裂缝的张开度、孔隙度、倾角、基岩电阻率等对双侧向测井响应的影响，以建立裂缝参数评价图版。根据建南、涪陵地区页岩气井资料统计结果确定了页岩裂缝参数分布范围，见表 3-4。

表 3-4 页岩储层裂缝数值模拟模型参数表

	取值
裂缝倾角/(°)	0、50、90
裂缝张开度/μm	5、10、25、50、100、250、500、1000、2500、5000、7500
裂缝孔隙度/%	0.001、0.002、0.005、0.01、0.02、0.05、0.1、0.2、0.5、1.0、1.5
基岩电阻率/(Ω·m)	30、40、50、60、70、80、90、100

根据以上参数，对 $11\times8\times3=264$ 个页岩裂缝双侧向测井模型进行了正演模拟，模拟结果如图 3-11 所示，纵坐标表示双侧向视电导率 C_{LLD}、C_{LLS}，横坐标为基岩电导率 σ_{b} 及表征裂缝导电能力的量 $\phi_{\text{f}}\sigma_{\text{f}}$，为裂缝孔隙度 ϕ_{f} 与裂缝电导率 σ_{f} 的乘积。

图 3-11(a)、(b)为深侧向测井响应特征，图 3-11(c)、(d)为浅测井响应特征，图中蓝色图标表示高角度缝双侧向测井响应特征，红色图标表示中角度缝测井响应特征，黑色图标表示准水平缝测井响应特征。图 3-11(a)、(c)横坐标为基岩电导率，图 3-11(b)、(d)横坐标为裂缝孔隙度与裂缝电导率的乘积。

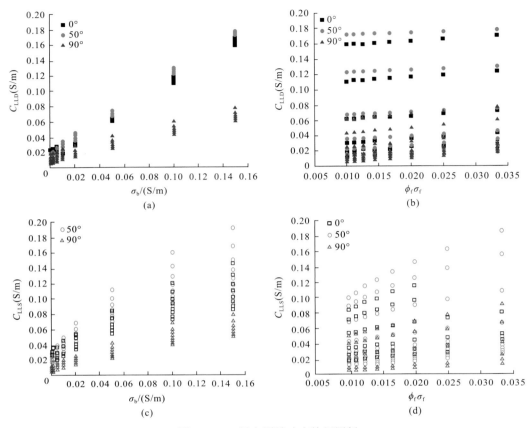

图 3-11 双侧向裂缝响应特征图版

根据双侧向视电导率与基岩电导率及裂缝孔隙度与裂缝电导率乘积的正演结果，优选式(3-13)所示模型对图版进行了拟合，拟合模型为

$$C_{LLD} = d_1 X^{d_2} + d_3 \sigma_b^{d_4}$$
$$C_{LLS} = s_1 X^{s_2} + s_3 \sigma_b^{s_4} \tag{3-13}$$

式中，C_{LLD}、C_{LLS} 为深浅侧向视电导率；X 为表征裂缝导电能力的参数，$X=\phi_f\sigma_f$；d_1、d_2、d_3、d_4 及 s_1、s_2、s_3、s_4 为拟合用参数；σ_b 为基岩电导率。在已知深浅侧向视电阻率及基岩电阻率和钻井液电阻率时，可采用此拟合模型计算裂缝孔隙度。

5) 碎屑孔隙度计算

在确定总孔隙度 ϕ_t、有机质孔隙度 ϕ_{org}、黏土孔隙度 ϕ_{clay} 和裂缝孔隙度 $\phi_{fissure}$ 后，容易得到碎屑孔隙度 ϕ_{sd}：

$$\phi_{sd} = \phi_t - \phi_{org} - \phi_{clay} - \phi_{fissure} \tag{3-14}$$

基于"四孔隙组分模型"，利用测井数据计算总孔隙度、有机质孔隙度、黏土晶间孔隙度、碎屑孔隙度和裂缝孔隙度(图 3-12)。分析可知，游离气主要赋存于有机质孔隙、微裂缝和部分碎屑孔隙中，黏土孔隙基本为束缚水，依据这种关系可估算游离气含量，吸附气含量则依据岩心实验确定的朗缪尔方程来确定，游离气与吸附气之和为总含气量（图 3-12 中的第 8 道）。用这种方法处理得到的含气量与现场测试结果趋势一致。

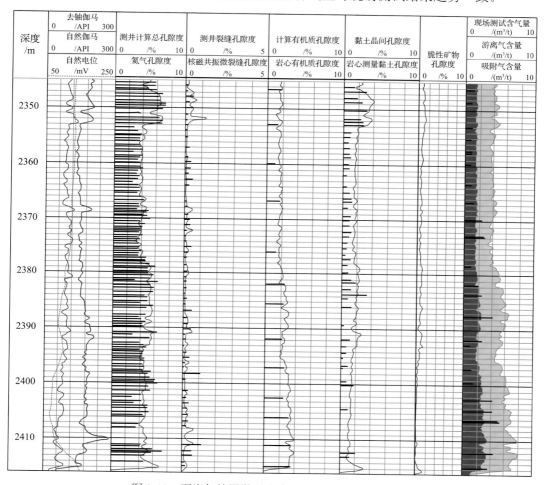

图 3-12　页岩气储层微观孔隙组分、含气量测井评价

（二）基于地质约束下有机质孔隙、黏土晶间孔隙和脆性矿物孔隙最优化评价

由上述可知，页岩气储层总孔隙度 ϕ_t 与四孔隙组分定量关系如下：

$$\phi_t = \phi_{org} + \phi_{sd} + \phi_{clay} + \phi_{fissure} \tag{3-15}$$

式中，ϕ_{org}、ϕ_{sd}、ϕ_{clay}、$\phi_{fissure}$ 分别为有机质孔隙度、脆性矿物孔隙度、黏土孔隙度和裂缝孔隙度。

从数量上来说，裂缝孔隙度在总孔隙中所占比例很小，可以忽略，也可以通过井壁成像测井或电测井定量计算得到。因此，式(3-15)可改写成

$$\phi_t = \phi_{org} + \phi_{sd} + \phi_{clay} \tag{3-16}$$

基于地质约束最优化方法，利用式(3-16)确定有机质孔隙度、黏土孔隙度和脆性矿物孔隙度，步骤如下。

1) 利用测井资料确定矿物组分体积含量

利用常规测井资料和自然伽马能谱测井资料确定地层总孔隙度(ϕ_t)、有机质体积含量(V_{org})、泥质体积含量(V_{clay})和脆性矿物体积含量(V_{sd})。

2) 建立关于地层总孔隙度的超定方程组

设单位体积页岩，孔隙度分为有机质孔隙度(ϕ_{org})、泥质孔隙度(ϕ_{clay})和脆性矿物孔隙度(ϕ_{sd})，总孔隙度如下：

$$\phi_t = \phi_{Torg}V_{org} + \phi_{Tsd}V_{sd} + \phi_{Tclay}V_{clay} \tag{3-17}$$

式中，ϕ_{Torg}、ϕ_{Tclay}、ϕ_{Tsd}分别为纯有机质、纯黏土和纯脆性矿物孔隙度。

写成如下形式：

$$\phi_t = AV_{org} + BV_{sd} + CV_{clay} \tag{3-18}$$

式中，A、B、C为方程系数。

将岩心测试或者测井资料确定的总孔隙度ϕ_t、有机质体积含量V_{org}、泥质体积含量V_{clay}和脆性矿物体积含量V_{sd}代入式(3-18)，建立关于A、B、C的超定方程组：

$$\begin{cases} \phi_{t1} = AV_{org1} + BV_{sd1} + CV_{clay1} \\ \phi_{t2} = AV_{org2} + BV_{sd2} + CV_{clay2} \\ \qquad\qquad\vdots \\ \phi_{tn} = AV_{orgn} + BV_{sdn} + CV_{clayn} \end{cases} \tag{3-19}$$

式中，下标n为资料点个数，也是方程个数，远远大于求解未知数的个数(3个)，是个超定方程组，求A的最优解便可确定有机质孔隙度。

3) 基于约束优化原理建立有机质孔隙度模型

对方程组[式(3-19)]求A、B、C最优解，并满足如下三个约束条件：

$$\begin{cases} 0 \leqslant A \leqslant 1 \\ 0 \leqslant B \leqslant 1 \\ 0 \leqslant C \leqslant 1 \end{cases} \tag{3-20}$$

最终得到有机质孔隙度：

$$\phi_{org} = AV_{org} \tag{3-21}$$

式中，ϕ_{org}为有机质孔隙度；V_{org}为有机质体积含量。

4) 利用测井资料确定有机质孔隙度

依据测井确定有机质含量，连续逐点确定有机质孔隙度。

若将地层简化成两部分，即有机质和无机质，相应的孔隙度为有机质孔隙度（ϕ_{org}）和无机质孔隙度（ϕ_{inorg}）。总孔隙度为两部分之和，即

$$\phi_t = \phi_{org} + \phi_{inorg} \qquad (3\text{-}22)$$

$$\phi_t = \phi_{Torg} V_{org} + \phi_{Tsilt} V_{silt} \qquad (3\text{-}23)$$

式中，ϕ_{Tsilt} 为有机质含量为零时的总无机质孔隙度；V_{silt} 为无机质体积含量。

采用同样的方法建立超定方程组，进而确定有机质孔隙度。对涪陵地区某一口页岩气测井资料进行处理，确定有机质孔隙度、黏土孔隙度和脆性矿物孔隙度，系数 A、B、C 分别为 0.23、0.002、0.06（图 3-13）。

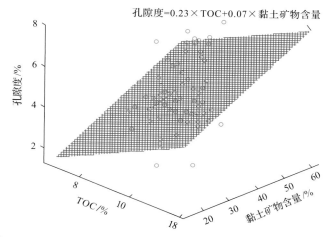

图 3-13 页岩气储层总孔隙度与有机质含量、黏土矿物含量的关系

四、实验及测井评价中总孔隙度和有效孔隙度内涵差异

根据测量方式，岩心孔隙度测量分为总孔隙度测量和有效孔隙度测量。一般利用标准柱塞样品通过注入流体（包括液体或气体）直接确定连通孔隙体积，进而得到有效孔隙度。利用碎样方式测量总孔隙度，首先测定岩样总体积（BV）；其次将样品粉碎到一定程度，以充分破坏样品中不连通的孤立孔隙；最后测定碎样颗粒体积（GV），进而确定总孔隙度（ϕ_t）：

$$\phi_t = \frac{BV - GV}{BV} \qquad (3\text{-}24)$$

地下岩石都含有束缚水，尤其是细粒岩石，孔隙中大部分被束缚水占据。因此为了反映地下真实孔隙度，实验室测定时常常对岩石进行干燥烘干处理。目前有两种干燥烘干处理方式：一种是完全干燥方式，另一种是模拟地层束缚水条件，采用湿度控制/干燥技术，使黏土或其他矿物表面保留一定量的束缚水，使测量结果能够反映地下

地层束缚水条件。对于页岩气储层，由于其束缚水含量高，不同实验室条件下测量的孔隙度差异大。

图 3-14 展示了不同干燥条件下岩心总孔隙度、有效孔隙度与测井分析中总孔隙度、有效孔隙度含义对比。在完全干燥条件下，岩心测量的总孔隙度与测井分析中的总孔隙度含义一致，完全模拟地层束缚水条件下岩心测量的有效孔隙度与测井分析中的有效孔隙度含义一致。但实际上，实验室的湿度控制/干燥条件很难完全模拟地层束缚水条件，必然造成岩心测量有效孔隙度与测井分析不一致，对于页岩气储层两者差异可能巨大。

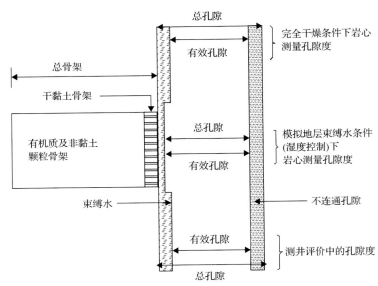

图 3-14　实验及测井评价中总孔隙度与有效孔隙度含义

利用测井资料计算总孔隙度与有效孔隙度，并将其与岩心分析结果进行对比。图 3-15 显示采用 GRI 标准测量的总孔隙度和采用国家标准《岩心分析方法》(GB/T 29172—2012) 测量的有效孔隙度与测井计算结果的对比，两者吻合程度较好。

五、页岩渗透率测井评价

页岩的矿物成分多样、孔隙结构复杂，实验分析及测井计算渗透率难度极大。目前对于页岩渗透率的评价模型和方法欠缺足够的理论支撑，普适性差，方法难以进行大规模推广应用。近年来，已探索出了基于孔隙结构的页岩渗透率评价模型和方法：首先通过高压压汞资料及核磁共振实验分析数据，提取控制页岩渗透率的孔隙结构参数，建立页岩渗透率评价模型；其次，利用核磁共振 T_2 谱构建出伪毛细管压力曲线，获得二者之间的定量转换关系；最后利用核磁测井评价结果刻度常规测井曲线，并结合页岩岩石相分析，建立包含孔隙结构信息的基于常规测井资料的渗透率模型，实现利用常规测井资料对页岩渗透率进行准确评价。

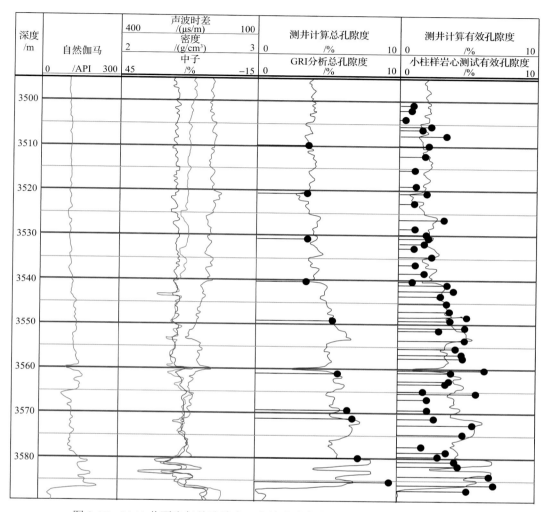

图 3-15　LM1 井页岩气总孔隙度、有效孔隙度岩心测量及测井计算结果对比

(一)渗透率主控因素

页岩渗透率影响因素较多,其中两大主控因素为孔径大小及微裂缝发育程度。因此,分析并表征孔隙结构,是对渗透率进行精确评价的关键。

为了从整体上更好地把握页岩气储层的孔隙结构特征,对配套岩心综合开展了 CO_2 吸附、低温液氮吸附、高压压汞及 FIB-SEM 实验,并分析处理得到了页岩从亚纳米级到微米级范围内的孔隙分布曲线,如图 3-16 所示。实验表明,页岩中孔隙主要分布在 200nm 以下,孔径大于 200nm 的孔隙发育少,所占体积小,且这部分大孔隙通常以微裂缝的形式存在;CO_2 吸附反映 2nm 以下的孔隙,FIB-SEM 由于分辨率的局限主要反映较大孔隙;2～200nm 的孔隙较多,所占体积大,可由低温液氮吸附及高压压汞测试结果共同反映。因此,采用低温液氮吸附和高压压汞实验获得的联合孔径分布能够较好地表征页岩的孔径分布。

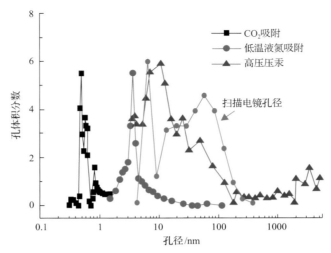

图 3-16　多种测试方法联合获取的页岩孔径分布

将液氮吸附-高压压汞联合测试获得的孔径分布与分别饱和不同流体的核磁共振 T_2 谱进行对比，发现二者具有较好的一致性(图 3-17)，对比表明，核磁共振 T_2 谱能够用于对页岩孔径分布的表征，二者之间的转换关系确定为

$$r_d = 52T_2 \qquad\qquad (3\text{-}25)$$

式中，r_d 为孔隙直径；T_2 为核磁共振横向弛豫时间。式(3-25)为实验室条件下利用核磁资料进行孔径表征的基础。

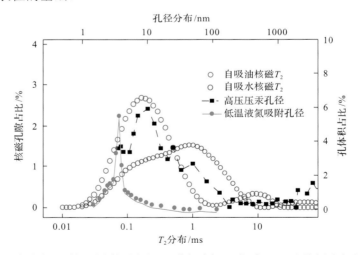

图 3-17　涪陵龙马溪组页岩核磁共振 T_2 谱与液氮吸附-高压压汞联合测试孔径对比

(二)基于核磁测井的渗透率评价

页岩渗透率大小实际上取决于页岩的孔隙孔径分布，因此，从核磁测井上获得页岩的孔隙分布，便可实现基于孔隙结构的渗透率评价。

基于核磁资料提取孔隙结构参数(渗透率指示参数)的过程如图 3-18 所示,将核磁共振 T_2 谱中孔隙度分量按照横向弛豫时间 T_2 谱从大到小(对应于页岩中孔径分布从大到小)的顺序进行累加,累加值与 T_2 时间的倒数进行交会,得到一条形态及物理意义上类似于压汞进汞过程的特征曲线。在此特征曲线的基础上,根据单位压力下进汞量的多少,绘制出渗透性指示曲线,其中曲线的峰值大小即为渗透率指示参数,其与渗透率的关系为

$$K_{shale} = m(\xi)^n \tag{3-26}$$

式中, K_{shale} 为页岩渗透率; ξ 为渗透率指示参数;系数 m、n 需通过大量岩心数据进行标定。

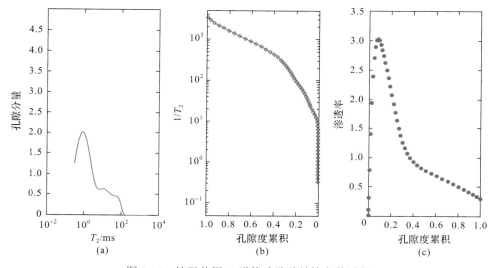

图 3-18　核磁共振 T_2 谱构建孔隙结构参数过程

利用上述评价思路对实例井测井资料进行分析处理。基于第 4 道中的核磁测井 T_2 谱,按照上述方法提取的渗透率指示参数如图 3-19 中的第 5 道所示。经过岩心数据的刻度,利用式(3-26)对渗透率进行评价,结果如图 3-19 第 6 道所示,其与岩心分析渗透率匹配良好,显著提高了页岩渗透率的评价精度。

(三)基于常规测井的渗透率评价

针对实例井基于核磁测井资料提取渗透率指示参数,与中子、密度和电阻率曲线响应特征对比,发现相关性较好。对比表明,渗透率指示参数与测井计算的有效孔隙度和微裂缝孔隙度关系密切,二者的定量关系可表达为

$$\ln(\xi) = a'(\phi_e) + b(\phi_{mf}) + c \tag{3-27}$$

式中, ξ 为渗透率指示参数; ϕ_e 为有效孔隙度,通过中子密度曲线交会计算得到; ϕ_{mf} 为微裂缝孔隙度,可由电阻率曲线通过正反演拟合得到; a'、b、c 为地区经验系数,无量纲。计算得到渗透率指示参数 ξ 后,将其代入式(3-26)的模型中,便可评价页岩渗

透率。将上述方法应用到涪陵地区一口页岩气井中，评价结果如图 3-20 所示，其中第 7 道为基于有效孔隙度和裂缝孔隙度获得的渗透率，第 6 道为基于 ECS 测井资料并通过 Herron 公式得到的渗透率，前者与岩心测试渗透率吻合程度更好，其评价精度基本在一个数量级之内，尤其是 2565～2581m 深度段的含粉砂质页岩层段，微裂缝相对不发育，渗透率较小，渗透率测井评价结果更加合理可靠。

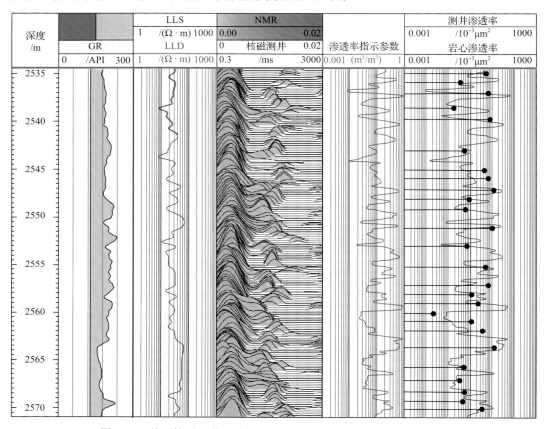

图 3-19　基于核磁测井资料提取渗透率指示参数及渗透率预测结果

六、有机质孔与无机质孔孔径分布的高精度核磁共振表征

通过润湿性分析发现，有机质孔隙往往具有亲油性，而无机质孔隙往往亲水。根据这一认识，本书分别对饱和油和饱和水的样品开展高精度核磁共振实验，确定亲油孔隙和亲水孔隙横向弛豫时间（T_2）分布谱，借助液氮吸附-高压压泵联合测试技术确定页岩 T_2 时间与孔径定量关系，进而确定有机质孔隙和无机质孔隙孔径分布。

为识别页岩中有机质孔隙及无机质孔隙 T_2 谱峰位置，首先将同一深度点的柱样岩心分成两部分（即样品对），并在原始状态下进行 T_2 谱测量；其次将样品分别在饱和盐水（矿化度为 40000mg/L）和油（正十二烷）条件下进行 T_2 谱测量。为确定 T_2 与孔径定量关系，配套进行液氮吸附-高压压泵联合测试实验。

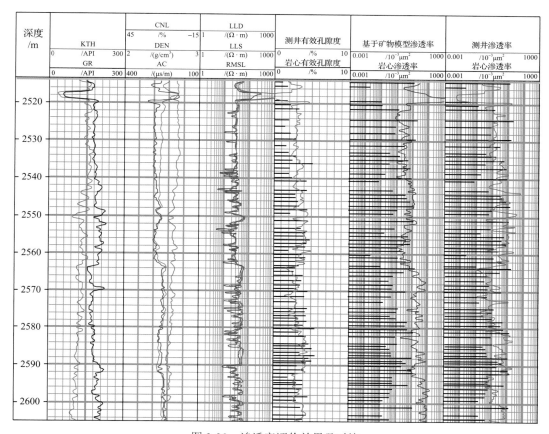

深度 /m		CNL 45 /% −15	LLD 1 /(Ω·m) 1000	测井有效孔隙度	基于矿物模型渗透率	测井渗透率
	KTH 0 /API 300	DEN 2 /(g/cm³) 3	LLS 1 /(Ω·m) 1000	0 /% 10	0.001 /10⁻³μm² 1000	0.001 /10⁻³μm² 1000
	GR 0 /API 300	AC 400 /(μs/m) 100	RMSL 1 /(Ω·m) 1000	岩心有效孔隙度 0 /% 10	岩心渗透率 0.001 /10⁻³μm² 1000	岩心渗透率 0.001 /10⁻³μm² 1000

图 3-20　渗透率评价效果及对比

　　图 3-21 显示 H1 和 H8(样品对)在原始状态下的核磁共振 T_2 谱。可以看出，样品对的 T_2 谱几乎一致，表明样品对的孔隙特征基本相同。

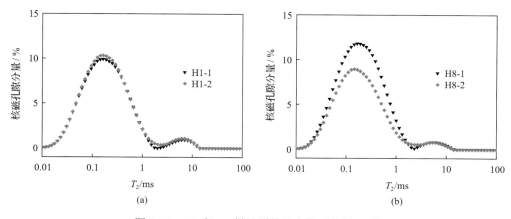

图 3-21　H1 和 H8 样品原始状态核磁共振 T_2 谱

　　图 3-22 为分别在饱和盐水和饱和油条件下的核磁共振 T_2 谱。可以看出，在自吸油饱和岩心(H1-2 和 H8-2 样品)的核磁共振 T_2 谱图上，T_2 分布峰值在 0.2ms 左右(称油润

湿峰),其次分布在 8ms,且前者幅度显著大于后者,表明亲油孔隙有两类,一类为小孔径(T_2 时间较短),另一类孔径较大(T_2 时间较长),其中较小孔径者占绝对优势。加压饱和油岩心的核磁共振信号与自吸状态相比变化不大,表明亲油孔隙具有强烈的油润湿性,在自吸条件下能很快达到饱和状态,亲油孔隙对应于有机质孔隙。

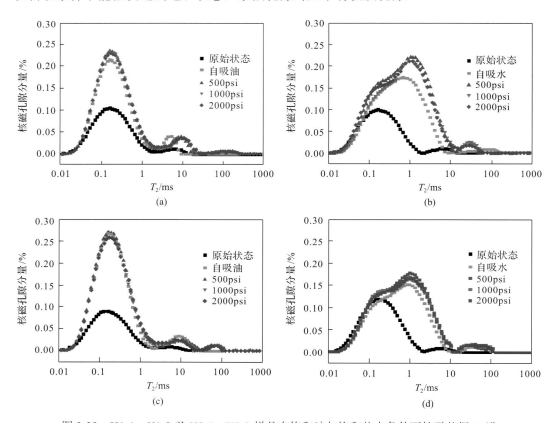

图 3-22　H1-1、H1-2 及 H8-1、H8-2 样品在饱和油与饱和盐水条件下核磁共振 T_2 谱

(a)H1-2;(b)H1-1;(c)H8-2;(d)H8-1;1psi=6.89476×10³Pa

最后,对样品进行干燥,去除束缚水后再进行核磁共振观测。在 T_2 分布图上,由于束缚水已被去除,岩石中氢核含量减少,核磁共振信号低,且信号分布范围窄,在 0.2ms 处存在一尖峰,与亲油孔隙 T_2 峰位置一致,对应于有机质氢核磁共振信号。由于页岩有机质中含有较多氢核,通过岩石干燥方法,可以消除束缚水影响,但不能消除有机质影响,由此可产生核磁共振响应信号。干燥条件下样品的 T_2 分布特征进一步证明亲油孔隙对应于有机质孔隙。

七、页岩含气性测井定量评价

页岩总含气量主要是指页岩游离气含量和吸附气含量之和。这两种页岩气的赋存机理截然不同,因此采取不同的评价方法分别计算页岩吸附气含量和游离气含量后,再加和得到总含气量。

（一）游离气含量测井评价

游离气含量指每吨岩石中所含游离气折算到标准温度与压力条件下的天然气体积，因此，游离气含量可以用下式表示：

$$G_{\text{free}} = \frac{1}{B_{\text{g}}} \times [\phi_{\text{e}} \times (1 - S_{\text{w}})] \times \frac{1}{\rho_{\text{b}}}$$ （3-28）

式中，G_{free} 为游离气含量，m^3/t；B_{g} 为天然气地层体积系数；ϕ_{e} 为地层有效孔隙度，%；S_{w} 为地层含水饱和度；ρ_{b} 为测井密度，g/cm^3。分别确定 B_{g}、ϕ_{e}、S_{w}、ρ_{b} 四个参数即可评价出页岩的游离气含量。由于 B_{g} 为一变化范围不大的常数，ρ_{b} 可由密度测井值直接得到，只要确定出地层有效孔隙度及含水饱和度，就可以定量评价游离气含量。

1. 基于黏土矿物含量建立束缚水饱和度模型

前面研究表明，页岩气主要赋存在页岩有机质孔隙、脆性矿物颗粒孔隙及微裂缝中，而水分子主要以束缚水或结晶水状态赋存于黏土矿物内及脆性矿物颗粒孔隙表面。依据涪陵三口井岩心含水饱和度测试结果，建立基于黏土含量的含水饱和度模型。图 3-23 显示页岩含水饱和度与黏土矿物含量相关性好，相关系数达到 0.9 以上。模型如下：

$$S_{\text{w}} = 1.852 \times V_{\text{clay}} - 30.973$$ （3-29）

式中，V_{clay} 为黏土矿物含量，%。

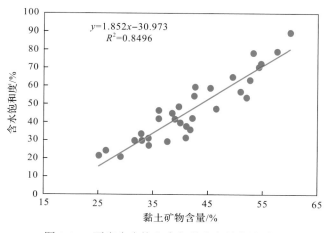

图 3-23　页岩含水饱和度与黏土含量的关系图

2. 基于四孔隙组分的游离气含气量定量评价模型

考虑页岩游离气在孔隙中的赋存状态，建立了基于四孔隙结构的游离气饱和度定量评价模型，模型如下：

$$S_{\text{g}} = \frac{a_1 \phi_{\text{org}} + b_1 \phi_{\text{fissure}} + c \phi_{\text{silt}}}{\phi_{\text{t}}}$$ （3-30）

式中，S_g 为游离气饱和度；a_1、b_1 分别为有机质孔隙、裂缝含气指数，一般 a_1 取 0.8，b_1 取 1；c 为岩石无机质颗粒孔含气指数，一般取 0.5；ϕ_{org} 为有机质孔隙度；$\phi_{fissure}$ 为裂缝孔隙度；ϕ_{silt} 为无机质孔隙度；ϕ_t 为总孔隙度。

图 3-24 为某井岩心测试与基于四孔隙组分和黏土矿物含量测井评价含气饱和度对比图。可以看出，在黏土矿物含量分布在 40% 左右的情况下，两种模型计算结果相近，且与岩心测试结果吻合程度较高。在黏土含量大于 50% 的井段，两种方法计算结果有一定的差异。

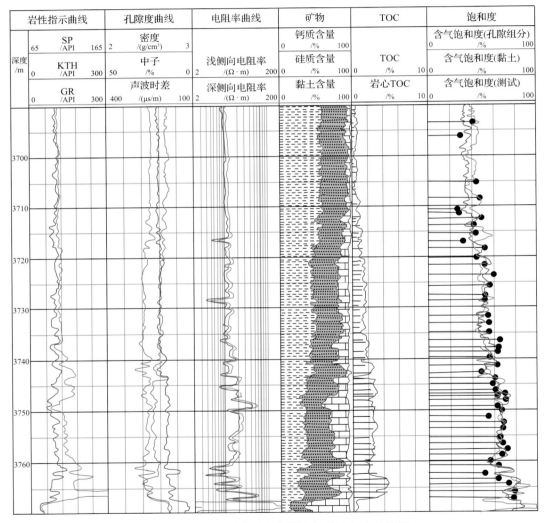

图 3-24 岩心测试饱和度与测井计算饱和度对比图

(二)吸附气含量测井评价

目前主要借鉴煤层气评价方法，利用等温吸附法评价页岩中的吸附气含量。由于吸附于页岩中干酪根表面的甲烷和煤层气中的甲烷一样，也符合朗缪尔等温吸附方程，即在等温吸附过程中，随压力的增加吸附量逐渐增大，压力下降导致甲烷逐渐脱离吸附状态，吸附量逐渐下降，且天然气解吸附量以非线性形式增大（图 3-25）。

朗缪尔方程如下：

$$G_1 = \frac{V_L p}{p_L + p} \tag{3-31}$$

式中，G_1 为吸附气体积；V_L 为朗缪尔体积；p 为储层压力；p_L 为朗缪尔压力。朗缪尔体积描述无限大压力下的吸附气体积，而朗缪尔压力描述含气量等于 1/2 朗缪尔体积时的压力。

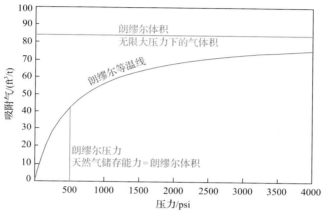

图 3-25 朗缪尔方程的原理图

国内外研究表明，实验室条件下干燥黏土对甲烷气体存在一定的吸附能力，而在地层条件下，黏土表面被束缚水所占据，故对甲烷的吸附能力大大降低，实际吸附气含量很低。实验表明，在不同温度和压力下，不同黏土的吸附能力有较大差异（图 3-26）。在不同含水饱和度情况下，黏土矿物对甲烷的吸附能力不同，随含水饱和度的增大，黏土矿物对甲烷的吸附能力明显降低（图 3-27）。

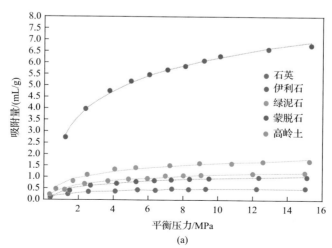

(a)

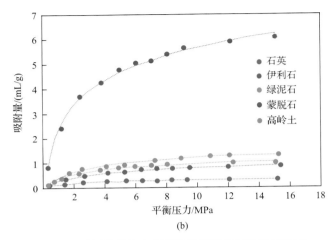

图 3-26　不同类型黏土在不同温度压力下吸附量对比

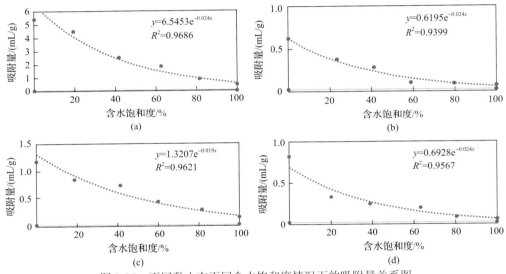

图 3-27　不同黏土在不同含水饱和度情况下的吸附量关系图

(a)蒙脱石；(b)伊利石；(c)高岭石；(d)绿泥石

因此，为了评价地层条件下页岩吸附气含量，需要进行两类实验。

一类是利用烘干样品，模拟地层温度进行等温吸附试验，以此建立的吸附气含量与 TOC 关系如下：

$$G_x = A\text{TOC} + B \tag{3-32}$$

式中，G_x 为页岩吸附气含量，m^3/t；TOC 为总有机碳含量，%；A、B 分别为经验系数。

另一类是模拟地层温度情况下进行平衡水等温吸附实验，对烘干样品吸附气量进行校正(图 3-28)，校正公式如下：

$$y = 1.0263x - 1.2842 \tag{3-33}$$

式中，y 为页岩平衡水样吸附气含量，m^3/t；x 为烘干样吸附气含量，m^3/t。

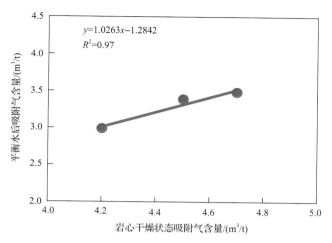

图 3-28 干燥岩心与平衡水后岩心吸附气校正关系图

基于上述模型,利用测井资料计算的实际地层吸附气含量与岩心测试吸附气含量的吻合程度高(图 3-29),满足页岩储层吸附气资源评价的需求。

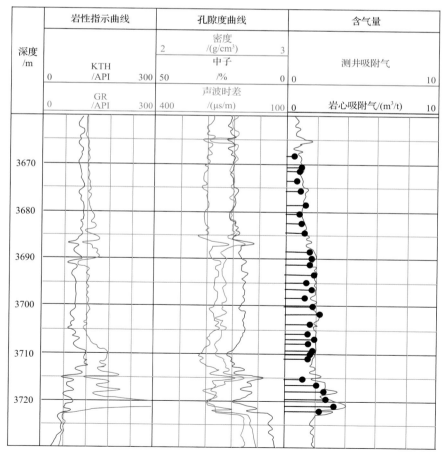

图 3-29 测井计算吸附气含量与岩心测试吸附气含量对比图

八、岩石力学参数计算

常用的岩石力学参数包括泊松比 ν、剪切模量 G、杨氏模量 E、体积模量 K 和地层及骨架体积压缩系数 C_b、C_{ma} 等。准确求取页岩储层纵横波速度对准确计算岩石弹性参数至关重要。本书认为,可在获取地层声波纵波、横波时差的基础上确定弹性参数,有关公式如下:

$$\nu = \frac{1}{2} \times \frac{(\Delta t_s)^2 - 2(\Delta t_p)^2}{(\Delta t_s)^2 - (\Delta t_p)^2} \tag{3-34}$$

$$G = \rho_b / (\Delta t_s)^2 \tag{3-35}$$

$$E = G\frac{3(\Delta t_s)^2 - 4(\Delta t_p)^2}{(\Delta t_s)^2 - (\Delta t_p)^2} \tag{3-36}$$

$$K = G\frac{3(\Delta t_s)^2 - 4(\Delta t_p)^2}{3(\Delta t_s)^2} \tag{3-37}$$

$$C_b = \frac{1}{K_b} = \frac{3(\Delta t_s)^2 (\Delta t_p)^2}{\rho_b[3(\Delta t_s)^2 - 4(\Delta t_p)^2]} \tag{3-38}$$

$$C_{ma} = \frac{1}{K_{ma}} = \frac{3(\Delta t_{ms})^2 (\Delta t_{mp})^2}{\rho_b[3(\Delta t_{ms})^2 - 4(\Delta t_{mp})^2]} \tag{3-39}$$

式中,ρ_b 为地层体积密度;Δt_s 为地层横波时差;Δt_p 为地层纵波时差;Δt_{ms} 为骨架横波时差;Δt_{mp} 为骨架纵波时差;K_b 为地层体积模量;K_{ma} 为骨架体积模量。

在计算出杨氏模量及泊松比等弹性参数后,定义脆性指数(BI)为两弹性参数的函数,如下:

$$\mathrm{BI} = \frac{1}{2}\left[\frac{(E-1)}{(8-1)} \times 100 + \frac{(\nu-0.4)}{(0.15-0.4)} \times 100\right] \tag{3-40}$$

另外依据页岩矿物组分计算的脆性指数,即岩石中石英含量占石英、碳酸盐矿物与黏土矿物三者总和的百分比(图 3-30 第 4 道曲线),与最后一道利用页岩纵横波速度计算得到的脆性指数相比十分吻合(Sondergeld et al., 2010)。两脆性指数互补,将更加充分、准确地反映页岩气储层的脆性状况。

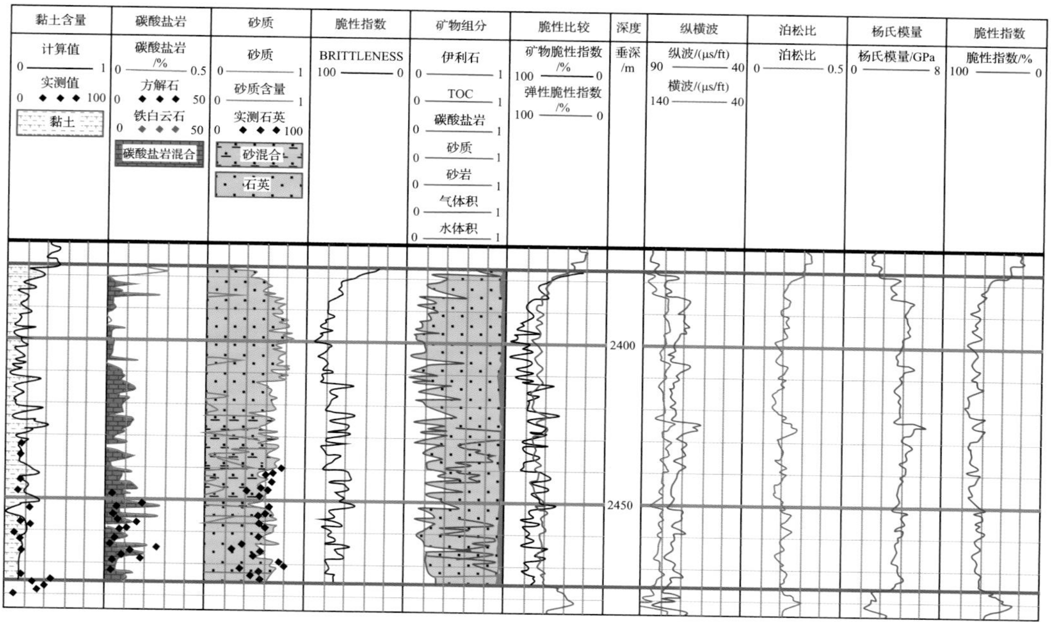

黏土含量	碳酸盐岩	砂质	脆性指数	矿物组分	脆性比较	深度	纵横波	泊松比	杨氏模量	脆性指数
计算值 0　　　1 实测值 0 ◆◆◆ 100 黏土	碳酸盐岩 /% 0　　0.5 方解石 0 ◆◆◆ 50 铁白云石 0 ◆◆◆ 50 碳酸盐岩混合	砂质 0　　　1 砂质含量 0　　　1 实测石英 0 ◆◆◆ 100 砂混合 石英	BRITTLENESS 100　　　0	伊利石 100　　　0 TOC 0 碳酸盐岩 0 砂质 0 砂岩 气体积 水体积	矿物脆性指数 /% 100　　　0 弹性脆性指数 100　　　0	垂深 /m	纵波/(μs/ft) 90　　　40 横波/(μs/ft) 140　　　40	泊松比 0　　　0.5	杨氏模量/GPa 0　　　8	脆性指数/% 100　　　0

图 3-30　不同方法计算的岩石脆性指数结果对比 (Sondergeld et al., 2010)

九、页岩气水平井测井解释评价

水平井中测井仪器的响应方式与直井不同。在水平井中，仪器响应并非关于井轴对称，如电阻率，直井中电流线流过路径主要反映水平地层信息，而在水平井中，电流线流过路径是水平和垂直方向的综合效应，这些差异导致水平井测井解释难度较大。

(一)水平井测井响应特征

根据实际资料统计，水平井中测量的时差明显低于直井中同层段测得的时差，严重影响了测井解释精度。此外，黏土形态、黏土含量、微裂隙等的存在，加剧了地层的各向异性程度，在水平井中这些因素的影响尤其明显，正确认识声波和电阻率在水平井中的测井响应具有非常重要的意义。

1. 电阻率响应规律

图 3-31 展示了水平井常用电阻率系列随相对井斜角及各向异性变化的关系。表现了地层无限厚，井斜角从 0°变化至 90°，电阻率各向异性系数 λ 分别取 2、3、4 时(不考虑井眼大小和泥浆侵入的影响)的电阻率响应规律。图 3-31(a)为双侧向响应特征，实线为深侧向，虚线为浅侧向；图 3-31(b)为双感应响应特征，实线为深感应，虚线为中感应；图 3-31(c)为随钻幅度电阻率响应特征，实线为高频，虚线为低频；图 3-31(d)为随钻相位电阻率响应特征，实线为高频，虚线为低频。从图中可以明显看到，当相对井斜角小于 40°时，各向异性对三类电阻率基本上都没影响，各向异性对三类电阻率的影响随着井斜角的增大而增大，当井斜角为 90°时，各向异性对相位电阻率的影响最大，双侧向受各向异性影响最小。例如，当各向异性系数为 2、井斜角为 90°(水平井条件)时，深侧向电阻率值约为 0°(直井条件)时的 1.6 倍，而随钻高频相位电阻率约为 0°时的 5 倍。这

种现象表明，在水平井中，若遇到随钻电阻率与双侧向、双感应电阻率差别较大时，一定要注意分析其差异是否是由各向异性的存在引起的。

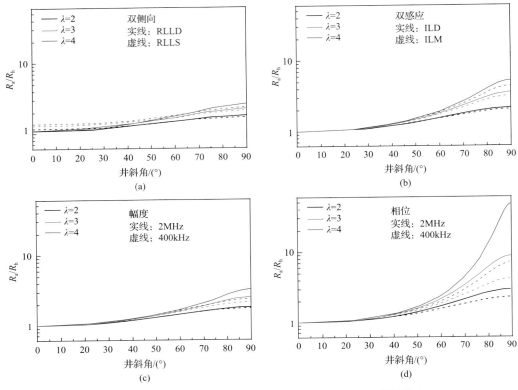

图 3-31　各向异性系数对双侧向、双感应及随钻电阻率的影响

2. 声波时差响应规律

为了更直观地表现出井斜角与斜井中所得到的时差与垂直井中所得的时差差值的关系，设置的地层模型如图 3-32 所示，令井斜角从 0° 逐渐变化到 90°，变化间隔为 5°；声波各向异性系数从 0 变化到 0.48，变化间隔为 0.02；竖直方向纵波时差从 200μs/m 变化到 350μs/m，变化间隔为 20。为了模拟数据计算的准确性，采用单极子阵列声系，设置八个接收器，源距 3m，间距 0.15m，声源频率 8kHz，仪器在井眼居中。

从图 3-33 中可以看出，慢度的差值随着井斜角的增大而不断减小，当井斜角相同时，各向异性越大，慢度的差值越小。当井斜角小于 15° 时，斜井中所得到的时差可以看作是垂直井的时差。在井斜角大于 75° 的情况下，斜井中所得到的时差和水平井得到的时差非常接近。

(二) 水平井交互式正反演校正方法

从以上分析可以看出，页岩气水平井中各向异性对测量结果产生很大影响，如果解释时直接利用测量结果依照直井模型解释，会造成很大误差。如何将水平井条件测量结果校正到直井条件并利用直井模型去解释是水平井解释的关键。

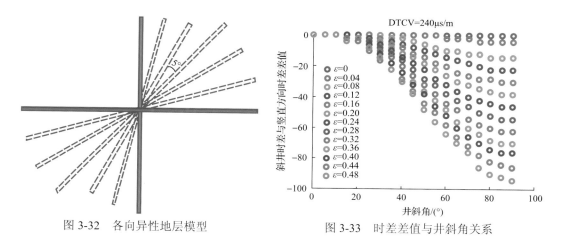

图 3-32 各向异性地层模型

图 3-33 时差差值与井斜角关系

交互式正反演技术是利用电阻率和声波测量原理，根据给定的初始地质模型(包括地层厚度、地层电阻率/声波、地层倾斜角等信息)，得到一条模拟曲线。对比模拟曲线与实测曲线，当二者不一致时，调整地层模型，直到实测曲线与模拟曲线一致，得到地层真实值。

根据以上算法，处理实际资料的具体步骤如下。

(1) 水平井大斜度段垂深(TVD)校正(图 3-34)。

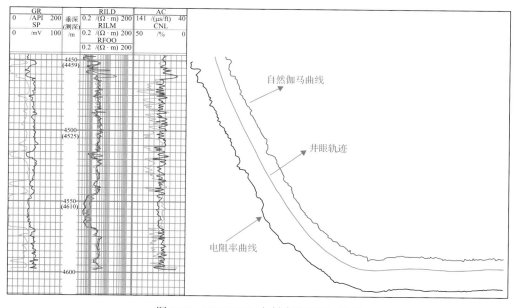

图 3-34 TKXXHD 大斜度段 TVD 校正

(2) TVD 校正后的曲线与导眼井或邻井对比，确定水平井钻遇目的层。图 3-35 中右图为 A69-2 井 TVD 校正后的部分井段曲线，左图为 A9 井曲线。通过对比，可以看出水平井钻穿 1～9 号层后，主要在 1～4 号层穿行。

(3) 根据邻井或者导眼井测井曲线响应特征，将导眼井或邻井目的层段进行地层细分层，建立初始地质模型，反演得出初始地层模型的初始电阻率值。

图 3-36 为 A9 井建立的初始地层模型，从右往左，第一道表示地层模型，颜色深浅

代表电阻率值的高低，图中黑色折线为反演的地层电阻率值。

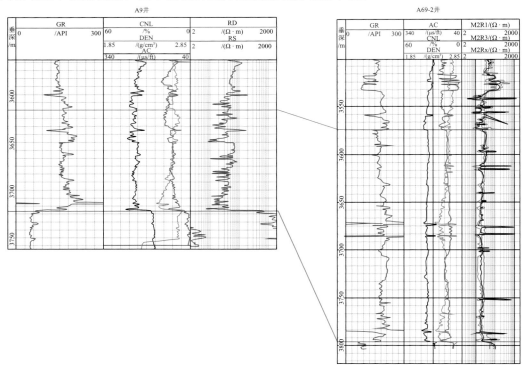

图 3-35　A69-2 井 TVD 校正后曲线与 A9 井对比

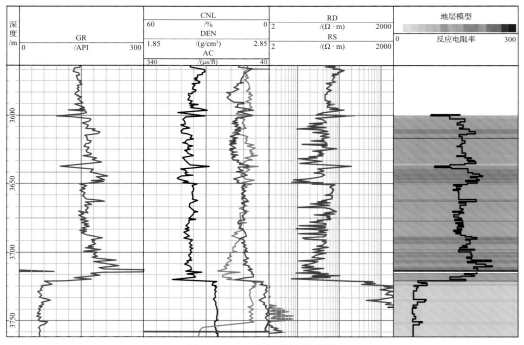

图 3-36　A9 井初始地层模型

（4）将模型用于水平井段解释。将步骤（3）建立的初始地质模型用于水平井段，如图 3-37 所示，作为水平井段建模的重要参考依据。

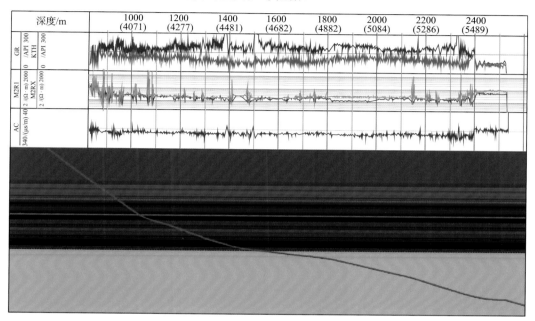

图 3-37　A9 地质模型应用于 A69-2 井

（5）调整井眼轨迹与地层几何空间关系。以导眼井地层模型和水平井实测曲线为基础，依据曲线特征，综合钻井、录井、地震、地质等资料，逐步调整地层模型，使其符合实际测井曲线主要特征。

（6）正演模拟。调整地层模型后，正演计算模拟曲线，对比模拟曲线和原始曲线，逐步调整地层模型，直到模拟响应曲线与实际测量曲线基本吻合或者变化趋势一致，确定此时的地层模型为最终的地层模型。

图 3-38 为 A69-2 井电阻率和声波校正成果图。图中从上到下，第 1 道为深度道，第 2 道为自然伽马，第 3 道和第 4 道为电阻率和声波，蓝色为原始测量，红色为校正后的数值。

十、页岩气测井评价实例

（一）海相页岩气测井综合评价标准

在岩心测试的基础上，综合应用常规测井资料和自然伽马能谱测井资料，确定页岩气储层有机质含量、泥质含量、脆性矿物含量、总孔隙度及有效孔隙度、"四孔隙组分"孔隙度、吸附气含量、游离气含量等（图 3-39）。在此基础上，依据生产测试结果，建立储层分类标准（表 3-5），实现对储层的综合评价，为压裂选层和高效开发方案设计提供依据。

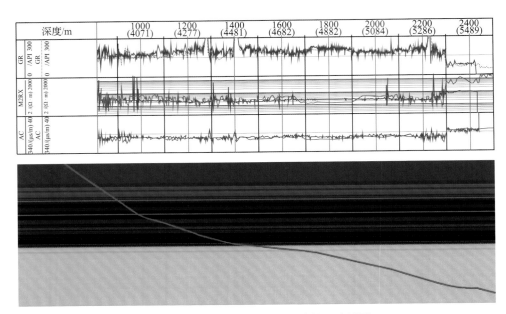

图 3-38　A69-2 井电阻率和声波校正成果图

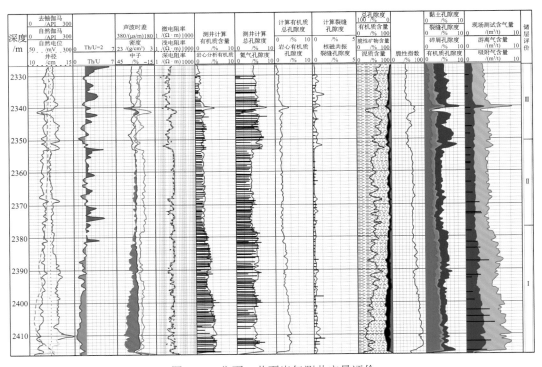

图 3-39　焦页 1 井页岩气测井定量评价

1in=2.54cm

表 3-5　涪陵地区海相页岩气测井综合评价表

页岩气储层分类	地质评价标准			测井识别标准					
	TOC/%	总含气量/(m³/t)	脆性指数/%	密度/(g/cm³)	中子孔隙(V/V)	自然伽马/API	光电指数(b/e)	电阻率/(Ω·m)	自然电位/mV
Ⅰ(优)	>3.5	>3.0	>65	<2.51	<0.13	>155	<3.1	10~50	明显正/负异常
Ⅱ(中等)	3.5~1.5	1.3~3.0	45~65	2.51~2.68	0.13~0.2	148~155	3.1~4.3	>50	小幅异常
Ⅲ(差等)	<1.5	<1.3	<45	>2.68	>0.2	<155	>4.3	>50	微小或无异常

(二)志留系海相页岩气储层中的应用

本书采用所建立的饱和度评价方法技术对四川盆地相距300km左右的两口井的饱和度进行了评价对比(图3-40),二者均得到了岩心实测数据的检验。通过不同区块实际应用,进一步验证了页岩气测井评价方法技术的可靠性和有效性。

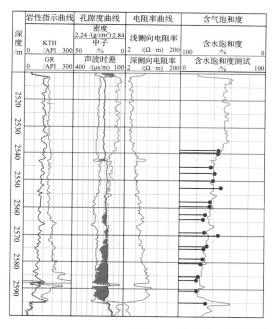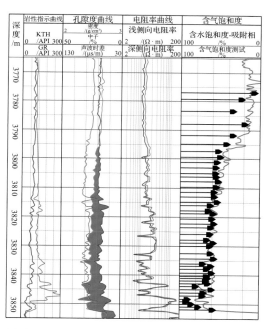

图 3-40　川南两个不同区块页岩气储层饱和度评价结果

第四章 页岩气地震解释预测技术

不同于常规油气，页岩气不再有"圈闭"的概念，其储层一般具有超低孔渗、储集空间类型复杂、纵横向变化大、非均质性强等特点。此外，不同地区、不同类型的页岩气"甜点"要素构成具有很大的不同，这就对地震解释技术提出了较高的需求。围绕构造精细特征、各级断裂和裂缝特征、页岩厚度、矿物组成、TOC、页岩物性与含气性、脆性、地应力、压力等页岩气地质"甜点"和工程"甜点"要素的预测，需要开展岩石物理技术、地震资料采集及特殊处理技术、地震叠前/叠后页岩气识别与综合预测技术等的研发。

第一节 岩石物理建模及分析

页岩地震岩石物理的核心在于建立岩石 TOC、脆性、微观孔隙、裂缝等与弹性、力学参数的定量关系，并分析储层特征对地球物理响应的影响，这种响应可以是纵横波速度、纵横波波阻抗(PI、SI)、纵横波速度比(V_P/V_S)及各向异性强度等宏观特征。通过分析宏观响应特征的变化，可以选择最优的地震属性，应用反演等方法提取这些属性的空间分布，进而达到预测页岩气储层特征的目的。

一、页岩岩石物理建模

(一)页岩岩石物理建模研究现状

页岩岩石物理的早期理论研究主要包括两种方式：第一，Vernik 和 Nur(1992)、Vernik 和 Liu(1997)等基于各向异性 Backus 平均理论，研究了属于富有机质黑色页岩类型的北美巴肯页岩的岩石物理建模问题；第二，Hornby 等(1994)以各向异性自相容近似和差分等效介质理论，针对页岩矿物组分、孔隙分布等微观特征进行岩石物理研究。

目前国内外页岩岩石物理研究主要是对上述理论的发展及应用，主要包括：Carcione (2000)在 Vernik 和 Nur(1992)研究的基础上，结合黏弹各向异性理论研究了烃源岩的各向异性衰减等特征；Sayers(2005)研究了黏土矿物的分布与页岩各向异性参数之间的关系；Bayuk 等(2007)通过微观尺度的岩石物理模型，计算了黏土矿物的各向异性参数；Vernik 和 Milovac(2011)研究了复杂矿物组分情况下巴克斯(Backus)理论在富有机质页岩中的应用问题；Spikes(2011)研究了孔隙形态对页岩弹性参数的影响；Mba 和 Prasad (2010)分析了页岩中矿物组分与弹性各向异性的关系；Guo 等(2013)针对 Barnett 页岩建立了岩石物理模板，分析了页岩矿物组分、孔隙度、脆性与弹性参数、力学参数及地震响应对应关系；基于岩石物理模型，Guo 等(2014)开发了页岩各向异性参数并中反演方法；Guo 和 Li(2015)提出了页岩横波速度预测方法，并探讨了 Gassmann 流体替换理论在页岩中的应用问题；Li 等(2015)建立了岩石物理模型，研究富有机质页岩中干酪根成熟度变化时岩石弹性和力学参数的变化规律；邓继新等(2015)分析了中国四川盆地龙马溪组页岩岩心的矿物组分、微观结构和各向异性之间的关系，并通过岩石物理模板分析了龙马溪组页岩的地震岩石物理特征；董宁等(2014)针对页岩储层进行了岩石物理建模，并将其应用于岩石物理分析和横波速度预测；胡起等(2014)建立了富有机质页岩岩石物理模型，分析了各向异性参数与干酪根含量、孔隙度等的关系，并以孔隙形态长短轴之比作为约束预测横波速度；张广智等(2015)通过岩石物理建模研究了各向异性页岩储层的地应力预测问题。

(二)页岩岩石物理建模流程

页岩岩石物理建模流程如图 4-1 所示：第一，由 HS(Hashin-Shtrikman)上下界限平均理论计算泥页岩中石英、方解石、白云石及干酪根等的等效颗粒模量，得到模型 A；第二，引入压实指数(clay lamination，CL)参数，描述黏土矿物不同程度的定向排列引起的各向异性，并由 Backus 平均理论计算页岩 VTI 各向异性固体基质的弹性参数，得到模型 B；第三，应用 Chapman 的多尺度裂缝理论，将孔隙-裂缝系统引入 VTI 固体基质中，并考虑水平微裂缝的形状、孔缝系统连通性、流体类型和黏滞性等因素，得到由模型 C 描述的 VTI 各向异性泥页岩弹性模量；第四，由等效介质理论在泥页岩 VTI 各向异性背景上加入垂直裂缝，得到正交各向异性模型 D。

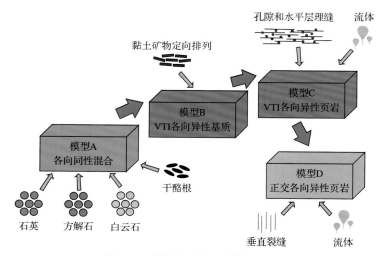

图 4-1 页岩岩石物理建模示意图

岩石物理建模的关键是计算黏土矿物定向排列和水平缝引起的各向异性：

$$\boldsymbol{C}_{6\times6}^{\mathrm{VTI}}(\mathrm{CL}, \varepsilon_{\mathrm{H}}) = \boldsymbol{C}_{6\times6}^{\mathrm{Backus}}(\mathrm{CL}) + \Delta\boldsymbol{C}_{6\times6}^{\mathrm{Chapman}}(\varepsilon_{\mathrm{H}}) \tag{4-1}$$

式中，泥页岩的弹性系数矩阵 $\boldsymbol{C}_{6\times6}^{\mathrm{VTI}}$ 与黏土矿物压实指数 CL 和水平裂缝密度 ε_{H} 有关，具体定义将在下面给出；$\boldsymbol{C}_{6\times6}^{\mathrm{Backus}}(\mathrm{CL})$ 为由各向异性 Backus 理论计算的随参数 CL 变化的岩

石基质弹性系数矩阵；$\Delta \boldsymbol{C}_{6\times 6}^{\mathrm{Chapman}}(\varepsilon_{\mathrm{H}})$ 为由 Chapman 多尺度裂缝理论计算的水平裂缝密度 ε_{H} 变化引起的扰动。

在岩石物理精细建模中，黏土矿物的压实指数为一重要参数。Guo 等（2014）、Guo 和 Li（2015）在研究 Barnett 页岩各向异性岩石物理建模过程中，提出黏土矿物压实指数参数 CL，用于描述黏土定向排列引起的垂直方向纵、横波速度 $V_{\mathrm{P\_clay\_vertical}}$、$V_{\mathrm{S\_clay\_vertical}}$ 与各向同性情况的偏离程度：

$$V_{\mathrm{P\_clay\_vertical}}(\mathrm{CL}) = V_{\mathrm{P\_clay\_iso}}(1-\mathrm{CL}) \tag{4-2}$$

$$V_{\mathrm{S\_clay\_vertical}}(\mathrm{CL}) = V_{\mathrm{S\_clay\_iso}}(1-\mathrm{CL}) \tag{4-3}$$

式中，$V_{\mathrm{P\_clay\_iso}}$ 和 $V_{\mathrm{S\_clay\_iso}}$ 为用于描述黏土矿物完全随机分布的各向同性介质的纵、横波速度。CL 增加使黏土矿物垂直方向的速度降低，CL 为 0 时对应黏土矿物完全随机分布的各向同性情况。

（三）页岩水平缝岩石物理反演

图 4-2 为焦页 1 井龙马溪组页岩储层测井曲线。随着深度的增加，页岩密度从约 2.7g/cm³ 降低至约 2.5g/cm³；孔隙度较低且在 5% 左右，与岩石速度具有一定的相关性。用黏土矿物的叠片结构 CL 强度量化黏土矿物的各向异性。根据裂缝等效介质理论，沿裂缝平面方向传播的纵波几乎不受裂缝、流体性质的影响，因此应用垂直井纵波速度进行反演时，岩石物理模型中可以不考虑垂直裂缝的影响。

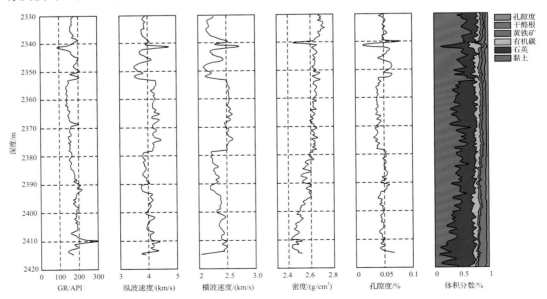

图 4-2　焦页 1 井龙马溪组页岩储层测井曲线

假设参数 CL 为 0，由 Backus 平均理论计算页岩固体基质的 VTI 各向异性，计算结果如图 4-3 所示。图 4-3（a）和（b）中，模型计算的纵、横波速度（虚线）高于实测值（实线），在 2326m 以下的页岩层段表现得更为明显。另外，从图 4-3（c）中可以看到纵、横波各向异性参数随深度的增加呈降低趋势，在页岩层段各向异性程度反而较小，这与页岩本身具有较强的各向异性的特征不符，说明由 Backus 理论假设页岩固体组分成层分布，还无法给出页岩 VTI 各向异性参数的合理估计。

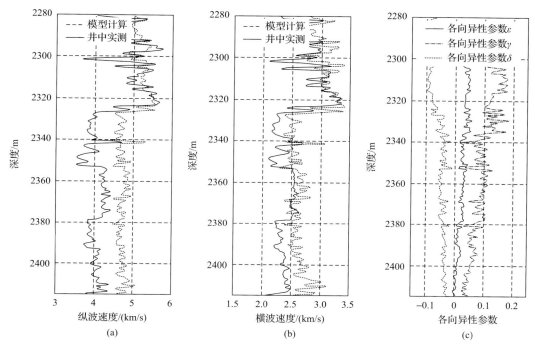

图 4-3　焦页 1 井龙马溪组页岩测井岩石物理分析

（a）计算与实测的纵波速度；（b）计算与实测的横波速度；（c）各向异性参数

在理论框架下，图 4-3 中模拟值高于实测值的原因包括孔隙流体、孔隙形态及黏土矿物定向排列等微观结构的影响：

$$V_{\text{S\_clay\_vertical}}(\text{CL}) = V_{\text{S\_clay\_iso}}(1 - \text{CL})$$

$$V_{\text{S\_measured}} = V_{\text{S}}(\text{CL}) - \Delta V_{\text{S\_fluids}}(\phi, \alpha) \tag{4-4}$$

式中，$V_{\text{S\_measured}}$ 为井中实测横波速度；$V_{\text{S}}(\text{CL})$ 为随参数 CL 变化的固体基质的速度；$\Delta V_{\text{S\_fluids}}$ 为与孔隙度 ϕ 和孔隙形态长短轴之比 α 有关的、流体填充孔隙引起的横波速度的变化。在反演流程设计中需要考虑上述因素，由常规测井数据反演黏土矿物的 CL 参数和页岩的 VTI 各向异性参数。

由固体基质与流体填充后岩石速度的差异，计算流体填充引起的页岩纵、横波速度的变化 $\Delta V_{\text{P\_fluids}}$ 和 $\Delta V_{\text{S\_fluids}}$：

$$\Delta V_{\text{P\_fluids}}(\phi, \alpha) = V_{\text{P\_solid}} - V_{\text{P\_sat}}(\phi, \alpha) \tag{4-5}$$

$$\Delta V_{\text{S\_fluids}}(\phi, \alpha) = V_{\text{S\_solid}} - V_{\text{S\_sat}}(\phi, \alpha) \tag{4-6}$$

式(4-5)和式(4-6)中，页岩固体基质纵、横波速度 $V_{\text{P\_solid}}$ 和 $V_{\text{S\_solid}}$ 由 Backus 平均理论在 CL=0 的情况下计算得到。此时需估计与孔隙度 ϕ 和孔隙形态长短轴之比 α 有关的页岩的纵、横波速度 $V_{\text{P\_sat}}(\phi, \alpha)$ 和 $V_{\text{S\_sat}}(\phi, \alpha)$。由于孔隙度 ϕ 可由测井数据给出，下面计算每个测井采样深度上的孔隙形态长短轴之比 α。

根据 Gassmann 理论，流体饱和岩石剪切模量（$G_{\text{\_sat}}$）与其干岩石骨架的剪切模量（$G_{\text{\_dry}}$）相等，即

$$G_{\text{\_sat}}(\phi, \alpha) = G_{\text{\_dry}} \tag{4-7}$$

进一步得到

$$\rho_{\text{\_sat}} \times V_{\text{S\_sat}}^2(\phi, \alpha) = \rho_{\text{\_dry}} \times V_{\text{S\_dry}}^2 \tag{4-8}$$

式中，$\rho_{\text{\_sat}}$ 和 $\rho_{\text{\_dry}}$ 分别为流体饱和岩石与干岩石骨架密度；$V_{\text{S\_sat}}$ 和 $V_{\text{S\_dry}}$ 为相应的横波速度。由于 $G_{\text{\_dry}} < G_{\text{\_solid}}$ 且 $\rho_{\text{\_dry}} < \rho_{\text{\_solid}}$，采取如下假设计算干岩石骨架横波速度：

$$V_{\text{S\_dry}} = \sqrt{G_{\text{\_dry}} / \rho_{\text{\_dry}}} \approx \sqrt{G_{\text{\_solid}} / \rho_{\text{\_solid}}} = V_{\text{S\_solid}} \tag{4-9}$$

此时，式(4-8)可写为

$$\rho_{\text{\_sat}} \times V_{\text{S\_sat}}^2(\phi, \alpha) = \rho_{\text{\_dry}} \times V_{\text{S\_dry}}^2 \approx \rho_{\text{\_dry}} \times V_{\text{S\_solid}}^2 \tag{4-10}$$

在已知矿物组分和孔隙度 ϕ 的情况下，横波速度 $V_{\text{S\_sat}}$ 为孔隙形态长短轴之比 α 的函数。根据 Guo 等(2013)提出的方法，设计如下目标函数计算孔隙形态长短轴之比：

$$\begin{aligned} F(\alpha) &= \left| \rho_{\text{\_sat}} \times V_{\text{S\_sat}}^2(\phi, \alpha) - \rho_{\text{\_dry}} \times V_{\text{S\_dry}}^2 \right| \\ &\approx \left| \rho_{\text{\_sat}} \times V_{\text{S\_sat}}^2(\phi, \alpha) - \rho_{\text{\_dry}} \times V_{\text{S\_solid}}^2 \right| \to 0 \end{aligned} \tag{4-11}$$

式(4-11)中，密度 $\rho_{\text{\_sat}}$ 和 $\rho_{\text{\_dry}}$ 分别由矿物组分的体积百分比计算，$V_{\text{S\_solid}}$ 由 Backus 平均理论计算。岩石物理模型中，采用等效介质自洽理论(SCA)计算 $V_{\text{S\_sat}}(\phi, \alpha)$，并假设币状孔隙呈各向同性分布。由于页岩低孔隙度、极低渗透率阻碍了孔隙间的流体流动，可应用高频 SCA 模型，假设岩石基质中孔隙互不连通。由式(4-11)，将孔隙形态长短轴之比 α 作为拟合参数，在 $\rho_{\text{\_sat}}$ 与 $\rho_{\text{\_dry}}$ 接近的情况下，计算得到的 $V_{\text{S\_sat}}(\phi, \alpha)$ 与 $V_{\text{S\_solid}}$ 也应接近。$V_{\text{S\_sat}}(\phi, \alpha)$ 的计算结果如图 4-4(a)中流体饱和线所示，孔隙形态长短轴之比 α 的计算结果如图 4-4(b)所示。反演得到的孔隙形态长短轴之比 α，用于进一步计算流体饱和页岩的纵波速度 $V_{\text{P\_sat}}(\phi, \alpha)$，计算结果如图 4-4(c)中流体饱和线所示。至此，式(4-3)和式(4-4)中的 $\Delta V_{\text{P\_fluids}}$ 和 $\Delta V_{\text{S\_fluids}}$ 可由图 4-4(a)和(c)中固体基质(虚线)与流体

饱和介质(点线)相对应的纵、横波速度之差计算。考虑了孔隙流体填充因素之后，可以认为图 4-4(a)与(c)中岩石物理计算的页岩速度(点线)与实测值(实线)之间的差异是由黏土矿物定向排列引起的。

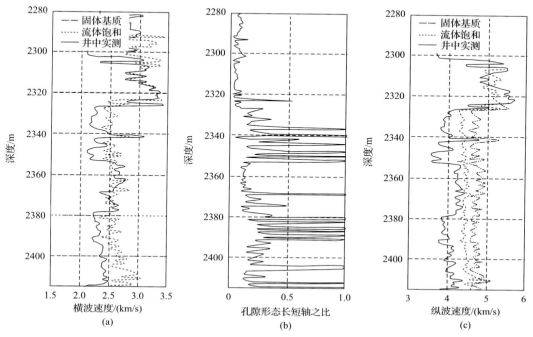

图 4-4　焦页 1 井龙马溪组页岩测井曲线图
(a)横波速度；(b)孔隙形态长短轴之比；(c)纵波速度

设计反演目标函数，将待求参数 CL 作为拟合参数，使得模拟与实测纵、横波速度误差最小：

$$\left| (V_P(\mathrm{CL_n}) - V_{P\_fluids}) - \Delta V_{P\_measured} \right| \to \mathrm{minmum} \tag{4-12}$$

$$\left| (V_S(\mathrm{CL_n}) - V_{S\_fluids}) - \Delta V_{S\_measured} \right| \to \mathrm{minmum} \tag{4-13}$$

式中，流体扰动项 ΔV_{P_fluids} 和 ΔV_{S_fluids} 由式(4-5)和式(4-6)计算；$\Delta V_{P\_measured}$、$\Delta V_{S\_measured}$ 分别为井中实测纵、横波速度；$\mathrm{CL_n}$ 为泥岩压实指数。

如图 4-5 所示，基于上述岩石物理模型的反演，输出参数 CL，垂直方向的纵、横波速度 V_P 和 V_S 及 Thomsen 各向异性参数 ε、γ 和 δ。图 4-5(a)和(b)为纵、横波速度的测井数据(实线)及模拟数据(虚线)，模拟值与实测值具有较高的吻合程度。图 4-5(c)为通过测井纵波与横波速度反演得到的 CL 曲线，二者具有较高的一致性。图 4-5(d)所示的 Thomsen 各向异性参数 ε、γ 和 δ 的数值在页岩各向异性参数合理范围内分布。

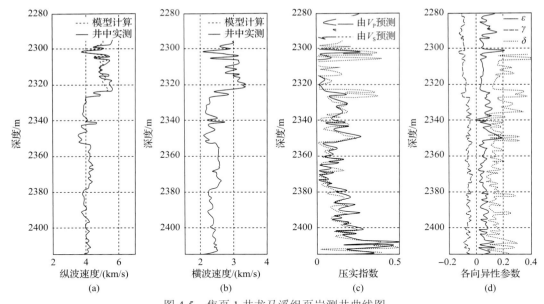

图 4-5　焦页 1 井龙马溪组页岩测井曲线图

(a)纵波速度；(b)横波速度；(c)压实指数；(d)各向异性参数

二、岩石物理分析

(一)敏感弹性因子选择

1. 单弹性因子分析

通过直方图对不同岩性及含气性情况下的弹性参数进行分析，如图 4-6 所示，含气泥页岩表现为低 PI、低 SI、低 V_P/V_S、低杨氏模量、低泊松比、低 $\lambda\rho$(拉梅常数与密度的积)、$\mu\rho$ 及 λ/μ($\lambda\rho$、$\mu\rho$、λ/μ 均为等弹性参数)、低闭合压力系数及低破裂压力，其中 PI、SI、杨氏模量、$\lambda\rho$、$\mu\rho$ 具有较好的区分度，而其他的弹性参数叠合区域较大。

2. 双弹性因子分析

将上述弹性因子配对并进行交会图分析(图 4-7)，可以发现部分在一维时区分度较差的参数，在交会图上可以将岩性及含气性区分开来。选择与岩石脆性直接相关的杨氏模量和泊松比，以及可以表征岩石应力的 $\lambda\rho$-$\mu\rho$ 对页岩气储层进行进一步分析。

(二)矿物对弹性参数的影响

分别以石英、方解石、黏土、干酪根为端元点，作不同矿物组成时不同弹性参数的变化图如图 4-8 所示，纯矿物的弹性特征表现：纵波阻抗，方解石>石英>黏土>干酪根；横波阻抗，石英>方解石>黏土>干酪根；V_P/V_S，黏土>方解石>干酪根>石英；泊松比，黏土>方解石>干酪根>石英；杨氏模量，黏土>方解石>干酪根>石英；$\lambda\rho$，方解石>黏土>石英>干酪根；$\mu\rho$，石英>方解石>黏土>干酪根。当含有干酪根后，不同的端元矿物向加入矿物的弹性参数方向变化。

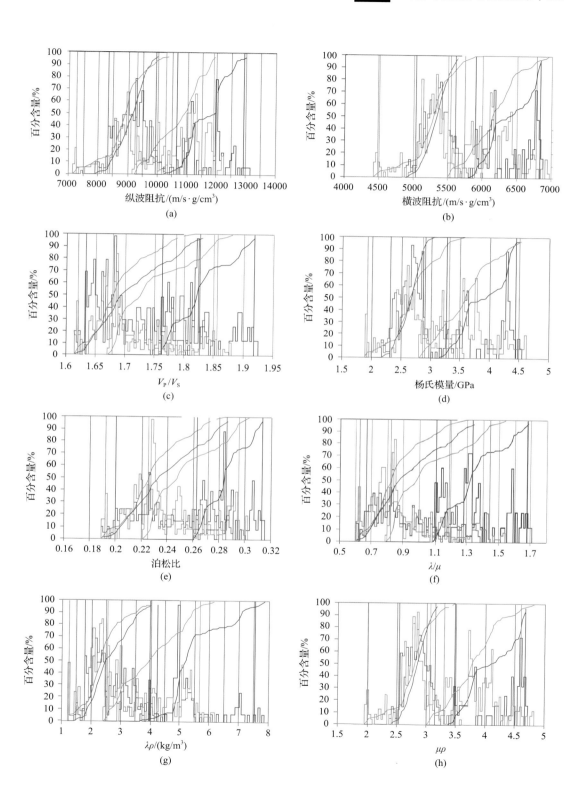

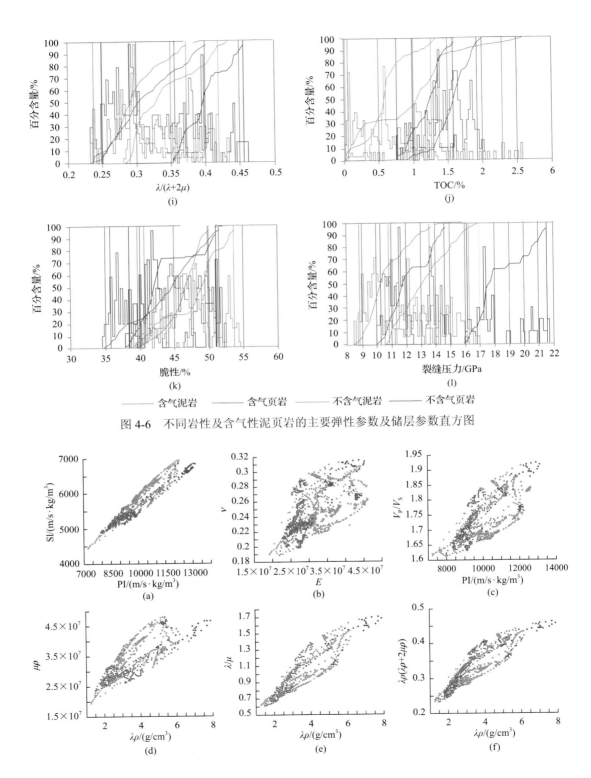

图 4-6　不同岩性及含气性泥页岩的主要弹性参数及储层参数直方图

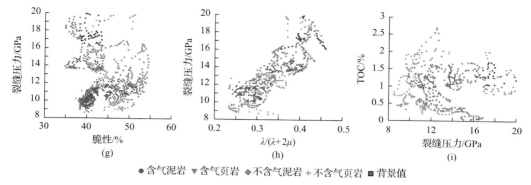

图 4-7 不同岩性及含气性泥页岩的主要弹性参数及储层参数交会图

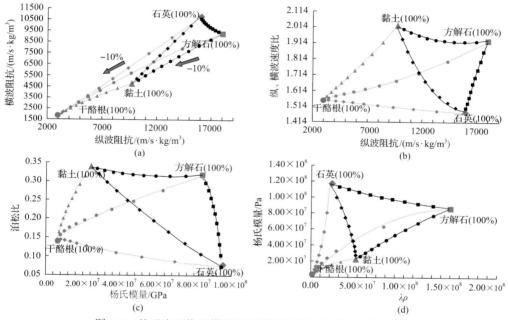

图 4-8 基于岩石物理模型的泥页岩组成物质弹性参数变化图

（三）脆性及应力解释量版制作与分析

1. 脆性量版建立及实际数据解释

页岩的脆性主要用杨氏模量和泊松比表示。通过建立岩石物理量版得到了不同矿物组成的弹性模量，并且计算得到脆性指数。在杨氏模量-泊松比交会图上分析脆性与矿物组成、弹性参数的关系。

如图 4-9 所示，以石英、方解石、黏土和干酪根为端元点，各矿物含量按照 10% 的规律递减或递增。直线连接着矿物成分变化的两个端元点，颜色表示脆性指数。将测井数据引入理论交会图中，砂岩、泥质砂岩、砂质泥岩、泥页岩沿着石英-黏土的曲线呈规律性变化，证明了矿物组成规律的正确性。同时，实测数据显示，当页岩含气后，泊松比明显降低，而杨氏模量降低程度不大，导致脆性升高。

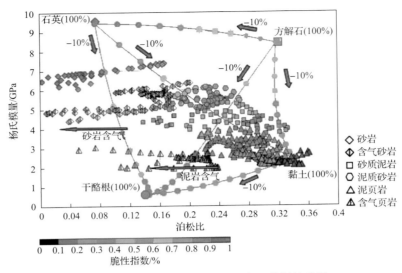

图 4-9　杨氏模量-泊松比-脆性实际数据关系图

在图 4-9 的基础上，引入了拉梅常数(λ 与 μ，分别以黑色线、棕色线表示)、纵波模量(ρV_P^2 以蓝色线表示)及杨氏模量与泊松比的比值(E/ν，以金黄色曲线表示)，也就是第三种脆性表示方法，如图 4-10 所示。在最小与最大值曲线旁边用数字方式标明其所对应的值的大小。其中 λ 数值范围为 6～60，每隔 6 画线；μ 从 5～45，每隔 5 画线；ρV_P^2 从 16～160，每隔 16 画线，E/ν 从 2.5～152.5，每隔 10 画线(从 52.5 后每隔 20 画线)。通过这个综合的弹性解释图版，可以较为容易地选取有利岩性/储层带。例如，由测井分析，含气页岩参数表现为：ρV_P^2 在 16～32，λ 小于 12，μ 在 5～15，杨氏模量小于 3GPa，泊松比小于 0.24；将这种标准/规律应用到其他井中，或者应用到地震反演得到的弹性参数中，就可以比较简单地选择有利脆性区域。

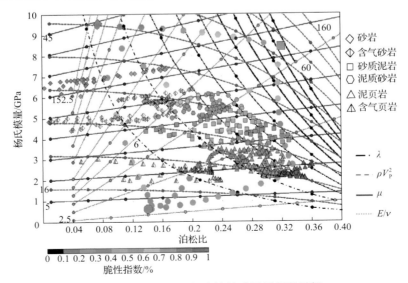

图 4-10　弹性参数与脆性敏感因子解释量版

2. 最小闭合压力系数量版建立及实际数据解释

当不使用构造项(各向异性项)时所计算的应力与使用构造项所得到的结果有一定的一致性时,可以定性反映地下最小水平闭合压力;且当构造变化不显著,在均质的假设下,最小闭合压力系数[$\lambda/(\lambda+2\mu)$]可以定性表示最小闭合压力的大小。因此,使用 $\lambda\rho-\mu\rho-\lambda/(\lambda+2\mu)$ 表示最小闭合压力;建立不同矿物成分时的 $\lambda\rho-\mu\rho-\lambda/(\lambda+2\mu)$ 变化规律图版,如图 4-11 所示。将实际测井数据引入交会图版中,砂岩、泥质砂岩、砂质泥岩、泥页岩沿石英-黏土趋势线呈规律性变化,最小闭合压力系数也呈规律性变化;当泥岩含气后,表现为 $\lambda\rho$ 降低,$\mu\rho$ 在一定程度上升高,最小闭合压力系数降低。

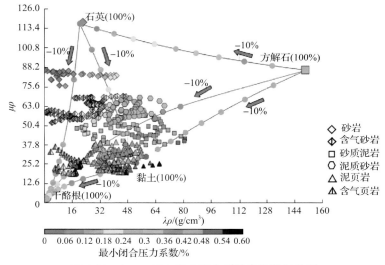

图 4-11 $\lambda\rho-\mu\rho$-最小闭合压力系数实际数据关系

与脆性解释量版类似,将弹性参数引入 $\lambda-\mu$-最小闭合压力系数解释量版中(图 4-12)。这里分别引入泊松比(ν,用黑色线表示)、纵波模量(ρV_P^2,用棕色线表示)及 λ/μ,在最小与

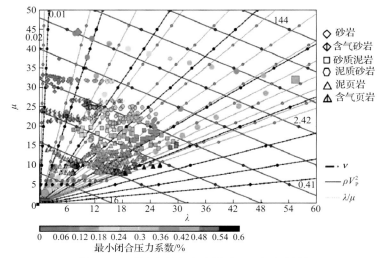

图 4-12 弹性参数与应力敏感因子解释量版

最大值曲线旁边用数字方式标明其所对应的值的大小，其中，ν 的范围为 $0.01\sim0.46$，每隔 0.05 画线；ρV_P^2 范围为 $16\sim144$，每隔 16 画线；λ/μ 的范围为 $0.02\sim2.42$，每隔 0.2 画线。使用这种方式，可以较为容易地选取有利岩性/储层并建立标准。例如，含气页岩特征为：ν 小于 0.16，纵波模量在 $16\sim32$，λ/μ 在 $0.02\sim0.82$。将这种标准/规律应用到其他井中，或者应用到地震叠前反演得到的弹性参数中，就可以比较简单地选择有利有效闭合应力区域。

3. 脆性参数与应力参数关系

通过杨氏模量-泊松比及由杨氏模量和泊松比计算得到的脆性指数、拉梅常数及由拉梅常数计算的最小闭合压力系数，都可以判断优质页岩。其本质是一致的，杨氏模量与泊松比、拉梅常数都可以也必须由纵、横波速度与密度计算得到。本书分析了脆性指数和最小闭合压力系数大小趋势的变化，如图 4-13 所示，以 $\lambda\rho$ 为横轴，$\mu\rho$ 为纵轴作交会图，将整数值的泊松比（ν）、杨氏模量（E）、最小闭合压力系数（m）投到交会图上，观察其规律，当 $\lambda\rho$ 减小、$\mu\rho$ 增大的时候，泊松比减小，杨氏模量增大，也就是脆性增大，同时最小闭合压力系数减小，即所需要的压裂能量降低；也就是说，脆性与最小闭合压力系数是一致的。因此，从理论上来说，在进行弹性数据解释时，需使用低 $\lambda\rho$、高 $\mu\rho$、高杨氏模量、低泊松比，也就是高脆性和低闭合压力系数的弹性规律选择有利的页岩气储层位置。

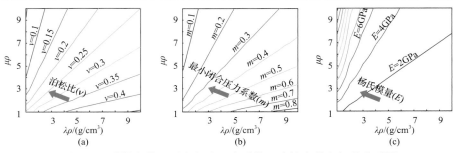

图 4-13　弹性参数、最小闭合压力系数及脆性参数之间的关系图

矿物组成决定了物体的弹性参数。图 4-14（a）为杨氏模量-泊松比-脆性-矿物关系图，图 4-14（b）为 $\lambda\rho$-$\mu\rho$-最小闭合压力系数-矿物关系图。

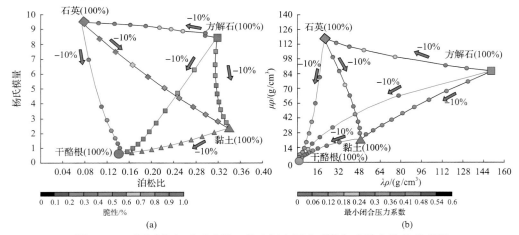

图 4-14　不同矿物组成时脆性、最小闭合压力系数与弹性参数的关系图

(a) 杨氏模量-泊松比-脆性-矿物关系图；(b) $\lambda\rho$-$\mu\rho$-最小闭合压力系数-矿物关系图

（四）弹性参数与储层参数关系综合评价

本书根据上述理论及实际数据中的弹性参数-矿物与脆性和最小闭合压力系数的关系，使用实测数据对页岩气储层有机质、破裂压力等的弹性变化规律进行了分析。如图 4-15 所示，脆性最优的区域，也就是交叉线的左上方区域，对应的最小闭合压力系数及破裂压力不是最好的，却又对应着较高的 TOC，但是并非井上的含气层；而较低的最小闭合压力系数及破裂压力，对应的是中等脆性、中等有机质，同时也是含气层段。同时，井上含气层段又并非都是脆性、闭合压力小、有机质高。因此，在储层综合预测中，必须联合多种因素综合判断，根据既富气又容易压裂的原则，可以选择出由交叉线勾出的左下角的区域为优质储层段。

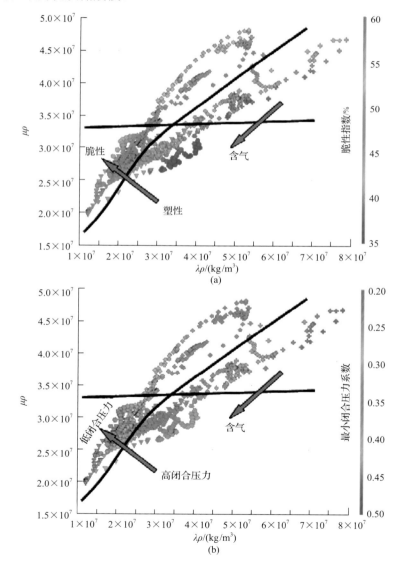

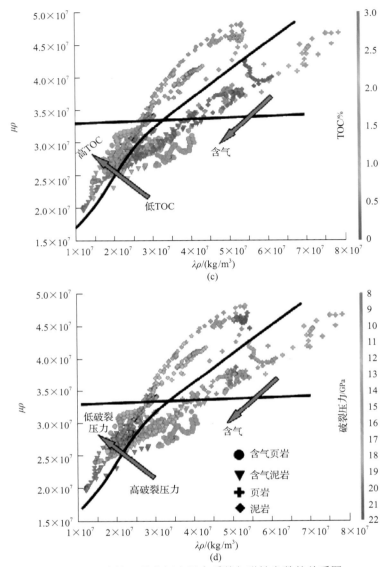

图 4-15　脆性、最小闭合压力系数与弹性参数的关系图

(a)脆性与塑性；(b)低闭合压力系数与高闭合压力系数；(c)高有机质与低有机质；(d)低破裂压力与高破裂压力

第二节　构造精细解释

一、合成记录与层位标定

　　构造解释的基础是层位标定。层位标定是通过制作合成记录实现的：首先应用声波测井曲线、密度曲线制作合成记录。其次在过井剖面上和井曲线上分别选取易于识别的标志层，通过拉伸及压缩，使合成记录的标准层对应在地震剖面的层位上，然后在标志层间进行微调，计算后得合成记录。再将井合成记录与井旁地震道进行对比，进而对反射波组进行准确标定。

在涪陵地区，选择岩性和物性变化大、合成记录和地震反射特征吻合程度好的涧草沟组与五峰组页岩界面，作为明显标定和追踪的地震地质标志层。最终所做的合成记录与井旁地震道匹配较好(图 4-16)，龙马溪组下部地震响应具有"三强"同相轴反射特征，强反射界面对应的是岩性-岩相的转换面。从波组解释和标定综合分析，TO₃ 反射层是一个在全区具有等时地质意义的反射界面，为上覆五峰组广泛发育的低阻抗页岩与下伏涧草沟组高阻抗灰岩形成的连续强波峰反射，TS1hy 波为上覆碳质页岩与下伏粉砂岩形成的连续强波峰反射；TS1sand 波为上覆页岩与下伏浊积砂岩形成的较连续波峰反射(图 4-17)。

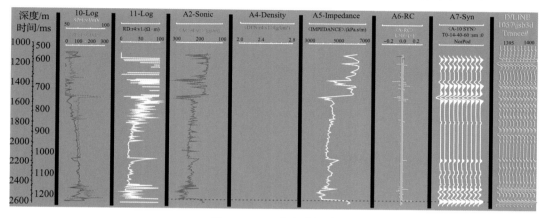

图 4-16　A1 井合成记录

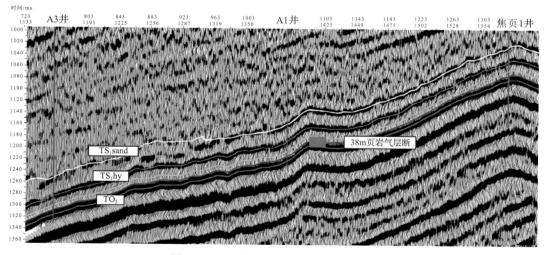

图 4-17　A3 井 A1 井焦页 1 井地震剖面

二、构造精细解释

在三维地震资料上，针对标定的主要标志层，如 TO₃ 标志层，按一定的主测线和联络线密度进行解释，并反复修改，以达到完全闭合为准，然后作出地震构造图。

本书应用井分层数据和解释层位建立伪速度模型，再将生成的瞬时速度模型校正到伪速度模型上，这样做的目的是将分层数据同解释层位之间的误差消除掉，使构造图上井点位置的深度同井的分层相一致。对最终生成的速度场作适当平滑，然后进行时深转换。

1）加入工区内各探井井时深关系曲线

对于含有噪声的时深曲线进行编辑。质量控制过关即可使用时深关系曲线构建三维瞬时速度模型；采用均方根速度用解释层位约束进行 Dix 转化、适度平滑，再校正到上一步得到的瞬时速度场的方法，得到一个由时深关系曲线、解释层位、均方根速度场共同构建的瞬时速度场。

2）速度场校正

应用井的分层数据和解释层位建立伪速度模型，再对上一步生成的速度场进行校正，此时分层数据同解释层位之间的误差将被校正掉。

3）对解释层位进行时深转换

平均速度数据体建立后，即得到全区 TO₃ 的平均速度场。依据该平均速度场对解释得到的等 T_0 图进行时深转换，得到主要反射界面的构造图（图 4-18），后续依据叠前反演的结果可进一步得出页岩顶面构造图。

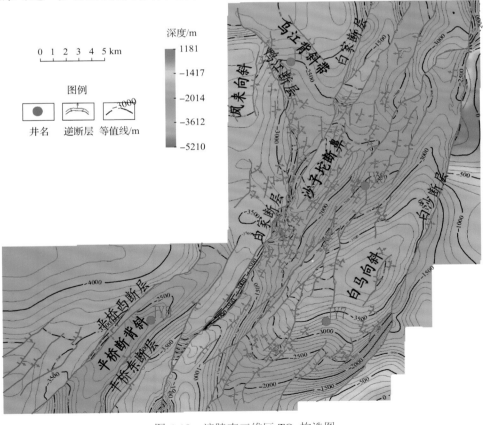

图 4-18　涪陵南三维区 TO₃ 构造图

三、断层解释

在用地震剖面解释断层和层位的同时，对断层进行命名和分配，为断层组合奠定基础。常规断层组合方法：根据断点的平面分布和断面倾向组合；参照断层大小和断点的闭合情况组合；根据区域地质规律组合。另外，还可以利用沿层相干数据体切片识别，检验小断层，落实断层组合关系。两种方法结合，对断层进行精确落实。

断层的解释与层位的解释是密不可分的。对于涪陵地区特殊的地质状况，最终确定的解释方案为"洼隆相间型挤压式逆断层解释模式"，得到了涪陵南三维区的 TO_3 断裂系统图。从图 4-19 看出，该地区主要的断层为 NNE 向，断距较大，延伸较长的断层有白沙断层、白家断层、平桥西断层，以及平桥东断层局部在工区西北发育有 NW 向断层，为鸭江断层。根据区域地质的研究情况，NW 向断层发育较晚，NE 向断层发育较早，因此，在白家断层和鸭江断层交汇处，鸭江断层对白家断层有个小小的切割。

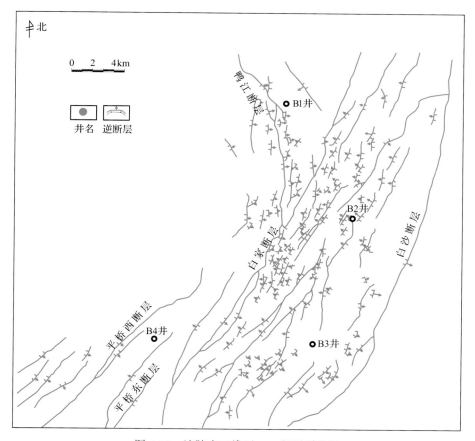

图 4-19 涪陵南三维区 TO_3 断裂系统图

按照断距＞100m、100～50m、50～30m、＜30m 将断层分为 1 级、2 级、3 级、4 级。如图 4-19 所示，工区内 1 级断层较多，主要有平桥西断层、平桥东断层、白家断层、白沙断层等，为控制构造的断层，白家断层最大断距可达 1140m，2 级、3 级断层数量较少，主要分布在构造的斜坡带，4 级小断层很多，在构造主体及斜坡均有发育。

第三节　裂缝预测

一、叠后地震裂缝预测

在已有研究中，振幅类、频率类、相位类地震属性及一些分析技术(如地震波形分类、时频分析、沿层切片等)已被广泛应用于识别和预测裂缝发育带。由于裂缝形态的特殊性，以上地震属性及分析技术更适用于推测裂缝发育区的概貌，本书主要用相干分析、断裂自动提取(AFE)等技术开展较为精细的裂缝预测工作。

(一)相干分析

地震波在横向均匀的地层中传播时，同一反射层的反射波走时十分接近，同时表现在地震剖面上是极性相同，振幅、相位一致，称为波形相似、完全相干或相干值大。但当地层存在断层时，相邻道之间的反射波在旅行时，振幅、频率和相位等方面将产生不同程度的变化，表现为完全不相干或相干值小。对于渐变地层，相邻道的反射波变化介于上述两者之间，表现为部分相干。

地震相干数据体计算，是计算相邻地震道数据的相干系数，形成只反映地震道相干性的新数据体。其思想是对地震数据进行求异去同，突出那些不相干的数据，然后利用不相干地震数据的空间分布来解释断层、岩性异常体和岩层缝洞等地质现象。搞清工区的断裂系统分布，为寻找裂缝发育区指明了方向，特别是常规构造解释容易被忽略或难以发现的小断层在平面上的发育情况。

相干算法发展很快。目前较流行的相干算法为基于互相关和基于地震道相似性的算法，其主要缺陷是：第一，只计算邻近道与中心道的相关关系，不能考虑相邻多道间相互关系；第二，不同方向计算的相关系数组合之后有平均效应，计算道数越多平均效应越严重。鉴于此，本书采取基于多道数据协方差矩阵本征值的不连续算法，更加稳健且对数据噪声抑制更有效，而且不降低相干测量值。

图 4-20 为涪陵南部五峰组底面相干属性切片，可以看出工区范围内页岩底面的主体断裂，主要沿着沙子沱断鼻、白家断层、白沙断层、平桥断背斜和鸭江断层分布。虽然主体特征刻画出来了，但是精度略有欠缺。

(二)断裂自动提取

断裂自动提取(AFE)是帕拉代姆技术(北京)有限公司与科罗拉多大学 BP 可视化中心合作研发的技术。该技术可以在三维地震不连续数据体(相干体)上自动提取断层线，从而得到断层面。这一技术的应用减少了解释人员花费在三维断层解释上的时间，使三维断层面的解释准确又一致，并且可以利用已解释的断层面作为约束条件，提高层位自动追踪的效率和准确性。其结果可以为三维地质建模提供输入数据。

AFE 处理是对相干体数据进行处理，此模块包含以下六个处理步骤。

第一步：对相干体中的每一个时间切片进行线性加强。首先对相干体数据在时间切片上进行图像增强处理来消除由采集形成的条带噪声。其次就是将数据体在时间切片上增强那些线性轮廓(断层)，使断层在时间切片上得到增强。

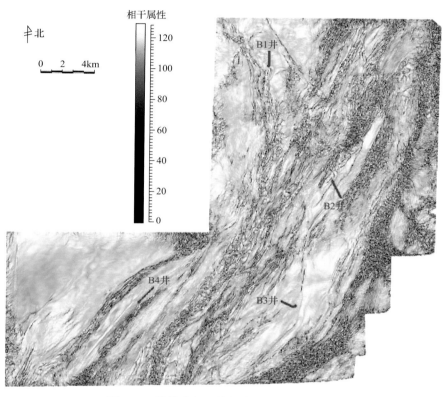

图 4-20 涪陵南部五峰组底面相干属性切片

第二步：断层增强。对经过线性增强的数据体进行进一步的平面增强消除噪声处理，平面参数通过输入方位和倾角来确定。断层增强能够消除那些在时间切片上非断层引起的线性条带。

第三步：压制减少多余和异常的时间切片矢量。经过了前面两步的处理，留下来的线性增强条带就是断层或者裂缝的反映。

第四步：经由联络测线和主测线产生可能的垂向断层矢量(种子点)。

第五步：压制减少多余和异常的种子矢量。

第六步：将垂直和水平断层矢量进行可能的断裂系统的组合，并给断裂系统中每一个断层赋予相应的名称，产生断层面。由于处理过程中会产生大量的断层(一个数据体可能会产生几百个)，用户可以根据所提供的各种工具将断层面组合到指定的集合内，并对其进行编辑和解释。断层编辑包括劈分、连接及将其中一条断层分配给另一条断层。

　　AFE 处理后的数据体与原始的相干体相比，断层的成像更加清楚，这不仅为断层面自动解释提供了基础数据，并且为三维地震资料解释性处理提供了新的方法，这一技术还能应用于储层的识别、裂缝的预测。

　　如图 4-21 所示，叠后振幅数据在目的层段的 AFE 相干切片平面对断层和裂缝的反映较为清晰，能更清楚地展现断裂的延伸情况。为了更好地刻画断裂发育带，在 AFE 技术中使用分频技术，用不同频率描述目的层段的裂缝发育分布，从 10Hz、30Hz、50Hz 三种频率有效地刻画了断裂带及裂缝的发育情况(地层面及层内岩性的褶皱、弯曲、错断及裂缝发育受应力作用的影响)。地震波形分类技术、相干技术和 AFE 属性能较好地刻画断层和裂缝，尤其是分频 AFE 对不同尺度的断层和裂缝的识别效果相对清晰。

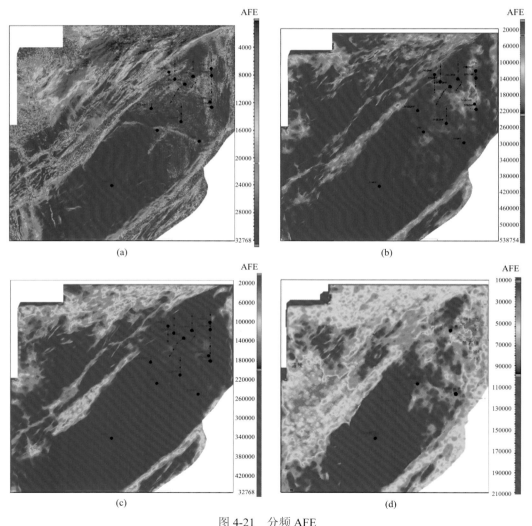

图 4-21　分频 AFE

(a)焦石坝北叠后 AFE 相干切片(TO_3)；(b)10Hz 的 AFE 沿层切片(TO_3)；
(c)30Hz 的 AFE 沿层切片(TO_3)；(d)50Hz 的 AFE 沿层切片(TO_3)

（三）断裂最大似然属性分析

断裂最大似然是不同尺度断裂发育可能性的一种表征属性。其基本原理为对于三维空间每一个采样点按照一个三维矩形框沿着不同倾角和方位角进行扫描，计算每一个三维角度范围内的信号相似程度，保留最大相似程度对应的数值和方位，最大的相似程度本质上对应最小的相关性。

断裂最大似然属性分析技术流程如下。

第一步：对地震数据进行倾角滤波处理，沿着道方向和线方向进行相干信号增强和随机噪声衰减，从而突出有效信息，为后续分析奠定基础。

第二步：利用倾角滤波后的地震数据体进行相干运算，得到对地下断裂信息表征更加清楚的相干体，用于断裂自动提取加强分析，进一步进行双向去噪参数优选。

第三步：测试选择合适的窗口和平滑参数，对于 AFE 数据三维空间每一个采样点按照一个三维矩形框沿着不同倾角和方位角进行扫描，获得断裂最大似然属性体。

与前两种技术相比，断裂最大似然数据对断裂的刻画精度更高，特别是有明确的分级概念，不仅指示了地震数据中不连续性的分布位置，而且指示了其范围和强度。

图 4-22 为焦石坝南部页岩底面断裂最大似然属性切片，以及其平行和垂直于断背斜方向的两个剖面图。结合地震资料构造解释的断层结果，以及常规相干和 AFE 属性分析结果，将分级预测的断裂最大似然分为较大尺度断裂和微小尺度断裂两个部分，前者主要对应可以较清晰地在相干和 AFE 属性上表征出来的（一般断距大于 10m 的断层），如图中的蓝色和黑色部分主要位于断背斜的两翼，破碎明显，地震成像效果也不清晰；后者则为更小尺度的裂缝，一般其空间延展规模很小，主体位于远离较大尺度断裂的页岩发育区域，可能对应页岩中有利于压裂改造的层理结构。从剖面图中的指示情况来看，预测的绿色微小尺度裂缝主要沿着稳定页岩层分布。

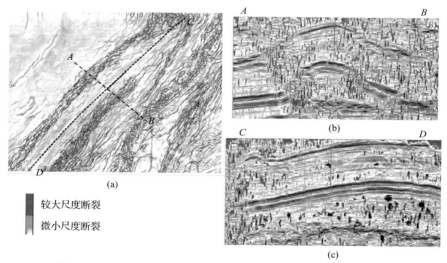

较大尺度断裂
微小尺度断裂

图 4-22　平桥断背斜附近页岩底面断裂最大似然属性及其剖面图

二、叠前地震裂缝预测

叠前地震裂缝预测的基础应是介质的各向异性理论。地震各向异性是指波在介质中传播时由于方向或偏振的变化而引起物理性质检测值的变化，具体表现为介质的物理性质所对应的地球物理参数，如速度、振幅、频率的变化。在长波长（地震波波长远大于裂缝长度和间距）假设前提下，微观局部非均匀裂缝性岩石可以被看作是一种宏观等效均匀介质。如果裂缝是定向排列的，则等效介质表现出各向异性。

（一）垂直缝预测

如果岩石介质中的各向异性是由一组定向垂直的裂缝引起的，那么根据地震波的传播理论，当 P 波在各向异性介质中平行或垂直裂缝方向传播时具有不同的旅行速度，从而导致 P 波地震属性随方位角发生变化，分析这些方位地震属性的变化（如振幅随方位角的变化、振幅随炮检距和方位角的变化、速度随方位角的变化、传播时间随方位角的变化、频率随方位角的变化、波阻抗随方位角的变化等），可以预测裂缝发育带的分布及裂缝（特别是垂直缝或高角度缝）发育的走向与密度。叠前地震各向异性较基于常规叠后地震资料的裂缝检测精度更高，其检测结果与裂缝发育带的微观特征有更加密切的关系。

HTI 介质的纵波反射系数方程为

$$R(i,\varphi) = \frac{1}{2}\frac{\Delta Z}{\overline{Z}} + \frac{1}{2}\left\{\frac{\Delta V_{P0}}{\overline{V}_{P0}} - \left(\frac{2\overline{V}_{S0}}{\overline{V}_{P0}}\right)^2 \frac{\Delta G}{\overline{G}} + \left[\Delta\delta^V + 2\left(\frac{2\overline{V}_{S0}}{\overline{V}_{P0}}\right)^2 \Delta\gamma\right]\cos^2(\varphi - \varphi_s)\right\}\sin^2 i$$

$$+ \frac{1}{2}\left[\frac{\Delta V_{P0}}{\overline{V}_{P0}} + \Delta\varepsilon^V \cos^4(\varphi - \varphi_s) + \Delta\delta^V \sin^2(\varphi - \varphi_s)\cos^2(\varphi - \varphi_s)\right]\sin^2 i \tan^2 i + \cdots$$

$$(4\text{-}14)$$

式中，V_{P0}、V_{S0} 分别为纵波速度和横波速度；$\Delta\varepsilon^V$、$\Delta\delta^V$、$\Delta\gamma$ 为 Thomsen 参数；φ 为采集方位角；φ_s 为裂缝走向；i 为入射角；Z 为垂向纵波阻抗；G 为横波的切向模量；上标"－"为上下两层参数的平均值；符号"Δ"为上下两层参数的差值。

可进一步表示为

$$R(i,\varphi) = \frac{1}{2}\frac{\Delta Z}{\overline{Z}} + \left[\text{Biso} + \text{Bani}\cos^2(\varphi - \varphi_s)\right]\sin^2 i + C\sin^2 i \tan^2 i \qquad (4\text{-}15)$$

式中，

$$\text{Biso} = \frac{1}{2}\left[\frac{\Delta V_{P0}}{\overline{V}_{P0}} - \left(\frac{2\overline{V}_{S0}}{\overline{V}_{P0}}\right)^2 \frac{\Delta G}{\overline{G}}\right]$$

$$\text{Bani} = \frac{1}{2}\left[\Delta\delta^V + 2\left(\frac{2\overline{V}_{S0}}{\overline{V}_{P0}}\right)^2 \Delta\gamma^V\right]$$

$$C = \frac{1}{2}\left[\frac{\Delta V_{P0}}{\overline{V}_{P0}} + \Delta\varepsilon^{V}\cos^4(\varphi - \varphi_s) + \Delta\delta^{V}\sin^2(\varphi - \varphi_s)\cos^2(\varphi - \varphi_s) \right]$$

在中小角度入射的情况下，PP 波的反射系数主要由振幅随偏移距变化（AVO）梯度项控制，各向异性梯度 Bani 代表 AVO 梯度在垂直裂缝走向和平行裂缝走向的差异，能够反映出 HTI 介质的裂缝发育程度。

如图 4-23 所示，是焦石坝页岩气储层基于 HTI 介质的各向异性裂缝预测结果，微裂缝发育区即有利异常范围集中于平桥断背斜和白马向斜主体向南地势相对更高的区域。

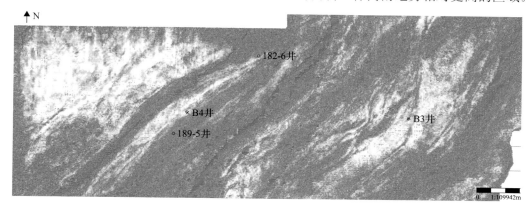

图 4-23　垂直微裂缝预测

（二）水平层理缝预测

对于弱各向异性 VTI 介质 VTI 各向异性界面上的 PP 波反射系数为

$$
\begin{aligned}
R_{P}^{VTI}(\theta) &= \frac{1}{2}\frac{\Delta Z}{\overline{Z}} + \frac{1}{2}\left[\frac{\Delta V_{P0}}{\overline{V}_{P0}} - \left(\frac{2\overline{V}_{S0}}{\overline{V}_{P0}}\right)^2 \frac{\Delta G}{\overline{G}} + \Delta\delta \right]\sin^2\theta + \frac{1}{2}\left(\frac{\Delta V_{P0}}{\overline{V}_{P0}} + \Delta\varepsilon\right)\sin^2\theta\tan^2\theta \\
&= P + G\sin^2\theta + A\sin^2\theta\tan^2\theta
\end{aligned}
\tag{4-16}
$$

式中，

$$
\begin{aligned}
P &= \frac{1}{2}\frac{\Delta Z}{\overline{Z}} \\
G &= \frac{1}{2}\left[\frac{\Delta V_{P0}}{\overline{V}_{P0}} - \left(\frac{2\overline{V}_{S0}}{\overline{V}_{P0}}\right)^2 \frac{\Delta G}{\overline{G}} + \Delta\delta \right] \\
A &= \frac{1}{2}\left(\frac{\Delta V_{P0}}{\overline{V}_{P0}} + \Delta\varepsilon \right)
\end{aligned}
\tag{4-17}
$$

其中，θ 为入射角；$Z = \rho V_{P0}$，为垂向纵波阻抗；V_{P0} 为垂向纵波速度；V_{S0} 为垂向横波速度；$G = \rho V_{S0}^2$，为垂向剪切模量；符号"—"项为上下两层参数的平均值；符号" Δ "

为上下两层参数的差值；δ 和 ε 为 VTI 介质 Thomsen 参数。当 Thomsen 参数均为零时，式(4-16)为均匀各向同性介质纵波反射系数。

式(4-16)与式(4-17)中的弱各向异性 VTI 介质的 Thomsen 参数是由 Thomsen 在 Hudson 等的研究的基础上提出的，具有如下形式：

$$V_{P0} = \sqrt{c_{33}/\rho} \tag{4-18}$$

$$V_{S0} = \sqrt{c_{44}/\rho} \tag{4-19}$$

$$\varepsilon = \frac{c_{11} - c_{33}}{2c_{33}} \tag{4-20}$$

$$\gamma = \frac{c_{66} - c_{44}}{2c_{44}} \tag{4-21}$$

$$\delta = \frac{(c_{13} + c_{44})^2 - (c_{33} - c_{44})^2}{2c_{33}(c_{33} - c_{44})} \tag{4-22}$$

式中，ρ 为岩石密度；c_{ij} 为刚度系数（i=1,2,$\cdots$,6；j=1,2,$\cdots$,6）；ε、γ 和 δ 为 Thomsen 参数，描述了介质的各向异性程度；常数 γ 描述了 SH 波速度在垂直与水平方向的差别，它也描述了在水平方向传播的 SH 波与 SV 波速度的差别：

$$\gamma = \frac{V_{SH}(90°) - V_{SV}(90°)}{V_{SV}(90°)} = \frac{V_{SH}(90°) - V_{SH}(0°)}{V_{SH}(0°)} \tag{4-23}$$

δ 也具有明确的物理意义，描述 P 波相速度在垂直入射时的二阶导数。

图 4-24 为根据焦页 1 井测井数据设计的目标层反射模型。其中上覆目标层为 VTI 各

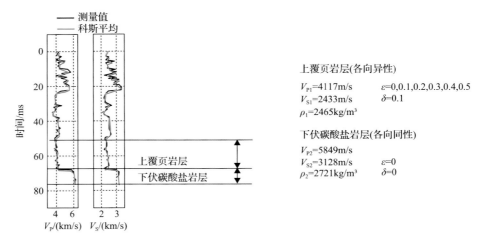

图 4-24　根据焦页 1 井测井数据设计的目标层反射模型

向异性页岩，地震波速度较低，下伏层为各向同性的高速灰岩，形成强反射界面。图 4-25 给出了目标层 P 波各向异性参数变化时计算的 AVO 反射特征的变化情况。可以观察到，P 波各向异性的增加使远偏移距反射系数呈降低趋势。可以据此特征反演目标层的 P 波各向异性及其他物性参数。

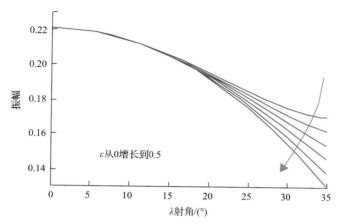

图 4-25　目标层 P 波各向异性参数变化时 AVO 反射特征的变化

　　根据 VTI 反射系数理论，可开发如下反演算法，反演 AVO 系数项 P、G 和 A，并用于进一步计算目标层各向异性参数等属性。针对 AVO 角道集的方程如下：

$$
\begin{bmatrix} R_{\mathrm{PP}}(\theta_1) \\ R_{\mathrm{PP}}(\theta_1) \\ R_{\mathrm{PP}}(\theta_1) \\ \vdots \\ R_{\mathrm{PP}}(\theta_n) \end{bmatrix} = \begin{bmatrix} 1 & \sin^2\theta_1 & \sin^2\theta_1\tan^2\theta_1 \\ 1 & \sin^2\theta_2 & \sin^2\theta_1\tan^2\theta_1 \\ 1 & \sin^2\theta_3 & \sin^2\theta_3\tan^2\theta_3 \\ \vdots & \vdots & \vdots \\ 1 & \sin^2\theta_n & \sin^2\theta_n\tan^2\theta_n \end{bmatrix} \begin{bmatrix} P \\ G \\ A \end{bmatrix} \tag{4-24}
$$

式中，$R_{\mathrm{PP}}(\theta_i)$ 为入射角 $\theta_i\,(i=1,2,\cdots,n)$ 时 PP 波的反射率系数。

　　反演过程为求解如下形式的超定矩阵，得到 AVO 梯度项 P、G 和 A：

$$
\begin{bmatrix} P \\ G \\ A \end{bmatrix} = \begin{bmatrix} 1 & \sin^2\theta_1 & \sin^2\theta_1\tan^2\theta_1 \\ 1 & \sin^2\theta_2 & \sin^2\theta_1\tan^2\theta_1 \\ 1 & \sin^2\theta_3 & \sin^2\theta_3\tan^2\theta_3 \\ \vdots & \vdots & \vdots \\ 1 & \sin^2\theta_n & \sin^2\theta_n\tan^2\theta_n \end{bmatrix}^{-1} \begin{bmatrix} R_{\mathrm{PP}}(\theta_1) \\ R_{\mathrm{PP}}(\theta_1) \\ R_{\mathrm{PP}}(\theta_1) \\ \vdots \\ R_{\mathrm{PP}}(\theta_n) \end{bmatrix} \tag{4-25}
$$

　　由地震数据提取目标层参数。根据式(4-25)反演目标层 AVO 梯度项。

　　根据定义，AVO 梯度项 P 可表达为

$$P = \frac{1}{2}\frac{\Delta Z}{\overline{Z}} = \frac{\rho_2 V_{P02} - \rho_1 V_{P01}}{\rho_2 V_{P02} + \rho_1 V_{P01}} \tag{4-26}$$

式中，ρ_1、ρ_2 为上下层密度；V_{P01}、V_{P02} 为上下层垂向纵波速度。

图 4-26 为目标层页岩岩石物理反演的 P 波各向异性参数与水平缝密度的交会图，二者之间的非线性拟合关系为

$$\varepsilon_H = -0.28\varepsilon^2 + 0.41\varepsilon - 0.01 \tag{4-27}$$

式中，ε_H 为 HTI 介质系数。

下面将利用 AVO 反演结果计算目标层 P 波各向异性参数，并通过式(4-26)所示的 P 波各向异性参数与水平缝密度的关系，计算目标层页岩水平缝的空间分布。

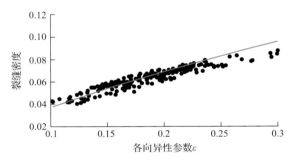

图 4-26 P 波各向异性参数与水平缝密度交会图

在目标层界面上下层密度变化不大的情况下，反演的 AVO 梯度项 P 可以近似为

$$
\begin{aligned}
P &= \frac{1}{2}\frac{\Delta Z}{\overline{Z}} = \frac{\rho_2 V_{P02} - \rho_1 V_{P01}}{\rho_2 V_{P02} + \rho_1 V_{P01}} \\
&\approx \frac{V_{P02} - V_{P01}}{V_{P02} + V_{P01}} \\
&= \frac{1}{2}\frac{\Delta V_{P0}}{\overline{V}_{P0}}
\end{aligned}
\tag{4-28}
$$

因此，由式(4-17)可知，目标层上下 P 波各向异性参数的变化可表示为

$$\Delta\varepsilon \approx 2(A - P) \tag{4-29}$$

式中，$\Delta\varepsilon$ 为上下层各向异性参数级差($\varepsilon_2 - \varepsilon_1$)。

由于下伏灰岩为各向同性，上覆页岩各向异性参数 ε_1 可表达为

$$\varepsilon_1 \approx 2(P - A) \tag{4-30}$$

即通过 AVO 梯度项 P 和 A 可计算目标层页岩的 P 波各向异性参数，计算结果如图 4-27 所示。通过式(4-27)可进一步计算页岩水平缝的空间分布，如图 4-28 所示。

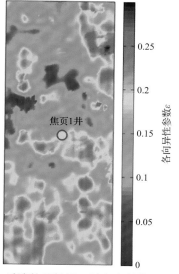

图 4-27　反演的目标层 P 波各向异性参数

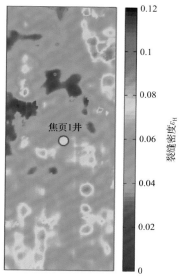

图 4-28　反演的目标层水平缝密度

第四节　页岩目的层段地质甜点预测

一、厚度预测

对于页岩、浊积砂岩和灰岩的区分，采用反映地下介质声学性质的纵波阻抗和杨氏模量等即可；而对于①～⑤小层优质页岩与上部页岩的区分，则需要采用体现对反射性射线吸收强度的补偿密度信息予以表征。

针对这样的问题，本书采用拟纵波阻抗反演技术进行优质页岩层的区分。该技术利用非声波测井曲线构建声波曲线对地震资料进行约束，进而反演地层的波阻抗(或速度)，它可以突出储层特征，较准确地预测储层的发育情况，提高反演结果的可解释性。如图 4-29 所示，四口井的三段页岩和上覆浊积砂岩纵波阻抗存在较明显的重叠，单独依靠纵波阻抗反演难于对其进行区分。

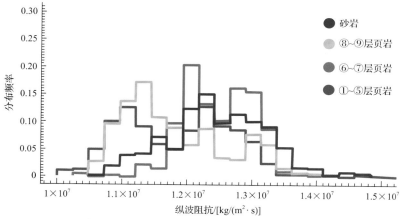

图 4-29　四口井砂岩与页岩纵波阻抗直方图

结合密度参数对优质页岩层具有较强的刻画能力，本书重构了拟纵波阻抗曲线，其原理为依据纵波阻抗的低频趋势，融合密度曲线的高频变化特征重构拟纵波阻抗曲线。进一步提取四口井重构后的拟纵波阻抗曲线直方图，如图 4-30 所示，可以看出，与浊积砂岩、⑥～⑦小层和⑧～⑨小层页岩相比，①～⑤小层优质页岩的主体数值分布范围变小，可以和其他几套岩性区分开。

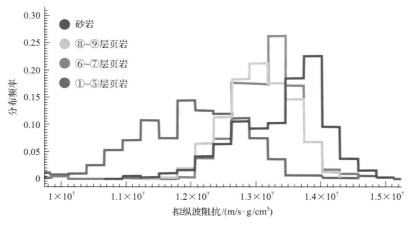

图 4-30　四口井重构后砂岩与页岩拟纵波阻抗直方图

基于纯纵波资料，对涪陵南部基于拟纵波阻抗曲线进行叠后波阻抗反演，依据一定阻抗门槛值提取①～⑤小层时间厚度，结合速度场信息换算为真厚度属性，二者对比如图 4-31 所示。

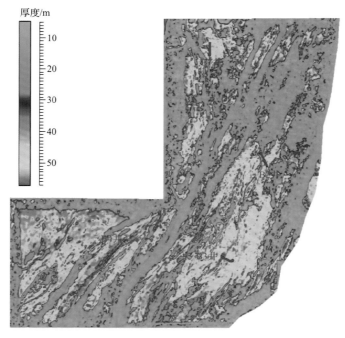

图 4-31　据拟纵波阻抗反演的①～⑤小层页岩厚度

表4-1为叠后波阻抗反演和拟纵波阻抗反演两种方法预测的优质页岩厚度误差统计，可以看出，拟纵波阻抗反演的结果误差更小，与实际情况更加吻合。

表 4-1 两种方法预测的井旁优质页岩厚度误差统计

项目	B1 井		B2 井		B3 井		B4 井	
	厚度/m	误差/%	厚度/m	误差/%	厚度/m	误差/%	厚度/m	误差/%
钻井数据	42.8		52.1		50		35.4	
波阻抗	38.7	10	41.7	20	47.4	5	32.9	7
拟纵波阻抗	41.6	3	47.9	8	48.9	2	35.7	1

二、TOC 预测

通过岩石物理分析和测井资料分析可以看出，纵波阻抗、密度、纵横波速度比等地震属性与 TOC 都有关系。通常使用神经网络方法，建立地震属性与 TOC 之间的函数关系。

1988 年，Broomhead 和 Lowe 首先将径向基函数(RBF)应用于神经网络设计，构成了径向基函数神经网络，即 RBF 神经网络。RBF 神经网络具有良好的逼近任意非线性函数和表达系统内在难以解吸的规律性的能力，并且具有极快的学习收敛速度。可采用 BEF 神经网络建立纵波阻抗地震属性与 TOC 之间的非线性关系，实现地震预测。

针对中国南方某区优选出八口页岩气井的 TOC 曲线参与神经网络的训练，对训练结果进行井之间的相互交叉验证。图 4-32 展示了八口井利用纵波阻抗、纵横波速度比，密度

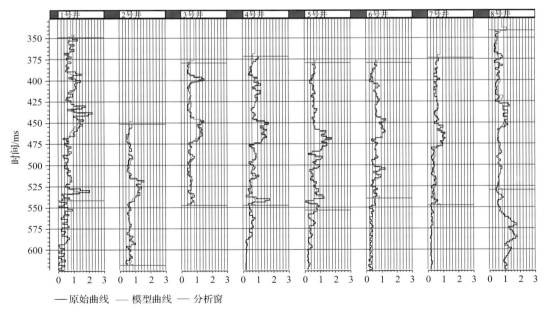

—原始曲线 — 模型曲线 — 分析窗

图 4-32 八口井 TOC 曲线神经网络训练结果
相关性=0.908655，平均误差=0.135407%

等，通过神经网络训练得出的 TOC 曲线和原始测井的 TOC 曲线的对比分析图，可以看出相关系数达到了 0.908655，平均误差为 0.135407%。在神经网络训练时，被预测的井的将不参与训练而得到。图 4-33 从左到右依次展示了地震剖面、波阻抗反演剖面和预测得到的 TOC 剖面，可以看出含有页岩气的储层段（地震层位 J_1dym 以下 30ms 之内），页岩的顶底反射界面在地震剖面上很容易就能识别。通常，随着 TOC 的增加，反射振幅的强度也会增加。在纵波阻抗剖面上可以看出，含气页岩的阻抗值明显低于上下围岩的阻抗值。同时在 TOC 剖面上可以看到，含气页岩段的 TOC 含量明显高于上下围岩。

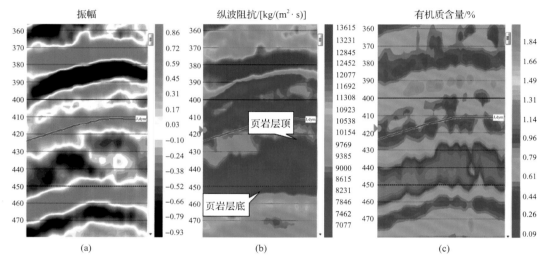

图 4-33　不同剖面上页岩气层段特征
(a)地震剖面；(b)波阻抗反演剖面；(c)预测得到的 TOC 剖面

三、孔隙度预测

孔隙度可采用与之相关的直接或间接反演的弹性参数予以表征，这里的反演主要指振幅随方位角变化叠前弹性反演，旨在求取除纵波信息以外的横波和密度信息。

图 4-34 为过 B4 井叠前三参数反演结果，所采用的低频模型为依据地震层位和测井数据建立。可以看出，三个弹性参数对储层的宏观刻画基本一致，体现声学性质的纵波阻抗除了反映出了龙马溪组—五峰组下段的优质页岩，其余较差品质页岩也被红黄暖色调所反映。而密度结果则主要体现了在龙马溪组最下部优质页岩，对好品质储层具有更强的区分性。

虽然孔隙度可以通过改写叠前反演公式利用非线性算法直接算得，但其影响因素众多，操作复杂，对资料品质要求较高。更加有效地依据叠前弹性反演的结果和弹性参数建立的标准，即可对页岩孔隙度进行预测。

波阻抗反演技术从有确定性反演、地质统计学随机反演等多种方法。地震波形特征指示反演采用"地震波形指示马尔科夫链蒙特卡洛随机模拟（SMCMC）"算法，在地震

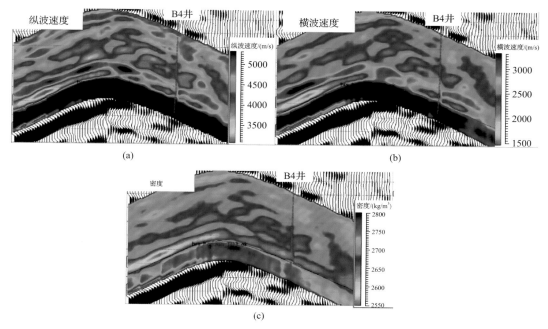

图 4-34 过 B4 井的叠前三参数反演结果

波形的驱动下，挖掘相似波形对应的测井曲线中蕴含的共性结构信息，进行地震先验有限样点模拟。其基本思想是在统计样本时参照波形相似性和空间距离两个因素，在保证样本结构特征一致性的基础上按照分布距离对样本排序，从而使反演结果在空间上体现地震相的约束，平面上更符合沉积规律。在焦石坝地区孔隙度多参数交会分析显示的主要为纵波阻抗、横波阻抗和杨氏模量。具体依靠的三元建立的混合拟合公式为

$$\phi=0.297\big[(12.2379\sim6.39)\times10^{-7}\times\text{PI}\big]+0.357\big[(15.6885\sim1.597)\times10^{-6}\times\text{SI}\big]+0.346\big[(9.981\sim1.183)\times E\big] \tag{4-31}$$

式中，PI 为纵波阻抗；ϕ 为孔隙度；SI 为横波阻抗；E 为杨氏模量。

图 4-35 为 B4 井依据纵波阻抗、横波阻抗和杨氏模量基于式(4-31)预测的孔隙度曲线（窗口四）与测井解释曲线（窗口五红线）结果对比，可以看出，二者基本的主体趋势完全一致，整体误差范围均在 10%之内，尤其是在页岩目标范围内十分可靠。图 4-36 为过 B4 井依据叠前弹性反演预测的孔隙度剖面，所得结果与实际井信息比较吻合。

四、含气性预测

(一)地震叠后频谱属性对页岩层段含气性的预测

地震波在地层中衰减为地层衰减和吸收衰减之和，在大于 10Hz 时，随着频率的升高吸收衰减起主要作用。

地层吸收性质对岩性变化具有很高的灵敏性，尤其是对于介质内流体性质的变化具有明显反应。利用地震资料检测地层的吸收衰减特征，反映地层的含油气性。

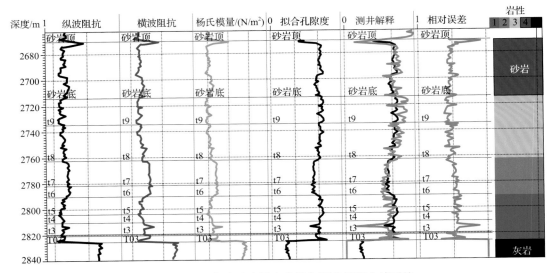

图 4-35　B4 井孔隙度拟合曲线与测井解释曲线对比

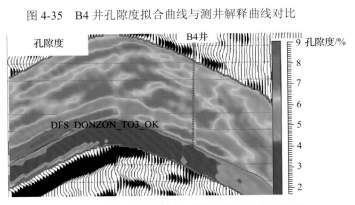

图 4-36　过 B4 井依据叠前弹性反演预测的孔隙度剖面

对涪陵地区叠后地震资料先利用吸收衰减特征进行含油气性预测，然后沿层切片进行平面分析，同时沿过井线进行纵向分析。结果表明：目的层的含气预测结果与已钻井位置吻合程度很好，图 4-37 为频率属性预测的含气页岩层段底部含气性平面图，宏观上分析，构造主体断背斜部位含气性较高，其中断层发育带含气性明显降低。

(二)地震叠前弹性参数对页岩层段含气性的预测

地震属性反演和分析是运用当前地震方法进行储层含油气性检测和流体识别的通用技术，其中，根据速度与密度的相对变化得到的流体因子是关键，从岩石物理角度看，各种不同的流体因子都是使用不同的弹性参数或者近似参数对储层与非储层进行区分，其思想和方法可以应用于页岩气储层中。

利用基于岩石物理模型正演的理论结果及实际测井数据分析了纵横波速度比与含气性的关系。通过设定不同的输入参数，得到不同矿物组成不同的弹性参数变化图。如图 4-38 所示，分别以石英、方解石、黏土、干酪根为端元点，含量每隔 10% 均发生变化。由图可见，纯的矿物的弹性特征表现：纵波阻抗，方解石＞石英＞黏土＞干酪根；横波阻抗，石英＞方解石＞黏土＞干酪根；V_P/V_S，黏土＞方解石＞干酪根＞石英；当含有干酪根后，不同的端元矿物向加入矿物的弹性参数方向变化，当干酪根含量增加时，其纵横波阻抗降低，纵横波速度比降低。

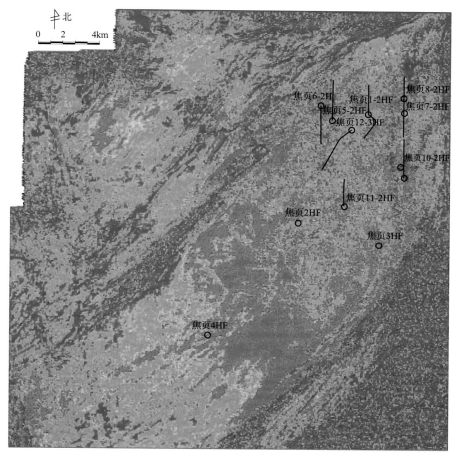

图 4-37　涪陵地区含气性预测平面图（时窗：TO_3）

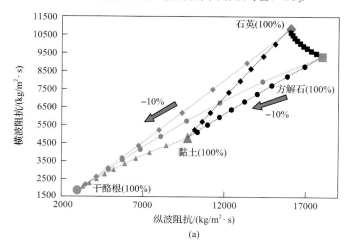

(a)

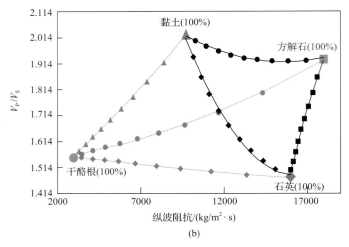

(b)

图 4-38　基于岩石物理模型的泥页岩弹性参数变化图

　　实际的岩石都是各种复杂矿物的混合体，因此选取纯的岩石并提取其参数进行分析有一定的难度。根据纵横波速度比、纵波阻抗与 TOC 交会分析（图 4-39）可知，TOC 越高，其纵横波速度比和纵波阻抗越低。这为应用叠前反演得到的纵横波速度比来预测页岩的含气性提供了依据。

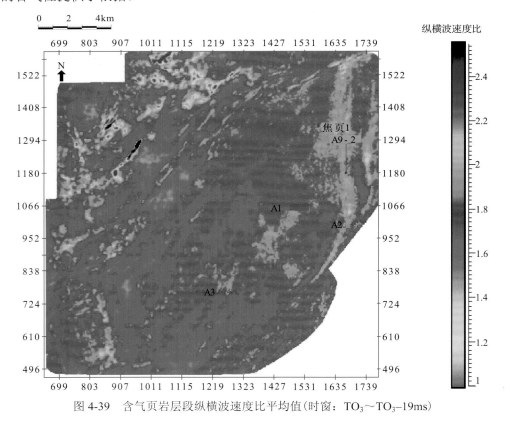

图 4-39　含气页岩层段纵横波速度比平均值（时窗：$TO_3 \sim TO_3-19ms$）

第五节　页岩层段工程甜点预测

一、脆性预测

(一)脆性预测的基本思路

决定页岩脆性的是其力学性质，工程上通常使用杨氏模量和泊松比作为评价页岩脆性的标准。

不同的杨氏模量和泊松比组合具有不同的脆性指数，页岩脆性增加的方向对应杨氏模量的高值和泊松比的低值区域，这就为利用弹性参数反演方法来预测页岩脆性提供了一定的理论依据。对于页岩气勘探开发时间较长的地区，这种评价标准相对比较容易建立，通过统计有利开发区页岩的杨氏模量和泊松比，就能够建立起适用于该地区的页岩脆性评价标准。根据北美巴尼特地区优势页岩的弹性参数统计结果，杨氏模量有利范围为 4~5GPa，泊松比的有利范围为 0.2~0.3，而且两者之间具有非常好的线性关系。通过圈定有利的杨氏模量和泊松比的分布范围及其之间的相互关系，可以用于后续页岩地层的脆性评价。

通过计算页岩储层弹性力学参数的方法(据 Rickman 等修改，2008)，计算页岩脆性指数，评价页岩的脆性，其公式如下：

$$BI(elastic) = 0.5 \times \left(\frac{E - E_{min}}{E_{max} - E_{min}} + \frac{\nu - \nu_{max}}{\nu_{min} - \nu_{max}} \right) \tag{4-32}$$

式中，$BI(elastic)$ 为基于弹性参数所计算的脆性指数；E 为杨氏模量，GPa；E_{max} 为杨氏模量最大值；E_{min} 为杨氏模量最小值；ν 为泊松比；ν_{max}、ν_{min} 分别为泊松比最大值、最小值。

通过叠前弹性参数反演得到纵横波速度和阻抗，可计算出杨氏模量和泊松比，通过式(4-32)即可计算脆性指数。

(二)约束稀疏脉冲反演

约束稀疏脉冲反演是用地震道的振幅产生弹性波阻抗模型，可以运用地质和测井曲线作为约束条件来进行反演。其目标优化函数 F 为

$$F = L_p[r(\theta)] + \lambda L_q(s - d) + \alpha^{-1} L_1 \Delta Z \tag{4-33}$$

式中，$r(\theta)$ 为角度反射系数序列；ΔZ 为与波阻抗趋势的差序列；d 为地震道序列；s 为合成地震道序列；λ 为残差权重因子；α 为趋势权重因子；L_p 和 L_q 为 L 模因子。其中，第一项反映了反射系数绝对值的和，第二项反映了合成声波记录与原始地震数据的差值，第三项为趋势约束项。

合成道由褶积模型生成，当 λ 值变小时，强调 $L_p[r(\theta)]$ 项，结果导致声阻抗高频分量减小，产生高的剩余值；当 λ 值变大时，强调 $\lambda L_q(s - d)$ 项，结果导致声阻抗有丰富的

高频，产生低的剩余值。

　　由于地震采集系统的限制，地震直接反演结果中不包含 10Hz 以下的低频成分，需从其他资料中提取予以补偿。从地震资料出发，以测井资料和钻井数据为基础，建立基本反映沉积体地质特征的低频初始模型。

　　基于波阻抗模型(图 4-40)，由稀疏脉冲反演得到弹性波阻抗、密度及纵横波速度比等参数(图 4-41～图 4-44)。

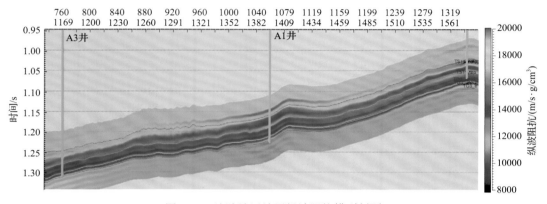

图 4-40　涪陵地区地层纵波阻抗模型剖面

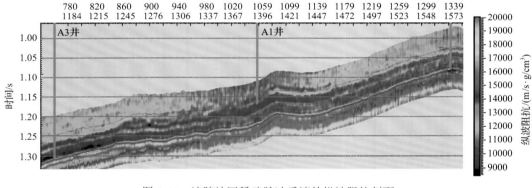

图 4-41　涪陵地区稀疏脉冲反演的纵波阻抗剖面

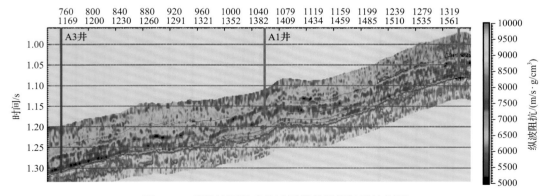

图 4-42　涪陵地区稀疏脉冲反演的纵横波阻抗剖面

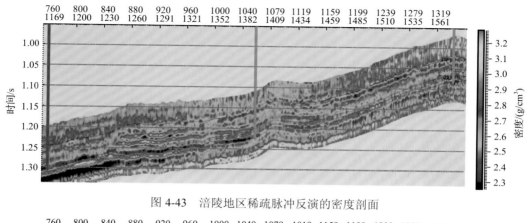

图 4-43 涪陵地区稀疏脉冲反演的密度剖面

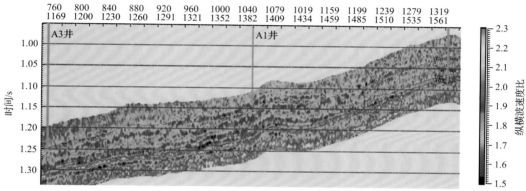

图 4-44 涪陵地区稀疏脉冲反演的纵横波速度比剖面

应用 P 波、S 波阻抗和密度体通过弹性参数计算公式可得到杨氏模量和泊松比等数据体，然后可计算出页岩脆性指数数据体。

图 4-45 为涪陵地区稀疏脉冲反演计算的脆性指数平均值，从工区构造高部位（东北）向构造低部位（西南），脆性指数有整体增大的趋势，其中断层发育带脆性指数明显降低。

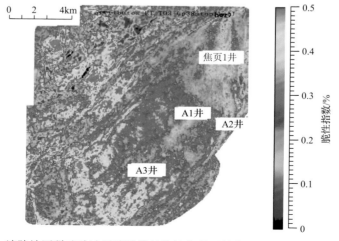

图 4-45 涪陵地区稀疏脉冲反演计算的脆性指数平均值（时窗：TO₃～TO₃−19ms）

二、应力场预测

(一)地层应力场地震岩石物理参数定量表征

地应力是存在于地壳中未受工程扰动的天然应力，它包括由地热、重力、地球自转速度变化及其他因素产生的应力。

用地震数据估算主应力时，必须意识到会涉及胡克定律中的地震参数。应力与应变的关系由岩石的弹性性质决定。当致力于三维应力状态时，胡克定律的广义形式可以转化为含有应变 ε 随应力 σ 变化的形式。也就是说，地层的应变 ε 是其应力 σ 与有效弹性柔度张量 S 乘积的一个函数。

$$\varepsilon_{i,j} = S_{ijkl}\sigma_{kl}，\quad i、j、k、l \text{ 取 } 1,2,3 \tag{4-34}$$

式中，ε 为缝隙性地层的应变；σ 为地层所受的压力；S 为裂缝性地层的有效柔度张量

使用常规的 6×6 简化矩阵符号。方程可表示为

$$\varepsilon_i = S_{ij}\sigma_j，\quad i,j \text{ 取 } 1,2,\cdots,6 \tag{4-35}$$

式中，11→1，22→2，33→3，23→4，13→5，12→6。

根据地震波在裂缝性地层传播时受到地层各向异性影响的线性滑动理论可知，由于围岩中垂直裂缝和微裂缝的存在，缝隙性地层的有效柔度张量可以写成围岩的柔度张量 S_b 和剩余柔度张量 S_f 之和。围岩的柔度张量 S_b 是弹性围岩的柔度。剩余柔度张量 S_f 可以用来研究每组平行或是对齐的裂缝。根据 Schoenberg 和 Sayers 的理论，有效柔度张量 S 可以写成

$$S = S_b + S_f \tag{4-36}$$

式中，S 为裂缝性地层的有效柔度张量；S_b 为围岩的柔度张量；S_f 为剩余柔度张量。

因此，运用 Schoenberg 和 Sayers 的理论就可将柔度矩阵简化为 S_b+S_f，胡克定律也可以做如下简化：

$$\varepsilon_{ij} = \{S_b + S_f\}，\quad i、j \text{ 取 } 1,2,\cdots,6 \tag{4-37}$$

其中，11→1，22→2，33→3，23→4，13→5，12→6。

剩余裂缝柔度张量 S_f 可以写为

$$S_f = \begin{vmatrix} z_N & 0 & 0 & 0 & 0 & 0 \\ 0 & 0 & 0 & 0 & 0 & 0 \\ 0 & 0 & 0 & 0 & 0 & 0 \\ 0 & 0 & 0 & 0 & 0 & 0 \\ 0 & 0 & 0 & 0 & z_T & 0 \\ 0 & 0 & 0 & 0 & 0 & z_T \end{vmatrix} \tag{4-38}$$

式中，z_N 为裂缝面的法向柔度张量；z_T 为裂缝面的切向柔度张量。

根据线性滑动理论，裂缝相对于垂直于断裂面的轴线旋转被假定是不变的，并且围岩是各向同性的。因此，通过由 z_N 所给的法向柔度张量和 z_T 所给的切向柔度张量可知，全部的柔度张量仅仅取决于两个裂缝柔度张量 z_N 和 z_T。

围岩的柔度张量 S_b 或弹性围岩柔度张量可以由杨氏模量和泊松比表述为

$$S_b = \begin{vmatrix} \dfrac{1}{E} & \dfrac{-\nu}{E} & \dfrac{-\nu}{E} & 0 & 0 & 0 \\ \dfrac{-\nu}{E} & \dfrac{1}{E} & \dfrac{-\nu}{E} & 0 & 0 & 0 \\ \dfrac{-\nu}{E} & \dfrac{-\nu}{E} & \dfrac{1}{E} & 0 & 0 & 0 \\ 0 & 0 & 0 & \dfrac{1}{G} & 0 & 0 \\ 0 & 0 & 0 & 0 & \dfrac{1}{G} & 0 \\ 0 & 0 & 0 & 0 & 0 & \dfrac{1}{G} \end{vmatrix} \tag{4-39}$$

式中，E 为围岩的杨氏模量；ν 为围岩的泊松比；G 为围岩的剪切模量(刚性模量)。

单组各向同性围岩介质旋转不变的裂缝的有效柔度矩阵是围岩柔度矩阵和剩余柔度矩阵的总和。此外，围岩介质可以是垂直对称轴的横向各向同性或相对低对称性。有效柔度矩阵可以写为

$$S = S_b + S_f = \begin{vmatrix} \dfrac{1}{E} + z_N & \dfrac{-\nu}{E} & \dfrac{-\nu}{E} & 0 & 0 & 0 \\ \dfrac{-\nu}{E} & \dfrac{1}{E} & \dfrac{-\nu}{E} & 0 & 0 & 0 \\ \dfrac{-\nu}{E} & \dfrac{-\nu}{E} & \dfrac{1}{E} & 0 & 0 & 0 \\ 0 & 0 & 0 & \dfrac{1}{G} & 0 & 0 \\ 0 & 0 & 0 & 0 & \dfrac{1}{G} + z_T & 0 \\ 0 & 0 & 0 & 0 & 0 & \dfrac{1}{G} + z_T \end{vmatrix} \tag{4-40}$$

水平应力差分比(DHSR)可描述为

$$\frac{\sigma_{Hmax} - \sigma_{hmin}}{\sigma_{Hmax}} = \frac{\sigma_y - \sigma_x}{\sigma_y} = \frac{E z_N}{1 + E z_N + \nu} \tag{4-41}$$

式中，z_N 为裂缝面的法向柔度张量；σ_{Hmax} 为最大水平主应力；σ_{hmin} 为最小水平主应力；σ_x、σ_y 均为应力分量。

DHSR 是决定储层在水力压裂改造下如何成缝的重要参数，DHSR 值较大，水力压裂产生的人工裂缝往往与最大水平应力方向平行，成非交错的裂缝平面[图 4-46(b)]；相反，当 DHSR 值较小时，水力压裂能够在多个方向上产生裂缝，形成交错裂缝网格[图 4-46(d)]。而多方向的裂缝网格能够为页岩气提供更有效的运移通道。

储层压裂效果评价要综合其他地层弹性参数,如杨氏模量、泊松比;Rickman 等(2008)结合杨氏模量和泊松比定义了岩石的脆性指数。DHSR 值与地层是否可压裂成网密切相关,低 DHSR 值表明该区域的岩石易于出现断裂网络。同样,高杨氏模量值也表明该区域的地层更易于断裂。因此,最优水力压裂区域将具有高杨氏模量值和低 DHSR 值(图 4-47)。

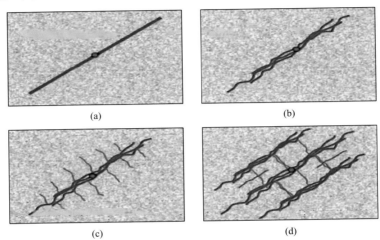

图 4-46　水力压裂产生不同类型的人工裂缝

(a)简单裂缝;(b)定向排列复杂裂缝;(c)较大裂缝中存在开启的小裂缝;(d)复杂成网裂缝

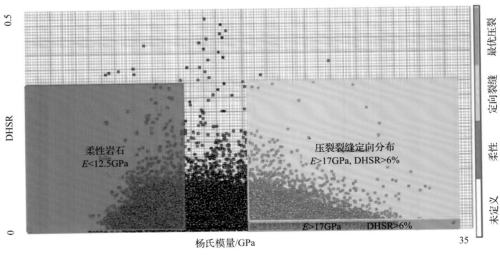

图 4-47　杨氏模量与 DHSR 叠合图,背景数据体为杨氏模量

片状大小指示 DHSR 值的大小,方向为局部最大水平应力方向

(二)基于 HTI 各向异性弹性阻抗的地应力参数求取

由上述应力场地震岩石物理参数定量表达,确立了由宽方位纵波反射地震数据求取地层应力参数的技术路线,其中关键技术包括各向异性弹性阻抗参数反演、弹性参数和应力参数转换关系、利用应力参数划分有利压裂区域。基于地震岩石物理得到弹性参数和应力

参数的转换关系是利用纵波反射地震数据进行应力场预测的基石。通过建立 HTI 各向异性介质的弹性阻抗，利用井提供的先验信息约束，进而求取各向异性参数。高质量叠前宽方位地震数据是 HTI 各向异性弹性阻抗反演及地应力参数预测的先决条件。

HTI 介质纵波反射系数 $R_P(\theta,\varphi)$ 近似方程:

$$R_P(\theta,\varphi)=\frac{1}{2}\frac{\Delta Z}{\overline{Z}}+\frac{1}{2}\left\{\frac{\Delta V_P}{\overline{V}_P}-4K^2\frac{\Delta G}{\overline{G}}+[\Delta\delta^V+8k^2\Delta\gamma]\cos^2\varphi\right\}\sin^2\theta$$
$$+\frac{1}{2}\left\{\frac{\Delta\alpha}{\overline{\alpha}}+\Delta\varepsilon^V\cos^4\varphi+\Delta\delta^V\sin^2\varphi\cos^2\varphi\right\}\sin^2\theta\tan^2\theta \tag{4-42}$$

式中，Z 为垂向纵波阻抗；G 为垂向剪切模量；θ 为入射角；φ 为采集方位角；K 为体积模量；γ、ε^V、δ^V 为各向异性参数；$\theta=(\theta_1+\theta_2)/2$；$\Delta\varepsilon^V=\varepsilon_2^V-\varepsilon_1^V$；$\Delta\delta^V=\delta_2^V-\delta_1^V$；$\overline{G}=(G_1+G_2)/2$；$\Delta G=G_2-G_1$；$G=\rho V_S^2$；$\overline{Z}=(Z_1+Z_2)/2$；$\Delta Z=Z_2-Z_1$；$Z=\rho V_P$；符号 Δ 都代表差分，上标"−"表示数量的平均值，V_P、V_S 和 ρ 分别代表垂向纵波速度、垂向横波速度和密度。所有这些方程都是从各向异性的精确反射系数中得出的近似式，在弱各向异性时有效。

进一步整理得到

$$R_P(\theta,\varphi)=\frac{1}{2}(1+\tan^2\theta)\frac{\Delta\alpha}{\overline{\alpha}}-4K^2\sin^2\theta\frac{\Delta\beta}{\overline{\beta}}+\frac{1}{2}(1-4k^2\sin^2\theta)\frac{\Delta\rho}{\overline{\rho}}$$
$$+\frac{1}{2}\sin^2\theta\cos^2\varphi(1+\tan^2\theta\sin^2\varphi)\Delta\delta^V \tag{4-43}$$
$$+\frac{1}{2}\cos^4\varphi\sin^2\theta\tan^2\theta\Delta\varepsilon^V+4K^2\sin^2\theta\cos^2\varphi\Delta\gamma$$

沿用 Connolly 推导弹性阻抗的思路，对式(4-43)进行积分可推导得到弱各向异性介质中的弹性阻抗表达式:

$$EI(\theta,\varphi)=\alpha^{a(\theta)}\beta^{b(\theta)}\rho^{c(\theta)}\exp[d(\theta,\varphi)\delta^V+e(\theta,\varphi)\varepsilon^V+f(\theta,\varphi)\gamma] \tag{4-44}$$

式中，

$$a(\theta)=\frac{1}{2}(1+\tan^2\theta)$$
$$b(\theta)=-4K^2\sin^2\theta$$
$$c=\frac{1}{2}(1-4K^2\sin^2\theta)$$
$$d=\frac{1}{2}\sin^2\theta\cos^2\varphi(1+\tan^2\theta\sin^2\varphi)$$
$$e=\frac{1}{2}\cos^4\varphi\sin^2\theta\tan^2\theta$$
$$f=4K^2\sin^2\theta\cos^2\varphi$$

归一化后得到

$$EI(\theta,\varphi)=\alpha_0\rho_0\left(\frac{\alpha}{\alpha_0}\right)^{a(\theta)}\left(\frac{\beta}{\beta_0}\right)^{b(\theta)}\left(\frac{\rho}{\rho_0}\right)^{c(\theta)}\exp\left[d(\theta,\varphi)\frac{\delta^V}{\delta_0^V}+e(\theta,\varphi)\frac{\varepsilon^V}{\varepsilon_0^V}+f(\theta,\varphi)\frac{\gamma}{\gamma_0}\right] \quad (4\text{-}45)$$

待求参数变为六个，即 $\dfrac{\alpha}{\alpha_0}$、$\dfrac{\beta}{\beta_0}$、$\dfrac{\rho}{\rho_0}$、$\dfrac{\delta^V}{\delta_0^V}$、$\dfrac{\varepsilon^V}{\varepsilon_0^V}$、$\dfrac{\gamma}{\gamma_0}$。需要反演两个不同方位和三个不同角度的弹性阻抗。各向异性弹性阻抗反演实现流程如图 4-48 所示。根据弹性阻抗可以建立参数方程(图 4-49)。

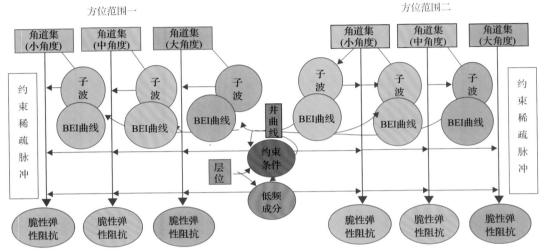

图 4-48　各向异性弹性阻抗反演实现流程

BEI 指脆性阻抗

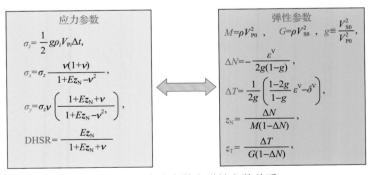

图 4-49　应力参数和弹性参数关系

依据井震关系得到各向异性数据，计算 HTI 介质弱各向异性参数 ε^V，由以上公式分别计算图 4-49 中定义的弹性参数 g、G、M、ΔN、z_N 和 DHSR。

图 4-50、图 4-51 为水平应力差分比 DHSR 的反演结果，DHSR 全区为 16%～25%，整体差异不大，从工区构造高部位(东北)向构造低部位(西南)，应力差异有整体变小的趋势，其中过渡带水平应力差异较大。

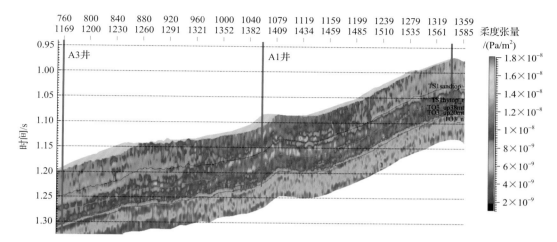

图 4-50 涪陵地区法向柔度张量 z_N 剖面

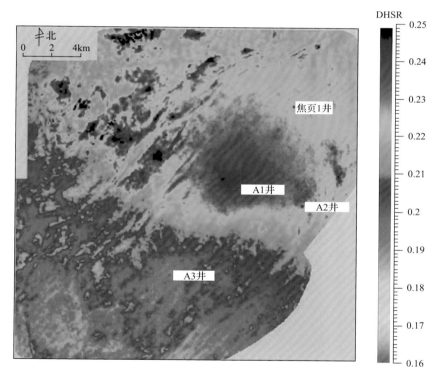

图 4-51 涪陵地区水平应力差分比 DHSR 平均值(时窗：TO$_3$~TO$_3$-19ms)

三、页岩目的层压力预测

(一)三维地层压力预测

在三维上覆地层压力的预测过程中，对起伏地表信息描述的准确程度往往决定了上覆压力的预测精度。参考美国国防部和美国国家航空航天局(NASA)发布的世界地形数据（90m×90m 面元），利用 Traugott 模型计算焦石坝地区三维上覆压力数据：

$$P_o = [W\rho_{sea} + (D - W + A)\rho_{ave}] / D \tag{4-46}$$

式中，ρ_{ave} 为海底地层的平均密度，$\rho_{ave} = \rho_0 + AH^B$ 其中 A、B 为似合参数，ρ_0 为初始密度；ρ_{sea} 为海水密度；D 为计算点到井口垂深；W 为水深；A 为补心高；H 为压实深度。

　　将以 Traugott 模型生成的上覆地层压力曲线与通过井上密度积分求取的上覆地层压力曲线进行对比，以二者基本吻合为指标优选 Traugott 模型参数用于三维数据体生成。图 4-52 为过 B1 井—B4 井的上覆地层压力系数。可以看出，由于地表信息的考虑，在蓝色虚线海平面之上仍然计算出了压力数据。

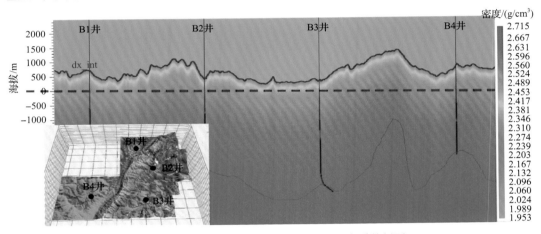

图 4-52　过 B1 井—B4 井的上覆地层压力系数剖面

　　确立了三维上覆压力，还需要其他用于地层压力预测的弹性参数，如速度、密度信息等。在地震资料空间范围内，可以采用偏移速度构建基本的速度场信息，结合加德纳（Gardner）等经验公式获得三维密度信息。另外，利用偏移速度将时间域资料转换为深度域资料，以匹配上覆压力用于孔隙压力预测。为了确保时深转换速度的准确性，可以将其与滤波后的测井声波速度进行对比分析，以二者趋势一致为检验标准。

　　为了进一步提高用于压力分析资料的准确程度，采用叠前反演的速度和密度结果替换相应范围内的数据构成尽可能准确的数据。图 4-53 为过 B1 井—B4 井最终预测的地层压力剖面与现在实际产量对比。从几个井旁信息和放大图的对比可以看出，压力预测结果存在横向和纵向的分异性，预测结果与实际页岩气产量具有一定的指示作用。

　　图 4-54 为涪陵南优质页岩层段预测地层压力系数分布图。可以看出，主要的异常高压带分布于平桥断背斜、白马向斜、白家断层以东，以及平桥断背斜以西北的缓坡地带。B1 井、B2 井、B4 井的预测结果与实际井旁产量比较吻合，但 B3 井显然不吻合。不吻合的原因有很多种，如资料质量不合格、方法参数不准等。

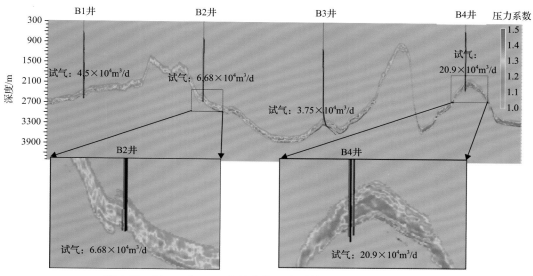

图 4-53 过 B1 井—B4 井的孔隙压力系数预测剖面与产量对比

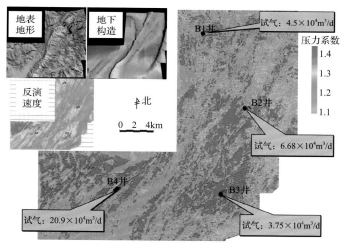

图 4-54 涪陵南优质页岩层段预测地层压力系数分布图

（二）基于弹性参数拟合的地层压力预测

地层压力常与某些敏感参数存在较强的对应关系，如地层速度、声波时差和密度等参数。因而，在压力资料比较丰富的情况下，可以进行弹性参数筛选，建立适合区域性压力预测的特有模型，如 API 法：

$$API = C\frac{\nu \times 10^{10}}{IP^2} \tag{4-47}$$

式中，ν 为泊松比；IP 为纵波阻抗；C 为压力系数因子。

依据 B1 井—B3 井 40 多个位置处的实际钻井液密度数据，反算该位置处对应的理论孔隙压力值，然后提取这些位置处的纵波阻抗、横波阻抗、纵横波速度比、杨氏模量、密度等弹性参数进行敏感性分析，从中挑选出相关性好的弹性参数组合。

通过对优选组合线性与指数关系的拟合及误差的定量分析，采用多元拟合方法进一步提出了新的压力指数预测模型：

$$p_p = 183.61 \times e^{(-2^{-7} \times IP)} + 30.3 \times e^{(-2^{-11} \times E)} + 43.27 \times e^{(-6.059 \times \nu)} \tag{4-48}$$

式中，ν 为泊松比；IP 为纵波阻抗；E 为杨氏模量。

图 4-55 为依据 API 和新的模型分别对 B1 井—B4 井 40 个有实际钻井液密度数据点处预测的压力数据与理论压力数据对比图，API 的参数 C 依据与实际压力误差最小原则进行选择。可以看出，两种方法预测的结果大体趋势一致，基本与理论值相同，这是因为二者都是依据纵波阻抗和泊松比建立的公式。但在细节上，由于引入了杨氏模量的信息，新方法的误差更小，尤其是在前 20 个样点新方法预测的优质页岩层段异常压力值分布如图 4-56 所示。

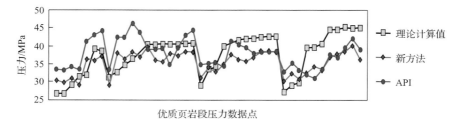

图 4-55　两种弹性参数拟合法预测的压力值与理论值对比

图 4-56　新方法预测的优质页岩层段异常压力值分布

第五章 压裂目标优选与压后评估技术

压裂是页岩气井获得高产的关键措施，设计施工、设备材料优选测试、压后评估等都是其重要组成部分。如何形成复杂缝网，从机理、施工过程控制到压后人工裂缝形态评估，都是需要研究的环节。所以本章重点从分段压裂裂缝扩展、分段压裂簇间距优化、压裂主裂缝与天然裂缝间相互作用、压后评价技术和重复压裂技术等方面进行研究。

第一节 页岩水平井段内分段压裂裂缝扩展模拟方法

一、物理模型

页岩气井压裂段内多簇裂缝同时扩展，不同裂缝簇处的压裂液流量分配是动态的，压裂过程中裂缝体积增大的同时缝内压力会随之降低，多簇裂缝的复杂扩展必然会使各簇裂缝的压裂液流量分配复杂化，据此我们建立了水平井段内多簇压裂流体流动物理模型(图 5-1)。

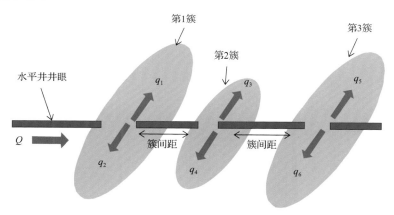

图 5-1 水平井段内多簇压裂流体流动示意图

图 5-2 综合考虑井筒摩阻、射孔孔眼摩阻和压裂液缝内流动及向基质滤失，根据流体力学，以及基尔霍夫定律，建立段内簇间流量动态分配数学模型，并根据非线性方程组迭代求解方法，求解流量动态分布方程组。

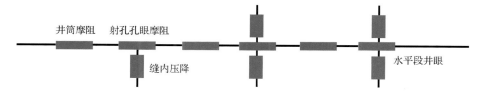

图 5-2 压裂液流动阻力示意图

二、数学模型

综合运用基尔霍夫定律、流体力学、断裂力学和扩展有限元相关理论知识，建立考虑压裂液簇间流量动态分配、压裂液水力裂缝内流动和向基质滤失、缝间应力干扰的水平井分段压裂段内多簇裂缝应力干扰裂缝三维延伸模型。

(一)应力场模型

位移不连续法是 Crouch(1976)提出的间接边界单元法。该方法将边界单元的上下表面处理为一个理想的位移不连续单元，非常适合处理裂缝问题。

水力裂缝为缝长 L、缝高 H 的三维非平面裂缝，如图 5-3 所示，将裂缝划分为单元半长为 a 的 N 个单元，裂缝单元中心坐标为 (x_i, y_i)，i=1，2，$\cdots$，N。考虑缝高效应，并根据应力叠加原理可得 N 个裂缝单元在地层中任意一点产生的诱导应力为

$$\begin{cases} \sigma_{xx}^i = \sum_{j=1}^{N} G_{ij} \, \mathrm{FP}_{\overline{xx}}^{i,j} \, D_{\overline{x}}^j + \sum_{j=1}^{N} G_{ij} \, \mathrm{FP}_{\overline{xy}}^{i,j} \, D_{\overline{y}}^j \\ \sigma_{yy}^i = \sum_{j=1}^{N} G_{ij} \, \mathrm{FP}_{\overline{yx}}^{i,j} \, D_{\overline{x}}^j + \sum_{j=1}^{N} G_{ij} \, \mathrm{FP}_{\overline{yy}}^{i,j} \, D_{\overline{y}}^j \\ \sigma_{xy}^i = \sum_{j=1}^{N} G_{ij} \, \mathrm{FP}_{\overline{sx}}^{i,j} \, D_{\overline{x}}^j + \sum_{j=1}^{N} G_{ij} \, \mathrm{FP}_{\overline{sy}}^{i,j} \, D_{\overline{y}}^j \end{cases} \qquad (5\text{-}1)$$

式中，σ_{xy}、σ_{xx}、σ_{yy} 分别为 xy 平面、xx 平面、yy 平面应力；$D_{\overline{x}}^j$ 为裂缝单元切向位移不连续量，m；$D_{\overline{y}}^j$ 为裂缝单元法向位移不连续量，m；FP 为应力影响系数；G_{ij} 为考虑平面裂纹高度对应力分布影响的应力校正系数。

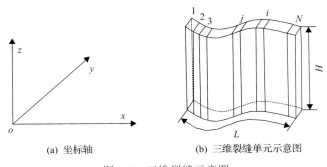

(a) 坐标轴　　　　　(b) 三维裂缝单元示意图

图 5-3　三维裂缝示意图

(二)缝内流场模型

1. 缝内压降方程

由于裂缝壁面存在摩擦力，裂缝在扩展过程中缝内压力随着裂缝长度的增加会逐渐

降低。假设压裂液在平板之间流动，由纳维-斯托克斯(Navier-Stokes)方程可以推出缝内压降方程为

$$\frac{\partial p}{\partial s} = 2^{n'+1} k' \left(\frac{1+2n'}{n'}\right)^{n'} h^{-n'} w^{-(2n'+1)} Q^{n'} \tag{5-2}$$

式中，Q 为裂缝注入流量，m^3/min；w 为裂缝宽度，m；n' 为流体幂律指数；k' 为流体黏度指数，$Pa \cdot s$；p 为流体压力；s 为裂缝长度。

2. 射孔孔眼摩阻

射孔孔眼摩阻是压裂施工中至关重要的影响因素，严重影响着井筒中流体在多个裂缝中的分配，是压裂过程中重要的设计参数。根据伯努利方程可以得到第 i 条裂缝射孔孔眼摩阻 $f_{p,i}$ 的计算公式为

$$f_{p,i} = \frac{0.2369 \rho_s}{n_{p,i}^2 d_{p,i}^4 c_{p,i}^2} Q_i^2 \tag{5-3}$$

式中，Q_i 为第 i 条裂缝的流量，m^3/min；ρ_s 为压裂液和水的密度，kg/m^3；$n_{p,i}$ 为第 i 条裂缝的射孔个数；$d_{p,i}$ 为第 i 条裂缝的射孔孔眼直径，m；$c_{p,i}$ 为第 i 条裂缝的孔眼修正系数，m。

3. 井筒摩阻

井筒摩阻与裂缝间距成正比，其中井筒直径对摩阻影响极大，每条裂缝在水平井筒上的压降计算公式如下：

$$p_{c,i} = C_{cf} \sum_{j=1}^{i} (x_j - x_{j-1}) Q_{wj}^{n'}$$

$$Q_{wj} = Q_T - \sum_{k=1}^{2(j-1)} Q_k \tag{5-4}$$

$$C_{cf} = 2^{3n'+2} \pi^{-n'} k' \left(\frac{1+3n'}{n'}\right)^{n'} D^{-(3n'+1)}$$

式中，Q_T 为总流体注入量；Q_k 为井筒内流量，m^3/min；C_{cf} 为摩阻系数，$Pa \cdot s/m^4$；x_j 为裂缝 j 到井筒末端的距离，m；Q_{wj} 为经过裂缝 j 后剩下的流量，m^3/min；D 为水平井井筒直径，m。

4. 物质守恒

根据基尔霍夫第一、第二定律，在多条裂缝同时扩展的同时，需满足压力平衡和流体总注入量物质守恒：

$$Q_T = \sum_{i=1}^{N} Q_i \tag{5-5}$$

5. 压力平衡方程

$$p_{o} = p_{w,i} + f_{p,i} + \sum_{j=1}^{i} f_{c,j} \tag{5-6}$$

式中，Q_i 为裂缝 i 的流体注入量；p_o 为水平井井底流体压力，MPa；$p_{w,i}$ 为第 i 条裂缝入口处流体压力，MPa；$f_{p,i}$ 为第 i 条裂缝射孔孔眼摩阻，MPa；$f_{c,j}$ 为第 j 条裂缝井筒摩阻，MPa。

总物质守恒方程：

$$\int_{0}^{t} Q_{T}(t)\mathrm{d}t = \sum_{1}^{N} \int_{0}^{L_{1}(t)} hw\mathrm{d}s + \sum_{1}^{N} \int_{0}^{L_{1}(t)} \int_{0}^{t} q_{L}(s,t)\mathrm{d}t\mathrm{d}s \tag{5-7}$$

滤失可通过下式计算：

$$q_{L}(s,t) = \frac{2hC_{L}}{\sqrt{t - \tau(s)}} \tag{5-8}$$

式中，C_L 为滤失系数，$\mathrm{m^2/min}$；t 为泵注总时间，min；τ 为裂缝单元开始滤失时间，min；L_1 为裂缝长度，m；q_L 为滤失量。

(三)断裂准则

基于应力强度因子的定义，得到缝尖应力强度因子为

$$K_{I} = \frac{CE\sqrt{\pi}}{4(1-\nu^2)\sqrt{2a}} D_{n}^{tip}$$

$$K_{II} = \frac{CE\sqrt{\pi}}{4(1-\nu^2)\sqrt{2a}} D_{s}^{tip} \tag{5-9}$$

式中，K_I、K_{II} 分别为 I 型、II 型尖端应力强度因子，$\mathrm{MPa \cdot m^{0.5}}$；$E$ 为杨氏模量，MPa；ν 为泊松比，无因次；a 为单元半长，m；D_{n}^{tip}、D_{s}^{tip} 分别为裂缝尖端单元向、切向位移不连续量，m；C 为修正系数，取 0.806。

对于 I-II 复合型裂缝，当尖端应力强度因子大于储层岩石的断裂韧性时，裂缝会发生延伸，尖端应力强度因子 K 为

$$K = 0.5\cos(\beta/2)\left[K_{I}(1+\cos\beta) - 3K_{II}\sin\beta\right] \tag{5-10}$$

式中，β 为裂缝扩展方向角，(°)。

当裂缝尖端应力强度因子 K 大于岩石断裂韧性 $\mathrm{KI_c}$ 时，岩石发生断裂。

复合型裂缝扩展理论主要包括最大周向应力理论、应变能密度理论和最大能量释放率理论。这里采用最大周向应力理论计算裂缝扩展方向。根据最大拉(周向)应力理论，

裂缝扩展方向角为

$$\beta = \begin{cases} 0 \quad (K_{\mathrm{II}} = 0) \\ 2\arctan\left[\dfrac{\dfrac{K_{\mathrm{II}}}{K_{\mathrm{I}}} - \mathrm{sgn}(K_{\mathrm{II}})\sqrt{\left(\dfrac{K_{\mathrm{II}}}{K_{\mathrm{I}}}\right)^2 + 8}}{4} \right], \quad K_{\mathrm{II}} \neq 0 \end{cases} \tag{5-11}$$

(四)裂缝宽度方程

1. 裂缝宽度计算

裂缝宽度计算借鉴 Palmer 模型,把裂缝沿长度方向上分成若干个小单元,垂直于缝长方向的每一个裂缝剖面都可简化为平面应变问题中的一条线裂缝,并且认为这些线裂缝彼此独立,不受邻近剖面的影响。

作用于裂缝面的净压力可分解为如下几种力:裂缝中心的净压力 P_{net}、流体缝高方向摩阻压降 $g_v|z|$、流体重力作用压差 $g_\rho z$、地应力 $g_s z$、盖层与产层的应力差 σ_{u}、底层与产层的应力差 σ_{l}。这些力单独作用时裂缝宽度分别为 w_1、w_2、w_3、w_4、w_5、w_6。由叠加原理可得裂缝实际宽度为

$$w = w_1 - w_2 - w_3 + w_4 - w_5 - w_6 \tag{5-12}$$

由 England 和 Green 公式可以计算宽度剖面上任一坐标 z 处的宽度大小,即

$$\begin{cases} F(T) = -\dfrac{T}{2\pi}\int_0^T \dfrac{f(z)}{\sqrt{T^2 - z^2}}\mathrm{d}z \\ G(T) = -\dfrac{1}{2\pi T}\int_0^T \dfrac{zg(z)}{\sqrt{T^2 - z^2}}\mathrm{d}z \\ w = -16\dfrac{1 - v(z)^2}{E(z)}\int_{|z|}^H \dfrac{F(\tau) + zG(\tau)}{\sqrt{\tau^2 - z^2}}\mathrm{d}\tau \end{cases} \tag{5-13}$$

式中,$f(z)$ 为作用于裂缝壁面的偶分布应力,MPa;$g(z)$ 为作用于裂缝壁面的奇分布应力,MPa;$F(T)$ 为偶分布应力的中间积分函数,MPa·m;$G(T)$ 为奇分布应力的中间积分函数,MPa·m;z 为裂缝垂向剖面上某一点到裂缝中心的距离,m;T 为积分中间变量,m。

2. 裂缝尖端应力场

裂缝尖端发生的破坏并不是单纯的张性破坏,而是 I 型和 II 型的复合破坏,因此通过单一的 I 型断裂因子计算得到的裂缝尖端应力场并不准确。引入 II 型断裂因子可以得到

$$
\begin{bmatrix} \sigma_{xx} \\ \sigma_{yy} \\ \tau_{xy} \end{bmatrix} = \begin{bmatrix} \sigma_{Hmax} \\ \sigma_{hmin} \\ 0 \end{bmatrix} - \frac{K_I}{\sqrt{2\pi r}} \begin{bmatrix} \cos\frac{\theta}{2}\left(1 - \sin\frac{\theta}{2}\sin\frac{3\theta}{2}\right) \\ \cos\frac{\theta}{2}\left(1 + \sin\frac{\theta}{2}\sin\frac{3\theta}{2}\right) \\ \sin\frac{\theta}{2}\cos\frac{\theta}{2}\cos\frac{3\theta}{2} \end{bmatrix} - \frac{K_{II}}{\sqrt{2\pi r}} \begin{bmatrix} -\sin\frac{\theta}{2}\left(2 + \cos\frac{\theta}{2}\cos\frac{3\theta}{2}\right) \\ \sin\frac{\theta}{2}\cos\frac{\theta}{2}\cos\frac{3\theta}{2} \\ \cos\frac{\theta}{2}\left(1 - \sin\frac{\theta}{2}\sin\frac{3\theta}{2}\right) \end{bmatrix}
$$

$$(5\text{-}14)$$

式中，σ_{xx}、σ_{yy}、τ_{xy} 分别为裂缝尖端 x、y 方向正应力和切应力，Pa；K_I 与 K_{II} 分别为 Ⅰ 型和 Ⅱ 型尖端应力强度因子，Pa·m$^{0.5}$；σ_{Hmax} 与 σ_{hmin} 分别为水平最大、最小主应力，MPa。裂缝壁面处的应力投影计算公式为

$$
\begin{aligned}
\tau_\beta &= -\frac{\sigma_{Hmax} - \sigma_{hmin}}{2}\sin 2\beta - \frac{K_I}{\sqrt{2\pi r_c}}\sin\frac{\theta}{2}\cos\frac{\theta}{2}\cos\left(2\beta - \frac{3\theta}{2}\right) \\
&\quad - \frac{K_{II}}{\sqrt{2\pi r_c}}\left[\cos\left(2\beta - \frac{\theta}{2}\right) + \sin\frac{\theta}{2}\cos\frac{\theta}{2}\sin\left(2\beta - \frac{3\theta}{2}\right)\right] \\
\sigma_\beta &= \frac{\sigma_{Hmax} + \sigma_{hmin}}{2} - \frac{\sigma_{Hmax} - \sigma_{hmin}}{2}\sin 2\beta \\
&\quad + \frac{K_I}{\sqrt{2\pi r_c}}\cos\frac{\theta}{2}\left[\sin\frac{\theta}{2}\sin\left(2\beta - \frac{3\theta}{2}\right) - 1\right] \\
&\quad + \frac{K_{II}}{\sqrt{2\pi r_c}}\left[\sin\frac{\theta}{2} + \cos\left(2\beta - \frac{\theta}{2}\right) - \sin\frac{\theta}{2}\cos\frac{\theta}{2}\cos\left(2\beta - \frac{3\theta}{2}\right)\right]
\end{aligned}
$$

$$(5\text{-}15)$$

式中，r_c 为临界距离。将 r_c 代入上式可以得到裂缝尖端附近的切向和法向应力。

第二节　页岩气水平井分段压裂选段及簇间距优化技术

一、页岩气水平井压裂选段技术

目前，我国 1000 多米长的水平井压裂段数已经突破 20 段，但是根据国内已有产出剖面测试结果和国外资料来看，并非所有压裂段都对产能有贡献，所以很有必要开展压裂选段方法研究。本节研究形成了一种页岩气水平井分段压裂选段方法，用于确定页岩气水平井各段是否值得压裂，为油气田工程师提供决策依据。

(一)建立页岩气水平井筒各段选段系数计算模型

各段压裂效果表征的参数本应是该段天然气产量，但目前对各段天然气产量无法确定，所以在此以页岩含气量为效果表征参数。

用以计算含气量的参数主要包括测井参数(地层密度、声波时差、自然伽马等)和录井参数。通过相关计算，得到页岩压裂效果与各参数之间的相关系数，气测全烃含量相

关系数为 0.77、地层密度的相关系数为 0.73、声波时差的相关系数为 0.58、钻时的相关系数为 0.4、自然伽马的相关系数为 0.05，而其他参数的相关系数较小，或与以上参数反映的问题类同，因此就不予考虑了。

根据各参数与压裂效果的相关系数大小，制定每个参数的权值，各参数权值之和为 1。经过反复调整后的权值：气测全烃含量 0.25，地层密度 0.25，声波时差 0.2，钻时 0.2，自然伽马 0.1。再根据这些参数值的变化区间，确定计算各参数权评价系数的公式如下。

气测全烃含量权值 a_1=0.25，权评价系数计算公式为 $a_1 \times x_1/50$，其中 x_1 为气测全烃含量的实际值，50 为气测全烃含量值的变化范围区间差值(50–0)。

地层密度权值 a_2=0.25，权评价系数计算公式为 $a_2 \times (2.8–x_2)/0.8$，其中 x_2 为地层密度的实际值，0.8 为地层密度值的变化范围区间差值(2.8–2)。

声波时差权值 a_3=0.2，权评价系数计算公式为 $a_3 \times (x_3–180)/120$，其中 x_3 为声波时差的实际值，120 为声波时差值的变化范围区间差值(300–180)。

钻时权值 a_4=0.2，权评价系数计算公式为 $a_4 \times (40–x_4)/38$，其中 x_4 为钻时的实际值，38 为钻时值的变化范围区间差值(40–2)。

自然伽马的权值 a_5=0.1，权评价系数计算公式为 $a_5 \times x_5/300$，其中 x_5 为自然伽马的实际值，300 为自然伽马值的变化范围区间差值(300–0)。

将各参数权评价系数相加，得出总的评价系数，超过 0.5，说明压裂效果好的可能性较大，将该值定为界限值。实际应用时，收集页岩气井水平段测井及录井参数，采用权评价系数计算公式，计算井筒各段总的评价系数，对于评价系数达到界限值的井段，建议进行压裂，对于评价系数达不到界限值的井段，压裂时建议避开，或采取更大规模的施工，沟通远处"甜点"区。

(二)应用实例及效果

利用本方法对焦页 1HF 井进行评价(图 5-4)，在评价曲线上只有左边一小段评价系数达到或接近 0.5，其他段均低于 0.5，产出剖面(图 5-5)测试结果也证实，主要贡献层段是 12~15 级(与图中左边上凸段一致)，占总产气量的 90%，2~11 级产气贡献小，仅占 10%。该井压后测试日产气量在 $20.3 \times 10^4 \text{m}^3$ 左右，与相邻井相比产量较低。

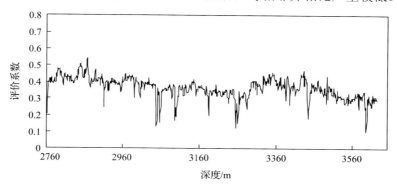

图 5-4 焦页 1HF 井水平井各点评价系数

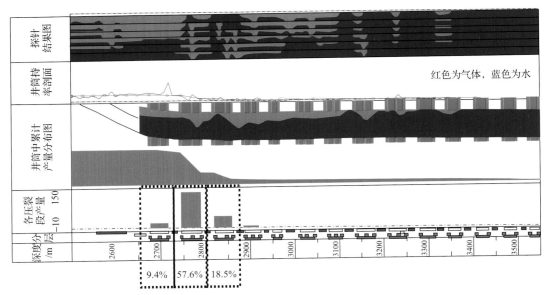

图 5-5　焦页 1HF 井产出剖面测试图

目前已用此方法计算了 30 口井，计算结果与实际基本相符，水平井段内选段系数大于 0.5 的越多，产气量越高。

二、页岩水平井分段压裂簇间距优化技术

(一)技术方法

通过建立水力压裂流体渗流连续性方程与岩石变形应力平衡耦合数值方程，引入二次正应力裂缝起裂及临界能量释放率裂缝延伸准则，考虑流体在裂缝面的横向、纵向流动，并根据实际地层确定初始地应力场、渗流场、地层孔隙度及裂缝面滤失系数，应用有限元数值模拟方法，求解多个射孔簇情况下多条裂缝全三维扩展时诱导应力的变化情况。优化和调整射孔簇间距，通过所有裂缝产生的诱导应力的叠加，消除裂缝周围局部最大、最小水平主应力差，使地层局部近似应力各向同性，形成局部最优应力场，促进主裂缝转向及天然裂缝的开启，从而有利于网状裂缝的形成，提高页岩等致密储层改造体积，达到网络压裂的目的。

(二)数值模拟

假定每个射孔簇形成一条主裂缝，应用有限元数值模拟方法，分析多个射孔簇情况下多裂缝全三维扩展时诱导应力的变化情况，以形成缝网为目标，优化最优射孔簇间距。

1. 页岩地层几何模型的建立

根据实际页岩地层确定初始地应力场、渗流场、地层孔隙度及裂缝面滤失系数，不同层位具有不同的地应力梯度、不同地应力场平衡状态及其他不同岩石属性参数；目的

层存在多个射孔簇，假定起裂多条平行裂缝(图 5-6)。

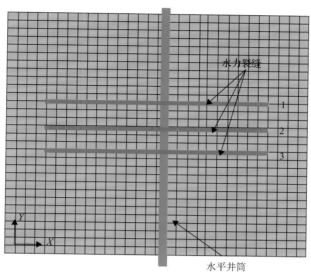

图 5-6 段内三簇射孔示意图

2. 岩石渗流-应力耦合模型

水力压裂过程中，随着排量的增加，泵压不断增大，相应地作用于裂缝面上的流体渗流压力也不断增加，使流体向地层的滤失增加，导致岩石孔隙中的应力状态发生改变，岩石变形，而岩石中应力的变化必然引起储层孔隙度、流体渗流速度等参数的改变，反过来又会影响裂缝面上渗流场孔隙压力的变化，储层岩石中这种流体渗流与岩石变形的相互制约关系称为渗流-应力耦合。本书假定储层岩石多孔介质符合 Drucker-prager 硬化准则，岩石孔隙中完全饱和不可压缩流体，则岩石变形力学平衡方程为

$$\int_{\Omega} (\sigma_e - p_w \boldsymbol{I}) \delta \dot{\varepsilon} \mathrm{d}\Omega = \int_S T \delta v \mathrm{d}S + \int_{\Omega} f' \delta v \mathrm{d}\Omega + \int_{\Omega} \phi \rho_w g \delta v \mathrm{d}\Omega \tag{5-16}$$

流体渗流连续性方程为

$$\frac{\mathrm{d}}{\mathrm{d}t} \left(\int_{\Omega} \phi \mathrm{d}\Omega \right) = -\int_S \phi n v_w \mathrm{d}S \tag{5-17}$$

式中，Ω 为积分空间，m^3；S 为积分空间表面，m^2；p_w 为孔隙流体渗流压力，MPa；$\boldsymbol{I}$ 为单位矩阵向量；σ_e 为储层岩石中的有效应力，MPa；$\delta \varepsilon$ 为虚应变场；δv 为岩石节点虚速度场；T 为单位积分区域外表面力，MPa；f' 为不考虑流体重力的单位体积力，MPa；ϕ 为岩石孔隙度，%；ρ_w 为孔隙流体密度，kg/m^3；n 为与积分外表面的法线平行的方向；v_w 为岩石孔隙间流体流动速度，m/s；t 为计算时间，s。

3. 裂缝起裂、扩展准则

水力压裂裂缝扩展过程一般都伴随着剪切滑移效应,因此其裂纹模式为复合型裂纹。ABAQUS 模拟软件中应用 Colesive 单元内聚力模型研究这种裂纹形式的起裂及扩展准则,其主要内容为界面拉伸应力-界面相对位移之间的函数响应关系及断裂过程界面能量之间的关系。对于初始断裂应力-应变关系的判断,ABAQUS 中提供了几种标准,本书选用目前应用广泛的二次应力失效准则,即当三个方向的应力比平方和达到 1 时初始断裂发生,其可表示为

$$\left\{\frac{\sigma_n}{\sigma_n^{max}}\right\}^2 + \left\{\frac{\sigma_s}{\sigma_s^{max}}\right\}^2 + \left\{\frac{\sigma_t}{\sigma_t^{max}}\right\}^2 = 1 \tag{5-18}$$

式中,σ_n 为 Colesive 单元法线方向上施加的应力,MPa;σ_s、σ_t 为单元两个切向上施加的应力,MPa;σ_n^{max} 为单元失效时法线方向临界应力,MPa;σ_s^{max}、σ_t^{max} 为单元切向失效时两个方向的临界应力,MPa。

对复合型裂缝起裂后的扩展,本书应用 B-K 准则,即由 Benzeggagh 和 Kenane 提出的裂缝扩展临界能量释放率准则,其可表示为

$$G_n^C + (G_s^C - G_n^C)\left\{\frac{G_S}{G_T}\right\}^\eta = G^C \tag{5-19}$$

式中,$G_S = G_s + G_T$;$G_T = G_n + G_S$;G_n^C 为法向断裂临界应变能释放率,N/mm;G_s^C 为切向断裂临界能量释放率,N/mm,B-K 准则认为 $G_s^C = G_t^C$;η 为与材料本身特性有关的常数;G^C 为复合型裂缝临界断裂能量释放率,N/mm。

当裂缝尖端节点处计算的能量释放率大于 B-K 临界能量释放率时,Colesive 单元当前裂缝尖端节点对绑定部分将解开,裂缝向前扩展(图 5-7)。

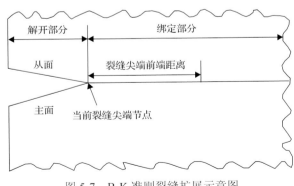

图 5-7 B-K 准则裂缝扩展示意图

4. 裂缝面内流体流动模型

作用于裂缝面上的压裂液流体压力是裂缝扩展的驱动力,假定流体是连续的且不可

压缩，则流体在 Colesive 单元裂缝内的流动包括沿裂缝面的切向流动及沿垂直裂缝面的法向流动(图 5-8)。

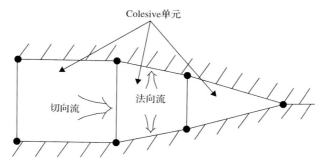

图 5-8　Colesive 裂缝单元内流体流动示意图

流体的切向流动：将压裂液视为牛顿流体，在任意时刻的排量为 q，则其在裂缝面上的切向流动根据牛顿流压力传导公式可写为

$$q = -k_t \nabla p \tag{5-20}$$

式中，q 为压裂液排量，m^3/s；k_t 为流动系数；p 为流动压力，MPa。根据雷诺数方程，流动系数 k_t 可表示为

$$k_t = \frac{d^3}{12\mu} \tag{5-21}$$

式中，d 为裂缝张开宽度，m；μ 为压裂液黏度，$\text{Pa}\cdot\text{s}$。

流体的法向流动：压裂流体在裂缝面法线方向的流动即为流体向地层的渗流滤失，ABAQUS 通过设定滤失系数的方式在裂缝表面形成一个渗透层。

压裂流体在裂缝面的法向渗流可表示为

$$q_t = c_t(p_i - p_t), \quad q_b = c_b(p_i - p_b) \tag{5-22}$$

式中，q_t 和 q_b 分别为流体在裂缝上下表面的渗流流量，m^3/s；c_t 和 c_b 分别为流体在裂缝上下表面的滤失系数；p_t 和 p_b 分别为流体在裂缝上下表面的孔隙压力，MPa；p_i 为 Colesive 裂缝单元中间面流体压力，MPa。

(三)应用实例

利用焦页 1HF 井实际储层参数、应力和岩石力学性质参数，应用 ABAQUS 自带 Soil 模块，对多裂缝扩展过程进行模拟、求解。为提高模拟的准确性，对井筒附近网格进行了细化(图 5-9)，模拟过程中基本输入参数见表 5-1。

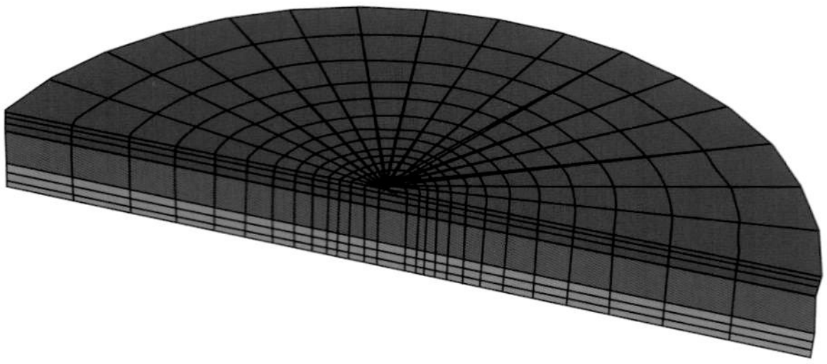

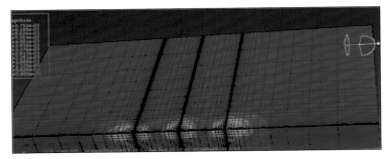

图 5-9 井筒附近有限元网格划分

表 5-1 射孔簇间距优化基本输入参数

水平主应力差/MPa	杨氏模量/GPa	泊松比	页岩层厚度/m	有效渗透率/10⁻³μm²	孔隙度/%	射孔簇数	簇间距/m	净压力(裂缝1)/MPa	净压力(裂缝3)/MPa	排量/(m³/min)
12	36000	0.23	38	0.01	6	3	15、20、25、30、35、40	8	8	12

其他参数:杨氏模量 E 为 20GPa,泥岩层三个方向的临界应力 σ_n^{max}、σ_s^{max}、σ_t^{max} 都为 10MPa,储层三个方面临界应力都取为 6MPa,法向断裂临界应变释放率 G_n^C 为 26N/mm,$G_s^C = G_t^C = 28$N/mm,材料常数 η 为 2.25,压裂液黏度系数 μ 为 1×10^{-3}Pa·s,破胶前压裂液滤失系数为 5.879×10^{-7}Pa·s。

数值模拟结果表明,多条裂缝扩展时,缝间存在明显的诱导应力叠加效应,即在裂缝间存在应力干扰区,在这一区域内裂缝扩展几何形态会受到影响;在应力干扰区,诱导应力会在不同方向上形成,改变裂缝周围局部地应力场(图 5-10、图 5-11)。

根据多条裂缝间的应力干扰情况,可确定形成缝网的最优射孔簇间距。

(1)在三条裂缝同时扩展时,中间裂缝位置诱导应力随着簇间距的缩小(10~40m)而逐渐增加。

(2)对于焦页 1HF 井,当簇间距小于 25m 时,诱导应力接近水平主应力差(12MPa),中间位置开始产生次级裂缝,形成缝网(图 5-12)。

数值模拟结果同时表明,净压力对裂缝间诱导应力场的变化有显著影响,在簇间距为 20m 的情况下,要产生 12MPa 的诱导应力,消除初始应力差,则裂缝净压力需要 6~8MPa(图 5-13、图 5-14)。

图 5-10 裂缝扩展过程中局部应力干扰图

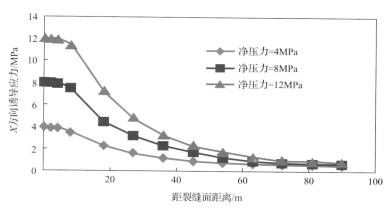

图 5-11　最小主应力方向诱导应力

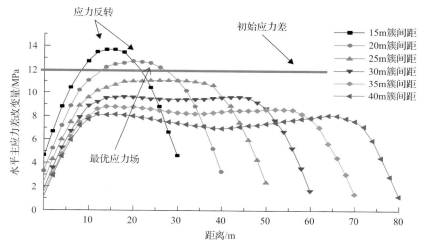

图 5-12　三簇射孔时裂缝间距与产生的诱导应力关系

图 5-13　不同净压力形成的应力场

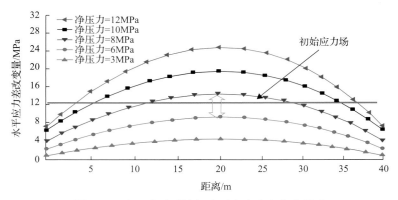

图 5-14 净压力对裂缝间水平主应力变化的影响

第三节 页岩压裂主裂缝与天然裂缝间相互作用

一、天然裂缝控制压裂缝扩展

压裂主裂缝遇到天然裂缝后会发生什么样的变化，与地质条件和施工条件有关的。图 5-15 表明，主裂缝与天然裂缝交叉时，由于水平主应力差的作用，天然裂缝并不能开启，但沿着天然裂缝面会形成一定的剪切滑移作用，在最大水平主应力方向诱导形成新的裂缝，但并不会与主裂缝沟通。显然这种裂缝模式会影响支撑剂的输送和铺设，主裂缝形成的诱导应力还可以造成其周围平行的天然裂缝张开程度减少甚至闭合，影响储层渗透率。另外，对于水力压裂井，生产中孔隙压力降低造成施加于裂缝的有效水平主应力增大，使裂缝宽度减小，进而影响储层渗透率。

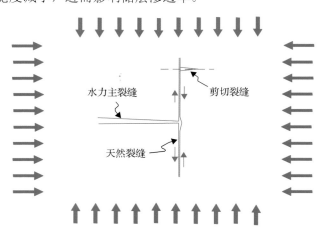

图 5-15 天然裂缝的剪切作用形成的复杂裂缝形态示意图

图 5-16 显示，在主裂缝扩展与天然裂缝交叉时，剪切作用形成的天然裂缝面间的摩擦作用是影响主裂缝扩展的主要因素。

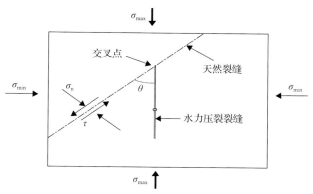

图 5-16　主裂缝、天然裂缝交叉示意图

θ-夹角；τ-剪切应力；$\sigma_{\min}$-最小主应力；$\sigma_{\max}$-最大主应力

二、裂缝性地层裂缝扩展数学模型的建立

对于裂缝扩展的模拟，应用了很多方法：①离散单元法在早期应用比较普遍，但裂缝形态受限于单元网格划分，且不能模拟均质弹性材料中独立网格之外的裂缝扩展；②边界元法的应用也非常普遍，但在模型中很难加入天然裂缝，且计算量庞大，不利于模拟多条裂缝扩展；③有限单元法对裂缝扩展的模拟需要重新划分单元网格，因涉及不同划分网格间的数据传递，计算量大，收敛性较差。

为了克服这些弊端，扩展有限元方法（XFEM）应运而生。这一方法允许非连续体如裂缝独立于网格划分之外扩展，因此，裂缝可以穿越单元，裂缝扩展形态可任意变化，而不再受网格划分形状的影响。

本书通过建立相应的数学模型，应用 XFEM 方法研究裂缝性地层天然裂缝对主裂缝扩展的影响，并分析其主控因素。为了减少计算的复杂性，本书应用拟三维裂缝模型。

XFEM 模拟方法基于对裂缝扩展过程中位移场的分解：

$$u = u^{C} + u^{E} \tag{5-23}$$

式中，u^{C} 为连续位移场；u^{E} 为非连续位移场。连续位移场 u^{C} 可应用典型的有限单元形状函数表示：

$$u^{C} = \sum_{I \in S} N_{I}(x) u_{I} \tag{5-24}$$

式中，S 为区域中的所有节点；N_{I} 为形状函数；u_{I} 为未知节点。

非连续位移场 u^{E} 可表示为

$$u^{E} = \sum_{\tau=1}^{n_{\text{enr}}} \sum_{J \in s^{\tau}} N_{J}(x) \varphi^{\tau}(x) a_{J}^{\tau}(x) \tag{5-25}$$

式中，τ 为第 τ 个节点；n_{enr} 为第 n 个富化节点；$N_{J}(x)$ 为 x 方向的形状函数；φ^{τ} 为 τ 节点修正函数；a_{J}^{τ} 为第 τ 个节点位移。

对裂缝扩展的模拟涉及岩石非线性塑性变形，设规则模拟体空间为 Ω，其光滑边界为 Γ，并设 u、ε 分别代表位移和应变场，则

$$\varepsilon = \nabla_s u \tag{5-26}$$

式中，∇_s 为应变梯度的对称部分。

裂缝扩展过程中岩石变形的一个重要特征是裂缝尖端附近点的应力变化与该点到裂缝尖端距离 (r) 的平方根成反比 $(1/\sqrt{r}$，r 为裂缝尖端附近点到尖端的距离），在裂缝尖端附近单元富化时应考虑这一渐近解特征。XFEM 通过加入显示渐进解吸项的方法，不但提高了准确性而且减少了计算时间。

在运用 XFEM 方法求解裂缝扩展问题时，单元节点一般分为三种节点集合：N 为离散模型中所有的节点；N_{TIP} 包含裂缝尖端的节点集合；N_{cr} 包含裂缝但不包括裂缝尖端的单元集合。因此，在 XFEM 模拟中必须将这几种单元集合类型进行区分。对于每一种处于模拟体中 Ω 的节点单元，其位移的变化可表示为

$$
\begin{aligned}
U^{\text{h}}(\boldsymbol{x}) = &\sum_{I \in N} N_I(\boldsymbol{x}) u_1 + \sum_{I \in N_{\text{cr}}} \tilde{N}_I(\boldsymbol{x}) \big[H(\boldsymbol{x}) - H(x_1) \big] a_1 \\
&+ \sum_{I \in N_{\text{TIP}}} \tilde{N}_I(\boldsymbol{x}) \sum_{k=1}^{4} \big[F^k(r,\theta) - F^k(x_1) \big] b_1^k
\end{aligned}
\tag{5-27}
$$

式中，上角 h 表示节点；$\boldsymbol{x}$ 为位置向量；u_1 为节点位移；N_I 和 $\tilde{N}_I$ 分别为未富化和富化节点；$H(\boldsymbol{x})$ 为修正过的阶跃函数：

$$H(\boldsymbol{x}) = \begin{cases} -1, & \text{if } \boldsymbol{x} < 0 \\ +1, & \text{if } \boldsymbol{x} > 0 \end{cases} \tag{5-28}$$

以上各式中，F 富化项 $F^{-1}(r,\theta)$ 可表示为

$$F^{-1}(r,\theta) = \sqrt{r} \sin\frac{\theta}{2} \tag{5-29}$$

$$F^2(r,\theta) = \sqrt{r} \cos\frac{\theta}{2} \tag{5-30}$$

$$F^3(r,\theta) = \sqrt{r} \sin\frac{\theta}{2} \sin\theta \tag{5-31}$$

$$F^4(r,\theta) = \sqrt{r} \cos\frac{\theta}{2} \sin\theta \tag{5-32}$$

式中，r、θ 分别为裂缝尖端局部极坐标系。

图 5-17 中，蓝色横线表示嵌入的裂缝，红色圆圈代表裂缝尖端附近节点富化，蓝色实心方框代表裂缝周围节点阶跃函数富化，红色方框代表前一个计算步中裂缝尖端所处的位置。

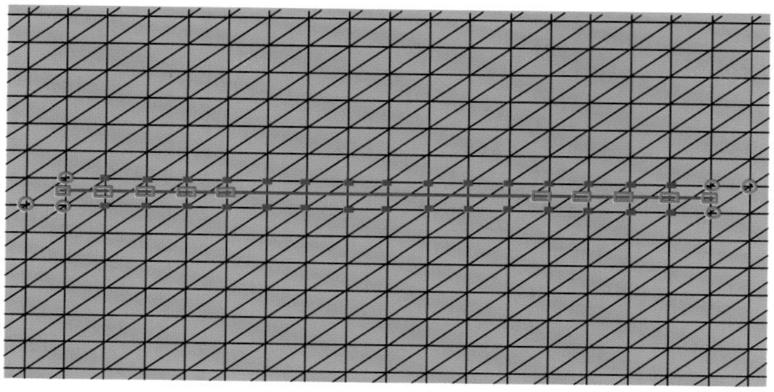

图 5-17 弹性介质中嵌入的裂缝周围节点富化示意图

将位移方程代入应变方程，可得到下式：

$$\varepsilon^{\mathrm{h}} = \boldsymbol{B}u \tag{5-33}$$

式中，$\boldsymbol{B} = [\boldsymbol{B}_I^u \ \boldsymbol{B}_J^a \ \boldsymbol{B}_K^{v_1} \ \boldsymbol{B}_K^{v_2} \ \boldsymbol{B}_K^{v_3} \ \boldsymbol{B}_K^{v_4}]$，其中应变位移矩阵具有以下形式：

$$\boldsymbol{B}_I^u = \begin{bmatrix} N_{I,x} & 0 \\ 0 & N_{I,y} \\ N_{I,y} & N_{I,x} \end{bmatrix} \tag{5-34}$$

$$\boldsymbol{B}_J^a = \begin{bmatrix} \bar{N}_J(H - H(x_J)) & 0 \\ 0 & \bar{N}_J(H - H(x_J)) \\ \bar{N}_J(H - H(x_J))_y & \bar{N}_J(H - H(x_J))_x \end{bmatrix} \tag{5-35}$$

$$\boldsymbol{B}_k^{b1} = \begin{bmatrix} \bar{N}_k(F_k^1 - F_k^1(x_k)) & 0 \\ 0 & \bar{N}_k(F_k^1 - F_k^1(x_k)) \\ \bar{N}_k(F_k^1 - F_k^1(x_k))_y & \bar{N}_k(F_k^1 - F_k^1(x_k))_y \end{bmatrix} \tag{5-36}$$

裂缝扩展过程中的外力可表示为

$$f_I^{\mathrm{ext}} = \left\{ f_J^u; f_J^a; f_K^{b1}; f_K^{b2}; f_K^{b3}; f_K^{b4} \right\} \tag{5-37}$$

式中，

$$f_I^u = \int_\Gamma N_I \bar{t} \mathrm{d}\Gamma + \int_\Omega N_I b \mathrm{d}\Omega \tag{5-38}$$

$$f_J^a = \int_\Gamma \bar{N}_I(H - H(x_J)) \bar{t} \mathrm{d}\Gamma + \int_\Omega \bar{N}_I(H - H(x)) b \mathrm{d}\Omega \tag{5-39}$$

$$f_K^{b1} = \int_\Gamma \bar{N}_k(F_k^1 - F_k^1(x_k)) \bar{t} \mathrm{d}\Gamma + \int_\Omega \bar{N}_I(F_k^1 - F_k^1(x_k)) b \mathrm{d}\Omega \tag{5-40}$$

计算过程中，裂缝体系被显式离散化并且每一步后其裂缝形态都需要进行更新，这一过程需不断重复，直到完成所需的计算时间。

如前所述，裂缝尖端节点的富化应用非线性、奇异项，这会给计算结果带来一些不准确性，对这一问题目前主要应用两种方法进行改进：①单元分割增加积分点，提高准确度(图 5-18)；②扩大裂缝尖端附近富化节点的数量(图 5-19)。

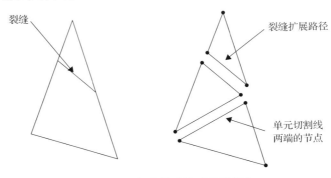

图 5-18　积分单元的三角形切分

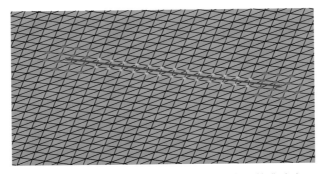

图 5-19　裂缝尖端附近增加富化节点提高计算准确度

经过单元分割后，积分可在多个单元内进行，增加了积分点数量，提高了积分准确性，而裂缝尖端附近增加富化节点后，可以获得更多的裂缝尖端附近应力值及裂缝面压力载荷，这两种单元分割和节点富化方法在与 XFEM 结合应用后可大大提高模拟的适应性和准确性。

对于裂缝扩展的判断准则，目前应用较广泛的一般有以下几种：①最大周向应力准则；②最大能量释放率准则；③最大能量密度准则。

对于存在天然裂缝地层的主裂缝扩展标准，最适合表征拐点处裂缝扩展方向变化的准则是应力强度因子的方法：

$$\theta = 2\arctan\left(\frac{1}{4}\right)(K_{\mathrm{I}} / K_{\mathrm{II}}) \pm \sqrt{(K_{\mathrm{I}} / K_{\mathrm{II}})^2 + 8} \qquad (5\text{-}41)$$

式中，θ 为裂缝尖端局部坐标系裂缝扩展角；K_{I} 和 K_{II} 为拉伸模式和剪切模式下的应力强度因子。

可以看出，上式给定的裂缝扩展角度有两个，实际计算中设定正的周向角度为裂缝扩展方向。

对于 K_{I}、K_{II} 的计算一般采取 J 积分方法，具体到 XFEM 因裂缝面流体压力引起的裂缝扩展，则适用围线积分法（CIM）和衰减函数法（CFM）法，前者考虑的只是位移的计算而后者则不需要位移导数，因此计算时间大大减少。在弹性材料中 J 积分的值等于应变能释放速率：

$$J = \frac{K_{\mathrm{I}}^2}{E^*} + \frac{K_{\mathrm{II}}^2}{E^*} \tag{5-42}$$

式中，对于平面应力情况 $E^* = E$，而对于平面应变情况 $E^* = E/(1-v^2)$。

另外，在裂缝面拉伸应力作用下 J 积分的值可表示为

$$J = \int \left(\frac{1}{2} \sigma_{ik} \varepsilon_{ik} \delta_{1j} - \sigma_{ij} u_{i,1} \right) n_j \mathrm{d}s \tag{5-43}$$

式中，σ_{ik} 为 ik 方向的应力；σ_{ij} 为 ij 方向的应力；ε_{ik} 为 ik 方向的应变；δ_{1j} 为 j 方向的位移修正系数。

所以，根据叠加原理可得

$$J^{(1,2)} = \left(\frac{K_{\mathrm{I}}^1}{E^*} + \frac{K_{\mathrm{I}}^2}{E^*} \right)^2 + \left(\frac{K_{\mathrm{II}}^1}{E^*} + \frac{K_{\mathrm{II}}^2}{E^*} \right)^2 \tag{5-44}$$

图 5-20、图 5-21 为运用 J 积分方法计算应力强度因子示意图。

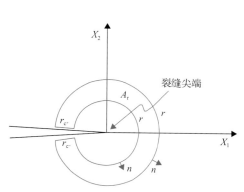

图 5-20 J 积分方法计算应力强度因子示意图
$r_{\mathrm{c+}}$、$r_{\mathrm{c-}}$-裂缝的上表面和下表面；A_{r}-一条围绕
裂尖的周线的面积；n-条围绕裂尖的周线的
外法线方向；r-裂缝尖端附近的径向距离

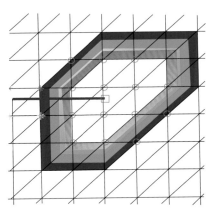

图 5-21 XEFM 计算 J 积分的封闭围线

以上只是单条裂缝扩展的 J 积分及准则，对于涪陵页岩裂缝性地层必然涉及多条裂缝间的相互作用，如主裂缝与天然裂缝的交叉等。因此，对前面单条裂缝扩展的 XEFM 方法需要进行一些修改，ABAQUS 扩展 XEFM 认为，当两条裂缝尖端间的距离小于许

可最小裂缝扩展步时两条裂缝交叉到一起，此时在交叉点处前期节点富化不再适用于裂缝扩展，在去除富化的同时，需保留一定的阶跃函数代表交叉点处裂缝体(图 5-22)。

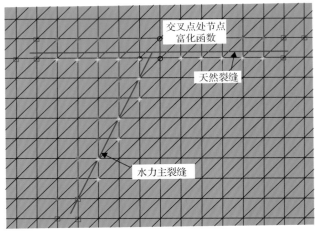

图 5-22　两条裂缝交叉处裂缝前缘附近节点的重新富化示意图

另外，为了避免两条裂缝间的多次交叉，本书规定两条裂缝只能进行一次交叉，当两条裂缝彼此交叉后其裂缝前缘根据本书的设定条件不会再进行相互作用，即其中一条或者停止延伸或者向另外的方向扩展。

三、天然裂缝对主裂缝扩展的影响

涪陵页岩地层多为硅质泥岩，往往天然裂缝发育，压裂时易形成复杂裂缝。压裂设计需考虑天然裂缝对主裂缝的影响。当一条水力主裂缝扩展到天然裂缝附近时，天然裂缝会引起主裂缝尖端处的应力重新分布，类似于金属材料裂缝尖端处的塑性变形，进而影响裂缝扩展形态。

裂缝性地层的压裂可能会发生三种情况(图 5-23)。

(1)主裂缝穿过天然裂缝，即天然裂缝对主裂缝扩展没有影响。当天然裂缝的胶结程度较好、方向有利于主裂缝扩展或主裂缝压力不足以开启天然裂缝时这种情况会发生。

(2)主裂缝转向沿着天然裂缝方向扩展。当主裂缝内压力足以开启天然裂缝或者剪切应力足以克服微裂缝面间的摩擦力时这种情况发生。

(3)天然裂缝在与主裂缝交叉前开启。这是因为主裂缝扩展时，在裂缝尖端附近区域会形成较大的拉伸及剪切应力，造成微裂缝开启。

图 5-23(c)中开启的天然裂缝与主裂缝没有相互沟通，一般对页岩气产量不起作用，但在微地震裂缝监测图中会收集到这种破裂显示。

以上只是主裂缝与天然裂缝垂直的情况，在实际地层中主裂缝与天然裂缝夹角各异，随之产生的裂缝形态也各不相同，图 5-24 为在一定的裂缝夹角情况下，主裂缝扩展方向变化的发生过程。当主裂缝沿着天然裂缝的一个方向扩展、裂缝内压力升高时，会使主裂缝沿着天然裂缝的另外一个方向扩展。

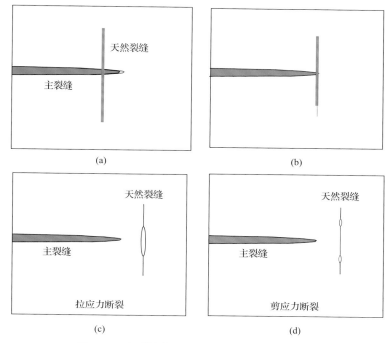

图 5-23　主裂缝与垂直天然裂缝间的相互作用

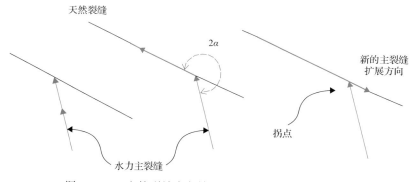

图 5-24　一定的裂缝夹角情况下主裂缝扩展的方向变化

如前所述，裂缝的扩展方向主要受最大能量释放率 G 控制，当 G 大于其临界值 G_c 时裂缝扩展，如果裂缝已经沿着裂缝方向扩展，则在每一计算步都需要比较 G 与 G_c^i 的大小，其中 i 代表主裂缝或者天然裂缝。在满足这一条件情况下，主裂缝或在储层基质岩石中扩展，或沿着天然裂缝方向扩展，扩展长度等于程序事先设定的裂缝长度。

裂缝表面的流体压力是裂缝扩展过程的驱动力，如图 5-25 所示。

假定裂缝在平面应变条件下扩展，储层处于弹性非渗透介质中，压裂液为不可压缩牛顿流体，忽略重力影响，则在无限大的弹性固体 x、y 平面内，线段位移不连续问题的先决条件是除设定线段外的其他位移是连续的。在 x 轴方向设一条比例线段，令 $|x| \leqslant a$，$y = 0$。将线段作为裂缝，并假定两个面，一个面为正，$y=0$，表示为 $y=0_+$，另一个面为负，表示 $y=0_-$。线段中移动单位单元过程中，变化的位移量设为 $D_i = (D_x, D_y)$。

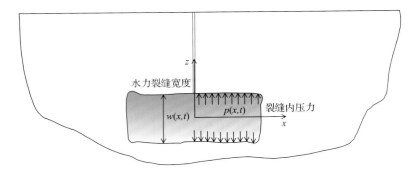

图 5-25 水力压裂裂缝表明驱动力示意图

定义不连续位移 D_i 为裂缝两个侧面位移的微分：

$$D_x = u_x(x,0_-) - u_x(x,0_+) \tag{5-45}$$

$$D_y = u_y(y,0_-) - u_y(y,0_+) \tag{5-46}$$

因为 u_x 和 u_y 是标定正的 x、y 坐标方向，D_x、D_y 位置如图 5-26 所示。

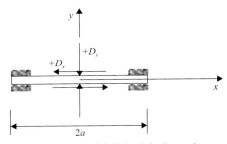

图 5-26 位移不连续组成部分 D_x 和 D_y

a-初始裂缝半长

Crouch（1976）、Crouch 和 Starfield（1983）给出了位移和压力表达方式：

$$
\begin{aligned}
u_x &= D_x \left[2(1-v) f_{,y} - yf_{,xx} \right] + D_y \left[-(1-2v) f_{,x} - yf_{,xy} \right] \\
u_y &= D_x \left[(1-2v) f_{,x} - yf_{,xy} \right] + D_y \left[2(1-v) f_{,y} - yf_{,yy} \right]
\end{aligned}
\tag{5-47}
$$

并且

$$
\begin{aligned}
\sigma_{xx} &= 2GD_x \left[+2 f_{,yy} + yf_{,xyy} \right] + 2GD_y \left[f_{,yy} + yf_{,yyy} \right] \\
\sigma_{yy} &= 2GD_x \left[-2 f_{,xyy} \right] + 2GD_y \left[f_{,yy} - yf_{,yyy} \right] \\
\sigma_{xy} &= 2GD_x \left[f_{,yy} + yf_{,yyy} \right] + 2GD_y \left[-yf_{,xyy} \right]
\end{aligned}
\tag{5-48}
$$

式（5-47）和式（5-48）中，u_x、u_y 为 x、y 方向的位移；σ_{xx}、σ_{yy}、σ_{xy} 分别为 xx 平面、yy 平面、xy 平面的应力；$f_{,x}$ 为函数 $f(x,y)$ 在 x 方向的导数，同样 $f_{,y}$、$f_{,xy}$、$f_{,xyy}$、$f_{,xx}$、

$f_{,yy}$、$f_{,xyy}$、$f_{,yyy}$ 也是代表不同方向的相同含义。函数 $f(x,y)$ 可以采用下列公式表达:

$$f(x,y) = \frac{-1}{4\pi(1-v)}\left[y\left(\arctan\frac{y}{x-a} - \arctan\frac{y}{x+a}\right) \right.$$
$$\left. - (x-a)\ln\sqrt{(x-a)^2+y^2} + (x+a)\ln\sqrt{(x+a)^2+y^2} \right.$$

对于一些形状的裂缝,如弯曲,我们假设足够精确度线段用 N 表示,线段的位置用 x、y 轴坐标表示,如图 5-27(a) 所示,如果裂缝表面受到应力(例如一个固定的流体压力 p),位移相对移动。关于裂缝的 N 个细分部分离散的近似值如图 5-27(b) 所示。每一个细分部分是一个边界元,代表了一个位移不连续单元。

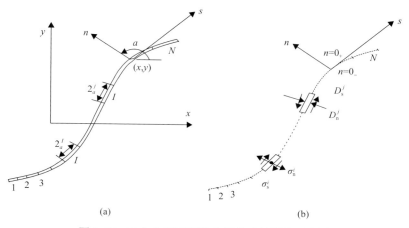

图 5-27 N 个位移不连续单元组成的裂缝示意图

采用局部坐标定义位移不连续单元,如图 5-27 中的 s、n,不连续部分在线段中 s、n 方向上用 D_s^j 和 D_n^j 表示,方程表示如下:

$$D_s^j = u_s^{-j} - u_s^{+j}$$

$$D_n^j = u_s^{-j} - u_s^{+j} \tag{5-49}$$

式中, u_s^j 和 u_n^j 分别为剪切方向(s)和法线方向(n)所指示的裂缝的第 j 段位置,上标的正负分别为在局部坐标中裂缝的两个面,局部的 u_s^j 和 u_n^j 形成一个矢量的两个部分,在 s、n 的正方向为正,与裂缝壁面的正负无关。从式(5-49)中可以看出,如果裂缝的两个面靠近,不连续位移的法向分量 D_n^j 为正,反之则为负。同样的情况,如果裂缝正面相对于负面向左移动,剪切方向分量 D_s^j 为正,反之为负。

对于弹性无限大岩石,能够计算出任意点的位移不连续单元中的位移和压力,以及线段的位置和方位。如图 5-27 所示,在 j 段位移不连续部分, i 段的中间点的剪切应力和法向应力可以表达如下:

$$\sigma_s^i = A_{ss}^{ij} D + A_{sn}^{ij} D_n^j$$
$$\sigma_n^i = A_{ss}^{ij} D_s^j + A_{sn}^{ij} D_n^j \tag{5-50}$$

式中，i 从 1 到 N，A_{ss}^{ij}、A_{sn}^{ij} 为压力边界影响系数。如图 5-27(b)所示，假设沿着裂缝 N 段的每一个部分上有一个位移不连续单元，根据式(5-50)可得

$$\begin{cases} \sigma_s^i = \sum_{j=1}^{N} A_{ss}^{ij} D_s^j + \sum_{j=1}^{N} A_{sn}^{ij} D_n^j \\ \sigma_n^i = \sum_{j=1}^{N} A_{ns}^{ij} D_s^j + \sum_{j=1}^{N} A_{nn}^{ij} D_n^j \end{cases}, \qquad i=1,2,3,\cdots,N \tag{5-51}$$

如果给裂缝的每一个单元指定压力 σ_s^i 和 σ_n^i，那么式(5-51)可以计算基本的不连续位移部分 D_s^j、D_n^j。通过叠加，可以确定指定点的位移和压力。

另外，如图 5-27(a)所示，沿着裂缝的位移可以通过下述公式给定：

$$u_s^i = \sum_{j=1}^{N} B_{ss}^{ij} D_s^j + \sum_{j=1}^{N} B_{sn}^{ij} D_n^j$$
$$u_n^i = \sum_{j=1}^{N} B_{ns}^{ij} D_s^j + \sum_{j=1}^{N} B_{ns}^{ij} D_n^j \tag{5-52}$$

式中，B_{ss}^{ij}、B_{sn}^{ij}、B_{ns}^{ij}、B_{nn}^{ij} 为位移边界影响系数。

在无限弹性岩石不连续点，式(5-52)可以写成

$$\sigma_s^i = \sum_{j=1}^{N} A_{ss}^{ij} D_n^j + \sum_{j=1}^{N} A_{sn}^{ij} D_n^j - (\sigma_s^i)_0$$
$$\sigma_n^i = \sum_{j=1}^{N} A_{ns}^{ij} D_s^j + \sum_{j=1}^{N} A_{nn}^{ij} D_s^j - (\sigma_n^i)_0 \tag{5-53}$$

式中，σ_s^i 和 σ_n^i 为第 i 段的剪切应力和法向应力；$(\sigma_s^i)_0$ 和 $(\sigma_n^i)_0$ 分别为在裂缝剪切和法向应力作用下的远场地应力；A_{sn}^{ij}、A_{ns}^{ij}、A_{ss}^{ij} 和 A_{nn}^{ij} 为影响系数；D_s^j 和 D_n^j 为第 j 段单元上的位移不连续点的连续分量。

岩石的不连续可以分为三种状态：张开、弹性接触和滑行。对于不同的裂缝状态，裂缝的剪切应力(σ_s)和法向应力(σ_n)可以用下列方程表述。

(1)对于张性裂缝，$\sigma_s^i = \sigma_n^i = 0$，因此根据式(5-53)可得

$$\sigma_s^i = 0 = \sum_{j=1}^{N} A_{ss}^{ij} D_n^j + \sum_{j=1}^{N} A_{sn}^{ij} D_n^j - (\sigma_s^i)_0$$
$$\sigma_n^i = 0 = \sum_{j=1}^{N} A_{ns}^{ij} D_s^j + \sum_{j=1}^{N} A_{nn}^{ij} D_s^j - (\sigma_n^i)_0 \tag{5-54}$$

(2)当两个裂缝面呈弹性接触时，σ_s^i 和 σ_n^i 的大小将依赖于岩石的硬度（K_s' 和 K_n'）和位移不连续（D_s^j 和 D_n^j）：

$$\sigma_s^i = K_s' D_s^i \tag{5-55}$$

$$\sigma_n^i = K_n' D_n^i \tag{5-56}$$

式中，K_s' 和 K_n' 分别为岩石剪切和法向刚度，将式(5-55)代入式(5-56)可得

$$0 = \sum_{j=1}^{N} A_{ss}^{ij} D_s^j + \sum_{j=1}^{N} A_{sn}^{ij} D_n^j - (\sigma_s^i)_0 - K_s' D_s^i$$

$$0 = \sum_{j=1}^{N} A_{ns}^{ij} D_s^j + \sum_{j=1}^{N} A_{nn}^{ij} D_n^j - (\sigma_n^i)_0 - K_n' D_n^i \tag{5-57}$$

(3)对于表面滑行裂缝：

$$\sigma_n^i = K_n' D_n^i$$

$$\sigma_s^i = \sigma_n^i \tan \varphi = K_n' D_n^i \tan \varphi \tag{5-58}$$

式中，φ 为裂缝表面的摩擦角；σ_s^i 取决于滑动方向，因此，式(5-58)可表述为

$$0 = \sum_{j=1}^{N} A_{ss}^{ij} D_s^j + \sum_{j=1}^{N} A_{sn}^{ij} D_n^j - (\sigma_s^i)_0$$

$$0 = \sum_{j=1}^{N} A_{ns}^{ij} D_s^j + \sum_{j=1}^{N} A_{nn}^{ij} D_n^j - (\sigma_n^i)_0 \tag{5-59}$$

通过高斯消去法，计算联立方程，可得裂缝的位移不连续点的连续分量（D_s^j 和 D_n^j）。如果裂缝是张开的，作用在裂缝壁面的压力（σ_s^i 和 σ_n^i）为零。如果裂缝是接触或者滑行的，那么通过式(5-58)或式(5-59)可以计算作用在裂缝壁面上的压力。

给定的裂缝端部确定模型 1（G_I）和模型 2（G_{II}）的应变能量释放速度。由于 G_I 和 G_{II} 仅仅是 G 的一个特殊形式，问题就是如何计算应变能量释放率 G。

线弹性物体中的裂缝增加一个单位长度时，G 值是应变能的一个变量。因此，为了获得 G 值，必须获得应变能 W，公式如下：

$$W = \iiint_V \frac{1}{2} \boldsymbol{\sigma}_{ij} \boldsymbol{\varepsilon}_{ij} \mathrm{d}V \tag{5-60}$$

式中，$\boldsymbol{\sigma}_{ij}$ 为压力张量；$\boldsymbol{\varepsilon}_{ij}$ 为应变张量；V 为物体体积。根据边界的压力和位移，式(5-60)表达如下：

$$W = \frac{1}{2} \int_s (\sigma_s u_s + \sigma_n u_n) \mathrm{d}s \tag{5-61}$$

式中，σ_s、σ_n、u_s、u_n 分别为沿着线弹性物体边界的切线和法线方向的应力和位移。

如果一个无限大的物体，裂缝的远场地带存在剪切和法线方向的远场应力 $(\sigma_s)_0$ 和 $(\sigma_n)_0$。则应变能 W 表述为

$$W = \frac{1}{2} \int_0^a \left\{ \left[\sigma_s - (\sigma_s)_0 \right] D_s + \left[\sigma_n - (\sigma_n)_0 \right] D_n \right\} \mathrm{d}a \tag{5-62}$$

式中，a 为裂缝初始半长；D_s 为岩石剪切方向位移不连续单元；D_n 为岩石法线方向位移不连续单元。

计算岩石的应力和位移不连续时，依据岩石裂缝第 i 段的单位长度 (a^i)、应力和位移不连续单元，应变能就可以表述如下：

$$W \approx \frac{1}{2} \sum_i \left\{ a^i \left[\sigma_s^i - (\sigma_s^i)_0 \right] D_s^i + a^i \left[\sigma_n^i - (\sigma_n^i)_0 \right] D_n^i \right\} \tag{5-63}$$

G 值能够采用以下公式确定：

$$G(\theta) = \frac{\partial W}{\partial a} \approx \frac{\left[W(a + \Delta a) - W(a) \right]}{\Delta a} \tag{5-64}$$

式中，$W(a)$ 为受到原始裂缝支配的应变能；而 $W(a + \Delta a)$ 为受到原始裂缝 (a) 和它的延伸段 (Δa) 控制的应变能。原始裂缝的顶部，在 θ 方向上被引进一个虚构的成分，虚构的裂缝增量长度为 Δa，夹角 θ 为相对于原始裂缝方向上的夹角。通过使用位移不连续 (DDM) 和式 (5-64)，$W(a)$ 和 $W(a + \Delta a)$ 都很容易确定。

上述计算中，如果假定虚构成分的剪切方向位移为 0，采用式 (5-64) 获得的结果为 $G_I(\theta)$；如果假定法向方向位移为 0，获得结果为 $G_{II}(\theta)$。在获得 $G_I(\theta)$ 和 $G_{II}(\theta)$ 后，使用给定岩石的断裂韧性 $G_{I c}$ 和 $G_{II c}$，G 值可以用式 (5-65) 计算出来。

具体到水驱裂缝扩展模拟，其实就是计算在一定注入流量下，一定时间的裂缝长度、宽度及裂缝内压力分布，因此裂缝内流体的运动方程可表示为

$$\rho \left(\frac{\partial u}{\partial t} + u \frac{\partial u}{\partial x} + v \frac{\partial u}{\partial y} \right) = -\frac{\partial p}{\partial x} + \mu \left(\frac{\partial^2 u}{\partial x^2} + \frac{\partial^2 u}{\partial y^2} \right) \tag{5-65}$$

$$\rho \left(\frac{\partial v}{\partial x} + u \frac{\partial v}{\partial x} + v \frac{\partial v}{\partial y} \right) = -\frac{\partial p}{\partial y} + \mu \left(\frac{\partial^2 v}{\partial x^2} + \frac{\partial^2 v}{\partial y^2} \right) \tag{5-66}$$

式 (5-66) 中，p 为裂缝内流体净压力分布，因为 $y \ll x$，所以可认为 $\partial y = 0$，同理 v 也可以忽略，其余定义同上。

对于低雷诺数、惯性较小的流体，式 (5-65)、式 (5-66) 可简化为

$$\frac{\partial p}{\partial x} = \mu \frac{\partial^2 u}{\partial x^2} \tag{5-67}$$

所以界面平均速度 $\bar{u}$ 可表示为

$$\bar{u} = -\frac{w^e}{12}\frac{\partial p}{\partial s} \tag{5-68}$$

式 (5-68) 中将流体的流动简化为一维流动，s 不仅可代表沿着 x 方向的直线裂缝，而且可表示弯曲裂缝，为天然裂缝与主裂缝作用研究奠定了基础。

依据上面的假设，流体运动的质量守恒方程可表示为

$$\frac{\partial w(s,t)}{\partial t} + \frac{\partial q(s,t)}{\partial s} = Q_0\delta(s) \tag{5-69}$$

式中，$w(s,t)$ 为裂缝宽度；$q(s,t)$ 为裂缝内流体流速；Q_0 为裂缝入口处流速；$\delta(s)$ 为裂缝面积修正系数。

其边界条件：在裂缝入口处，$q(0)=Q_0$，而在裂缝尖端处 $w(i)=0$ 并假定此处没有裂缝流动。

为求解式 (5-69)，裂缝内流体压力计算可离散为

$$p(s) = \sum_{i-1}^{N}\varphi_i(s)p_i \tag{5-70}$$

式中，$\varphi_i(s)$ 为节点 i 形函数；p_i 为相应单元净压力。为提高模拟流体压力的准确性，本书应用二次流体单元。

基于解吸解，裂缝宽度 w 与裂缝尖端距离的平方根成正比，$w \propto \sqrt{r}$，且根据泊肃叶流动方程，裂缝尖端附近流体流速为

$$u \propto w^2 \frac{\partial p}{\partial r} \tag{5-71}$$

这意味着裂缝尖端处可能出现负值净压力，俗称吸液区，在这一区域裂缝内压力小于储层流体压力，当然，这一现象仅发生在弹性介质且小变形条件下。实际计算中一般假设裂缝尖端处净压力为零。

数值模拟过程需要考虑流体流动与岩石变形、裂缝扩展方程之间的耦合计算，以及流固耦合作用。为解决这一问题，定义

$$\boldsymbol{K'd} = p = \sigma_{\text{in-situ}} \tag{5-72}$$

$$\frac{\Delta w}{\Delta t} = cp + \boldsymbol{S} \tag{5-73}$$

式中，$\sigma_{\text{in-situ}}$ 为初始裂缝内压力；$\boldsymbol{d}$ 为位移向量；$\boldsymbol{S}$ 为与注入流量有关的向量；$\boldsymbol{K'}$ 为刚

度矩阵，可表示为

$$\boldsymbol{K}'d\int_{\Omega^h}\overline{\boldsymbol{B}}^{\mathrm{T}}\overline{\boldsymbol{B}}\mathrm{d}\Omega \tag{5-74}$$

设定 w_k、p_k 的初始值，则通过以下的迭代方法可得到 w_{k+1}、p_{k+1}：

$$p_{k+1/2} = Cw_k^{-1}\left(\frac{\Delta w_k}{\Delta t_k} - \boldsymbol{S}\right) \tag{5-75}$$

$$p_{k+1} = (1-\alpha)p_k + \alpha p_{k+1/2} \tag{5-76}$$

$$d_{k+1} = \boldsymbol{K}'^{-1}(p_{k+1} - \sigma_{\mathrm{c}}) \tag{5-77}$$

$$d_{k+1} \rightarrow w_{k+1} \tag{5-78}$$

式中，C 为压力计算系数；σ_{c} 为闭合压力。

裂缝宽度计算来自上一步迭代中得到的压力，压力迭代满足下式时，迭代停止，进入下一步：

$$\frac{\sum\limits_{i=1}^{N}\left|p_i^n - p_i^{n-1}\right|}{\sum\limits_{i=1}^{N}\left|p_i^n\right|} \leqslant \varepsilon \tag{5-79}$$

四、计算实例

针对涪陵页岩，应用扩展有限元理论及裂缝扩展模型研究主裂缝与天然裂缝的关系。模拟中，现场泵送排量、岩石力学特性、裂缝断裂韧性、天然裂缝形态、胶结程度及地应力场状况等（表 5-2）作为已知参数输入，假定裂缝尖端的净压力为零，且在一般情况下设定天然裂缝胶结物断裂韧性为页岩断裂韧性的 1/2。模拟过程考虑两种可能发生的主裂缝、天然裂缝间的相互作用：①在主裂缝与天然裂缝接触交叉前，天然裂缝不张开，即不发生相互作用；②在主裂缝与天然裂缝接触交叉前，天然裂缝张开，即已经开始发生相互作用。在第一种情况下存在一个天然裂缝与主裂缝断裂韧性界值（$G_{\mathrm{frac}}/G_{\mathrm{rock}}$），在这个值以下，主裂缝沿着天然裂缝方向扩展，而高于此值情况下，天然裂缝难以影响主裂缝扩展方向。模拟结果同时表明，在这种情况下天然裂缝对主裂缝的影响只与天然裂缝角度有关，而与其他载荷和岩石力学特性等参数无关。

表 5-2　涪陵页岩区块计算输入参数

岩石弹性模量(E)/GPa	泊松比(ν)	排量(Q_{o})/(m³/min)	压裂液黏度(μ)/cP[①]	裂缝高度/m	主裂缝断裂韧性/(MPa·m^0.5)	天然裂缝断裂韧性/(MPa·m^0.5)
40	0.23	10	1	45	2.5	0.8

注：①1cP=10⁻³Pa·s。

图 5-28 为天然裂缝与主裂缝垂直交叉，在 G_{frac}/G_{rock} 达到 0.25 情况下主裂缝将沿着天然裂缝扩展，而天然裂缝偏斜 30°时，G_{frac}/G_{rock} 界值则超过了 0.5。图 5-29 为不同夹角情况下的 G_{frac}/G_{rock} 界值，考虑到裂缝胶结物的强度一般都低于岩石的强度，因此，主裂缝与天然裂缝不相互垂直时，天然裂缝将迫使主裂缝改变方向而沿着天然裂缝方向扩展，即在较小交叉角度情况下，主裂缝难以原方向穿越天然裂缝(图 5-30)。

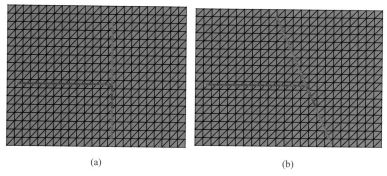

(a)   (b)

图 5-28　90°及 60°夹角情况下主裂缝的扩展示意图

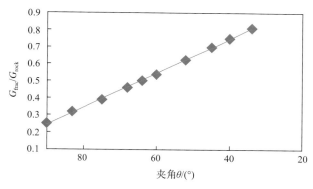

图 5-29　不同夹角情况下的 G_{frac}/G_{rock} 界值

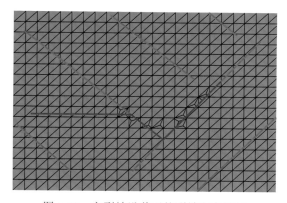

图 5-30　主裂缝沿着天然裂缝方向扩展

以上为主裂缝与天然裂缝相交后产生相互作用，然而，在二者接触之前，因主裂缝的扩展，其前缘存在局部应力场，会对其周围的天然裂缝产生拉伸和剪切作用，当这种作用达到天然裂缝的张开或剪切强度时，天然裂缝即使未与主裂缝接触也会张开或者产生剪切滑移。产生这种现象与天然裂缝的角度、胶结强度、裂缝面间的摩擦系数、主应力差及主裂缝尖端周围应力场有关（表 5-3），且在这种情况下，剪切应力将起到主导作用。图 5-31、图 5-32 为不同裂缝面摩擦系数情况下，天然裂缝的"脱黏"形态。天然裂缝在这种情况下的张开部分不一定与主裂缝沟通，但它可以产生部分微地震信号，产生裂缝扩展的假象。

表 5-3   主裂缝天然裂缝交叉前作用的输入参数

岩石弹性模量/GPa	泊松比	排量(Q_o)/(m³/min)	压裂液黏度(μ)/cP	裂缝高度/m	主裂缝断裂韧性/(MPa·m^0.5)	天然裂缝断裂韧性/(MPa·m^0.5)	最大、最小水平井主应力/MPa
40	0.23	10	1.5	45	2.5	1	10

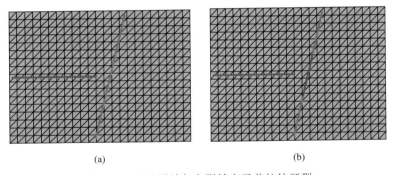

(a)　　　　　　　　　　　　　(b)

图 5-31   天然裂缝与主裂缝交叉前拉伸开裂

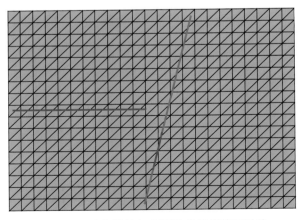

图 5-32   天然裂缝与主裂缝交叉前剪切滑移

　　实际地层中主裂缝与天然裂缝的角度千差万别，天然裂缝对主裂缝的影响与它们的朝向、长度及位置有关，图 5-33 为与主裂缝平行的不同位置天然裂缝对主裂缝尖端应力强度因子的影响（d/a=0.2）。天然裂缝会造成主裂缝尖端应力强度因子增大或减小，其变化大小主要取决于天然裂缝的位置，且在主裂缝周围应力作用前期，张开型天然裂缝可能闭合或部分闭合；所以，张开型天然裂缝会造成主裂缝断裂韧性增加，进而增加裂缝延伸压力和地面泵压。

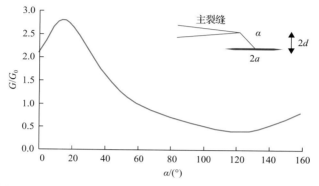

图 5-33　与主裂缝平行的张开型天然裂缝对主裂缝扩展的影响

α-初始裂缝半长

　　图 5-34 显示与主裂缝呈一定角度张开型天然裂缝对主裂缝扩展的影响。可以看出，天然裂缝与主裂缝的夹角越大，其对主裂缝扩展的影响越小，当张开型天然裂缝与主裂缝夹角为 90° 时，主裂缝扩展所需的断裂能量变化最小并沿着初始方向扩展。

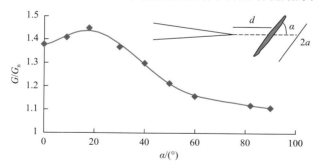

图 5-34　与主裂缝呈一定角度张开型天然裂缝对主裂缝扩展的影响

　　地应力各向异性及地应力差也会对主裂缝的扩展方向产生影响。图 5-35 显示了在主裂缝与天然裂缝平行的情况下，水平主应力差对主裂缝扩展的影响（a/b=0.3）；在水平主应力差较小的情况下，主裂缝靠近天然裂缝时更易与天然裂缝交叉。水平主应力差增大时，主裂缝在向前扩展时受天然裂缝影响较小，会沿着初始方向延伸。所以，在主裂缝与天然裂缝平行的情况下，水平主应力差增加有利于天然裂缝开启，不利于天然裂缝与主裂缝沟通及网状裂缝的形成。

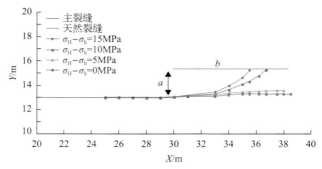

图 5-35　水平主应力差对主裂缝和天然裂缝相互作用的影响

$\sigma_H - \sigma_h$ 为水平主应力差

　　如前所述,水力裂缝扩展是Ⅰ型断裂和Ⅱ型断裂共同作用的结果,这种情况在裂缝性地层更加明显。图 5-36 为天然裂缝与主裂缝夹角为 30°、交叉点位于主裂缝 14.5m 处,其他输入参数同上的情况下,Ⅰ型断裂和Ⅱ型断裂应力强度因子的变化图。图中显示,当主裂缝与天然裂缝交叉并沿着天然裂缝方向扩展后,由于存在水平主应力差,Ⅰ型断裂因子 K_I 有较大幅度的减少,而Ⅱ型应力强度因子 K_{II} 却逐渐增加,因此,Ⅱ型剪切滑移断裂取代Ⅰ型张开型断裂成为裂缝扩展的主要断裂模式。这种情况与图 5-37 所示的主裂缝转向后张开位移的分布是一致的。图 5-37 表明,主裂缝与天然裂缝交叉并转向后,

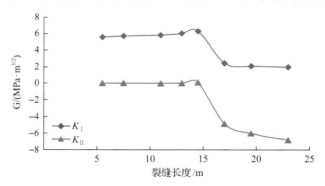

图 5-36　裂缝转向后Ⅰ型Ⅱ型断裂应力强度因子的变化图

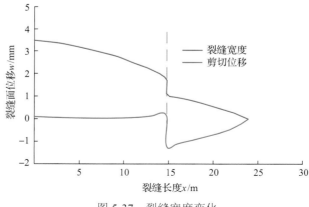

图 5-37　裂缝宽度变化

在交叉点处，因Ⅱ型剪切滑移作用，裂缝张开位移急剧减少，而相应的剪切位移急剧增加，造成裂缝宽度减小，而裂缝宽度减小后，压裂液向天然裂缝内的流动受阻，压力降在转向点处增大，对支撑剂的输送能力下降，极易造成砂堵。

第四节　页岩气压后评价技术

在页岩气井实施压裂改造后，通过压后评价可以了解压裂诱导裂缝导流能力、几何形态、复杂性及其方位等诸多信息，从而明确压裂施工工艺、参数、压裂液体系的适用性。目前，页岩气压后评价技术主要包括裂缝监测方法、压后返排示踪剂监测技术、井筒分布式裂缝监测技术、施工曲线分析方法、压降曲线分析方法、水平井生产剖面测试方法、压后生产动态分析技术等。

一、页岩气井压裂微地震监测技术

（一）基本原理

在水力压裂过程中，岩石破裂时会产生强度较弱的地震波，称为"微地震"。2006年，威德福公司首次推出 FracMap 微地震压裂监测技术即通过观测、分析压裂所产生的微小地震事件来监测压裂效果及地下状态的地球物理技术，图 5-38 为微地震压裂井下监测示意图。

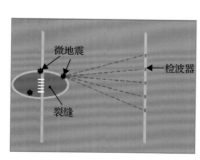
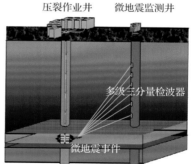

图 5-38　微地震压裂井下监测示意图

进行压裂或高压注水时，地层压力升高，根据莫尔-库仑准则，孔隙压力升高，必会产生微地震，记录这些微地震，并进行微地震源微空间分布定位，可以描述人工裂缝轮廓及地下渗流场。莫尔-库仑准则：

$$\tau \geqslant \tau_0 + \mu'(\sigma_1 + \sigma_2 - 2p_0) + \mu'(\sigma_1 - \sigma_2)\cos(2\varphi)/2 \tag{5-80}$$

$$\tau = (\sigma_1 - \sigma_2)\sin(2\varphi)/2 \tag{5-81}$$

式中，τ 为作用在裂缝面上的剪切应力，MPa；τ_0 为岩石的固有法向应力抗剪断强度，其数值由几兆帕到几十兆帕；μ' 为岩石内摩擦系数；p_0 为地层压力，MPa；σ_1 为最大主应力，MPa；σ_2 最小主应力，MPa；φ 为最大主应力与裂缝面法向的夹角。

式 (5-82) 表示若左侧不小于右侧时则发生微地震，可以看出：当地层压力 $p_0=0$ 时，微地震事件会发生，但是激励强度弱而导致微震信号频度很低；当地层压力 p_0 增大时，微地震易于沿已有裂缝面发生(此时 $\tau_0=0$)，这为观测注水压裂裂缝提供了依据。

微地震反演可分为均匀介质和非均匀介质两种情况。对于均匀介质情况、现在微地震震源坐标的确定大多都采用解吸法求解。当井压裂地层形成裂缝时，沿裂缝就会出现微地震，微地震震源的分布即反映了地层裂缝的状况，微地震震源定位公式为

$$\begin{cases} t_1 - t_0 = \dfrac{1}{V_P}\sqrt{(x_1-x_0)^2+(y_1-y_0)^2+z^2} \\ t_2 - t_0 = \dfrac{1}{V_P}\sqrt{(x_2-x_0)^2+(y_2-y_0)^2+z^2} \\ \qquad\qquad M \\ t_6 - t_0 = \dfrac{1}{V_P}\sqrt{(x_6-x_0)^2+(y_6-y_0)^2+z^2} \end{cases} \tag{5-82}$$

式中，t_1、t_2、t_6 为各分站的 P 波到时；t_0 为发震时间；V_P 为 P 波速度；$(x_1, y_1, 0)$、$(x_2, y_2, 0)$、$(x_6, y_6, 0)$ 为各分站坐标；(x_0, y_0, z) 为微震震源空间坐标。t_0、x_0、y_0、z 是待求的未知数。当方程个数多于未知数的个数时方程组是可解的。解出这四个未知数至少要四个分站，若四个分站有记录信号，便可以进行震源定位。

上述震源成像方法通常都假设速度场是均匀的、已知的，但实际情况上速度场的扰动是客观存在的，有时强度较大，要想精确定位微地震震源并了解速度场的精细变化，必须进行微地震精细震源反演，运用射线追踪理论进行正演模拟。

微地震监测采集技术：根据地质特征、物性参数、压裂参数、检波器灵敏度等数据，设计合理的微地震监测方式、采集参数、监测距离、观测系统等，从而保障微地震监测记录的品质。微地震监测可探测距离分析技术通过分析震级与监测距离的变化关系、分析不同探测距离能够监测到的震级大小，通过建立井中监测观测系统，模拟井中三分量检波器接收的微地震记录，分析微地震井中监测观测系统的合理性，通过建立地面监测观测系统模拟地面检波接收的微地震记录，分析微地震地面监测观测系统的合理性。

微地震监测数据处理解释技术：对微地震数据的解释即是对反演出的微地震事件点或微地震能量图的时间-空间域解释。由于微地震事件定位精度的限制及微地震事件位置的不确定性，目前对微地震监测结果的解释已经从对单一微地震数据的解释扩展到微地震数据与其他类型数据集结合的综合解释，具体包括微地震与压裂施工曲线结合、微地震与三维地震结合，确定裂缝位置、裂缝网络的几何尺寸、裂缝带与断层关系、最大地应力方向、压裂体积、压裂导流能力。

(二)微地震监测技术应用实例

某井采用簇式射孔方式，每级最多射三簇，每簇射八孔。射孔位置选择在脆性矿物含量高、裂缝较为发育、气测显示好、TOC 含量较高、固井质量好、地应力差异较小的井段。共进行 17 段压裂施工，累计注入酸液 340m³、减阻水 30580.2m³、线性胶 910m³，

泵送桥塞 586.83m³，施工总液量 32676.33m³。施工加入 100 目粉陶 173.1m³，40/70 目低密度陶粒 814.3m³，30/50 目低密度陶粒 13m³，支撑剂共计 1000.4m³。

根据该井微地震定位压裂空间深度侧视图(图 5-39)，统计出每段微地震事件垂向厚度，主要集中于 40～70m。同时，对 1630 个微地震事件进行定位处理，采用体积包络法预测的有效压裂体积约为 8.78×10⁶m³，裂缝总方位为北偏东 34°，如图 5-40 所示。其中，第一段与第二段压裂井中微地震监测记录中没有监测到微地震事件，无法计算空间长宽高。图中同颜色小圆点代表与之对应井段在压裂时所监测到的地层破裂信号，信号越集中，表明地层的破裂程度越高。所有监测信号都相对集中在井筒右侧，且又集中于第 4～第 7 压裂井段，表明破碎带主要集中在井筒右侧和第 7～第 15 压裂井段，而不是均匀分布在整个水平井段的两侧，说明产生了非均匀的裂缝改造效果。分析其可能的原因，一是在监测信号相对集中的这一侧可能有一个小地堑构造；二是固井质量较差导致压裂窜槽。

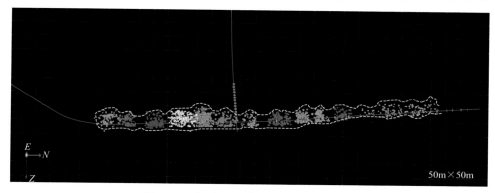

图 5-39 焦页 DHF 井微地震监测成果图

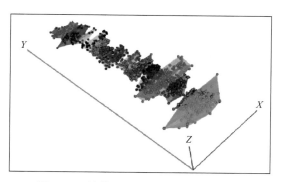

图 5-40 某井区 3 号井微地震监测预测

(三)人工裂缝宏观展布模式判断

人工裂缝宏观展布模式一般从岩石脆性、岩石力学性质、天然裂缝发育情况和水平井主应力大小来判断。下面结合涪陵页岩气田实际情况介绍其裂缝宏观展布模式。

(1)脆性矿物含量：脆性矿物以石英为主，含量在 50%左右，纵向上自上而下逐渐增加，平面上含量稳定、可压性强，自上而下可压性增加。

（2）天然裂缝发育：天然裂缝和层理缝发育，有利于形成网状缝。

（3）岩石力学参数：杨氏模量为 45～50GPa，泊松比 0.23～0.27，岩石力学脆性指数 52～59，具有低泊松比、高杨氏模量特征，可压性较好，有利于复杂裂缝形成。

（4）地应力特征：最小水平主应力为 50～55MPa，水平向应力差异系数为 0.11～0.34，储层形成复杂裂缝的可能性较大。

总之，涪陵地区五峰组—龙马溪组页岩气层形成复杂裂缝的可能性大，采用减阻水+胶液的压裂液组合，利用减阻水造复杂网缝、扩大改造体积，胶液造主缝、提高裂缝导流能力，在较高的净压力下有利于形成主裂缝+分支裂缝的裂缝模式。图 5-41 表明该区压裂为主裂缝+分支裂缝的裂缝模式。

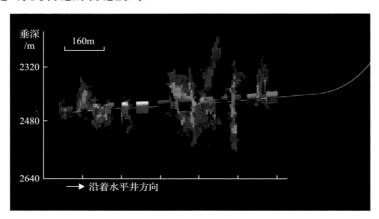

图 5-41　焦页 1-3HF 微地震监测结果

二、其他页岩气水平井压后评估技术

（一）压后返排示踪剂监测技术

压后返排示踪剂监测技术是页岩气井压裂时将用于监测的示踪剂分层段加入压裂液中，然后在压后返排时密集采样检测示踪剂在返排液中的浓度变化，据此定量描述各段的返排液量和返排速度情况，再结合前期压裂工艺、参数分析，为本区块下一阶段的压裂工艺改进提供科学依据。目前，应用示踪剂的种类很多，同时使用多种示踪剂评价多分层、多水平井段。投放示踪剂用量优化根据下式：

$$A = f_{示}V_{示}\mu_{示} \tag{5-83}$$

$$V_{p} = \phi S_{示}HS_{w}a_{示} \tag{5-84}$$

式中，$V_{示}$ 为示踪剂最大稀释体积，m^3；$S_{示}$ 为改造波及面积，m^2；H 为气层厚度，m；ϕ 为孔隙度，%；S_{w} 为含水饱和度，%；$a_{示}$ 为扫及效率，%；A 为示踪剂的注入量，kg；$f_{示}$ 为示踪剂监测灵敏度，ppb；$\mu_{示}$ 为余量系数（一般取 2.5）。

压裂施工时，从混砂车加入示踪剂，不同的施工层段加入不同的示踪剂，但加入浓度相对统一，现场施工根据不同的施工排量均匀调整加入速度。也可以在配好的压裂液中加入示踪剂，但浓度要一致，不同压裂层段要使用含有不同示踪剂的压裂液。在压裂液返排期间，连续跟踪监测取样、计量，直到返排结束。

目前压后返排过程的示踪剂监测方法在国内也得到了发展和完善，江汉油田提出了一种油井分段压裂效果监测方法，其核心技术就是对示踪剂的利用。

（二）井筒分布式裂缝监测技术

基于井筒分布式光纤的系统(DTS)是一个相对较新的技术，通过在井筒内放置一个定制的光纤电缆，对井筒内温度的实时变化进行测量，为工程人员提供一条动态的、连续的温度变化曲线，从而能够监测井筒中局部位置的温度，判断裂缝位置。同时，根据光纤安装位置的不同，实测到地层温度剖面与流入温度剖面。

2008 年，斯伦贝谢公司用直径 1/8in[①]的钢缆包裹光纤并将其下入直井气井中，测量出温度剖面，根据温度剖面会受流体流入或流出的影响而变化的原理，反演计算得出气井的流入剖面，并且与实际测试数据相吻合。2010 年，有学者利用底水油藏中的光纤测试温度 DTS 温度数据，反演得出沿水平段流入剖面，并建立带有井下流入控制阀的模型研究温度剖面与流入剖面的关系。在研究中，油井的生产制度为定井底流压生产，水平段被分为十个部分，每一段长 300ft[②]，在 2000ft 附近有一个高渗带。DTS 温度数据及计算的流入剖面如图 5-42 所示。

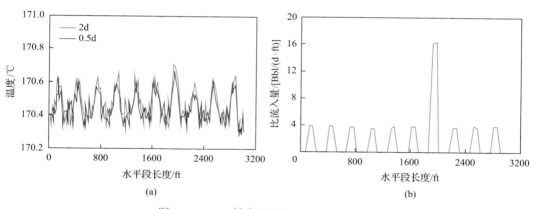

图 5-42 DTS 技术测量的水平段温度剖面

$1Bbl=1.58987\times10^2dm^3$

水平段 2000ft 附近的高渗带使此处的温度变化幅度增大，反演出的水平段流入剖面中也显示在 2000ft 处的流入量最大。除了可以实现分布式实时测量外，DTS 技术的另一大优势在于光纤既是信号的传播介质，又是温度的传感介质，这些功能均由一根普通的单模或多模光纤即可完成，大大降低了温度测量的成本。

---

① 1in=2.54cm。
② 1ft=3.048×10⁻¹m。

(三)水平井生产剖面测试方法

目前,国内外在水平井生产测试技术方面已取得了较大进展,如斯伦贝谢公司研发的水平井生产剖面测试仪器 Flagship 与流量测井仪 Flow Scanner,可以实现在复杂水平多相流流态下的产液剖面测量。

由于井下仪器无法依靠重力到达待测水平段,必须借助专用装置的驱动。在美国多采用连续油管输送测井工具方式。连续油管输送可以预防支撑剂堵塞等意外情况的发生,同时还可以冲洗井眼中的固态物,保证井眼中的仪器输送顺利进行。

但对于国内占绝大多数的中低产液机采水平井,与国外已有的输送工艺和测试仪器不适应。国内水平井生产测井技术研究处于探索阶段,尚无可行的测试技术,中低产液机采井的产液剖面测井已成为亟待解决的课题。

对页岩气井进行产气剖面测试解释结果见图 5-5,据此可以确定主要贡献层段是哪些?其合计产量占该井总产量的比例是多少?还可分析哪些段产气贡献小或不产气。

(四)压裂压降曲线分析

压裂后的压降分析为裂缝形态诊断提供了一种简单高效的评价方法。G 函数分析则是压后压降分析的主要技术,这一特殊的技术能够对压裂施工结束后的压裂过程进行评估,对裂缝的复杂性做出判断,从而改进压裂方案,优化气田压裂参数,提高压裂施工质量,获得最佳储层改造效果。

压裂后压降曲线是指压裂施工停泵后井底或井口压力随时间变化的关系曲线。通过对压降曲线的分析,可以确定裂缝延伸情况。目前,国内外对压裂后压降曲线分析的研究基本上都是基于 Nolte 理论。基于经典 Notle 理论建立的 G 函数表达式:

$$G(\alpha_{a}, \alpha_{c}, t_{D}) = \int_{1}^{t_{D}} \xi \alpha_{a} + \alpha_{c} - \frac{1}{2} \int_{0}^{\xi - \alpha_{a}} \left(\frac{\mathrm{d}\lambda}{\sqrt{1 - \lambda^{\frac{1}{\alpha_{c}}}}} \right) \mathrm{d}\xi \tag{5-85}$$

式中,

$$t_{D} = \frac{t}{t_{p}} \tag{5-86}$$

$$\alpha_{a} = \frac{1}{A(t)} \frac{\mathrm{d}A(t)}{\mathrm{d}t} \tag{5-87}$$

$$\alpha_{c} = \frac{1}{C(t)} \frac{\mathrm{d}c(t)}{\mathrm{d}t} \tag{5-88}$$

式中,t_{D} 为无因次时间;t_{p} 为泵注时间,min;α_{a} 为滤失面积随时间变化的参数;α_{c} 为滤失系数随时间变化的参数。

采用 G 函数叠加导数曲线可定性识别储层是否存在天然裂缝,进而可计算滤失系数的大小,评价天然裂缝的发育程度。对照标准的 G 函数图版可知:当导数为常量并且该叠加导数曲线位于一条通过原点的直线上时为标准滤失(图 5-43);如果叠加导数曲线在裂缝闭合点前呈现"上凸"(图 5-44),则表明储层具有裂缝发育的特征。

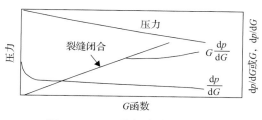

图 5-43 G 函数标准滤失曲线

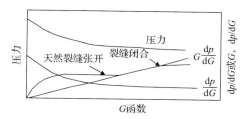

图 5-44 G 函数裂发育滤失曲线

第五节 重复压裂技术

初次压裂完成后,在地质、工程及生产因素影响下,初次压裂裂缝闭合、堵塞,导致油气产量降低,通过二次或多次压裂改造方式,重新恢复裂缝导流能力,并增大改造体积的工艺技术,称为重复压裂改造。在低油价新形势下,应用重复压裂技术恢复原有缝网导流能力并压开新裂缝,使老井重新见产或实现高产,是相对经济、高效的方案。

一、重复压裂增效机理

应用重复压裂技术提高储层改造效果的机理可概括为三个方面。

(一)恢复原有裂缝导流能力,并压开新裂缝,提高压后裂缝整体有效性

页岩气井生产一段时间后,在地层压实作用下,裂缝发生闭合,或宽度减小,支撑剂颗粒嵌入地层中,导致裂缝导流能力降低(图 5-45);地层中的颗粒发生运移,并伴随有结垢现象,导致裂缝堵塞失效(图 5-46);地层发生蠕变、错动,使储层裂缝发生滑移,压裂改造缝网整体失效(图 5-47)。通过重复压裂,可使已经闭合、失效的老裂缝重新开启并进一步延伸,通过再次加砂来恢复和提高裂缝的导流能力,还可压开新的裂缝,增大页岩储层改造体积,使压后裂缝的整体有效性得到提高。

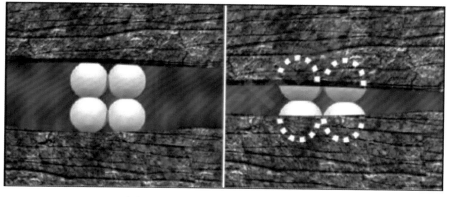

图 5-45 压裂支撑剂嵌入地层示意图

入口端　　　　　　　支撑剂破碎显示　　　　　　　出口端

图 5-46　颗粒运移导致裂缝失效示意图

图 5-47　储层裂缝滑移造成人工裂缝整体失效

(二)提高初次压裂未波及储层中油气的可动性

在初次压裂改造中,部分井的段间距设计不合理,压裂规模小,裂缝非均匀扩展,且裂缝间出现叠合区,导致初次压裂形成的缝网未能充分沟通含气储层,压裂改造不够彻底。通过进行重复压裂,可用较低的成本弥补初次压裂改造的不足,提高页岩气井的控制储量。

对于初次压裂段间距过大的井,可通过重复压裂来补充裂缝(图 5-48),提高页岩气井近井地带裂缝复杂程度,并沟通更多的含气段,有效提高改造效果,促进产气量的提高。

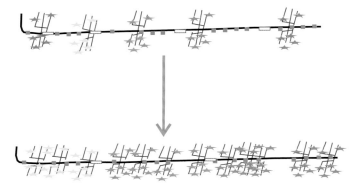

图 5-48　初次未改造段的重复(补充)压裂的效果示意图

对于初次压裂规模小、改造不彻底的井，可通过重复压裂来提高缝网改造体积，增大泄油面积，在储层和井筒间形成更大、更畅通的页岩气渗流缝网带(图 5-49)。

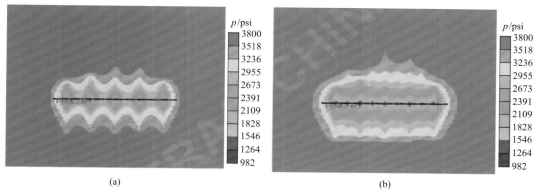

图 5-49 重复压裂提高控制泄油面积

(三)以初次压裂应力场、压力场转变为基础，通过重复压裂提高缝网改造体积

在页岩气井压裂过程中，储层的地应力会发生改变，特别是在近井地带，压裂前后应力场变化明显，并伴随有大面积的储层应力反转(图 5-50)。在开展重复压裂时，这种应力场的变化可促进裂缝发生转向，形成更多新裂缝，从而提高体积改造缝网的复杂程度。初次压裂后，经过一段时间的生产，储层压力发生变化，储层流体不断被采出，使页岩可压性得到提高，储层微裂缝更容易开启，有利于重复压裂改造的成功实施。

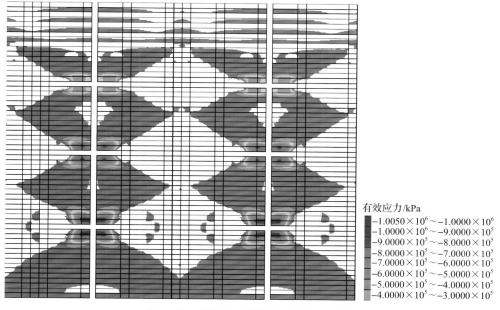

图 5-50 水平井压裂过程中的应力反转

通常，页岩经过前期压裂改造后，已形成大量人工裂缝，提高了储层的可压性，且经过一段时间的衰竭式开发，储层中流体被大量排出，没有流体支撑的缝孔更容易发生破坏，形成新的裂缝。综合来看，重复压裂储层可压性高于初次压裂储层，如果能准确把握储层应力、压力变化特征，将有利于形成体积更大、更为复杂的压裂缝网。

二、重复压裂选井选段原则

现场生产数据表明，对于部分停产、低产页岩气井，采用重复压裂可恢复和提高页岩气井产能，并降低产量递减速率。然而，对于不同的区块，重复压裂改造效果有明显差异，巴肯区块重复压裂税后收益为 0.44 百万美元，海因斯维尔区块重复压裂税后收益为 0.69 百万美元，而巴尼特区块采用重复压裂后出现亏损，亏损额达到 1.87 百万美元；而对于同一区块不同井，或同一口井的不同段，重复压裂改造效果也有较大差异。选井选段采用"85/15"法则，85%的重复压裂潜能存在于占总井数 15%的井中，合理的选井选段是提高重复压裂效果的关键。

重复压裂选井选段原则包括以下几点。

(1)所选的页岩气井应具有较高的初始产能，且地层能量充足。

(2)优选初次压裂后初产较高而目前产量低的页岩气井，或与高产井邻近的低产页岩气井。

(3)初次压裂设计、施工、压后管理方面的不完善导致初始产能较低或产能下降较快的页岩气井。例如，初次压裂规模小，加砂量少，导致缝网导流能力低，缝网改造体积小的井；经过一段时间生产后，发生污染，导致近井地带地层渗透率降低、产量降低的页岩气井；初次压裂中支撑剂铺置不合理，或支撑剂发生破碎，导致初次压裂裂缝失效，气井产量降低的页岩气井。

(4)优选井身结构符合工艺要求、固井质量良好、套管完整未变形的页岩气井。

(5)优选的重复压裂井应与邻井保持合理的间距，重复压裂在原则上不影响加密井。

三、重复压裂选井选段方法

页岩气井重复压裂选井选段的主体思路：评价初次水平井压裂效果(包括施工压力曲线分析、多因素相关性分析等)，结合后期生产情况及地层应力场变化，进一步开展重复压裂选井选段，优化压裂裂缝参数和施工参数，评估裂缝复杂程度和经济可采储量，根据评估结果来反观重复压裂设计方案的合理性。

在进行重复压裂选井选段时，应针对初次压裂效果和压后生产动态进行评价，包括施工规模及参数、改造体积、裂缝复杂程度、初产及递减规律、单井采出程度、应力场、剩余油气可采量、剩余页岩气甜点及重复压裂可压性评价等多个方面，以评价结果为基础，建立开发-压裂一体化模型和重复压裂设计模型，并对水平井井筒完整性和重复压裂时机进行分析，在模拟软件中完成选井选段、压裂设计、压裂施工和压后评价一整套流程，根据模拟生产和评价结果反观选井选段是否合理，筛选出适合开展重复压裂的页岩气井段。

有必要形成一套水平井压裂缝间动态应力场变化模拟方法，为水平井压裂过程中动态应力场变化规律认识和量化计算提供有效的分析手段。

收集岩心资料和测井资料,分析实验岩石力学静态参数和测井岩石力学动态参数,并进行动静态转换,分析井点岩石力学参数,描述三维岩石力学场,应用有限元模拟的方法建立三维应力场模型,分析压裂施工及生产过程中动态应力场的变化,为页岩气藏重复压裂选井选段提供依据。

在进行重复压裂选井选段时,还应充分考虑剩余页岩气分布特征,若没有充足的页岩气储量,即便压开大体积复杂缝网,形成高渗通道,也无法达到提高页岩气产量的目的。针对这一情况,建立基于可采储量的压裂地质与工程一体化三维选段方法,建立页岩气藏开发动态模型,进行压裂生产模拟和优化,在模拟过程中充分考虑地质因素、工程因素、生产因素等,明晰剩余油气分布特征及变化特点,优选重复压裂优势井段。

在开展重复压裂前还应进行井况分析,保证完井管柱的完整性,包括井径、固井质量、水平井段长等,并进行重复压裂时机分析,根据水平井压后生产动态变化规律,通过数值模拟优化重复压裂最佳时间。

以前期的数值模拟及分析评价结果为基础,结合测井资料,建立页岩气水平井重复压裂选井选段综合评价方法。影响重复压裂效果的因素包括地质因素、工程因素、生产因素和岩石力学因素,其中地质因素包括储层厚度、孔隙度、渗透率、含油饱和度、电阻率等;工程因素包括水平段长、改造段数、布缝密度等;生产因素包括重复压裂前日产油及含水、累产油量、剩余可采储量等;岩石力学因素包括应力差、岩石脆性、裂缝密度等。针对页岩气井前期的压裂生产效果和井筒状况,进行影响参数筛选,对参数的约束条件进行归一化处理,建立选段系数计算模型,根据选段系数计算结果来判断目标井段是否适合进行重复压裂。

四、重复压裂改造时机

初次压裂经过线型流、拟径向流直至径向流,增产期限结束,压后流态变化如图 5-51 所示。

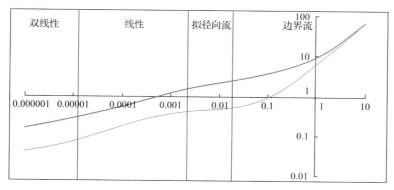

图 5-51 压后流态变化典型图例

在页岩气生产处于经济生产下限时,分析地层流体在初次压裂后的流动状态,若条件成熟,应考虑重复压裂。

重复压裂时机的选取是决定重复压裂成败的关键因素之一。若过早进行重复压裂，初次压裂的潜力没有得到充分发挥，对压裂效果及效益产生不利影响；若过晚进行重复压裂，渗流系统已经超出泄气控制边界，孔隙压力变小，重复压裂后不能有效接替产量，无法充分实现增产。

在进行重复压裂时机优选时，应充分考虑目标井段地质条件、初次压裂施工参数及生产动态参数，在重复压裂方式优选的基础上，通过建立重复压裂产能预测模型，研究不同重复压裂时机增产改造效果，以实现最大产能、最高采收率为目的，确定最优重复压裂时机。

裂缝导流能力及地层压力、地层能量的变化特征是影响重复压裂时机选取的重要因素。随着初次压裂后生产时间的增加，目标井段的地层压力降低，闭合应力增大，裂缝导流能力逐渐降低。可应用有限元法，将气藏和裂缝看作一个渗流系统，建立统一的数学模型。把裂缝用线单元来模拟，对复杂裂缝进行合理描述，地层网格剖分采用任意形状的三角形单元。采用等单元方法对渗流方程在空间上进行离散，采用向后差分在时间上进行离散，编制基于有限元法的压裂井数值模拟软件，实现对人工压裂后裂缝导流能力降低和重复改造时机的模拟计算。最终，通过模拟对比不同方案的压力分布变化、日产量、累计产量等，确定最优重复压裂改造时机。

第六章 页岩气藏地质模型建立技术

页岩气藏地质模型的建立是页岩气藏精细描述与评价的主要工作，也是气藏工程研究的重要基础。本章包括页岩气藏地质建模进展与面临的难点，建模思路与网格确定、模型分类，建模基础资料收集整理与可靠性分析，构造模型和小层发育模型建立，页岩气藏基质地质属性模型建立（矿物组成、TOC、含气性、基质孔隙度与渗透率、压力、应力等）、页岩气藏天然裂缝模型建立、页岩气藏人工裂缝模型建立、地质模型融合与质量控制等内容。

第一节 页岩气藏地质建模进展与面临的难点

一、页岩气藏地质建模概念及研究进展

所谓油气藏地质建模，就是应用各种地质、地球物理、测试与生产数据等及其解释结果，对油气藏构造面貌、储层特征、油气水分布等，在三维空间上进行多学科综合、尽可能精细地定量及可视化刻画。我国近几年页岩气开发进展十分迅速，已在涪陵、长宁、威远、昭通、威荣等页岩气田进行开发，并在南川—彭水、荣昌—永川、丁山等多个地区进行了页岩气产能建设和开发评价。大量的开发研究与评价工作中，对页岩气地质建模提出了迫切需求。建立页岩气藏三维地质模型、精细表征各参数并进行可视化再现，将有利于页岩气藏的科学、高效开发。

目前，国外页岩气藏地质建模的相关报道不多。从有限的文献来看，成果多集中在页岩基质属性模型、天然裂缝模型和人工裂缝模型三个部分。在页岩基质属性模型建立方面，国外学者主要采取传统的随机模拟方法，通过对页岩岩相的描述与分类，利用地质统计学方法，建立了矿物组成、TOC、物性、含气量等地质模型（Porta et al., 2002；Falivene et al., 2006；Wang and Carr, 2013）。2009年拉丁美洲和加勒比石油工程会议展示了密西西比 Barnett 页岩储层的地质建模研究，其主要集中在两个方面：单孔模型方法和双孔模型方法。单孔模型中，气藏被离散化成一个个网格，裂缝是沿 x 方向或 y 方向的单个二维平面；双孔模型中，气藏是由基质系统和裂缝系统两部分组成，分别模拟天然裂缝和人工裂缝中的流动状态。

近年来，国内页岩气地质模型建立取得了一些进展。乔辉等（2017）基于水平井地质信息的解吸，建立了页岩气藏精细构造模型；石浩（2017）在涪陵页岩气田一小工区运用序贯高斯随机模拟方法建立了渗透率模型、孔隙度模型、含水饱和度模型和密度模型等基本模型；郑海桥和陈义才（2016）利用 Petrel 建立了焦石坝地区龙马溪组下段页岩气的构造模型、岩相模型和属性模型；马成龙等（2017）应用序贯指示和序贯高斯模拟方法，在威远地区威 202H2 平台区建立了相模型和各重要参数属性模型。针对页岩储层的天然裂缝模拟，学者多采用地震属性分析进行裂缝探测，结合裂缝描述信息，对裂缝进行确

定或随机性模拟(Cather et al., 1998；Koesoemadinata et al., 2011；Donahoe and Gao, 2016；Gao and Duan, 2017；徐康泰等，2017)。对人工裂缝的模拟，目前更多的是采用有限元(FEM)、边界元(BEM)等方法进行走势模拟(Chuprakov et al., 2011；时贤等，2014；赵金洲等，2014；Mhiri et al., 2015)。人工裂缝模拟需要很多的假设条件，如页岩地层均质或不考虑天然裂缝的存在，其展布形态为井眼两侧对称的双翼平面缝(Cipolla, 2009; Gong et al., 2011)。人工裂缝的展布受页岩本身性质的影响较大，包括岩石物理性质和天然裂缝分布(Olorode et al., 2012; Huang et al., 2014; Wu and Olson, 2014)。

总体来看，前人多数建立的是页岩气基质部分的地质模型，而且采用的建模思路和技术也是常规油气藏建模的思路与方法。然而，页岩气藏既是烃源岩也是储层，在许多方面都具有独特性。因此，页岩气藏地质建模也具有特殊性，除建立构造模型、小层发育模型和基质孔隙度、含气饱和度、有机质含量、硅质含量、脆性指数六个属性模型外，还需建立天然裂缝模型和人工裂缝模型，并叠加融合形成页岩气综合地质模型。

二、页岩气藏地质建模面临的困难与挑战

与常规油气藏相比，页岩气藏地质特征及其开发技术有较大差异，从而导致页岩气藏地质建模有其特殊性，面临一些与常规油气藏建模不同的困难与挑战。

一是页岩气井基本上都是直接钻水平井，其水平段从目的层中间穿行，仅有早期评价井钻有导眼井，钻穿目的层，因此目的层底部井控程度很低，水平井井间层序对比难度很大，给小层划分对比和层序模型建立带来较大困难，所建立的层序格架模型精度也较低。另外，页岩气藏地质结构比较复杂，完整准确地描述页岩地质体及其各种属性非均质性存在较大的局限性。

二是页岩气藏需要建立的基质属性模型比较多，除与资源及其流动性有关的孔隙度、渗透率、饱和度外，还需要建立与工程有关的属性模型，如矿物组成、脆性指数、地应力、压力等模型。

三是页岩储层裂缝描述和建模仍是世界性攻关难题。页岩气藏中天然裂缝具有重要作用，大型高角度缝，若裂开目的层与顶底板，则可能产生破坏作用；小型构造裂缝和层理缝等可能对页岩气的流动性起积极作用。另外，天然裂缝可能对压裂形成的人工裂缝延展方向、长度等起控制作用，也对支撑剂的推进产生重大影响。地质条件可导致裂缝的形成分布具有随机性和高度非均质性，使得大小裂缝混杂，大的裂缝延伸长度在10m以上，但微小裂缝的延伸长度仅为微米级。对于不同成因、不同尺度的天然裂缝表征和建模的难度很大。同时，裂缝主要参数(如走向、倾角、延伸长度与切层深度、断距、张开度、间距、充填性、孔隙度、渗透率)难以直接确定，需综合地震多属性解释成果、岩心观察描述资料、测录井资料及其解释成果、测试与生产动态分析成果等来提高裂缝描述的精度和可信度。

四是页岩气生产主要靠水平井技术和多段大型压裂技术，人工裂缝是页岩气流动的主要通道，因此页岩气藏地质建模中不可或缺的重要任务就是建立人工裂缝模型。但是，不同矿物组成、地应力、压力及压裂工艺，以及天然裂缝的干扰和影响，导致人工裂缝分布形式多样、导流能力不同，这就极大地增加了人工裂缝建模的难度。另外，还必须解决人工裂缝模型与储层基质属性模型、天然裂缝模型的叠合问题。

第二节 建模思路与网格确定、模型分类

一、建模思路

鉴于页岩气藏地质建模内容多，相互间存在复杂关系，本书的建模工作主要采取逐级叠加建模的思路与技术流程(图 6-1)：第一，以钻井小层划分对比数据和地震资料构造精细解释成果为基础数据，建立页岩气构造模型和小层发育模型，形成框架地质模型；第二，在框架地质模型内，依据采样地质实验数据、测井数据及其解释成果、地震叠前叠后资料预测成果，建立基质属性模型，如矿物组成模型、TOC 等地球化学模型、孔隙度和渗透率等物性模型、含气性模型、压力模型、应力模型和脆性模型等；第三，在岩心和野外剖面描述建立的裂缝分布特征认识的指导下，依据测井裂缝解释和多尺度、多方法地震断层及裂缝预测成果资料，建立天然裂缝分布及其孔隙度渗透率地质模型；第四，在基质属性模型(特别是脆性模型)和天然裂缝模型的约束下，依据微地震资料解释成果，结合压裂工艺分析建立的人工裂缝分布概念模型，建立人工裂缝分布模型；第五，前面四大类地质模型逐级融合叠加，特别是天然裂缝模型与人工裂缝分布模型叠加，并与物性模型融合，形成了气藏(气井)生产动态数值模拟需要的综合地质模型。

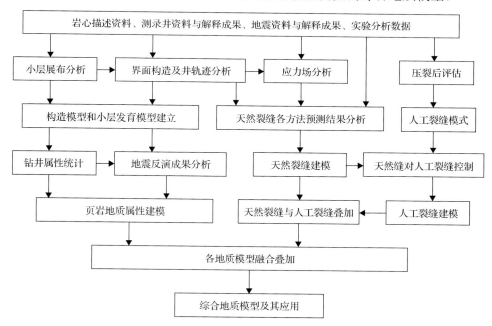

图 6-1 逐级叠加地质建模技术流程示意图

二、建模范围确定与网格划分

(一)建模范围确定方法

建模范围的确定包括但不限于如下原则和方法。

（1）以有利页岩气区边界为建模范围边界，如断层、保存条件有利区边界线、富有机质页岩相变带、富有机质页岩剥蚀尖灭线等。

（2）以当前有利技术、经济极限边界为建模范围边界，如埋深线、资源丰度等值线、物性等值线等。

（3）根据建模的任务和目的（如页岩气藏评价与储量核算、单井或开发区生产动态分析、开发老区剩余页岩气分布与挖潜提高采收率方案研究等），结合资料状况，确定建模范围；

（4）同一页岩气藏根据地质特征变化、断层等分割、勘探开发进展、资料现状、各部分研究目的差异性等，可划分为多个工区，进而用不同方法分别建模。

（二）网格划分

1. 网格类型

应根据研究所要达到的目的确定网格类型。在气田级别的三维模拟中优先使用矩形直角坐标网格；气藏构造变化较大或地层不整合接触时，应采用角点网格；在天然裂缝发育密集地区及人工裂缝模拟时，适合采用四面体网格。

2. 平面网格划分

网格尺寸的大小应能准确反映气藏当前阶段的地质认识精度和非均值性特征，应兼顾总网格数据的大小（在当前计算水平下，一般控制在几千万个网格数以内）。在平面上，优先考虑使用均匀网格，保证井间至少有三个网格。为减少非均匀网格对建模精度的影响，在非均匀直角坐标网格中，主要变化方向上相邻网格单元的大小之比应不大于 2，次要变化方向上应不大于3。

3. 平面网格方向

考虑页岩沉积特征，网格方向选取暂不以物源为参照，而主要参照断层展布。网格方向应垂直断层方向，同时尽量兼顾水平钻井的井轨迹方向。网格方向的选择应在满足要求的同时使模型网格总数最小。

4. 纵向网格划分

在垂向网格划分中，需要考虑页岩气层的含气量、产气量等相关参数，网格数量与尺寸视岩层厚度而定，在优质页岩层段要缩小网格尺寸以增加网格精度，可在 0.5m 左右选取。纵向网格的划分精度应与地质认识的精度保持一致，尽量与测井精度保持一致。

本书选择某一区域作为地质建模区域，面积约100km²。建模的层位为五峰组—龙马溪组一段，总厚度在 80～110m 变化。因此，设定平面网格步长为 50m×50m，纵向网格精度为 1.0m，模型网格总节点为 4000000，可满足页岩气藏表征精度。

三、页岩气藏地质模型分类

页岩气藏地质模型按表征的内容可分为如下三类。

(一)格架类

表征页岩气储层几何形态、三维空间分布特征及其内部结构的地质模型，如构造模型、层序(小层)发育模型等。

(二)属性类

定量或定性表征页岩气储层及其各层序(小层)内部各种连续性分布型或离散性分布型地质属性(参数)空间变化特征的地质模型，如沉积相(岩相)模型、矿物组成模型、TOC模型、孔隙度模型、渗透率模型、饱和度模型、含气性(游离气、吸附气含量)模型、可压系数模型、地应力模型、压力模型等。

(三)裂缝类

表征各种成因裂缝空间分布及其导流能力的地质模型，如天然裂缝模型、人工裂缝模型等，基本属于离散性分布型地质模型。

第三节　建模基础资料收集整理与可靠性分析

储层建模的最终目标是建立符合地下实际情况的确定性模型，因此应全面收集整理并充分利用各方面的有限资料，以确保建立的地质模型精度高，且尽可能逼近实际。

一、井数据

基础数据：指井的基本信息，包括井名、井类型、井口坐标、补心高度、井口海拔、井轨迹、完井深度、完井时间等。

测井数据及其解释数据：包括常规测井数据和特殊测井数据，以及测井数据解释出的岩相、岩性、矿物含量、TOC等有机地球化学参数、孔隙度、渗透率、裂缝发育参数、含气性(游离气含量、吸附气含量)等数据。

岩心数据：由岩心直接或间接得到的数据，包括岩心归位数据、岩心照片、岩心扫描数据、岩心描述、岩心钻孔取样信息等数据，以及由岩心观测判断的岩相类型、岩性、古生物、成岩现象和岩心实验分析数据(包括岩性、矿物组成、TOC等有机地球化学参数、孔隙类型、孔隙结构、孔隙度、渗透率、游离气含量、吸附气含量、岩石力学性质等)。

分层数据：测井资料解释出的不同级别的地层(或层序)界面数据。

断点数据：与井轨迹相交的断层数据，包括对应的井名、断层名、深度、产状、地层重复(或缺失)等数据。

二、地震数据

地震原始数据：指二维、三维地震采集原始数据；工区描述数据，包括工区范围、面元或测线密度、炮间距、叠加次数、满覆盖面积等；二维、三维地震资料质量参数，包括目的层主频及频宽数据、目的层资料等级等。

地震解释点线面数据：由地震数据解释得到的点线面数据，包括时间域或深度域下的各地层顶或底界面的构造面数据、断层点数据、断层线数据、断层面数据、古地貌数据、剖面数据等。

地震解释储层属性和裂缝发育数据：利用地震振幅、波阻抗、频率、相位等解释的各层序(或小层)岩相、岩性、矿物含量、TOC 等有机地球化学参数、孔隙度、渗透率、含气性(游离气含量、吸附气含量)等数据；利用地震曲率、相干等属性反映的裂缝发育参数(方向、密度、大小)。

微地震数据：包括压裂过程中，在地面或井中获取到的微地震事件位置数据点及其解释结果(震级、振幅、信噪比等)。

三、地质解释数据

地质解释的二维剖面及平面数据，包括岩相、岩性、矿物含量、TOC 等有机地球化学参数、孔隙度、渗透率、裂缝发育参数、含气性(游离气含量、吸附气含量)等在平面或剖面上的分布数据。

四、试井和动态数据

钻井测试数据，包括测试深度、测试时间、测试制度、测试产气量和产水量、井口或地层压力。

气井动态监测数据，包括气井日产气量和日产水量、累计产气量和累计产水量、返排率、井口或地层压力、措施情况等。

五、压裂施工数据

指压裂过程中的施工记录参数，包括压裂时间、压裂分段及相关段(簇)间距等参数、射孔参数、液量及相关压裂液参数、加砂量及相关支撑剂参数、压裂工艺、压力检测等。

六、其他数据

中间成果资料：主要包括基质参数相关性统计数据、成像测井解释裂缝参数及相关统计数据、岩相划分结果、页岩岩相测井标定结果、井震标定时深关系数据、微地震事件处理结果、施工参数相关曲线数据等。

控制性参数：主要包括页岩基质属性的空间趋势变化资料及天然裂缝发育的相关控制性参数(如岩层厚度、岩石物理性质参数、裂缝延展距离数据等)。

七、数据检查与可靠性分析

分析数据的来源渠道和完备性，检查数据是否存在奇异值、是否符合地质实际、各类解释数据是否准确、相关数据是否具有一致性等。

一个可靠的地质储层模型应是构造组合、沉积环境、储层展布形态、流体相分布、开采井网井距、现有资料的综合体。页岩气藏评价井和开发井的增加，在构造与地层研究的基础上，为构建页岩储层地质属性模型提供了可能与必要的基本条件。本书地质建模研究收集引用井较多，其中包括较多水平井和少数直井，井控面积约 $100km^2$。可见具有足够密集的数据控制点，并且从中可总结出地质规律，获得各种参数的统计特征，以此为基础及约束条件来进行的建模，具有较好的可靠性。

第四节　构造模型和小层发育模型建立

一、构造模型建立

由于本书建模地区构造平缓，断层空间配置简单，主要应用地震解释的页岩气层的顶界面和底界面构造形态深度域数据体、断层点线面数据体，以及所有钻井的基本数据、分层数据、测井数据等，一般采取一体化流程建立构造模型。构造模型建立一般具体分如下两步进行。

根据地质、地震解释的断层数据和井断点数据，开展翔实的断点连接、断层性质与产状确定、断层间相互关系分析，按照断层的空间形态，通过一定的数学插值方法计算生成断层面，然后应用编辑功能调整断层面形态、设定断层间切割关系，建立符合地质认识与几何学特征的断层模型。

根据地震解释的关键层面数据和对应的井分层数据，按照层面之间的接触关系和断层影响范围，选用插值算法(通常有样条插值法、离散光滑插值法、多重网格收敛法、克里金法、贝叶斯克里金法等)，建立页岩气藏关键层面(通常为页岩气层的顶界面和底界面)构造模型。

本书主要是以三维地震解释页岩气层段顶面和底面深度域构造图、断层解释参数(如延伸方向与长度、断面倾向与倾角、断距等)为基本数据，以钻井顶底面分层数据为硬控制数据，采用确定性内插与随机模拟相结合的方法建立了构造模型(图 6-2)。在中西部井密度大区或东南部数据齐全的井点，采用较成熟的确定性方法，即依据趋势面分析、距离反比加权平均等，优选内插方法，给出井间未知区参数分布的预测结果；在东南部稀井区及相对缺少数据的井点，则采用序贯随机模拟方法，以已知信息为基础，预测井间未知区储层属性，如储层几何形态模型、连接状态、组合规则、测井各种参数空间分布等。总体来看，构造解释成果经十余口钻井验证，绝对误差(正负)在 1.0～3.0m，因此建立的构造模型可靠性较高。

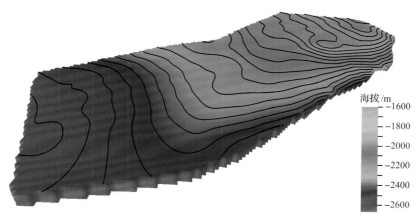

图 6-2　某地区五峰组—龙马溪组一段页岩层段构造模型

二、小层发育模型建立

本书把小层发育模型和构造模型建立在一个模型中。

在构造模型控制下，主要利用各钻井基本数据、分层数据和测井数据，结合地震解释的内部层面构造数据，分析各层序(小层)间的接触关系和发育形式(一般分比例式、波动式、超覆式、前积式、剥蚀式、组合式等)，通过内插法建立层序(小层)发育模型。对于没有地震解释的内部层面构造数据的层序或小层，直接利用井分层和地质解释的发育形式建立层序(小层)发育模型。

由于页岩气主要应用水平井开发，页岩气层上部层序或小层具有大量导眼井和水平井竖直段分层数据、测井数据，可较准确地建立层序(小层)发育模型；但页岩气层下部和底部层序或小层仅具有少量导眼井分层数据、测井数据，更多地需要总结各层序(小层)间的接触关系和发育形式，然后在地震解释层面的约束下，通过内插法建立层序(小层)发育模型。

小层发育模型建立中，以小层为建模单元，分析地质体格架、储层空间展布，掌握页岩气藏整体概貌，后续可以此为框架建立基质属性参数模型，分析属性参数的非均质性等。本书主要针对地质分析所划分的九个小层进行建模。依据钻井录井和测井资料，在前期分层数据的基础上，按照标志层等进行井间对比，与岩心、地震等资料相互印证，特别是开展水平井水平段小层划分及与构造展布趋势相互印证，调整修正分层数据，然后利用已知层面井点深度数据，将每口钻井中的每个小层单元通过井间等时对比连接起来并进行井斜校正，同时综合地震构造趋势面解释，采用趋势面分析法构建页岩气藏小层发育模型。如图 6-3 所示，所建立的模型与各水平井穿行轨迹高度相符。

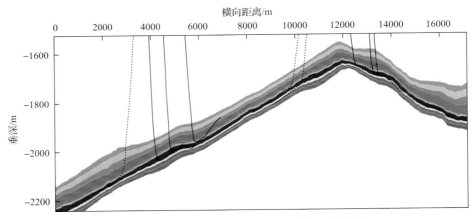

图 6-3　建模工区井震校正趋势面法小层剖面图

第五节　页岩气藏基质地质属性模型建立

一、基质地质属性模型建立的一般流程和技术

在页岩气藏地质建模中，针对基质部分的属性类地质模型较多，主要是连续型的矿物组成模型、TOC 模型、孔隙度模型、渗透率模型、饱和度模型、含气性(游离气含量、吸附气含量)模型、可压系数模型、地应力模型、压力模型等。在这些模型的建立中，一般采取如下流程和建模技术。

(一)测井尺度属性数据离散化

将测井数据解释的孔隙度、矿物含量、含气性等数据离散到 3D 网格中去。不同的属性应选用不同的离散化算法。孔隙度、饱和度宜采用算术平均法，渗透率采用调和平均法或几何平均法。钻井水平段与竖直段离散化方法需要视特殊情况区别对待，水平段测井属性数据宜采取临近似然法进行数据离散化。

(二)属性数据分析

根据离散化的网格属性数据，对属性数据进行分层、分岩相输入、输出的截断及趋势和分布形态控制等处理，将属性数据转换成正态分布数据。

以数据转换后的属性数据为基础，根据属性数据的空间变化特征，选择适当的理论变差函数模型，分层、分方向(水平方向和垂直方向)对属性数据进行变差函数分析。水平方向上，主变程方向应根据页岩沉积时的矿物分布、浮游生物丰度等地质认识进行选择，次变程方向与主变程方向垂直。

页岩气层属性参数在纵向上可能具有明显的差异，如统计 TOC 数据的纵向分布特征，得到其数据自下而上的变化趋势；在平面上，属性参数数据因沉积-构造等因素的影响而具有非均质性，需要获取各个属性参数的平面分布规律。根据这些参数在空间上的分布规律，可以建立相应的趋势模型，在后续实际建模过程中予以约束。

页岩储层地质属性参数具有一定的相关关系。例如，页岩基质中的孔隙度因包括有机质孔隙而与 TOC 具有一定的正相关关系；孔隙度与 TOC 均影响含气量的分布；脆性矿物含量(主要包括硅质和钙质)与页岩沉积时的生物含量相关，从而与有机质丰度也具有一定的关系；同时，脆性矿物含量也影响岩石物理参数的分布。分析地质属性数据之间的相关性及其相关程度，可为地质属性三维建模提供相应的二类变量约束。

(三)连续型属性类地质模型确定性建立

该模型的确立主要但不限于运用地震属性的地质变换、数理统计插值方法、克里金插值法等。

地震属性的地质变换法适用于地震分辨率高，而且地震属性与页岩气层地质属性有较好相关性的情况。主要流程：通过地震资料反演得到波阻抗、速度等地震属性体；通过井旁道地震属性与井 TOC、矿物组分含量、孔隙度、渗透率、含气性、可压系数等数据的相关分析，建立变换函数关系；根据变换函数，将三维波阻抗、速度等地震属性体变换为三维 TOC、矿物组分含量、孔隙度、渗透率、含气性、可压系数等数据体。该方法建立的属性模型不确定性较强，主要用于其他建模方法的趋势模型。

数理统计插值方法适用于有较多钻井的岩心、测录井资料及其属性解释成果的情况。主要流程：单井属性数据根据建模网格层进行采样，生成沿井轨迹的网格化属性数据；

选择作为控制的沉积相(岩相)模型，分相设置属性数据的最大值、最小值和平均值等；设置垂向一维趋势和平面二维趋势面参数，趋势估值结果与井数据估值结果可通过0~1的权系数进行综合，在插值点未搜索到已知井点时均采用趋势估值；设置插值算法参数，以及X、Y、Z方向的搜索半径，开展井间未知网格插值，建立各种属性的地质模型。

基本的克里金插值法主要应用井数据进行插值，不考虑趋势及外部信息，但应用相控建模。其主要流程：单井属性数据根据建模网格层进行采样，生成沿井轨迹的网格化属性数据；选择作为控制的沉积相(岩相)模型，分相设置属性数据的最大值、最小值和平均值等；开展井数据变换、结果数据变换、对数变换；分相设置主变程(大小与方向)、次变程(大小与方向)、垂向变程(大小)等变差函数参数；设置每个网格估值时已知井数据点的数量、每个搜索卦限的已知点数等；开展井间未知网格插值，建立各种属性的地质模型。

(四)连续型属性类地质模型随机建立

本次随机建模主要采用序贯高斯模拟法，其次用序贯指示模拟法、分形随机模拟法等。

基本的序贯高斯模拟法主要应用井数据建模，不考虑趋势和地震信息等二级变量。其建模流程与基本的克里金插值法相似，主要增加以下设置：将种子数设为随机数，该数值一般为较大的奇数值；开展正态得分变换，使模拟的属性数据符合高斯分布，便于高斯模拟方法建模；设置模拟次数；设置已模拟结点的最大个数、多级网格模拟的级数。

虽然地质建模技术引入了随机性概念，可以较好地处理数据分散性、稀疏性、跳跃性、间接性所造成的不确定性，解决各种数据分辨率不同给数据和信息的结合带来的矛盾，但随机建模并不能替代常规确定性建模方法，它只是一个表征储层不确定性的有力工具。

二、基质地质属性模型建立实例

确定性建模与随机建模有效结合，开展页岩气储层地质属性模型建立工作：即为了反映不同属性特征，降低地质模型的不确定性，尽可能利用确定性信息来限定随机建模过程。对井间未知区作参数分布预测，除了考虑常规因素(如距离、局部分布规律等)外，还要通过控制点插值权重的调整考虑储层结构单元(岩石相模拟)对属性分布的影响。

地质属性参数的确定，一方面依赖于实测或解释数据，另一方面也依赖于地质认识和经验。

本书地质属性参数建模的数据极为丰富，包括岩心样品分析数据、井轨迹深度数据、沉积单元划分对比数据、测井解释属性数据、地震反演预测数据体等，通过这些不同来源、不同尺度、不同精度数据的标准化，集成建立了地质属性参数建模数据体，为建模提供了夯实的资料基础。

第一章和第二章介绍的有关五峰组—龙马溪组一段页岩气储层发育规律、TOC与矿物组成变化规律、储层微观孔隙结构、储层物性与含气性及其非均质性等诸多方面的规律性认识，为地质属性参数建模提供了理论指导，特别是利用现井网数据，确定了反映优质页岩段储层非均质性的地质统计特征量(表 6-1),为建模工作提供了地质约束条件。

表 6-1　建模区五峰组—龙马溪组一段优质页岩段地质特征参数表

厚度/m	密度/(g/cm³)	TOC/%	孔隙度/%	硅质含量/%	含气量/(m³/t)
(38~44)/40.8	(2.53~2.57)/2.55	(2.93~3.7)/3.4	(3.99~5.68)/4.74	(50.02~61.78)/53.1	(5.68~7.0)/6.29

注:表中值的格式为"分布范围/平均值"。

地质变量在空间上具有结构化和随机性的特点,通过综合不同范围、不同尺度、不同类型的各类信息,促进地质概念向定量模型转化,建立逼近实际的三维地质模型,提高预测能力。

以上面三方面的工作为基础,本书共构建了页岩气层段厚度、孔隙度、含气饱和度、TOC、硅质含量、脆性指数六个属性模型(图 6-4)。

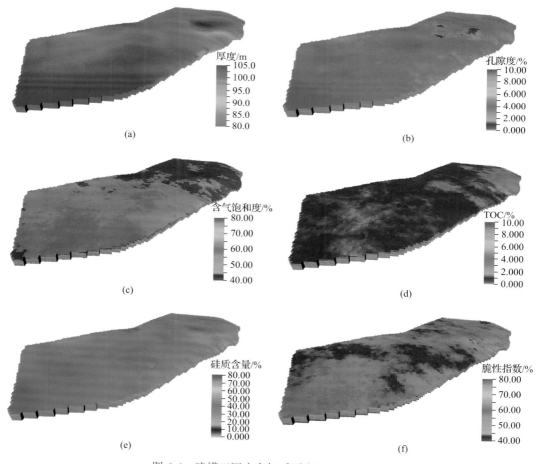

图 6-4　建模工区富有机质页岩段属性模型图

(a)厚度模型;(b)孔隙度模型;(c)含气饱和度模型;(d)TOC 模型;(e)硅质含量模型;(f)脆性指数模型

具体流程：依据几十口井的测井解释，将井中各种测井解释成果转换为所需的地质特征参数，建立每口井显示地质特征的一维柱状剖面；根据研究需要，输入基本参数，包括页岩气层段厚度、孔隙度、含气饱和度、TOC、硅质含量、脆性指数等类型数据；通过对测井解释各属性值的频率分布、均值、方差关系、相应规则等的分析，确定其空间分布格局及相关关系，使模拟既具有结构性又具有随机性。基于地质模型预测，页岩储层地质属性参数总体特点：纵向分层，下部更好；平面差异不大，北部局部较好。具体体现在如下几个方面。

(1)建模区页岩气层段发育稳定，厚度在80～105m变化，从内部各小层分布来看：①～⑤小层(即优质页岩段)厚度为38～44m，⑥～⑦小层厚度为18～30m，⑧～⑨小层厚度为20～48m，仅北部和东南部的局部井点相对较厚。

(2)纵向上，自上而下TOC增加，①～⑤小层(即优质页岩段)TOC为2.6%～4.5%，⑥～⑦小层TOC为1.35%～2.5%，⑧～⑨小层TOC为1.2%～2.0%；区域上，同一层TOC分布较为稳定，横向变化不大。

(3)孔隙度在平面上总体较稳定，上下段孔隙度较高，中段孔隙度相对较低。①～⑤小层(即优质页岩段)孔隙度为4.5%～6%，⑥～⑦小层孔隙度为2.8%～4.5%，⑧～⑨小层孔隙度为3.5%～5%。

(4)北部含气性优于南部，其中①～⑤小层(即优质页岩段)总含气量最好(平均含气量为4.8m³/t)，⑥～⑦小层总含气量次之(平均含气量为2.5m³/t)，⑧～⑨小层总含气量最差(平均含气量为2.0m³/t)。

(5)①～⑤小层(即优质页岩段)脆性矿物体积占比为58%～66%，⑥～⑦小层脆性矿物体积占比为50%～58%，⑧～⑨小层脆性矿物体积占比为45%～50%。

第六节　页岩气藏天然裂缝模型建立

一、页岩储层天然裂缝表征主要特点

页岩储层天然裂缝是一种离散的地质现象，与其他储层参数的描述和预测相比，裂缝有明显的特殊性，如分布的离散性、表征参数的多维性、难以测量性等，特别是裂缝渗透率的不可测量性更加凸现了地下裂缝描述和预测的困难度。

虽然露头区和岩心中裂缝很容易描述和观测，并能给地下裂缝的预测带来一些地质类比，但与开发的要求相差甚远。而钻井资料只有在裂缝规模大于井径时，才能直接观测到裂缝；只有裂缝近于直立，才能直接测量到裂缝的切层深度。一般来说，裂缝的延伸长度是很难直接观测到的，而裂缝的孔隙度和渗透率更是难以直接测量到。

裂缝产状、频率、密度、充填情况、开启度等参数只有通过岩心描述和成像测井解释才能获得；真实的地下裂缝观测与预测，由于受井孔和技术水平的限制，许多参数仍不能直接获取。正因为如此，对地下裂缝的识别和预测更突出了探测方法(地震、测井等)、间接分析方法(地质方法、类比方法、数学方法等)及综合分析方法的重要性，只有综合应用上述各种方法才能弥补井孔观测的局限性，并把认识由点推广到面以至三维空间，最终把裂缝各个参数及其空间变化确定下来。传统裂缝描述多采用网块系统，用网格单元上的方向渗透率 K_x、K_y、K_z 等来描述裂缝的作用。从网格块尺度来看，这种描述会出现各个网格块都是可渗透的，但实质上有些裂缝网络并没有形成网格块之间的连通。

目前，多用连续介质的方式描述裂缝系统，但真实裂缝网络存在着很强的非均质性和不连续性。由于成因的复杂性、控制与影响的多因素性、形成与发育的随机性，分布的高度离散性和非均质性，至今还没有一套很好的描述和研究技术方法。

二、天然裂缝地质模型建立一般流程与方法技术

(一)数据准备

1. 静态数据

静态数据主要包括如下数据。

(1)露头数据，包括裂缝开度、密度、迹线长度及充填情况等；

(2)钻井岩心裂缝数据，包括深度、岩性、结构、间距、倾角、方位、开度及充填情况等；

(3)测井数据，包括成像测井线性裂缝密度、裂缝玫瑰花图、蝌蚪图及常规测井解释页理缝密度数据；

(4)叠前地震数据，包括裂缝方位体、全方位裂缝强度/密度属性体；

(5)叠后地震数据，包括裂缝强度属性体、裂缝倾角属性体、裂缝方位属性体。

2. 动态数据

动态数据主要包括试井数据和生产井压力、产量等数据。

3. 数据检查

数据检查主要是分析数据的来源、渠道及系统误差、数据的完善程度，检查各类数据是否符合生产实际、地质认识，点、线、面数据和体数据是否具有一致性。

(二)离散裂缝网络模型建立

1. 井间裂缝预测

将单井裂缝数据转换为单井裂缝密度曲线，分析裂缝密度曲线与基质属性类模型、地震属性体的相关性，优选裂缝密度的控制条件，采用地质统计学建模方法，将裂缝密度曲线离散化到基质网格中。

2. 多尺度裂缝建模

页岩中天然裂缝具有多个尺度，不同尺度的裂缝一般具有不同的成因类型。大尺度裂缝多以构造作用形成的中-高角度裂缝为主，而较小尺度裂缝多为沉积或成岩作用形成的水平层理缝。页岩中大尺度裂缝和中尺度裂缝主要受构造应力影响，其发育的位置、裂缝性质和裂缝产状在不同部位具有一定的差异，可用裂缝相来表征。因此，在建立天然裂缝模型时，宜采用分不同裂缝相、不同尺度裂缝建模。

1) 大尺度裂缝建模

技术1：充分利用叠前叠后地震资料的属性信息进行大尺度裂缝分析。优选全方位裂缝密度、最大似然体、蚂蚁体、相干体、曲率及各向异性等属性，刻画大尺度裂缝，并分析大尺度裂缝的组系、参数及分布特征，直接确定建立大尺度裂缝 DFN（即离散裂缝网络）模型。

技术2：根据构造变形所指示的应变特征及其在三维空间上的变化，建立地应力模型，并在此基础上，结合裂缝密度模型，基于不同岩相的岩石地质力学属性（如杨氏模量、泊松比、内聚力、内摩擦角），预测天然裂缝的发育强度、方位和倾角等属性体，生成大尺度裂缝 DFN 模型。

2) 中尺度裂缝建模

中尺度裂缝的发育通常为大尺度裂缝或断裂的伴生裂缝，因此，该尺度裂缝的产状与大尺度裂缝相似，其发育密度与大尺度裂缝的规模和距离有一定的关系（距大尺度裂缝越近，伴生裂缝越多）。建立该尺度裂缝模型，以井上解释裂缝数据为基础，分不同裂缝相输入相应的裂缝参数数据，结合大尺度裂缝模型的空间约束和裂缝密度模型，进行随机模拟。

3) 小尺度裂缝建模

由于页理缝尺度较小，在地震、成像测井中均难以识别，因此，岩心观察和分析测试是目前获取页理缝参数的主要方法。通过岩心的微米 CT 扫描成像（数字岩心）和浸水实验，可以直观地判断页岩储层页理缝的发育特征及其张开度等信息。另外，高分辨率扫描电镜 Maps 分析可用于获取页理缝的频率、张开度及其充填情况。通过统计分析层理缝发育密度等参数与岩石矿物组成等各种地质变量之间的关系，就可以获得页理缝的发育规律和控制因素，在随机模拟小尺度裂缝时提供空间分布的约束。

3. 离散裂缝网络建模

1) 一般流程

(1) 开展不同尺度裂缝预测成果质量分析与控制。

(2) 开展岩心裂缝密度、地质力学裂缝密度和地震数据预测裂缝密度间的相关性分析，确定高角度缝和页理缝约束方法。

(3) 利用多体约束属性随机模拟技术，融合多来源和多尺度裂缝预测成果资料，计算裂缝密度、强度和方位体。

(4) 采用地震探测方法，确定性建立大尺度裂缝 DFN 模型。

(5) 确定裂缝长度、张开度参数，用于中尺度离散裂缝网络模拟的数值模拟网格计算；

(6) 定义裂缝组及相关参数，开展离散裂缝网络模拟。

(7) 基于岩心裂缝分析，在相关基质属性模型的约束下，等效建立小尺度裂缝分布模型；

(8) 裂缝型储层参数、裂缝孔隙度、裂缝渗透率计算。

2) 适用于有叠前地震裂缝预测成果的流程

该流程与一般流程大致相同，区别在于可不分裂缝组，直接用叠前方位属性体约束裂缝方位信息。

3)适用于有叠后地震预测裂缝成果的流程

该流程与一般流程大致相同，区别在于优选叠后地震最大似然法裂缝预测，获得裂缝强度体、裂缝方位体和裂缝倾角体，用于约束流程中的相关参数。DFN 模拟中可不分裂缝组，直接用叠后地震数据预测的裂缝方位属性体和倾角属性体作为裂缝产状参数。

4)适用于没有地震数据裂缝预测成果的流程

该流程与一般流程大致相同，区别在于可不分裂缝组，直接用地质力学方法获得的裂缝方位和倾角属性体作为裂缝产状参数。

三、页岩气藏天然裂缝模型建立实例

(一)建模区页岩气藏裂缝基本特征

建模区总体上位于一个 NNE 向背斜的东南翼，由于该构造简单且形态完整，建模区西北部邻近构造顶部部分断裂不发育，天然裂缝特别是构造裂缝较少；但建模区东南部临近构造边部，断裂及构造裂缝发育，利用地震多属性分析可分辨出该部分的断层和裂缝发育带。

页岩微裂缝在地下常呈闭合形态，无明显分界面，因而裂缝和页岩反差极小，在测井曲线上难以判断。仅有限的岩心描述及成像测井表明，五峰组—龙马溪组一段页岩主要发育微裂缝，包括构造成因微裂缝(与构造及断裂相伴生)、成岩裂缝(因压溶沿岩石颗粒或晶体界面形成解理缝、晶间缝、贴粒缝)、页理缝(发育于页岩层间，形成于刚性矿物与塑性矿物间)、充填或部分充填高角度裂缝(直劈或剪切裂缝)等。

综合地质研究表明，建模区构造成因裂缝在储层裂缝中往往占主导地位，其裂缝发育程度主要受岩相、页岩层厚和构造部位的控制。通过构造应力场、地震属性等相关研究，配合储层岩相特征，来预测储层裂缝发育规律，是进行裂缝分布模拟的重要研究方法。

(二)天然裂缝的预测

通常，大尺度裂缝建模针对的裂缝都是由地震资料(如 AFE)确定的断裂和大尺度裂缝，它们的位置和形态基本上都是确定的，不需要随机生成。中尺度或小尺度裂缝，形成了页岩储层裂缝网络的主体部分，通常不可能具有每个裂缝的详细信息，但可以获得关于它们的分布密度、方位密度、大小及张开度等许多方面的先验认识和统计信息，用地质统计的方法处理这些信息可以随机生成由成千上万个裂缝组成的裂缝系统，并使之满足某种先验统计和认识。

对于天然裂缝，本书采用如下方法技术来预测。

1. 构造应力场

构造应力场是断裂和岩石变形裂缝的直接作用外力，断裂复杂及地震资料品质差可能造成区域地应力预测可靠性变差。地震资料解释表明，建模区东南部为大断层附近的应力扰动带，应力复杂，应力略呈北东向或北西向，通常是裂缝发育区带；而西北部应力场较稳定，最大主应力方向总体近东西向，裂缝不发育，这已为实钻井所证实。

另外，页岩气藏垂向不同层位仍存在构造应力的差异性，可使构造裂缝或人工压裂缝的发育程度产生不均一性。

2. 岩石力学特征

建模区页岩气藏内部岩相和页岩层厚度的差异性，导致岩石的杨氏模量（33.9～36.4GPa，平均值为35.5GPa）、泊松比（0.17～0.20，平均值为0.18）、内聚力（2～30kPa）、内摩擦角（20°～35°）等岩石力学参数的不同。地质建模中，东南部断层两侧适当范围内的岩石力学参数按一定比例降低，一般定义在60%左右，可按断层规模适当调整。

3. 天然裂缝的地震预测和钻井验证

裂缝是地壳上最小也是最为复杂的构造，限于地震识别精度，地震剖面及属性分析（分频相干体、分频曲率体、AFE属性体、蚂蚁体检测）仍可分辨的断层或断裂破碎带（断层2.0km范围内）、构造转折带（曲率大）为潜在的裂缝发育区。本书优选50Hz分频，运用近道曲率可以有效识别断层和小断裂（或大裂缝）及其发育规模，而运用远道曲率则更能反映小裂缝的发育情况。

从本区钻井情况来看，邻近断层区域内水平井段表现出挤酸压力、破裂压力、施工压力、停泵压力"四低"特点。由于近断层区发育大尺度裂缝，该区域内10余口井水平段实钻过程中发生泥浆漏失，且试气呈低产现象。而中西部裂缝发育，水平段实钻过程中出现漏失的井很少，且漏失井的泥浆漏失量小、漏速小。

(三)天然裂缝建模

在构造模型的基础上，综合地震AFE属性、构造曲率、应变体积膨胀资料，并结合地质认识与实钻漏失区、压力异常区、产量下降区的认识，建立天然裂缝（此次建模仅考虑构造裂缝）模型。

将页岩储层原型模型作为初始模型，可为裂缝模拟提供所需的各项参数（如构造曲率、岩相、页岩储层属性等）和约束条件，确保裂缝展布预测能够与页岩气藏地质条件相吻合。应用面向对象的随机建模方法，根据应力不同变化，逐个生成各组裂缝片，建立天然裂缝DFN模型。每组裂缝有位置、形态、厚度、曲率及所附带的基质块等一系列属性，这些属性的确定是依据已经存在的限定或者一些已经存在的先验关系随机生成的。每组裂缝片具有一些共性，并成批生成；通常每一个裂缝片是随机定位的，但也要满足一定的组群特征。

地质要素（构造部位、断层力学性质、页岩体）与裂缝特征具有一定的地质统计关系（如权重系数），需要通过统一的软件平台，建立不同级次裂缝群组特征。基于SKUA软件平台，在地质原型模型构造与层序背景下，综合地震AFE属性、断裂/曲率变化、页岩属性非均质性等资料，以岩石力学参数为依据，应用构造应力场模拟法，模拟出页岩地质体的应变量（如体积膨胀）和断层带附近页岩储层可能的破裂程度及其产状，用定量的三维连续参数场来表征离散的构造裂缝（图6-5）。

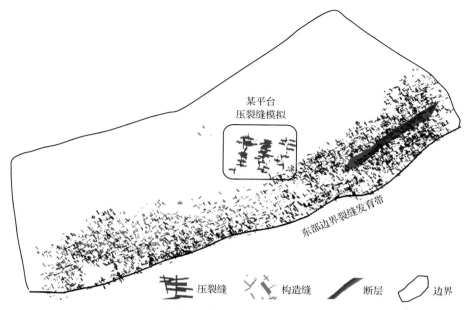

某平台
压裂缝模拟

东部边界裂缝发育带

压裂缝　构造缝　断层　边界

图 6-5　建模区天然裂缝叠加人工压裂缝模型图

建模区断层附近天然裂缝的主要特征如下。

一是天然裂缝与断层的关系主要表现为裂缝力学性质与邻近断层力学性质较近似，形成于统一的地应力场。在断层附近发育的裂缝中总有一组裂缝走向与断层方向一致（NE 向或 NW 向），尤其是在小断层附近的裂缝密度通常会加大。

二是构造部位控制了裂缝发育的密度和规模，页岩非均质性通常抑制了共轭剪切裂缝中的一组（NW 向），而留下另一组主要裂缝（NE 向），即在非均质性较强的区带，主要产生一组与地应力方向斜交的剪切裂缝。只有在非均质性较强的区带，两组共轭剪切裂缝才能同等发育。

三是与最大主压应力方向近平行分布的裂缝呈拉张状态，连通性较好，孔隙度、渗透率较高；与最大主压应力方向近垂直分布的裂缝呈挤压状态，连通性较差，孔隙度、渗透率较低；而与最大主压应力方向斜交分布的裂缝孔渗性介于前两者之间。

通过三维空间错综复杂的裂缝网络构建裂缝模型，使每组裂缝网络由大量具有不同形状、尺寸、方位及开度等属性的裂缝片组成，由此实现了对裂缝系统几何形态和分布的有效细致描述，近似模拟出由实际断层控制的裂缝体系，对于基质则用与裂缝片有连通关系的孔渗空间来描述。

第七节　页岩气藏人工裂缝模型建立

一、人工裂缝地质模型建立一般流程及方法技术

（一）人工裂缝展布形态分析

开展人工裂缝建模前应对收集到的地质模型、钻完井工程设计方案、压裂施工设计

方案等数据进行范围截取、筛选、格式转换、数字化等处理。然后，综合考虑地质和工程对人工裂缝扩展形态的影响。

1. 应用资料

地质参数：①储层构造与应力特征，包括地层倾角，地应力大小、分布与方向；②岩石基质物性参数，主要包括杨氏模量、泊松比、抗张强度、内聚力、摩擦系数或内摩擦角、基质孔隙度、渗透率；③天然裂缝参数，主要包括迹线形态、几何尺寸、分布状态、流动特性和力学特征。

工程参数：①水平井参数，包括水平井长度、轨迹、段间距、射孔参数与位置；②压裂施工参数，包括施工排量、压裂液性质与用量、净压力、泵注程序。

2. 人工裂缝展布形态分析方法

1) 人工裂缝展布模式判断

首先通过研究工区钻井的应力差异系数统计，发现应力差异系数主体分布范围，按照有关专家(Rickman et al., 2008)的观点，判断这一应力差异系数变化范围最可能形成哪种类型的人工裂缝。其次根据压裂中的压裂液配方和施工过程，推断有利于形成哪类人工裂缝。最后，通过微地震监测、G 函数诊断，确定本井及其各压裂段的人工裂缝属于哪种展布模式。

2) 人工裂缝参数拟合分析

根据 FMI 测井解释最大主应力方位、地震地应力预测结果和前面建立的天然裂缝模型，结合钻井水平段方位和相关的施工压裂参数，推测压裂产生的人工裂缝的整体展布方向；通过钻井计算各小层之间的应力差，判断人工裂缝主要缝高范围。

在人工裂缝模拟过程中，首先应用测试压裂与主压裂 G 函数分析方法，通过 G 函数曲线一阶叠加导数 $G\mathrm{d}p/\mathrm{d}G$ 的波动程度判断裂缝的复杂程度；其次通过阶梯降排量分析方法，获得近井筒裂缝弯曲摩阻，判断近井筒多裂缝扩展情况、设定地层滤失系数；再次在这些认识的基础上，利用微地震监测和净压力拟合结合的方法，根据实际泵注参数、应力剖面，定量计算改造体积(SRV)、网络主裂缝、次级裂缝的体积等裂缝参数；最后分析支撑剂在裂缝中的铺置状态，评价裂缝的导流能力。

(二)人工裂缝建模

1. 人工裂缝扩展模拟

扩展模拟是应用施工压裂资料，在天然裂缝模型的基础上，进行人工裂缝扩展与走势模拟，主要有三个步骤。

(1)统计施工压裂曲线与裂缝监测结果，评价人工裂缝方位、改造体积等参数，结合涪陵地区页岩气田岩石物理性质的非均质性，分区域描述相应的人工裂缝展布模式；

(2)各区域内，根据天然裂缝模型，输入相关的施工压裂参数，进行人工裂缝扩展模拟；

(3)分析支撑剂在裂缝中的铺置状态,评价裂缝的导流能力,建立人工裂缝属性模型。

2. 人工裂缝 DFN 建模

基于前面人工压裂缝展布模式、裂缝长度与高度、裂缝体积等参数的分析结果，利用微地震监测数据等建立页岩气储层人工裂缝模型，具体流程如下。

(1) 加载页岩气藏所在区域的水力压裂微地震事件数据，标定出压裂缝位置，构建各压裂段三维微地震云图。

(2) 以微地震事件点发生时间属性为主，合并空间数据；确定主裂缝的空间及几何参数约束条件，模拟人工裂缝可能的破裂路径。

(3) 在微地震事件有效分布空间(XYZ)范围内，描述微地震事件点集的密度分布属性及裂缝发育程度。

(4) 在页岩气藏地质原型模型背景下，以微地震事件点的方位属性及能量大小(震级或振幅、信噪比)为依据，计算水力压裂过程中主裂缝发生位置(空间 XYZ)、展布方向(方位，倾角)、模拟形态特征。

(5) 采用裂缝建模 DFN 方法，构建压后裂缝网模型，并计算压裂缝分布面积和 SRV，建立人工裂缝 DFN 模型。

二、人工裂缝模型建立实例

本区水平井基本是沿平行断裂钻进的，因此水平井水力压裂形成的人工裂缝基本与高角度构造裂缝垂直或大角度斜交，其延伸可能受到天然裂缝干扰，但总体影响不大。人工裂缝特别是其主裂缝张开幅度较大，且有支撑剂支撑，因此其长期保持很高的导流能力，在页岩气生产中扮演高速通道作用。因此，本书人工裂缝建模主要采取如下流程及技术。

(一)人工裂缝展布模式

在人工裂缝建模中，人工裂缝展布模式的建立是关键一步，也是最难的一步。刘洪等(2018)认为，在几种压裂方式中，改进拉链式压裂会增加压裂缝复杂程度。尹丛彬等(2017)提出，影响裂缝扩展的因素主要包括地应力差、簇间距、天然裂缝属性、净压力等。研究区主体天然裂缝不发育，因此可依据地应力特征、压裂工艺等进行推断。我们统计了建模工区及邻区九口井的地层应力差异系数，发现其主要分布于 0.11～0.25，按照 Rickman 等(2008)提出的根据应力差异系数与裂缝形态的关系，判断该压力差异系数下地层易形成"主裂缝＋分支裂缝"的复杂裂缝；在本区压裂中，采用减阻水造复杂网缝、胶液造主缝，有利于形成"主裂缝＋分支裂缝"。同时，通过微地震监测与 G 函数诊断，也可确定本区裂缝模式为"主裂缝＋分支裂缝"。

(二)人工裂缝参数拟合分析

由 FMI 成像测井解释分析得到最大主应力方位主要为近 EW 向，而钻井水平段方位基本上为 NS 向，可以推测压裂产生的人工裂缝整体为近 EW 向，与水平段的夹角介于 70°～90°。通过相关井计算，页岩储层底板与①号小层的应力差为 8.8MPa，而中部⑤号小层与⑥号小层的应力差为 2.3MPa，使得压裂时人工压裂缝向下、向上的延伸均遇到较大阻力,因此判断人工裂缝主要在①~⑤小层中延伸,即得到人工裂缝缝高低于 40m。

对人工裂缝参数进行拟合分析,以某井第 9 段压裂为例,根据测井及岩石力学实验资料确定页岩地层基本参数。在裂缝模拟过程中首先应用测试压裂与主压裂 G 函数分析方法,通过 G 函数一阶导数 Gdp/dG 曲线的波动程度判断裂缝的复杂程度;其次通过阶梯降排量分析方法,获得近井筒裂缝弯曲摩阻,判断近井筒多裂缝扩展情况以设定地层滤失系数;最后在这些认识的基础上,结合微地震监测和净压力拟合结果,根据实际泵注参数、应力剖面,定量计算改造体积与网络主裂缝、次级裂缝的体积等参数。对三簇射孔进行模拟,假设每簇射孔形成一条主裂缝,施工液量为 1700m³,加砂量为 60m³,施工排量为 12m³/min,得到压后裂缝参数(表 6-2)。

表 6-2 某井第 9 段人工压裂缝参数表

	主裂缝	分支缝	DFN
裂缝体积/m³	58.54	60.23	118.78
缝长/m	380.00	856.23	1022.80
平均缝高/m	39.68	28.14	32.15
射孔处最大缝宽/cm	0.1210	0.0917	0.1021
平均水力缝宽/cm	0.0982	0.0787	0.0858
平均裂缝导流能力/(mD·m)	10.88	1.86	4.15

(三)人工裂缝模型

基于上述人工裂缝展布模式、裂缝长度与高度、裂缝体积等参数的分析结果,利用研究区内某平台三口水平井的微地震监测数据建立页岩储层人工压裂缝模型。

当前,微地震监测技术应用于大规模复杂裂缝网络评估,是推动页岩气开发最主要的技术之一。水力压裂时裂缝尖端向前延伸过程中,缝端附近剪应力急剧变化会产生剪切波,地面或井下微地震三分量检波器则接收到微地震事件;通过对微地震数据处理解释、反演计算、裂缝分布模拟,可获取压裂诱导裂缝的方位、导流能力、几何形态、复杂缝网等诸多信息,从而计算出储层改造体积。下面依据微地震监测数据开展人工裂缝建模工作。

1. 三口井实施简况

某平台三口井中,1 号井(水平段 1500m,射孔压裂 22 段)、2 号井(水平段 1300m,射孔压裂 17 段)、3 号井(水平段 1300m,射孔压裂 17 段)的水平段基本都是在①、②、③号小层中穿越,三口井人工裂缝控制面积平均约 3km²。

三口井压裂施工历时 18~20d,采获压裂秒点数据分别为 21.5804×10⁴ 个、16.9779×10⁴ 个、17.1811×10⁴ 个,数据项包括时间、泵压、排量、累计液量、砂比、累计砂量等。不同分段的压裂施工参数存在着差异,地质条件对压裂施工参数、施工工艺等影响程度目前尚不明确且暂无定论。

2. 压裂微地震事件监测

在三口井压裂施工中,同步进行井中微地震监测与地面微地震监测(半径 2650m 范围），其中地面微地震监测采获三口井的微地震事件分别为 671 个、243 个、159 个，井中微地震监测采获两口井的微地震事件分别为 2145 个、1630 个，数据项包括日期、时刻、XYZ、振幅等。

大量微地震源点在空间分布，构成了在宏观上反映震源区域某种压裂施工或地质信息的、有一定统计分布规律的几何散点集。对这些微地震信号进行震源定位，确定一系列震源的三维坐标，可以描述人工裂缝的具体形态及动态变化过程。

井中或地面的微地震裂缝监测，可以更近距离、更准确、更清晰地反映压裂过程中人工裂缝的缝长、缝高及裂缝实时延伸等情况。但是，微地震信号很容易受其周围噪声的影响或被遮蔽，在传播过程中，地层及岩石介质吸收、不同地质环境、传播路径复杂化等，会使能量受到影响，监测所得到的资料存在微震事件少、信噪比低、反演可靠性差等缺点；由于组成页岩成分如黏土矿物含量、压后人工裂缝产状及监测装置精度等因素，微地震检测仪器不可能探测到所有微地震事件，压裂效果在某些区域表现出"较差"的假象。

3. 微地震裂缝模拟技术流程

微地震裂缝模拟包括两方面内容，一是人工裂缝系统分布模拟，二是对人工裂缝作用的评价。通过压裂过程中发生的微地震事件云图(图 6-6)，以时间属性为主，反演计算

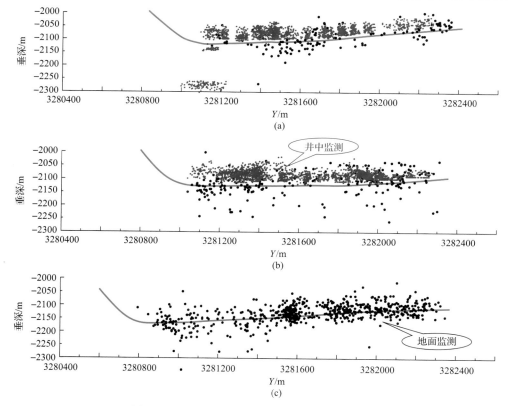

图 6-6　某平台三口井微地震事件云图(纵向 Z)

(a) 1 号井；(b) 2 号井；(c) 3 号井

出人工裂缝的发展过程(空间 XYZ 位置、破裂路径)、人工裂缝规模(尺寸、方位、截面积);在压裂有效改造体积范围内,以事件点分布的密度属性为主,结合事件点的方位属性及能量大小(震级或振幅、信噪比),确定压裂过程中伴生裂缝的几何形态、空间特征等;采用 DFN 模拟方法及流程对压裂后的衍生裂缝进行模拟(图 6-7),进而表现出复杂裂缝系统的分布与属性参数的三维。

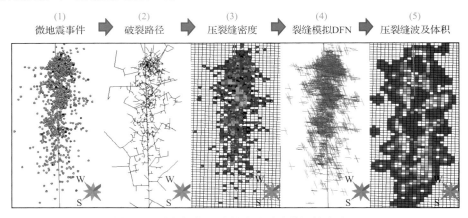

图 6-7　页岩气藏压裂微地震裂缝模拟技术流程

4. 压后微地震事件裂缝模拟

本书采用 SKUA 软件平台,对微地震事件数、震源参数(振幅、频率、相位等)、压裂参数(排量、阶段液量、阶段砂量、砂比、施工压力等)随时间的变化规律进行模拟研究,评估压裂监测结果,识别出人工裂缝高度及长度、人工裂缝体生长区域与对称性等特性。页岩气藏压裂后基于微地震监测数据进行衍生人工裂缝的模拟分为以下五个步骤。

(1)加载水力压裂区域的微地震事件数据,标定出人工裂缝位置,构建各压裂段三维微地震云图(图 6-8)。

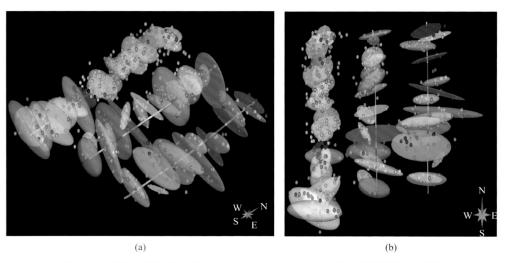

(a)　　　　　　　　　　　　　　　(b)

图 6-8　涪陵页岩气藏一期产建区某平台三口水平井各压裂段微地震云图

（2）以微地震事件点发生时间属性为主，合并空间数据；确定主裂缝的空间及几何参数约束条件，模拟可能的人工裂缝破裂路径(图6-9)。

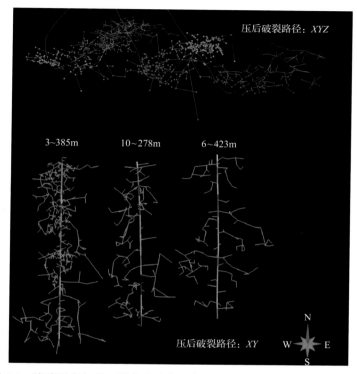

图6-9 涪陵页岩气藏一期产建区某平台三口水平井段压后破裂路径模拟

（3）在微地震事件有效分布空间(XYZ)范围内，小尺度网格化描述微地震事件点集的密度分布属性及人工裂缝发育程度。

（4）在页岩气藏地质原型模型背景下，以微地震事件点为依据，计算水力压裂过程中的主裂缝发生位置、展布方向（方位，倾角）、模拟形态特征[图6-10(a)]。

（5）采用DFN建模方法，构建压后人工裂缝网络模型，并计算人工裂缝分布面积和改造体积[图6-10(b)]。

（6）在压后主裂缝模型的基础上，结合天然裂缝地质模型进行综合模拟，构建页岩气藏裂缝体系模型(图6-11)。

5. 压裂主裂缝空间特征分析

裂缝网络是页岩气水平井压裂设计的最高目标，压裂后将产生哪一种形态的裂缝，要取决于地应力和井筒轨迹的若干情况：当水平井筒方位与最大水平主应力方位垂直时，可产生横向裂缝；当两者方位一致时，可产生轴向裂缝(纵向裂缝)，其有效泄流面积相对横向裂缝来说要小很多；当两者夹角处于其他情况时，人工裂缝不在一个简单的平面上，易形成斜交缝。由于井筒附近的应力集中，人工裂缝在井筒上开启的方向可能与最终的延伸方向不同，最终方向会垂直于最小主应力方向。

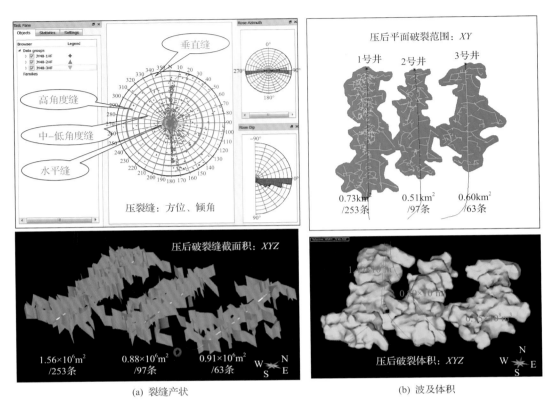

(a) 裂缝产状   (b) 波及体积

图 6-10 涪陵页岩气藏一期产建区某平台三口井水平井压后裂缝空间趋势模拟

图 6-11 涪陵页岩气藏一期产建区裂缝体系(天然裂缝+人工裂缝)模型

地质因素(脆性矿物含量高、杨氏模量高、低泊松比、水平应力差值小、天然裂缝或页理缝)为控制因素,工程因素可改变人工裂缝网络的复杂性和波及范围。较理想的是水平井压裂产生横向裂缝作为裂缝网络的主裂缝，最佳压裂效果是在产生垂直于水平井段横向主裂缝的同时，也产生垂直于横向裂缝的二级裂缝，以提高裂缝与储层的接触面积，有利于页岩气的解吸附和气体在储层中的流动。然而，压裂产生的裂缝形态是比较复杂的，单一裂缝和网络裂缝是复杂裂缝的两种极端表现形式。某平台三口水平井压后人工裂缝模拟表明，裂缝网络(延展尺度大于200m)形成的概率约为10%，单一裂缝则为40%左右，其余则是介于单一裂缝和网络裂缝之间的复杂裂缝，总体来看三口水平井压裂效果处于较好水平。

6. 人工裂缝对储层改造作用显著

即使在同一"甜点区"内，受页岩储层、完井质量、压裂实施等多因素影响，单井产气量较高的"好井"与产气量较低的"差井"也会交替分布。

例如，3号井距东部断层1450～2988m，部分射孔压裂段处于潜在裂缝发育带(距断层2000m以内)边缘，其加砂量完成率高达85.2%，要明显高于同平台的1号井(78.91%)和2号井(73.14%)。当有部分延伸较长(大于200m)的压裂主裂缝沿最大水平主应力方向扩展或与页理弱面(沿页理面发生剪切扩张或脆性岩石产生剪切滑移)同时起裂时，造成人工裂缝与天然裂缝相沟通(图6-12)，并沿天然缝继续扩展可形成更大范围的裂缝网络(即空间耦合)，从而增加了压裂波及范围，最终反映在了生产动态上。与周边井相比，虽然3号井Ⅰ类页岩占比仅17.46%，Ⅱ类页岩占比高达82.54%，但压后投产的初始日产气量则属中上水平(大于55000m³/d)，要好于同平台其他井，说明人工裂缝对产量贡献十分显著。

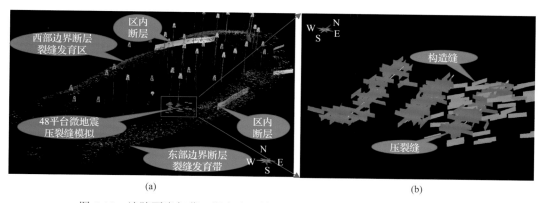

(a)　　　　　　　　　　　　　　　(b)

图6-12　涪陵页岩气藏一期产建区某平台人工压裂缝与天然裂缝沟通趋势

储层的非均质性对各井水力压裂指标参数仍有影响，造成各段人工裂缝指标并不均匀一致，而人工裂缝段的空白区即"空洞"则可能是今后潜在的重复压裂目标。

7. 裂缝体系(天然裂缝+人工裂缝)孔渗性

页岩储层由基质块中的孔隙系统、天然裂缝系统、水力裂缝系统构成。其中，孔隙是页岩气主要的储集空间，天然裂缝和人工裂缝是气体的渗流通道；通常情况下，基质孔隙系统的储集能力更大，而裂缝系统的流动性更强。

不同组系裂缝的孔渗性受应力场影响，通过影响裂缝孔隙性(开度)从而影响其渗透性。对于天然裂缝而言，与地应力场最大主压应力近平行分布的裂缝呈拉张状态，连通性较好，裂缝孔隙性好、渗透率高；与地应力场最大主压应力近垂直分布的裂缝呈挤压状态，连通性较差，裂缝孔隙性差、渗透率低；与地应力场最大主压应力斜交分布的裂缝孔渗性介于两者之间。

对于压后人工裂缝而言，由于受压裂现应力场影响，常存在一个与地应力场最大主压应力近平行的主孔渗方向，但其他方向裂缝的孔渗性也仍有不同程度的体现，如某平台各井压裂后，孔隙度可增加 1.5%左右，而渗透率则呈指数倍增至 $100 \times 10^{-3} \mu m^2$ 以上，页岩储层孔渗性明显提高对页岩气藏的开发至关重要(图 6-13)。

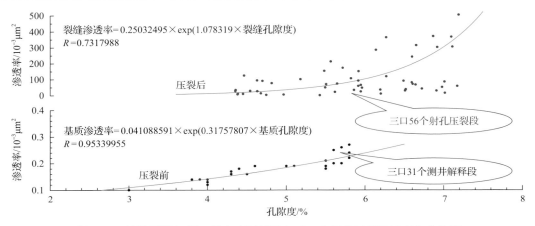

图 6-13　涪陵页岩气藏一期产建区某平台三口井压前压后孔渗变化曲线图

(四)综合地质模型

1. 建模目标设置

页岩气藏储集空间非常复杂，特低渗透的页岩基质系统是页岩气的主要储集场所，而人工裂缝系统则是页岩气的主要渗流通道。基质系统和裂缝系统在储集性和渗流能力上的差异，必然导致其在空间分布上存在极强的非均质性(渗透率级差可达数百倍)；同时，由于人工裂缝这一关键特征的存在，页岩气藏在开发过程中表现为双重介质的特征，为页岩气藏综合地质建模带来了极大的难题。

考虑既要反映人工裂缝分布特征(模拟精度)，又要满足数值模拟需要(运算速度)，建立的模型要包括页岩基质和人工裂缝两部分，以体现基质和裂缝两大系统的空间非均质性。在建模区页岩气藏地质原型模型的基础上，切取某平台井区模型，其面积为 $6.2km^2$，并将其纵向粗化为九个网格层(与地质层段九个小层呈一一对应关系)，总网格数达 585630 个。

2. 建模方法及流程

本书采取"构造模型和小层发育模型+储层基质属性地质模型+天然裂缝模型+人工裂缝模型"逐级叠加方法，建立了综合地质模型。具体流程如下。

一是利用已构建的地质原型模型(硬数据),并与地震解释、地质分层等成果进行对比和质量控制,建立井区层序构造模型。

二是利用三口井的测井解释结果(孔隙度、渗透率、含气量等、硬数据),在构造模型和小层发育模型的基础上叠加基质属性地质模型,形成构造背景下的各小层基质孔隙度、基质渗透率、含气量等模型,并进行质量控制。

三是在天然裂缝地质模型的基础上,利用人工裂缝模拟软件(SKUA)DFN 模拟的主裂缝数据体[图 6-14(a)],采用嵌套方式将裂缝特征赋予模型网格一定的裂缝属性值(产状、孔隙度、渗透率),进行条件约束模拟[图 6-14(b),软数据],以体现人工裂缝在基质模型中的网状特性。

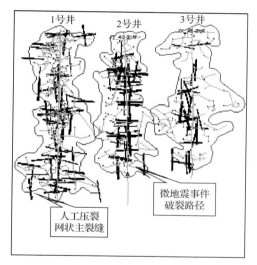

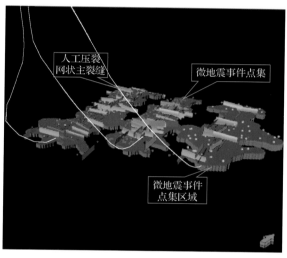

(a) 主裂缝平面分布预测　　　　　　(b) 主裂缝系统空间分布模型

图 6-14　涪陵页岩气藏一期产建区某平台人工压裂主裂缝系统模型

四是在基质模型的基础上,叠加裂缝体系模型,形成页岩气藏综合地质模型(图 6-15)。

3. 基于模型的生产动态评价

本书人工压裂综合地质模型是裂缝预测高度概括的定量化研究,反映了现有研究条件下可能的页岩气藏压裂程度、产状及对渗流能力的模型化表征,用定量的连续性参数表现离散型人工裂缝对气藏开发的影响程度。体现了裂缝与基质两大系统之间的非均质性,可以满足页岩气藏动态分析和气藏数值模拟的要求。

在某平台各水平井投产初期,产气量主要来自高渗裂缝系统,产量较高。随着开采的进行,裂缝系统的压力不断降低,裂缝供给能力下降。当裂缝系统压力低于基质系统压力时,基质系统中的页岩气开始流入裂缝中;但由于基质系统的渗透率低(比裂缝系统要小几个数量级),供气速度减缓,无法弥补裂缝系统的供给能力,产气量会逐渐递减。

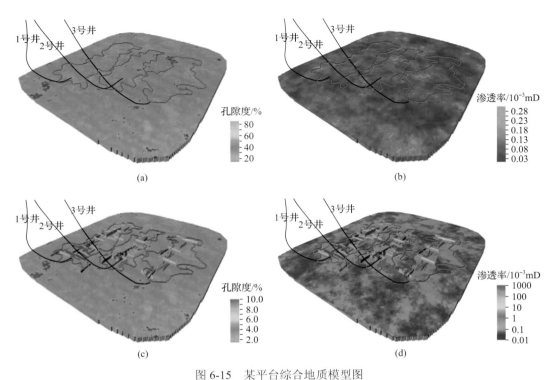

图 6-15 某平台综合地质模型图

(a)基质孔隙度模型；(b)基质渗透率模型；(c)基质+裂缝融合孔隙度模型；(d)基质+裂缝融合渗透率模型

第八节 地质模型融合与质量控制

一、地质模型融合

(一)基质属性模型融合

各个基质属性模型的融合以页岩气"甜点"判断和计算方法为指导，通过选取反映"甜点"的属性类参数，给予相应的计算得到页岩气"甜点"地质模型。

(二)裂缝模型融合

裂缝模型融合包括多尺度天然裂缝的融合和天然裂缝与人工裂缝的融合。多尺度天然裂缝的融合以相关算法实现，中尺度裂缝是在大尺度裂缝约束下模拟形成的，其与小尺度裂缝的融合算法为等效技术。天然裂缝与人工裂缝的融合主要通过建模算法，融合天然裂缝 DFN 模型和人工裂缝 DFN 模型。

(三)裂缝模型与基质属性模型融合

裂缝模型与基质属性模型的融合可通过网格转化技术来完成，通过多尺度裂缝模型与基质属性模型融合形成页岩气综合地质模型。

二、模型粗化

建立一个粗化的网格，设置网格和构造的形态使之符合数值模拟要求，同时根据数值模拟要求对平面和垂向网格进行适当合并。

将细网格的属性模型采用某种算法粗化到粗网格模型中。各属性模型粗化方法如下：①TOC 模型和矿物含量模型采用网格体积算术平均方法。②孔隙度模型采用网格体积和 TOC 加权算术平均方法。③含气量模型采用网格体积、TOC 和孔隙度同时加权的算术平均方法。

选择要粗化的裂缝类模型，主要包括裂缝孔隙度、渗透率等，采用统计学方法或流动方程方法，将建好的裂缝类模型转换成双孔、双渗模型中的裂缝类模型。

三、模型质量控制

（1）作出模型分层相数据的分布图、分层属性分布图和属性交会图，并与井统计数据对比，对模型的统计规律进行检验。如果模型的统计分布与井统计分布差别较大且在地质和数据认识上无法合理解释，则需对模型进行修正。

（2）将模型的平面和垂向切片所显示的地质模式与地质、地震等综合手段得到的地质模式进行对比，对模型所反映的地质信息进行检验。如果模型显示的地质模式与综合得到的地质模式差别较大，则需对模型进行修正。

（3）对单井地层测试结果、气井产量与压力下降等动态测试数据所反映的井上和井附近的储层信息进行分析，定性或定量得到储层属性、天然裂缝和人工裂缝的位置等，并与模型进行对比，检验模型对动态的反映是否与动态测试数据一致，并将模型中不符合动态测试数据信息的地方进行修改。

将粗化模型和各井生产动态数据输入油藏数值模拟器中，通过各井生产动态数据的历史拟合，对模型进行修改。

第七章 页岩气解吸附与流动机理

页岩气主要以吸附态和游离态赋存于富有机质泥页岩中。本章研究了甲烷在纳米尺度有机质孔隙结构中的赋存方式和赋存机理、页岩气解吸附及开发过程中从基质到人工裂缝单/多相流动机理及其分段性，通过实验研究了页岩气藏不同类型裂缝岩样渗透率随有效应力的变化规律。

第一节 页岩气孔隙赋存方式及机理

一、等温吸附实验

等温吸附曲线反映了页岩对甲烷气体的吸附特征和能力，利用该曲线可以确定吸附气的临界解吸压力、估计最大吸附量及预测气体采收率等。根据静态容量法原理，组建了等温吸附解吸测试流程，研究了样品类型、温度及压力等对吸附解吸特征的影响。实验样品来自四川盆地涪陵地区页岩岩心，将其粉碎为 60 目粒径进行吸附解吸实验，实验气体采用纯度大于 99%的甲烷、氦气及氮气。

（一）实验方法

按照容积法吸附测试原理，设计研制了两套页岩气吸附解吸实验装置，实验流程如图 7-1 所示。全直径页岩吸附解吸测试装置如图 7-2 所示，主要由参考缸及样品缸(0～40MPa)、增压泵、真空泵、恒温箱(120℃)、高精度压力传感器(0～40MPa，精度为0.001MPa)等组成，采用计算机自动采集压力和温度数据，以保证数据记录的准确性。另外一套装置针对颗粒样品进行测试。

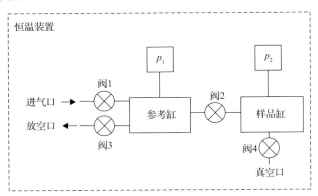

图 7-1 等温吸附解吸实验流程图

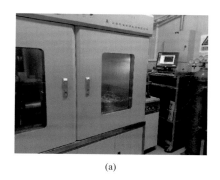 

(a)   (b)

图 7-2   全直径页岩吸附解吸测试装置

采用氦气膨胀法对管路、参考缸及和样品缸的体积进行准确标定，具体实验步骤如下。

(1) 关闭阀 3 和阀 4，打开阀 1 和阀 2，通过增压泵向系统内充入氦气，压力高于最高测试压力 2MPa，关闭阀门 1，若压力在 1h 内变化不超过系统压力的 1%，则视为系统气密性良好。

(2) 设定温度，使恒温空气浴达到实验所需温度。

(3) 接通真空泵，将实验装置抽真空。

(4) 关闭阀 2，打开阀 1，向系统充入测试气体，调节参考缸压力至初始设定压力，然后关闭阀 1，压力平衡后记录参考缸内压力为初始压力。

(5) 缓慢打开阀 2，直至样品缸和参考缸达到平衡，采集样品缸和参考缸内的时间、压力、温度等相关数据。

(6) 从低到高逐个对压力点进行测试，重复 (4) 和 (5) 步，直至测试完最后一个压力点，吸附测试结束。

(7) 关闭阀 2，打开阀 3，当参考缸内气体压力降至设定压力后关闭阀 3，稳定后记录参考缸的压力。

(8) 打开阀 2，待压力平衡后记录压力值，计算此压力下的吸附量和解吸量。

(9) 从高到低逐个对压力点进行测试，重复 (7) 和 (8) 步，直至测试完最后一个压力点，解吸测试结束。

(10) 实验结束后，放空实验气体。

(二) 吸附解吸影响因素分析

1. 吸附量与地球化学参数的关系

有机碳含量与吸附量之间的正相关关系已获得共识，而成熟度与吸附量之间的关系还存在很多争议。图 7-3 表明，相同温度下随着有机碳含量的增大，甲烷饱和吸附量呈增加趋势，说明有机质为页岩气的赋存提供

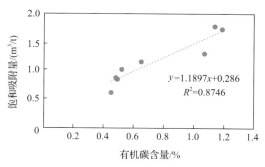

图 7-3   饱和吸附量与有机碳含量的关系

了充足的比表面积和孔隙空间，是影响页岩对天然气吸附能力的重要因素。

2. 吸附量与黏土矿物含量的关系

从实验结果来看（图 7-4），黏土矿物含量与饱和吸附量之间不存在明显的相关性，相关系数仅为 0.1017。通过 XRD 分析，样品中黏土矿物以伊利石及伊蒙混层为主，不存在吸附能力相对较强的蒙脱石，导致黏土对页岩吸附量的贡献不大。因此，虽然前人认为泥页岩中的黏土矿物具有较强的甲烷吸附能力，但本书所研究的页岩样品中黏土矿物的吸附作用比较有限，对页岩的吸附能力贡献不大。

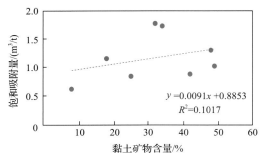

图 7-4　饱和吸附量与黏土矿物含量的关系

3. 吸附量与孔隙结构的关系

图 7-5～图 7-8 分别展示：饱和吸附量与比表面积之间具有良好的正相关关系，相关系数达到 0.9352，而且饱和吸附量与微孔比表面积、中孔比表面积及大孔比表面积均具有较好的正相关关系。

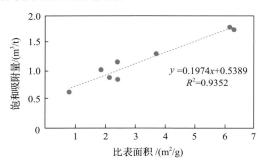

图 7-5　饱和吸附量与比表面积的关系

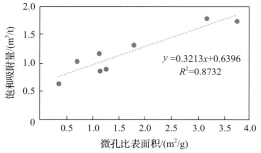

图 7-6　饱和吸附量与微孔比表面积的关系

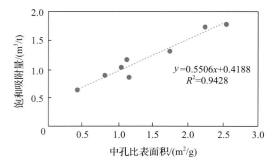

图 7-7　饱和吸附量与中孔比表面积的关系

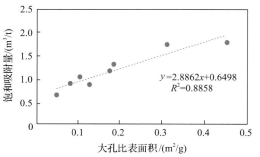

图 7-8　饱和吸附量与大孔比表面积的关系

4. 样品类型对吸附特征的影响

采用的测试样品均来自涪陵地区页岩，其中两个样品为直径 10cm 的全直径岩心，另外两个样品为相近深度的 60 目颗粒样品。所有样品在 66℃下开展了等温吸附测试，利用朗缪尔吸附理论处理实验数据，对吸附曲线进行微分运算后的结果表明，与全直径样品相比，颗粒样品的吸附量随压力变化更为剧烈，对压力变化更为敏感。

孔隙表面是吸附相气体赖以存在的场所。块状样品研磨成颗粒后，原有的一些闭合盲孔由于破碎作用成了开孔，岩石颗粒内部微孔隙、封闭孔隙更多地暴露出来，增加了孔隙连通性、总孔隙空间和表面积，进而使吸附量增加。此外样品粉碎破坏了原有的微裂缝，不能反映天然裂缝对吸附量的影响。

5. 有效应力对吸附特征的影响

利用全直径页岩等温吸附装置，在有效应力为 3MPa 作用下对 Q23 页岩进行了甲烷气体等温吸附实验，并与未加围压时的吸附实验结果进行了对比，如图 7-9 所示。从图中可以看出，有效应力对甲烷饱和吸附量有明显影响。在同一平衡压力下饱和吸附量随着有效应力的增加而降低，而且有效压力较高时影响显著，最终表现为饱和吸附量相差较大。由于页岩对甲烷气体存在临界孔隙尺度，有效应力增加会导致部分微孔孔隙尺寸小于临界孔隙尺度，气体很难进入这部分孔隙中，进而对吸附量产生影响。另外，较大孔隙在有效应力作用下发生压缩，导致表面积减小，也是吸附量减少的因素之一。可以推测，降压生产过程中随着有效应力的增加，部分吸附气体虽然发生解吸，但因孔隙闭合达到临界尺度而难以产出。

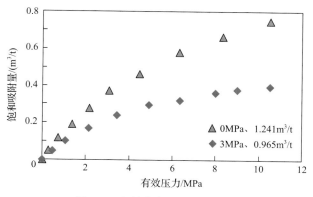

图 7-9　有效应力对吸附的影响

6. 温度对吸附特征的影响

通过研究不同温度下页岩等温吸附特征，从热力学角度分析了页岩的等温吸附过程。采用粉末样品和全直径岩心样品分别进行了不同温度下的吸附解吸实验。

对粉末样品 8-51/67 及全直径样品 Q23 分别进行了 30℃、40℃、50℃、66℃、80℃下的吸附解吸实验，实验结果如图 7-10 和图 7-11 所示。可以看出，吸附过程中饱和吸附量随着温度升高呈现降低的趋势，而各个温度下粉末样品的吸附量均大于全直径样品（图 7-12、表 7-1）。吸附过程是放热过程，较高的储层温度会制约吸附的进行，影响含气量大小。解吸为吸热过程，从这个角度看升高温度会促使甲烷动能增大，降低甲烷与基质表面之间的引力，基质孔隙内表面解吸变为游离态的甲烷分子数量增多，使解吸进行得更为彻底，从而提高了页岩气最终采收率。

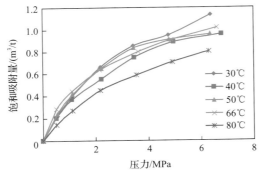 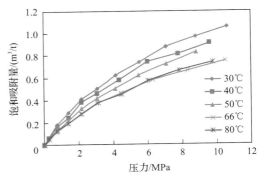

图 7-10　8-51/67 样品不同温度下吸附曲线　　图 7-11　Q23 样品不同温度下吸附曲线

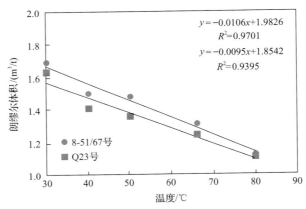

图 7-12　饱和吸附量与温度的关系

表 7-1　朗缪尔压力及朗缪尔体积随温度的变化

温度/℃	朗缪尔体积/(m³/t)		朗缪尔压力/MPa	
	8-51/67	Q23	8-51/67	Q23
30	1.690331	1.63212	3.320548	6.712475
40	1.501051	1.407261	3.094709	6.480036
50	1.480385	1.355381	2.417457	7.652998
66	1.308216	1.241465	2.101779	7.181875
80	1.121705	1.105583	3.473742	6.957712

二、吸附的分子模拟研究

针对超临界甲烷在纳米尺度有机质孔隙结构中的吸附、解吸机理的研究尚处于起步阶段。在纳米尺度下，针对流体的直接实验观察或测试都极端困难，而分子模拟方法能够提供现有实验无法直接测试的孔隙中的信息，能够对深入认识页岩气的赋存方式和赋存机理提供巨大帮助。因此，在页岩气赋存机理分析中需要深入了解流体在纳米空间的物性及其他物理场对热物性场的影响规律。掌握在不同温度、压力下甲烷在干酪根纳米级孔隙和矿物表面的吸附规律，了解页岩纳米级孔隙中游离气和吸附气的比例，对储层含气量评估、岩心含气量测试、页岩气开采过程的评估和模拟有重大意义。本书利用分子动力学模拟手段，针对由真实的干酪根分子结构构成的纳米级孔隙和真实的矿物表面，研究超临界甲烷在其中的物性变化规律和吸附规律。

（一）干酪根孔隙重构

1. 分子重构方案

本书针对涪陵地区五峰组—龙马溪组页岩的有机质进行了重构。

重构的依据是实验分析结果。样品采自涪陵地区钻井，共进行了两组龙马溪组灰黑色页岩的干酪根富集及制备，最终制备量分别为 0.013g 和 0.014g，最终选定的元素组成：H/C 值（原子个数比，余同）约 0.5，O/C 值约 0.02，S/C 值约 0.005，N/C 值约 0.005（即 H：C=1：2，O：C=1：50，S：C=1：200，N：C=1：200），当前元素组成对应的镜质体反射率大致在 2.0%～3.0%。

指定的这类干酪根结构的具体重构算法：①随机生成由 6～8 个苯环构成的稠环芳烃集团；②随机生成 4～6 个稠环芳烃集团；③根据总体 H/C 比例推断需要的碳链规模，并随机生成一定数量的碳链，将稠环芳烃集团连接起来；④进行 O、N 和 S 原子的修饰。将生成的干酪根分子在分子动力学力场中进行松弛，就可以获得热力学平衡态下的干酪根分子。

2. 干酪根介观纳米孔构造方案

尽管在重构干酪根有机质固体的过程中，已经自然地构造出了一部分亚纳米级的有机质天然孔隙，并且这部分孔隙很可能对页岩的含气量做出一定的贡献，但是，许多基于显微镜观测的实验研究都表明，页岩有机质中存在着大量 2～50nm 的介孔及 100nm 以上的宏孔。对于吸附/解吸这样的物理化学过程，100nm 以上的宏孔并不会表现出由于尺度效应引起的特殊性质，因此，重点研究页岩有机质的微孔和介孔中的吸附特性。

在干酪根分子固体中构造孔隙的方法可以分为三类（图 7-13）。第一类方法是直接在固体中删除原子，获得需求的孔隙空间。这种方法不需要引入新的计算量，就可以获得符合预期几何形状的孔隙。但是对于由有机大分子构成的固体，随意删除原子将破坏相关化学键的定义，同时形成的孔隙表面也可能具有异常的表面能，不具有热力学稳定性。第二类方法是通过引入流体分子，使之与有机质固体分子发生排斥作用，进而形成孔隙。第三类方法是在虚拟原子方法的基础上提出的一种适用于生成介孔的方法，称之为刀具原子群方法。首先，根据预设的孔隙尺寸和形状准备一个用于与固体大分子发生排斥作用的刀具原子群。其次将这些原子的坐标和相互作用全部冻结。最后将其整体混合到有机质固体大分子中进行等温等压系综（NPT）的松弛。这时，因为刀具原子群密集占据了一个预设的孔隙空间，有机质大分子很难进入这个区域，使最终的固体体系中出现了一个符合预设尺寸和几何形状的孔隙。与单个的兰纳-琼斯(LJ)虚拟原子方法相比，刀具原子群方法可以调控孔隙的几何形状。此外，由于刀具原子的相互作用势可以选用真实的甲烷流体参数，这种孔隙生成过程在一定程度上模拟了真实的物理过程，生成的孔隙更能表征实际的含气孔隙。

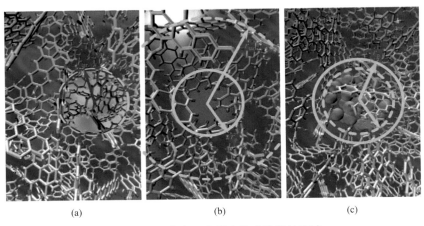

图 7-13　三种在干酪根中生成孔隙的方法

(a)直接移除孔隙中的原子；(b)虚拟原子法；(c)刀具原子群法

r_{tar}-预设圆孔半径；r_p-实际生成的孔隙半径；r_c-刀具原子群的半径

本书构造干酪根微孔和介孔的目的是研究其吸附特性，因此选用典型储层条件下的甲烷气体作为刀具原子。在干酪根固体的基础上，整个孔隙生成过程主要包括以下三个步骤。

(1)预先准备一个被包括在半径为 r_c 的球面内的刀具原子。这里针对甲烷气体选用 LJ 势能模型，其特征能量为 148.0kcal[①]/mol，特征长度为 3.73Å。原子位形的构造方法为 360K 和 20MPa 下的巨正则系综蒙特卡洛法(GCMC)。模拟生成的平衡态下的原子位形即为刀具原子群。

(2)在固体干酪根中的指定位置插入刀具原子群，之后整个体系一起进行等温等压系综的松弛，最终生成由干酪根分子包裹的含气孔隙。本书生成了直径为 1～10nm 的干酪根孔隙，其中包含的干酪根分子数为 9～729 个，单个分子的原子数为 180～200 个，体系的最大总原子数为 129837 个。

(3)在分子动力学(MD)生成的平衡态位形中选取一个瞬时位形，在固体的全部孔隙中用 GCMC 方法进行甲烷气体的饱和，并清理目标孔隙中的饱和气体分子，保留在自然孔隙中的气体分子，完成干酪根孔隙的构造。

干酪根固体和孔隙构造总体技术流程如图 7-14 所示。构造形成的四个干酪根介孔如图 7-15 所示，其直径在 4.4～10.4nm。随着目标孔径的增加，模拟中涉及的总原子数急剧增加。

———————

① 1cal = 4.1868J。

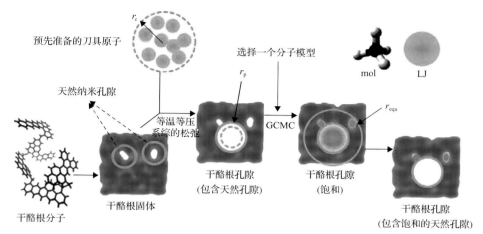

图 7-14 干酪根固体和孔隙构造总体技术流程

mol-自由分子多原子模型；LJ 单原子模型；r_p-干酪根孔隙半径；r_{equ}-充满甲烷后的干酪根孔隙加天然孔隙群的平衡半径

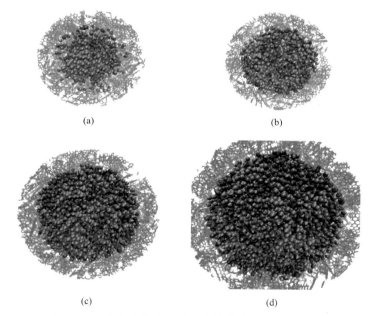

图 7-15 四个由刀具原子群方法构造的干酪根介孔

(a)孔隙直径=4.4nm；(b)孔隙直径=6.4nm；(c)孔隙直径=8.4nm；(d)孔隙直径=10.4nm

(二)超临界甲烷吸附解吸分子动力学模拟

1. 甲烷等温吸附的 GCMC 模型

为减少分子模拟的计算量，在进行孔隙中的等温吸附模拟时，孔隙固体的原子全部被冻结，它们的功能只是提供由原子位形引起的吸附势能场。孔隙中的流体原子和背景干酪根分子一同构成了 μVT 系综中的系统。这里，假设流体分子与一个虚拟的宏观理想气体源处于热力学平衡态，即二者具有相同的热力学温度 T 和化学势 μ。对于理想气体源，其化学势 μ 和压力 p 具有如下的换算关系：

$$\mu = k_B T \ln\left(\Lambda^3\right) + k_B T \ln\left(\frac{p}{k_B T}\varphi\right) \tag{7-1}$$

式中，T 为绝对温度，K；k_B 为 Boltzmann 常数；φ 为气体的块体逸度系数；Λ 为德布罗意(de Broglie)波长。

为了研究甲烷气体在一个明确的干酪根单孔中的吸附行为，必须采取措施消除干酪根固体中天然亚纳米级孔隙的影响。为此，甲烷气体的 GCMC 模拟分为以下两个步骤。

(1)在以孔隙中心为圆心，以 r_{equ} 为半径的球体内进行 GCMC 交换。其中，r_{equ} 的取值为

$$r_{equ} = r_c + 2.5\sigma_{ff} \tag{7-2}$$

式中，r_c 为刀具原子群的半径；σ_{ff} 为甲烷分子 LJ 势能的特征长度；$2.5\sigma_{ff}$ 为模拟的全局截断半径。r_{equ} 以外的原子不与 r_c 以内的原子发生相互作用。在这个阶段气体分子填充了 r_{equ} 以外的构造孔隙和亚纳米级天然孔隙。

(2)定义名义孔隙半径 r_p'：

$$r_p' = r_c + \sigma_{ff} \tag{7-3}$$

清除 r_p' 以内的气体分子，冻结 r_p' 以外、r_{equ} 以内的气体分子，使它们成为背景原子的一部分。之后在 r_p' 以内的球形区域进行甲烷气体分子的 GCMC 交换直至呈平衡态。这样定义孔隙半径的原因是在 NPT 构造孔隙阶段，固体原子和刀具原子群的外表面原子的距离基本上等于 σ_{ff}。到达平衡态时，在孔隙半径 r_p 以内的气体分子总数 N 即为孔隙的总吸附分子数，包括孔隙内的吸附态分子和游离态分子。

在进行 GCMC 模拟的过程中，需要指定气体分子间的相互作用势能。本书共针对 CH_4 和 CO_2 两种气体，使用 LJ 单原子模型和自由分子多原子模型(mol)两类模型进行计算。其中 LJ 势能的具体形式为

$$E_{pair,ij} = 4\varepsilon_{ij}\left[\left(\frac{\sigma_{ij}}{r_{ij}}\right)^{12} - \left(\frac{\sigma_{ij}}{r_{ij}}\right)^{6}\right], \ r_{ij} < r_{cut} \tag{7-4}$$

式中，$E_{pair,ij}$ 为 i, j 两分子之间的对势；r_{ij} 为两个分别属于类型 i 和类型 j 的原子间的距离；r_{cut} 为截断半径；ε_{ij}、σ_{ij} 为 LJ 势参数。对于 mol 模型，其中涉及分子中的键、角及原子上的表观电荷。mol 模型中的键和角的能量均采用简谐振动形式，静电相互作用使用无截断的库仑作用势。对于 LJ 势能的分子体系，采用标准的 GCMC 模拟方法；而对于 mol 模型，本书采用了 MD-GCMC 的混合模拟方法，即使用 GCMC 方法使体系与理想气体源交换原子，用原子数、体系和温度保持不变的 NVT 系综的分子动力学方法对键能和角能进行松弛(替代 GCMC 方法中的平动和转动)。这两种模型都给出了与 NIST

标准物性数据库中流体状态方程非常吻合的结果，如图 7-16 所示。

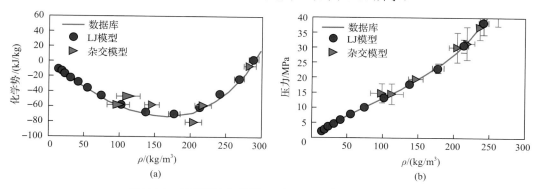

图 7-16　对于甲烷气体的 LJ 和 OPLS 力场模型的验证

剩余 Gibbs 自由能和状态方程的分子模拟结果与 NIST 数据库比对

2. 吸附状态识别方法

对于分子模拟得到的巨正则系综平衡态中的气体分子在干酪根孔隙中的分布，其总吸附量 N_a 是容易统计获得的，但在这种复杂的三维空间中识别出吸附态和游离态分子，是具有挑战性的工作。本书基于模拟平衡态下的气体分子三维分布，提出了一种定量研究吸附态分子的方法——收集 μVT 系综中多个子系统的分子位形分布，并在三维空间中累加起来：

$$X_{a,\infty} = \bigcup_{n \leqslant N, N \to \infty} X_{s,n} \tag{7-5}$$

式中，集合 $X_{s,n} = \{x_1, x_2, \cdots\}$ 为第 n 组系综子系统的原子坐标。

由于这些原子坐标分布在一个复杂的三维近似球形的空间内，我们直接对子系统集合 $\{X_{s,n}\}$ 定义如下的局部系综密度：

$$\rho_E(x) = \lim_{N_s \to \infty} \lim_{r' \to 0} \frac{1}{N_s} \frac{\left| \left(\bigcup_{n \leqslant N_s} X_{s,n} \right) \bigcup B_{\text{sphere}}(x, r') \right|}{4/3 \pi r^2} \tag{7-6}$$

式中，$\rho_E(x)$ 为坐标 x 处的系综密度；$B_{\text{sphere}}(x, r')$ 为坐标 x 处以 r' 为半径的球形区域；r 为该三维球形空间的半径。

$\rho_E(x)$ 描述了 μVT 系综中在坐标 x 处出现分子的概率，同时也描述了分子空间密度分布。实际操作中，不得不采用有限的子系统数 N_s 和平滑半径 r' 近似计算 $\rho_E(x)$。选取适当的平滑半径 r' 既能提高统计的质量也能较好地呈现出孔隙中的吸附状态，但如果当 N_s 有限且 r' 过小时，统计得到的 $\rho_E(x)$ 可能有过多的 0 值。当 r' 过大时，分子分布图形中特征尺度小于 r' 的结构被平均，进而变得不显著。本书选用 $N_s = 200$，$r' = 2.5\text{Å}$。

在定义了 $\rho_E(x)$ 之后，我们可以对孔隙中的吸附密度分布做进一步的定量描述。我们定义以下的密度谱 $V_F(\rho_E)$：

$$V_F\left(\overset{n}{\rho_E}\right) = \frac{\int_{I\left(\overset{n}{\rho_E}\right)} dx}{\iint_{I\left(\overset{n}{\rho_E}\right)} dx d\overset{n}{\rho_E}} \tag{7-7}$$

式中，ρ_E 为能量为 E 的分子密度；n 指第 n 组系综。

其中进行积分集合 $I\left(\overset{n}{\rho_E}\right)$ 的定义为

$$I\left(\overset{n}{\rho_E}\right) = \left\{x \mid \rho_E(x) = \overset{n}{\rho_E}\right\} \tag{7-8}$$

$V_F(\rho_E)$ 谱描述了不同的 ρ_E 在空间中占据体积的情况。在孔隙中，由于吸附现象的存在，流体在空间中各点的密度并不均匀一致，而 $V_F(\rho_E)$ 谱可以对这种不均匀性做出定量描述。此外，基于 $V_F(\rho_E)$ 谱还可以获得一些其他重要的信息，孔隙的总体积 V_p 和总吸附分子数 N_{ad} 可以分别按照下式计算：

$$V_p = \iint_{I\left(\overset{n}{\rho_E}\right)} dx d\overset{n}{\rho_E} \tag{7-9}$$

$$N_{ad} = \int \rho_E(x) dx = V_p \int \overset{n}{\rho_E} V_F\left(\overset{n}{\rho_E}\right) d\overset{n}{\rho_E} \tag{7-10}$$

总结来说，$\rho_E(x)$ 及相应的 $V_F(\rho_E)$ 谱能够对孔隙中的吸附状态做出定量描述，进而揭示复杂三维纳米级孔隙中的流体吸附规律。

3. 干酪根单孔中的密度分布

在干酪根纳米孔中，气体分子在孔隙表面形成类似固体的吸附层。实际上，无论是微孔介孔还是宏孔，这种吸附层都始终存在，但是对于微孔和介孔而言，吸附层中的气体质量在孔隙的总气体质量中占据了相当大的一部分，因此显得更加重要。

图 7-17 中给出了孔隙半径为 8.7Å、10.7Å、12.7Å 和 53.7Å 的四个干酪根单孔中的甲烷气体密度分布在经线方向的切面图。可以得出如下结论。

(1) 具有较高密度的吸附态甲烷占据了临近孔壁的区域，这层吸附态甲烷的厚度在 3.7Å，即单个甲烷分子直径以上。因此，当孔径较小时，吸附态几乎完全填充了纳米单孔，只有当孔径较大时，孔隙中才会出现游离态气体。

(2) 当前的真实干酪根固体生成的纳米单孔并不是规则的球形孔，所以其中的气体密度场也不是均匀的。在孔隙表面上存在一些具有较强吸附能力的吸附位；同时，这些吸附位临近位置的气体吸附性受到抑制。因此，整个吸附层中的流体密度也是非均匀的，ρ_E 在一定的区间内连续分布，而不是形成比较单一的吸附状态。

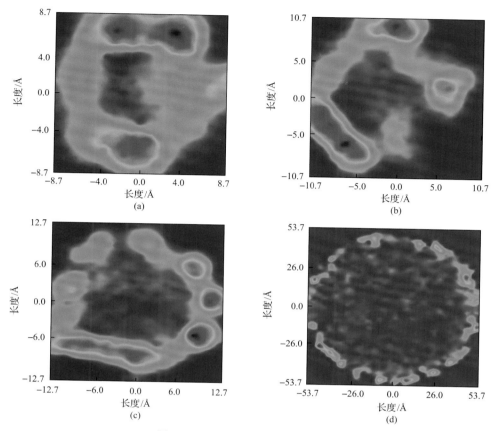

图 7-17　干酪根单孔中的密度分布

(a)孔隙半径=8.7Å；(b)孔隙半径=10.7Å；(c)孔隙半径=12.7Å；(d)孔隙半径=53.7Å

为了进一步展示干酪根单孔中吸附状态的复杂性，我们引入了具有 LJ93 势能壁面的规则球形孔作为对比工况。LJ93 势能的表达式为

$$E_{wf} = \varepsilon_w \left[\frac{2}{15} \left(\frac{\sigma_w}{r_{wf}} \right)^9 - \left(\frac{\sigma_w}{r_{wf}} \right)^3 \right] \tag{7-11}$$

式中，E_{wf} 为具体的壁面作用力产生的势能；r_{wf} 为计算能量的点到壁面的距离；σ_w 和 ε_w 为势能模型的特征长度和特征吸附能量。

我们将 σ_w 取为 σ_{ff}，以保持和刀具原子群方法的一致性，而壁面的特征吸附能量 ε_w 为一个未知量。对于一个干酪根单孔，在 NVT 系综中研究相应的规则圆孔中的吸附，选取平衡态下的总吸附分子数 N_{ad} 作为 NVT 系综中的分子数 N。相应的 $V_F(\rho_E)$ 谱如图 7-18 所示。对于规则圆孔，$V_F(\rho_E)$ 谱上存在一个或两个峰，取决于圆孔壁面的特征吸附能量，其中密度较大的峰对应于圆孔内唯一一个吸附态，而较小的峰对应于圆孔内的游离态。随着特征吸附能量 ε_w 的增大，这两个峰更容易区分开。孔内游离气所占的比例随着孔径的增大而增大，这是因为吸附气铺展在孔隙表面上，孔隙表面大致与 $r_p'^2$ 成正比，而游离气占据孔隙的体积大致与 r_p^3 成正比。对于干酪根孔，并不存在唯一的吸附态密度，孔隙内的吸附态相比于规则圆孔中的吸附态具有更高的密度，并且其密度分布在一个闭区间上，对应的 V_F 不断减小。游离态对应的峰在孔隙尺寸较大时才能够被分辨出来。以上这些分析也可以在图 7-18 中得到直观反映。在构造的最大的孔隙（直径约为 10nm）中，孔隙体积主要被游离气占据，同时，由规则圆孔和干酪根孔给出的 $V_F(\rho_E)$ 谱比较接近。

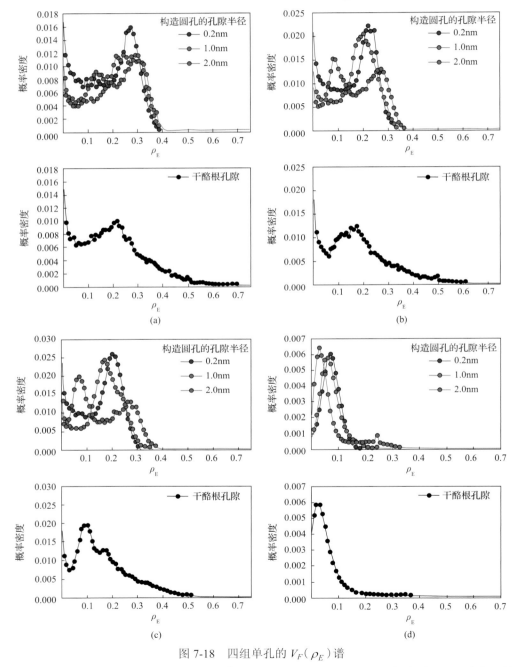

图 7-18　四组单孔的 $V_F(\rho_E)$ 谱

(a) r_p=8.7Å；(b) r_p=10.7Å；(c) r_p=12.7Å；(d) r_p=53.7Å；上方为具有不同特征能量的 LJ93 壁面规则圆孔，下方为干酪根孔

4. 干酪根单孔中的等温吸附曲线

对于甲烷和二氧化碳两种流体，分别使用两种分子模型进行孔隙内的等温吸附模拟，即 LJ 模型和 mol 模型。图 7-19 分别给出了在 300K 和 360K 下，甲烷流体的不同分子势能模型计算得到的干酪根单孔中的等温吸附曲线。在确定的温度下，mol 模型给出的等温吸附曲线比 LJ 模型给出的更快趋近于饱和。在饱和状态下的总吸附量方面，mol 模型给出的数值总体上要略大于 LJ 模型给出的值。两种分子模型计算得出的等温吸附曲线的差异来源于分子模拟计算中静电力的处理方法。在 mol 模型中，甲烷分子的五个原子都是带有电荷的，因此甲烷分子间的相互作用力中包括了一部分永久性偶极力。对于块体甲烷流体，当系统中的长程库仑作用力被正确处理时，该模型能够给出合理的计算结果。而在本书由 DREIDING 力场构造的中性干酪根固体环境中，流体分子和干酪根固体间永久性电荷的静电作用力始终为 0。相反地，LJ 模型并没有对流体分子中的永久性电荷和诱导电荷做出区分，流体分子和固体原子间的相互作用以 LJ 势能模型和几何平均混合规则决定，这实际上对永久性电荷和诱导电荷的作用进行了统一的近似考虑。图 7-20(b) 中给出了 360K（更接近储层温度）下的等温吸附曲线，LJ 模型相比于 mol 模型表现出对温度具有更高的敏感性。同时，在各种孔径下 LJ 模型给出的等温吸附曲线都在低温下更快地趋近于饱和并具有更大的吸附量，这更加符合预期。

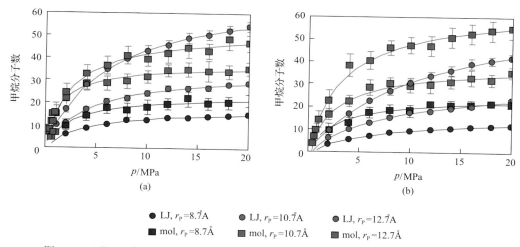

● LJ, $r_P=8.7$Å   ● LJ, $r_P=10.7$Å   ● LJ, $r_P=12.7$Å
■ mol, $r_P=8.7$Å   ■ mol, $r_P=10.7$Å   ■ mol, $r_P=12.7$Å

图 7-19　不同温度下不同分子势能模型给出的 CH_4 在干酪根单孔中的等温吸附曲线
(a) $T=300$K；(b) $T=360$K

这里我们也对 CO_2 和 CH_4 在干酪根单孔中的吸附行为做了比对。模拟温度是 300K，使用 LJ 和 mol 两种模型。对于 CO_2，这里使用的 mol 模型能够更好地描述其直线形分子。模拟结果如图 7-21 所示。两种势能模型给出的结果都表明，CO_2 在孔隙中较 CH_4 能够更快地趋近于饱和。两种模型相比，mol 模型导致更快的 CO_2 形成吸附饱和速度，吸附饱和可以在小于 3MPa 的条件下形成。但是，两种模型在总吸附量上给出的预测值有所差异。LJ 模型表明干酪根孔始终能吸附更多的 CO_2，而 mol 模型表明在高压下，CH_4 的吸

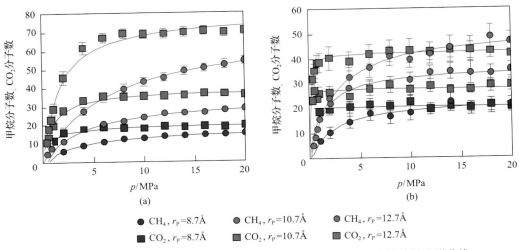

图 7-20　不同分子势能模型给出的 CH_4 和 CO_2 在干酪根单孔中的等温吸附曲线
(a) LI 模型；(b) mol 模型

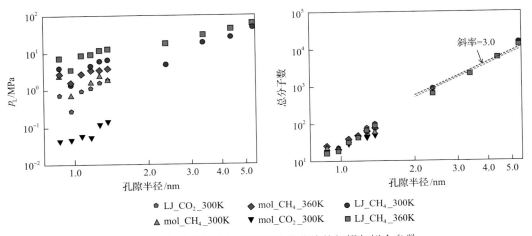

图 7-21　各种模拟条件下等温吸附曲线的朗缪尔拟合参数

附饱和量会超过 CO_2。对于 LJ 模型，两种流体的等温吸附曲线的差异可以从 LJ 势能模型的特征能量 ε_w 的角度来理解，因为两种分子的 LJ 特征尺寸(分子直径)几乎一样。CO_2 分子具有较高的 LJ 特征能量，因此 CO_2 分子在固体表面的吸附位上更加稳定，能在较低压力下完成对吸附位的填充。而 mol 模型模拟表明，CO_2 分子的直线形状对其在干酪根孔表面发生吸附更加有利。

5. 干酪根单孔吸附的尺度效应

本书对所有模拟获得的总分子数等温吸附曲线都进行了朗缪尔拟合：

$$N = N_L \frac{p}{p + p_L} \tag{7-12}$$

式中，N 为压力 p 下的吸附量；p 为压力；N_L 为吸附饱和态时孔隙内填充的总分子数；p_L 为朗缪尔压力描述的孔隙表面的吸附亲和力。

当 p_L 较小时，吸附更容易发生，吸附速率越快。在所有的模拟结果中，用朗缪尔方程拟合等温吸附曲线的效果都非常好，模拟获得的朗缪尔参数如图 7-2 所示。当孔隙尺寸较大时，$N_L(p_L)$ 曲线关于 r_p 的三次方趋势相当明显。对于一个真实的吸附过程，一旦指定了吸附的气体分子，无论温度高低，其吸附饱和态时孔隙内填充的总分子数 N_L 应当是不变的。考虑拟合过程使用了有限的数据点，图 7-21 中的结果表明单原子势 LJ 能够在温度变化的情况下，给出更加稳定的 N_L，因此这种模型的可靠程度较高。另外，朗缪尔压力 p_L 随着孔径的增大而增大，这是因为干酪根孔隙壁面对流体的作用力强于流体内部的相互作用力，在小孔中吸附态占据大部分空间，因此其中更加容易实现吸附饱和。

第二节　页岩纳米级微孔中气体流动机理研究

研究纳米级孔隙中气体的流动机理是解决页岩基质中微观渗流机理的关键和难点。国内外学者对页岩纳米尺度流动规律的研究主要归纳为宏观、介观和微观三个角度。在宏观角度，一般仍基于原有的扩散方程或纳维-斯托克斯(N-S)方程的框架，根据该过程可能涉及的微观机理进行修正。在介观角度，一般使用格子玻尔兹曼方法对该问题进行模拟。随着计算机运算能力的持续提升和粒子方法的不断进步，分子动力学模拟方法及数学模型逐渐成为研究微观流动机理的重要工具。

一、纳米级孔隙气体流动的分子动力学模拟

(一)非平衡态分子动力学模拟方法

分子动力学方法可以分为平衡态分子动力学方法(EMD)和非平衡态分子动力学方法(NEMD)。由于纳米级孔隙中的流动为非平衡态的过程，为了让模拟更接近其真实物理状态，采用 NEMD 方法。近年来 NEMD 方法中常用的方法有双控制体巨正则蒙特卡洛(DCV-GCMD)方法、施加重力场法(EFM)、反弹粒子法(RPM)方法。

DCV-GCMD 方法的基本思路是在研究区域的两端各设置一个控制体，在内部分别通过巨正则系统蒙特卡洛分子动力学模拟实现压力或化学势的控制，然后再整体进行分子动力学(MD)模拟，进而最大限度地模拟真实的压力梯度或化学势梯度驱动下的流动过程(图 7-22)。该方法虽然比较符合真实的物理过程，但整体上计算量较大，经验性强。

EFM 方法是最常用的 NEMD 方法，其主要原理是给每个粒子施加一个质量力，类似于给整体施加了一个重力场(图 7-23)，该方法相对容易实现，而且可以根据施加的重力场的强度和粒子数密度来精确计算压力梯度。但是该方法施加的重力场一般较强，与实际物理情况有较大差别，而且会在热力学参数计算方面存在一定的难度。

RPM 方法的基本原理是在周期边界处设置一个虚拟的半透膜，使粒子在不同方向穿

过半透膜时会有不同的反弹概率(图 7-24)。例如，从左向右穿过时反弹概率是 0，从右向左穿过时反弹概率是 50%，类似于一个"麦克斯韦妖"，这就会使模拟区域存在一个粒子的密度差，进而形成压力梯度或化学势梯度。该方法操作简单，计算量小，形成了相对比较真实的压力梯度，适合用于大量的计算和现象分析。但由于该方法实际压力梯度要依固体壁面情况而定，无法通过半透膜的性质直接计算，需要通过分区域监测来获取，而在纳米级孔隙中压力的计算很难避免误差，该方法在用于与宏观数学模型对比时会存在一定的问题。

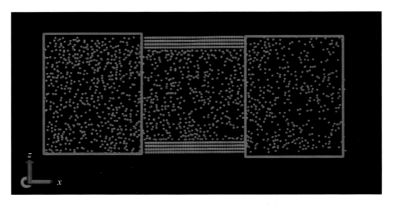

图 7-22　DCV-GCMD 原理示意图

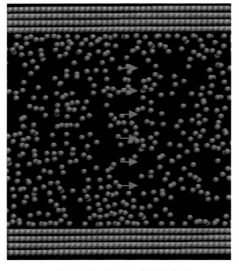

图 7-23　EFM 原理示意图

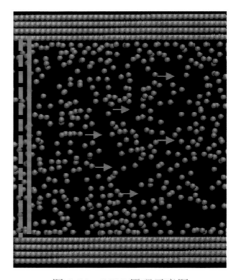

图 7-24　RPM 原理示意图

根据上述三种方法的特征，为了实现大量算例的对比分析，选择 RPM 方法来进行纳米级孔隙中微观现象的模拟和观察，同时为了得到精确的压力梯度，选择 EFM 方法的结果用于数值模型的验证。需要指出的是，RPM 方法以前仅被用作液体流动的模拟，本书将该方法进行了一定的改进，将其引入微观气体流动的模拟中。

（二）模型构建

建立合理的孔隙壁面结构是开展 MD 模拟的基础。根据页岩中的实际矿物组成，为了模拟页岩中具有代表性的矿物组成的孔隙，选择了伊利石和干酪根两种结构。其中，伊利石的硅氧四面体所构成的平面可以代表大部分无机矿物的表面，干酪根一般结构复杂，本书采用无定形碳来近似模拟干酪根。另外，目前在先进纳米材料等领域，石墨烯也常被用来构建孔隙壁面。本书也设计了石墨烯壁面的算例，进而更全面地研究各种孔隙壁面可能对流动过程产生的影响。各种材料的孔隙壁面结构均使用 Material Studio 构建，结构参数来自于相关文献，结构示意图如图 7-25 所示。

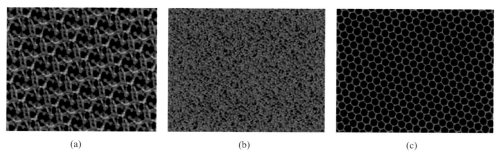

(a) (b) (c)

图 7-25　孔隙壁面结构示意图
(a)伊利石；(b)干酪根(无定形碳)；(c)石墨烯

为了便于观察微观流动机理，本书将纳米级孔隙中的流动问题简化成了平行平板流问题(图 7-26)，x 方向为气体流动方向，三个方向均设置为周期边界。以固体壁面最表层原子中心点为壁面位置，沿 z 方向将壁面距离设定在 10nm。考虑到各个材料的晶胞大小不同，每种材料所构成的壁面大小也略有差异。各材料壁面模型尺寸见表 7-2。

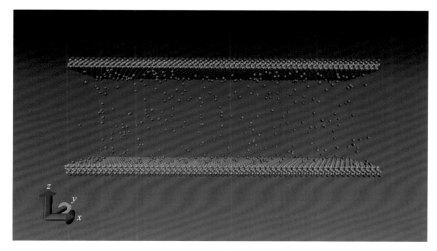

图 7-26　模型设定示意图

表 7-2　各材料壁面模型尺寸　　　　　　　　　　　　　（单位：nm）

矿物	x 方向	y 方向
伊利石	31.164	5.398
干酪根	32.050	6.409
石墨烯	30.012	4.474

(三)纳米孔隙内的气体流动模拟

分子间作用力采用截断平移 LJ 6-12 力场，其表达式 μ_{SF} 的具体形式如下：

$$\mu_{LJ}(r) = 4\varepsilon\left[\left(\frac{\sigma}{r}\right)^{12} - \left(\frac{\sigma}{r}\right)^{6}\right] \tag{7-13}$$

$$\mu_{SF}(r) = \mu_{LJ}(r) - (r - r_{cn})\mu'_{LJ}(r_{cn}) - \mu_{LJ}(r_{cn}) \tag{7-14}$$

式中，μ_{LJ} 为 LJ 作用势；r 为粒子间的距离；ε 为势阱深度；σ 为粒子间作用力为 0 时两者间的距离，也常被看作粒径；r_{cn} 为截断长度，本书中截断长度取为 3σ。

有研究指出，在模拟甲烷在纳米级孔隙中的流动时，将甲烷分子整体视作一个简单粒子，与直接使用实际甲烷分子结构所得的结果基本一致，因此本书将甲烷分子简化为一个球状简单粒子（$\sigma = 0.381\text{nm}$）。不同粒子间的作用势采用 Lorentz-Berthelot 混合原则：

$$\varepsilon_{ij} = \sqrt{\varepsilon_i \varepsilon_j} \tag{7-15}$$

$$\sigma_{ij} = \frac{1}{2}(\sigma_i + \sigma_j) \tag{7-16}$$

式中，i 和 j 为不同的粒子。粒子间的 LJ 势参数与相关文献中保持一致。

本书分子动力学模拟使用开源软件 LAMMPS，其中用到的部分新命令由作者编写。

1. 气体粒子数密度分布

首先，为了整体了解气体在不同压力和材料壁面的吸附情况，通过 GCMC 和 NVT 系综计算等温吸附曲线，模拟温度为 298K（图 7-27），压力利用模型内自由空间中（距壁面约 1.2nm 以外的区域）的气体粒子数密度通过 Peng-Robinson 状态方程计算。

由图 7-27 中的结果可以看出，在该情况下，三种材料所构成的壁面在宏观吸附特性方面差别不大，基本符合朗缪尔等温吸附曲线，拟合结果见表 7-3。

其次，分别选取 1MPa、5MPa、10MPa 和 26MPa 作为模拟压力，通过 RPM 方法详细研究气体粒子吸附情况和流动状态。在模拟时，同样先通过 GCMC 和 NVT 系综相结合的模式，产生目标压力状态下的气体粒子位置和速度分布，作为模型的初始状态。在 $x = 0$ 处设置半透膜反弹边界，为保证宏观状态数的统计不受压力梯度的影响，依据算例具体情况分别调节反弹概率，使模型两端的压力差不超过平均压力的 5%，同时使压力沿 x 方向基本呈线性递减。其中，沿 x 轴正向的反弹概率为 0，沿 x 轴负向的反弹概

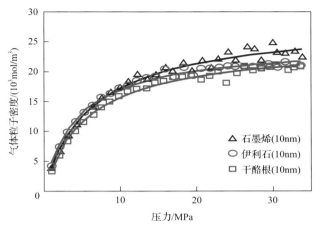

图 7-27 等温吸附曲线(模拟温度为 298K)

表 7-3 朗缪尔等温吸附曲线拟合结果

矿物	朗缪尔体积/(mol/m³)	朗缪尔压力/MPa
伊利石	2.45×10^4	4.41
干酪根	2.47×10^4	5.79
石墨烯	2.80×10^4	6.32

率在伊利石和干酪根中设为 0.01,在石墨烯中设置为 0.005。模拟过程采用 Nose-Hoover 热溶控温,只有 y 方向和 z 方向的粒子速度被计入温度计算,时间步为 1fs,先模拟 10ns 以使系统达到稳定,然后再模拟 100ns 用于统计宏观参数,包括粒子数密度、宏观流速和流量等。需要指出的是,由于在低压状态下统计噪声较大,在 1MPa 的算例中模拟了 1000ns 来尽量降低统计噪声。统计宏观参数时,沿 x 方向和 z 方向划分监测网格,网格大小为 0.1Å×0.1Å。

图 7-28 所示结果为纳米孔道内气体粒子数密度整体分布情况,从热力学角度出发,可解释为气体粒子中心所处位置的概率密度分布。从图 7-28 中可以看出,在孔道内部气体分布非常均匀,且其宏观性质与自由空间中的气体性质基本一致。在靠近壁面处,气体粒子数密度有了明显升高,产生了吸附现象,与现有的研究结果基本一致。随着压力的升高,吸附层的粒子数密度也逐渐升高,同时开始出现第二个和第三个粒子数密度的峰值。与此同时,在距离壁面约 0.2nm 范围内,基本没有气体粒子出现。

图 7-29 所示结果为固体壁面附近气体粒子数密度分布的精细对比。从图中可以看出,不同壁面材料虽然在宏观吸附量上差别不大,但是微观角度却差异明显。例如,石墨烯的吸附层峰值较高但分布区域较窄,伊利石和干酪根壁面附近的峰值则相对较低,曲线平缓。上述现象主要是由固体壁面的结构造成的,石墨烯壁面上碳原子间的距离非常近,致使其壁面非常光滑,一般可视为二维材料,从而使其吸附层的峰值区域非常陡峭;然而伊利石表面则相对粗糙,氧原子间有相对较大的空间;干酪根附近则由于其具有更为疏松的结构,吸附层更为平缓。随着压力的升高,壁面附近开始出现第二个

峰值，这主要是由于除了壁面和粒子间的相互作用外，随着第一个吸附层粒子数密度的不断升高，气体粒子间的相互作用对吸附作用的影响逐渐显现。需要指出的是，在各个吸附层内部，粒子均不是固定不动的，而是动态吸附的，该密度分布是通过长时间的统计而得到的结果。另外，固体壁面附近约 0.2nm 的范围内基本没有气体粒子分布，且该空置区域的宽度在不同壁面材料中略有不同。该现象是主要是由壁面位置的定义和固体的具体结构造成的。一方面，本书中固体壁面位置的定义为最表层原子的粒子中心位置，依据 LJ 势的形式可以看出，当两个粒子间的距离小于 σ 时，粒子间的作用为会体现为斥力，而且会随着距离的减小迅速上升，因此固体壁面处会产生一个空置区域，同时由于壁面上粒子的性质不同，该区域的宽窄也略有区别。另一方面，由于固体粒子排布的紧密程度和空间结构不同，气体粒子在进入该区域后所受到的实际斥力也不尽相同，进而导致上述现象。上述空置区域可以通过定义有效孔径来去除。需要指出的是，虽然空置区域和第一个吸附层在不同壁面中略有区别，但其性质对第二个吸附层的影响相对较小。

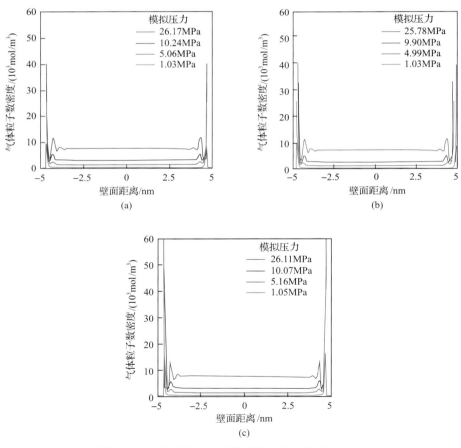

图 7-28　纳米孔道内气体粒子数密度整体分布情况
(a)伊利石；(b)干酪根；(c)石墨烯

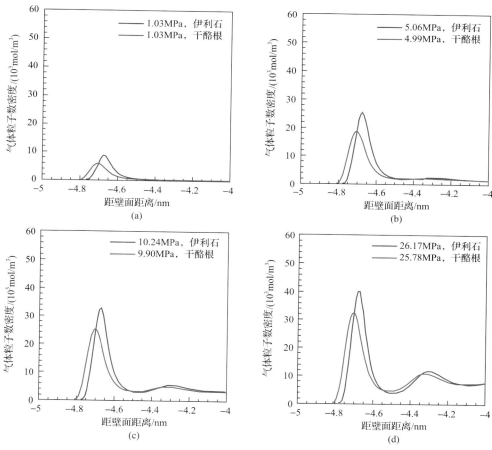

图 7-29　固体壁面附近气体粒子数密度分布的精细对比
(a) 约 1MPa；(b) 约 5MPa；(c) 约 10MPa；(d) 约 26MPa

　　上述不同材料的壁面导致的吸附现象在宏观角度(等温吸附曲线)并没有明显区别，但是受壁面分子结构和性质的影响，在微观角度体现的粒子数密度分布却有着明显不同，可以看出不同壁面材料的粗糙度是体现在分子级别的。

　　2. 平均流速剖面

　　图 7-30 所示结果为在孔道截面上沿 x 方向的平均流速分布，其中速度为经过整体平均速度标准化后的无量纲速度。总体来讲，伊利石和干酪根中的规律比较相近，石墨烯中的情况则与前两者有较大差别。

　　在伊利石和干酪根中，流速剖面整体上可以分为三部分：第一部分为紧临壁面处的空置区域。第二部分为吸附层附近的区域，可以称为吸附区，该区域内机理复杂。从中可以发现，在该区域边界处滑移速度较小，在高压下基本可以认为没有滑移速度，而且该区域内部吸附层附近的速度梯度明显小于其他区域。第三部分为孔道内部区域，可以称为内区，其流速剖面与经典的抛物线形剖面基本一致，但是在不同压力下的曲率具有一定差别。这通常被认为是由纳米级孔隙中的稀疏效应造成的，随着压力的降低，

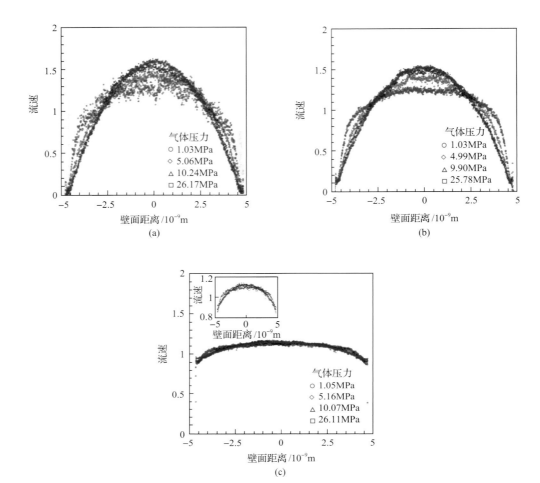

图 7-30　孔道截面上沿 x 方向的平均流速分布

(a)伊利石；(b)干酪根；(c)石墨烯

孔道内的有效黏度也随着克努森数的升高而降低，进而使速度剖面由抛物线形逐渐向平推流转变。

在石墨烯孔道中，流速剖面仍然可以被看作空置区、吸附区和内区三部分，但是流速剖面特征具有明显的区别。首先，由于石墨烯表面异常光滑，吸附区边界处出现了非常大的滑移速度。其次，由于边界处滑移速度较大，孔道内整体流速较高，剖面内的速度差异很小，速度剖面整体呈现出平推流的形状。如果放大速度的坐标轴，可以发现其速度剖面接近于非常平滑的抛物线，其不同压力下的趋势也与伊利石和干酪根孔道中类似（图 7-30）。

总体来讲，伊利石、干酪根和石墨烯的速度剖面都可以分为三段，但是其具体的流动特征却有较大差别，造成上述差异的根源则主要是气体与固体间复杂的相互作用。

3. 气体流量分布

图 7-31 所示结果为沿孔道截面的累积流量分布。第 0 节和第 0 节粒子数密度分布与

速度剖面中的现象会直接对气体流量产生影响。对于伊利石和干酪根孔道，在低压下（如1MPa），由于吸附区粒子数密度较高，边界处有一定的滑移速度，吸附区对整体流量具有相对较大的贡献；但是随着气压的不断升高，虽然吸附区粒子数密度仍在不断升高，但是这导致滑移速度的下降，从而没有使流量升高，甚至在高压下对气体流动产生了阻碍作用。对于石墨烯孔道，由于边界处滑移速度非常大，吸附区与内区的速度差异较小，而吸附区的气体粒子数密度较高，吸附区对总流量的贡献非常大。吸附层对总流量的贡献比例会随着压力的降低而逐渐升高，在 1MPa 的压力下，对总流量的贡献甚至超过了40%。石墨烯的上述优异特性使其引起了广泛关注，其整体的扩散系数一般会比常见的纳米多孔材料大几个数量级，因此被认为是一种理想的气体快速储集材料，具有重要的潜在研究价值。

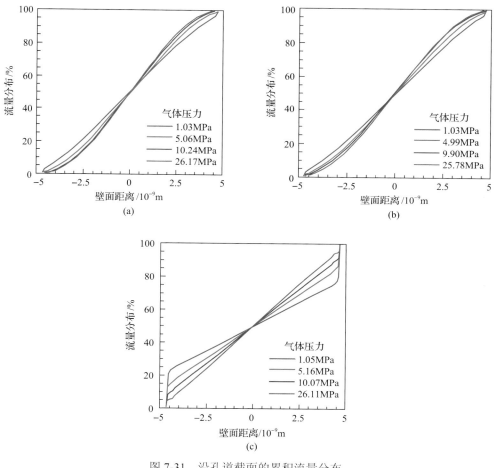

图 7-31　沿孔道截面的累积流量分布

(a)伊利石；(b)干酪根；(c)石墨烯

4. 不同模拟方法的结果对比

在模拟微孔中的流动问题时，EFM 方法也是一种常见的模拟方法。虽然在其物理机理和模拟过程中存在一定的缺点，但由于该方法便于精确计算孔道内的压力梯度，为了能够为数学模型提供数值实验数据，在下一章的研究中将通过该方法进行模拟。本节将对 EFM 和 RPM 算法的结果进行对比。

选定 5MPa 和 26MPa 分别代表低压和高压情况，首先使用 RPM 方法对上述两个平均压力条件下的气体流动进行模拟，并监测模型中的压力梯度；其次换算出对应于该压力梯度的作用力数值；最后使用 EFM 方法进行计算。计算过程中需要密切监测温度和其他热力学参数，保证计算的稳定性。两种方法的模拟结果如图 7-32 所示。可以看出，在保证计算稳定、合理的情况下，上述两种方法可以得到的结果基本一致。

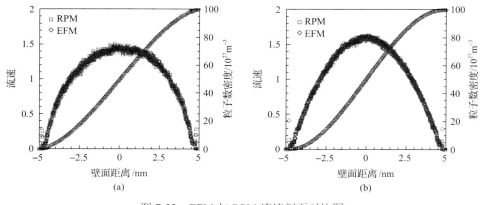

图 7-32　EFM 与 RPM 流速剖面对比图

（a）平均压力为 5MPa；（b）平均压力为 26MPa

二、纳米级孔隙中气体流动微观机理的数学模型

MD 模拟可以精确刻画纳米级孔隙中的流动现象，但受限于计算能力等因素，MD 目前还不适于进行大规模问题的模拟，而为了模拟更大尺度的问题，必须先对其微观流动机理进行更深入的分析，并以此为基础建立可以描述微观流动规律的数学模型。

目前主流的模型为经典微纳米尺度流动模型和渗透率修正模型，其引入的部分机理模型是基于不同背景提出的，在一定条件下可以相互转化，直接相叠加存在重复计算等问题，存在一定的争议，依据 MD 模拟结果的特征，笔者团队深入剖析其内在机理和表观现象，提出了基于密度分布的黏度修正模型、扰动模型、双区模型（dual-region model，D-R 模型）及 D-R 渗透率修正模型，并与经典模型进行了对比，验证了模型的有效性。

（一）基于密度分布的黏度修正模型

在纳米孔道内部，粒子与壁面的碰撞会对其有效黏度产生重要影响。假设粒子间距离 r 发生碰撞的概率密度函数为指数形式，但是其表达式中的分子平均自由程 λ 是随粒子数密度的变化而沿 z 方向变化的，即

$$P_d(r) = \frac{1}{\lambda(z)} \exp\left(-\frac{r}{\lambda(z)}\right) \tag{7-17}$$

$$\lambda(z) = \frac{M}{\sqrt{2}\rho(z)\pi d^2} \tag{7-18}$$

式中，$P_d(r)$ 为粒子运动距离 r 发生碰撞的概率密度；$\lambda(z)$ 为分子平均自由程；d 为粒径，其他参数与前面一致；M 为气体摩尔质量。

由于空间中粒子分布不均匀，那么一个粒子经历不同的路径时，碰撞的概率也会不同。基于上述假设求其一阶矩，并沿各个角度积分，即可得到考虑了吸附效应的空间平均分子自由程分布。

有效分子平均自由程的表达式如下：

$$
\begin{aligned}
\lambda_e(z) &= \frac{1}{2}\Big[\lambda_{eff}^+ + \lambda_{eff}^-\Big] \\
&= \frac{1}{2}\left[\frac{2}{\pi}\int_0^{\frac{\pi}{2}}\int_0^{r_\infty^+} rP(r,\theta)\mathrm{d}r\mathrm{d}\theta + \frac{2}{\pi}\int_0^{\frac{\pi}{2}}\int_0^{r_\infty^-} rP(r,\theta)\mathrm{d}r\mathrm{d}\theta\right]
\end{aligned}
\tag{7-19}
$$

式中，λ_{eff} 为分子平均自由程；θ 为速度与 z 方向的夹角；上角 "+" "–" 表示不同的两个方向。在得到 $\lambda_e(z)$ 后，仍然利用式(7-17)和式(7-18)的关系，即可求得黏度修正因子 $\beta(z)$。

基于密度分布的黏度修正模型从新的角度给出了一种气体微观流动现象的解释，可以在一定程度上提高计算的准确性，并强调了气体流动过程中会受到壁面和吸附层的双重影响。但是，该模型需要以气体粒子数密度分布作为输入参数，无法求得解吸解，适用范围有限，对计算效果的提高有限，暂不适用于宏观模拟，仅用于加深对微观流动机理的认识。

(二)扰动模型

从微观角度观察，分子的运动速度可以分解为平均平动速度(streaming velocity)和分子热运动速度(thermal motion velocity or speed)，即

$$u = \overline{u} + u' \tag{7-20}$$

式中，u 为分子运动速度；$\overline{u}$ 为平均平动速度；u' 为分子热运动速度。

平动速度是一个基于密度加权平均或质量加权平均的统计平均速度。因此，上述关系可以定义为

$$\overline{u} = \overline{\rho u} / \overline{\rho} \tag{7-21}$$

式中，$\overline{\rho u}$ 和 $\overline{\rho}$ 分别为时均动量和时均密度。

根据本书模拟问题的设定，将使用 $\overline{u}_x$ 来代表沿 x 方向的平均平动速度。如果对分子热运动速度进行长时间统计并取时均，最终结果为零，因此可以将分子热运动速度在该问题中视为扰动速度。与此同时，从统计值角度出发，可以认为连续介质假设在该问题中仍然适用，进而可以继续使用 N-S 方程的框架来进行分析。在提出湍流理论中的混合长理论时，常常以分子运动作类比，而此时，我们也可以将该问题与湍流理论相类比，二者也对速度有相同的分解方法。因此，我们基于上述假设提出了扰动模型来描述纳米级孔隙中的气体流动问题：

$$\frac{\partial \overline{\rho u_i}}{\partial t} + \frac{\partial \overline{\rho u_i \overline{u}_j}}{\partial x_j} = -\frac{\partial \overline{p}}{\partial x_i} + \frac{\partial}{\partial x_j}\left(\overline{\tau}_{ij} - \overline{\rho u_i'' u_j''}\right) \tag{7-22}$$

式中，t 为时间；$\overline{p}$ 为平均压力；$\overline{\tau}_{ij}$ 为应力项；u'' 为扰动速度；$-\overline{\rho u_i'' u_j''}$ 为平均附加扰动应力；i、j 分别为方向；$\overline{u}_i$ 为 i 方向的平均平动速度；$\overline{u}_j$ 为 j 方向的平均平动速度。

显然，式(7-22)与湍流理论中基于质量加权平均的可压缩湍流的动量方程保持着相同的形式。从式(7-22)中可以看出，仅有平均附加扰动应力项 $-\overline{\rho u_i'' u_j''}$ 的表达式尚不明确。对于平均附加扰动应力项的物理意义，我们可以通过分子动理论来进行解释和分析。仍然采用式(7-22)推导过程中的假设，但在本问题中的密度分布是不均匀的，基于上述假设，可以定义穿过某单位面积截面的动量交换量 J_{ij}：

$$J_{ij} = \overline{\tau}_{ij} - \overline{\rho u_i'' u_j''} \tag{7-23}$$

同时，基于麦克斯韦(Maxwell)速率分布，我们可以得到

$$\begin{aligned}
J_{xz} &= \int_0^\infty \int_0^\pi v\cos\theta f(v)\mathrm{d}v \frac{1}{2}\sin\theta\mathrm{d}\theta \frac{\partial}{\partial z}(nm\overline{u}_x)\lambda\cos\theta \\
&= \frac{1}{2}\lambda \int_0^\infty vf(v)\mathrm{d}v\left(nm\frac{\partial \overline{u}_x}{\partial z} + \overline{u}_x m\frac{\partial n}{\partial z}\right)\int_0^\pi \cos^2\theta\sin\theta\mathrm{d}\theta \\
&= \frac{1}{3}\overline{\rho}\lambda\langle v\rangle\left(\frac{\partial \overline{u}_x}{\partial z}\right) + \frac{1}{3}\overline{u}_x\lambda\langle v\rangle\frac{\partial \overline{\rho}}{\partial z}
\end{aligned} \tag{7-24}$$

式中，θ 为角度；v 为速度；ρ 为密度；J_{xz} 为通量；n 为粒子密度数；m 为粒子质量。

在此条件下，假设式(7-24)，流体仍然可视为牛顿流体，即

$$\overline{\tau}_{ij} = \eta\frac{\partial \overline{u}_i}{\partial x_j} \tag{7-25}$$

式中，η 为黏度。

因此，我们可以假设有如下关系：

$$\overline{\rho u_i'' u_j''} = c_0 \overline{u}_i \lambda \langle v \rangle \frac{\partial \overline{\rho}}{\partial x_j} = c\eta \frac{1}{\overline{\rho}} \frac{\partial \overline{\rho}}{\partial x_j} \overline{u}_i \tag{7-26}$$

式中，c_0 和 c 为待拟合系数。根据本问题的模型设定，可将式 (7-22) 简化为

$$-\frac{\partial \overline{p}}{\partial x} + \eta \frac{\partial}{\partial z}\left(\frac{\partial \overline{u}_x}{\partial z} - c\frac{1}{\overline{\rho}}\frac{\partial \overline{\rho}}{\partial z}\overline{u}_x\right) = 0 \tag{7-27}$$

由此可以推测，MD 模拟结果中的速度振荡可能是由上述平均附加扰动应力造成的。在壁面处的边界条件设为无滑移边界，孔道中心处设为对称边界，并将粒子数密度分布作为模型的输入信息，式 (7-27) 可以使用有限差分方法来求解。

扰动模型为气固边界处的滑脱效应提供了一种理论解释，也为微观粒子方法和宏观方法建立了联系，可以将从微观方法中所得的结果，如 GCMC、概率密度泛函 (density function theory，DFT) 等应用到宏观模拟中去。

（三）D-R 模型

扰动模型虽然在精确描述微观现象、深入探索和解释机理方面有着显著的优势，但是将其应用到宏观问题的计算中尚存在着较大的挑战。速度剖面在内区和吸附区有着明显的区别，假设孔道存在两个界面，分别对应于两个密度低谷：一个界面位于固体与吸附区之间，此处可能发生滑移；另一个界面位于吸附区 (第一个吸附层) 与内区之间，是一个虚拟的界面。根据吸附区和内区中流动状态明显不同的特点，提出了 D-R 模型来描述纳米级孔隙中的流动情况。假设每个截面上的化学势平衡，并假设每个区域内的粒子数密度呈均匀分布，从而使各区域中的密度可以通过实验和模拟等方式得到。

以孔道中心处为零点，基于上述假设，控制方程可简化为两段：

$$\begin{cases} \dfrac{\mathrm{d}^2 u_{\mathrm{in}}}{\mathrm{d}z^2} = \dfrac{1}{\eta}\dfrac{\mathrm{d}p}{\mathrm{d}x}, & z \leqslant z_{\mathrm{ad}} \\[2mm] \dfrac{\mathrm{d}^2 u_{\mathrm{ad}}}{\mathrm{d}z^2} = \dfrac{1}{\eta_{\mathrm{ad}}}\dfrac{\rho_{\mathrm{ad}}}{\rho_{\mathrm{in}}}\dfrac{\mathrm{d}p}{\mathrm{d}x}, & z_{\mathrm{ad}} < z \leqslant \dfrac{H}{2} \end{cases} \tag{7-28}$$

式中，p 为压力；u 为速度；η 为系数。

加入相应边界条件，进而可以求得速度剖面的表达式：

$$\begin{cases} u_{\mathrm{in}}(z) = \dfrac{1}{2\eta}\dfrac{\mathrm{d}p}{\mathrm{d}x}\left(z^2 + H^2 w_1\right), & z \leqslant z_{\mathrm{ad}} \\[2mm] u_{\mathrm{ad}}(z) = \dfrac{1}{2\eta}\dfrac{\alpha}{\beta}\dfrac{\mathrm{d}p}{\mathrm{d}x}\left(z^2 + zHw_2 + H^2 w_3\right), & z_{\mathrm{ad}} < z \leqslant \dfrac{H}{2} \end{cases} \tag{7-29}$$

式中，

$$\begin{cases} w_1 = -h^* s_{Kn,\text{in}} \dfrac{\alpha-1}{\alpha} - \dfrac{1}{4} h^{*2} \\ \qquad + \dfrac{\alpha}{\beta}\left[\dfrac{h^{*2}}{4}\left(-1+\dfrac{2\beta}{\alpha^2}\right) + \left(-s_{Kn,\text{ad}}-\dfrac{1}{4}\right) + h^*\left(s_{Kn,\text{ad}}+\dfrac{1}{2}\right)\left(1-\dfrac{\beta}{\alpha^2}\right) \right] \\ w_2 = -h^*\left(1-\dfrac{\beta}{\alpha^2}\right) \\ w_3 = \left(-s_{Kn,\text{ad}}-\dfrac{1}{4}\right) + h^*\left(s_{Kn,\text{ad}}+\dfrac{1}{2}\right)\left(1-\dfrac{\beta}{\alpha^2}\right) \\ s_{Kn} = \dfrac{2-\sigma_v}{\sigma_v} \dfrac{Kn}{1-bKn} \end{cases} \tag{7-30}$$

式中，Kn 为克努森数；z_{ad} 为吸附区与内区界面的位置；H 为有效孔径(缝宽)；α 为吸附区与内区气体密度的比值；β 为吸附区与内区黏度的比值；h^* 为内区宽度占整个孔道(缝宽)的比例；σ_v 为切向动量调节系数；ρ_{in} 为自由区密度；ρ_{ad} 为吸附区密度；下标 in 和 ad 分别为内区和吸附区。

D-R 模型是一个比现有模型更精确的近似模型，它考虑了吸附与流动的耦合效应，与经典模型在极限情况下具有良好的一致性，计算简单，适用于宏观的数值模拟。

(四)D-R 渗透率修正模型

在宏观的数值模拟中，一般会将前面所述的流动过程的特征转换为表观渗透率和固有渗透率。基于经典理论模型，可以将管流和平板流模型的固有渗透率分别表示为 $R^2/8$(R 为孔隙半径)和 $H^2/12$。渗透率修正系数的表达式：

$$f(Kn) = (1+aKn)\left(1 + \frac{\omega Kn}{1-bKn}\right) \tag{7-31}$$

式中，在管流模型中 $\omega=4$，在平板流模型中 $\omega=6$，其他参数与前面保持一致；a、ω、b 均为系数。

对于 D-R 模型，可以推导考虑了吸附效应的渗透率修正模型。先以前面使用的平板流模型为例，将式(7-29)沿整个截面求积分，即可得到总质量流量：

$$Q = \frac{LH^3}{12}\frac{\rho_g}{\eta}\frac{dp}{dx}\left\{\left(\frac{1}{2}h^{*3}+6w_1h^*\right) + \frac{\alpha^2}{\beta}\left[\frac{1}{2}\left(1-h^{*3}\right)+\frac{3}{2}w_2\left(1-h^{*2}\right)+6\left(1-h^*\right)w_3\right]\right\} \tag{7-32}$$

式中，LH 为孔道的截面积；ρ_g 为气体密度。因此，可以得到基于 D-R 模型的平行平板流渗透率修正模型：

$$f = (1+aKn)\left\{-\left(\frac{1}{2}h^{*3}+6w_1h^*\right) - \frac{\alpha^2}{\beta}\left[\frac{1}{2}\left(1-h^{*3}\right)+\frac{3}{2}w_2\left(1-h^{*2}\right)+6\left(1-h^*\right)w_3\right]\right\} \tag{7-33}$$

式中，参数 w_1、w_2 和 w_3 的表达式与式(7-30)一致。

根据 D-R 模型的基本假设，可以将式(7-30)转化为管流模型的形式：

$$\begin{cases} u_{in}(r_1) = \dfrac{1}{4\eta}\dfrac{dp}{dx}\left(r_1^2 + R^2 w_1\right), & r \leqslant r_i \\[3mm] u_{ad}(r_1) = \dfrac{1}{4\eta}\dfrac{\alpha}{\beta}\dfrac{dp}{dx}\left(r_1^2 + r_1 R w_2 + R^2 w_3\right), & r_i < r \leqslant R \end{cases} \tag{7-34}$$

式中，r_1 为管中的位置；R 为有效管径；r_i 为吸附区与内区虚拟界面的位置；各个系数的表达式如下：

$$\begin{cases} w_1 = -2r^* s_{Kn,in}\dfrac{\alpha-1}{\alpha} - r^{*2} \\[2mm] \qquad + \dfrac{\alpha}{\beta}\left[r^{*2}\left(-1 + \dfrac{2\beta}{\alpha^2}\right) - \left(2s_{Kn,ad}+1\right) + 2r^*\left(1 - \dfrac{\beta}{\alpha^2}\right)\left(s_{Kn,ad}+1\right)\right] \\[3mm] w_2 = -2r^*\left(1 - \dfrac{\beta}{\alpha^2}\right) \\[3mm] w_3 = -\left(2s_{Kn,ad}+1\right) + 2r^*\left(1 - \dfrac{\beta}{\alpha^2}\right)\left(s_{Kn,ad}+1\right) \\[3mm] s_{Kn} = \dfrac{2-\sigma_v}{\sigma_v}\dfrac{Kn}{1-bKn} \end{cases} \tag{7-35}$$

式中，r^* 为内区半径与有效半径的比值。将式(7-34)沿管内积分，即

$$Q = \int_0^R 2\pi r_1 u(r_1)\rho(r_1)dr_1 \tag{7-36}$$

$$\rho(r_1) = \begin{cases} \rho_{in}, & r_1 \leqslant r_i \\ \rho_{ad}, & r_i < r_1 \leqslant R \end{cases} \tag{7-37}$$

式中，Q 为流量；ρ_{in} 为自由区密度；ρ_{ad} 为吸附区密度。

另外，根据达西定律有

$$Q = -\pi R^2 f K_\infty \dfrac{\rho_g}{\eta}\dfrac{dp}{dx} \tag{7-38}$$

式中，R 为孔隙半径；ρ_g 为气体密度；η 为系数；K_∞ 为固有渗透率，在此模型中为 $\dfrac{R^2}{8}$，从而可以得到渗透率修正模型的表达式：

$$f = (1+aKn)\left\{-\left(r^{*4}+2w_1 r^{*2}\right) - \dfrac{\alpha^2}{\beta}\left[\left(1-r^{*4}\right) + \dfrac{4}{3}\left(1-r^{*3}\right)w_2 + 2\left(1-r^{*2}\right)w_3\right]\right\} \tag{7-39}$$

式中，系数的表达式详见式(7-35)。

为了能够对新的渗透率修正模型进行敏感性分析，我们根据页岩气储层的实际情况，选定了 10nD、100nD 和 1000nD 三个固有渗透率值及 50scf/ton[①]和 100scf/ton 两个朗缪尔体积 V_L 作为参数进行对比，相应的特征孔径利用如下经验公式转化：

$$R = 5.33 \left(\frac{K_\infty}{100\phi} \right)^{0.45} \tag{7-40}$$

综上所述，D-R 渗透率修正模型考虑了吸附效应对流动的复杂影响，是一种更精确的修正模型，适用于页岩气储层等富含纳米级孔隙的特低渗储层的宏观模拟和尺度升级模型。

（五）模型对比

基于密度分布的黏度修正模型从新的角度给出了一种气体微观流动现象的解释，可以在一定程度上提高计算的准确性，并指出气体流动过程中会受到壁面和吸附层的双重影响，但该模型适用范围有限，对计算效果的提高有限，暂不适用于宏观模拟，仅用于加深对微观流动机理的认识。

扰动模型充分考虑了气-固和气-气的相互作用所导致的密度分布不均匀现象，能够精确描述纳米级孔隙的气体流动剖面，通过平均附加扰动应力项的作用解释了微观机理。除此之外，扰动模型为微观方法与宏观方法之间建立了一个桥梁，能够将微观方法中所得的结果利用到宏观模型的计算中去，为高精度的宏观计算提供了一种潜在方法。

D-R 模型在兼顾物理机理和计算能力的前提下，提供了一种可用于宏观模拟的简化模型。D-R 模型考虑了吸附区对流动的影响，可以描述纳米孔道中气体流动的绝大部分特征，而仅增加了三个描述吸附层状态的模型参数，且都具有明确的物理意义并可以通过微观数值模拟或实验得到。与经典模型相比，该模型考虑了更全面的物理机理，与现有模型在极限情况下具有良好的一致性，计算简单，适用于大规模计算。

D-R 渗透率修正模型利用了 D-R 模型的优点，考虑了吸附效应对流动的复杂影响，能够更加直接、更加精确地体现微观机理对宏观参数的影响，适用于页岩气储层等富含纳米级孔隙的特低渗储层的宏观模拟和尺度升级模型，可为后续研究提供必要的参考。

通过本章的研究，我们基本理清了纳米级孔隙中的流动规律，明确了纳米级孔隙中的流动机理，在不同角度，基于不同尺度和问题，提出了新的数学模型，为后续的大规模计算、尺度升级等工作打下了重要基础。与此同时，扰动模型、D-R 模型等均为通用的数学模型，具有非常广阔的应用前景。

三、单相渗流实验——扩散系数实验测定

页岩渗透率极低，页岩气运移机理也与常规天然气不同，具有解吸及扩散特征。页岩气开发特征与气体运移机理密切相关，因此扩散及吸附/解吸特征的研究一直是页岩气研究领域的热点。

---

① 1scf/ton=0.0283m³/kg。

目前测定扩散系数通常有两种方法：①单气法。将样品放入扩散室后注入测试气体，然后根据压力变化换算出浓度变化，进而计算扩散系数。②双气法。将样品放入岩心夹持器中以后，使样品两端的两种气体压力相等，两端气体在浓度差的作用下发生扩散作用，检测不同时刻两端气体的组分浓度，根据菲克定律计算扩散系数。本书采用双气法进行常温常压下页岩扩散系数的测定。

(一)实验方法

天然气在岩石中的扩散系数是间接测定的，即先测出在一定时间内通过样品的气体扩散量或浓度，再由这些实测值依据菲克定律求取天然气的扩散系数。用游离烃浓度法测试页岩有效扩散系数，首先需要在岩心两端的扩散室中充入不同类型的气体(甲烷和氮气)，并保持两端的气体总压相等(无压差)。其次在浓度梯度作用下，组分气体将逐渐从岩心一端扩散到另一端，通过监测不同时间段两扩散室中气体组分的浓度变化，代入计算模型即可得到相应的有效扩散系数。根据菲克第一定律及物质守恒原理得到有效扩散系数 D_e 计算公式如下：

$$D_e = \frac{\ln(\Delta C_{f0}/\Delta C_{fi})}{B\Delta t}$$
$$B = A(1/V_1 + 1/V_2)/L$$

(7-41)

式中，ΔC_{f0} 为初始时刻烃类气体在两室中的浓度差，cm^3/cm^3；ΔC_{fi} 为 i 时刻烃类气体在两室中的浓度差，cm^3/cm^3；Δt 为扩散时间，s；V_1 和 V_2 分别为两扩散室的容积，cm^3；A 和 L 分别为岩心的横截面积和长度。

(二)实验步骤

(1)将岩心放入加持器，围压加至 3MPa，抽真空约半个小时，使岩心、烃室、氮室所处系统为真空状态。

(2)向烃室和氮室分别注入甲烷和氮气，通过调节进气阀保证两腔室压力差为 0kPa。当上下游腔室压力表显示为所需压力，并且压差传感器显示压差为 0kPa 时，关闭两端进气阀，再将温度和压力调至预设值。

(3)从两腔室每隔 8~12h 取一次样，利用气相色谱仪分析各腔室气体组分、浓度，共取样 5~6 次。

(4)记录每次测试时甲烷室、氮气室的甲烷、氮气浓度。按照公式计算甲烷的扩散系数。

(三)实验结果及结论

从表 7-4、图 7-33 和图 7-34 中可以看出，页岩有效扩散系数在 $4.93\times10^{-6}\sim24.31\times10^{-6}cm^2/s$，其与渗透率、孔隙度之间存在一定的正相关性，与 TOC 之间存在一定的负相关性。原因在于扩散系数与孔隙度均反映岩石孔隙的连通状况，而岩样 TOC 越高，纳米级孔隙越发育，连通情况也相应变差。由于页岩强烈的非均质性特征，各参数之间的相关关系并不十分明显。

表 7-4   岩样有效扩散系数与宏观物性参数关系

岩心编号	孔隙度/%	渗透率/$10^{-3}um^2$	TOC/%	有效扩散系数/($10^{-6}cm^2/s$)
7-54/67	3.34	0.3016	0.45	24.3142
8-35/67	3.62	0.3241	0.65	15.6335
8-51/67	2.90	0.4041	1.14	5.1132
8-45/67	1.02	0.0807	0.52	15.6397
9-8/29	1.97	0.0717	1.07	4.9326
9-16/29	1.64	0.1196	0.48	20.8803

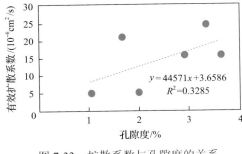

图 7-33   扩散系数与孔隙度的关系

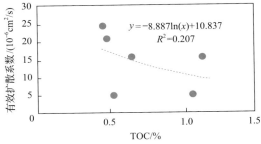

图 7-34   扩散系数与 TOC 的关系

四、页岩纳米级孔隙中气体流动机理

通过纳米级孔隙中气体流动的分子动力学模拟研究，系统研究了不同材料构成的孔隙中的气体流动规律，详细分析了气-固间的相互作用现象，指出了吸附现象在流动过程中的重要作用。研究结果显示，气体在上述材料的壁面附近会发生明显的吸附现象，其等温吸附曲线等宏观性质区别不大，但在微观尺度可观察到粒子数密度分布存在着明显差异，该现象主要受到固体微观结构和粒子间相互作用力强度等因素的影响；不同壁面材料孔道内的气体流速和流量剖面均可划分为空置区、吸附区和内区三部分，其中，伊利石和干酪根孔道中情况相似，吸附区内滑移速度较小、速度梯度较小，内区呈抛物线形，具体形状会受到稀薄效应的影响，大体上随着气体压力的降低逐渐由抛物线形向平推流转变，吸附区在低压下对总流量的贡献比例相对较高，对整体流动起到促进作用，但是高压时开始逐渐显现阻碍作用，与页岩气开采的宏观规律一致。总体来讲，吸附区的流动状态主要由固体壁面和气体分子的性质决定，在不同的压力和壁面条件下，既可能起到促进作用，也可能起到阻碍作用。

通过纳米级孔隙中气体流动的数学模型研究，推导了基于密度分布的黏度修正模型、扰动模型、D-R 模型和 D-R 渗透率修正模型。在不同角度，基于不同尺度和问题，提出了新的数学模型来描述气体在纳米级孔隙中的流动现象，计算效果和合理性比现有模型均有不同程度的提高。其中，基于粒子数密度分布的黏度修正模型从新的角度给出了一种气体微观流动现象的解释，说明了气体流动过程中会受到壁面和吸附层的双重影响；

扰动模型可以精确地描述纳米级孔隙中气体的流速剖面，通过由孔隙内气体粒子数密度的非均匀分布而导致的平均扰动应力解释了速度振荡现象，同时该方法也是连接非连续介质方法和连续介质方法的重要桥梁；D-R 模型考虑了吸附效应对气体流动的影响，能够分区域描述气体的流动状态，计算量小，可以用于宏观计算；基于 D-R 模型提出的 D-R 渗透率修正模型，能够综合考虑吸附、边界滑移等微观效应对宏观渗透率的影响，效果明显优于传统模型，且适用于尺度升级。

第三节　页岩储层应力敏感性

目前国内外对页岩储层的应力敏感性研究相对较少。本书研究了储层渗透率应力敏感实验方法，开展了模拟实际开发过程中天然裂缝岩心、压裂剪切裂缝岩心和人工铺砂裂缝岩心的渗透率应力敏感性实验，对比评价了不同渗透率级别岩心的应力敏感性，研究成果有利于深化认识页岩气层开发过程中的应力敏感性。

一、页岩储层应力敏感性实验评价

（一）实验方法

目前实验室开展储层渗透率应力敏感性实验时，主要采用变围压的实验方法，即实验过程中保持流动压力不变，通过改变围压研究储层应力敏感性的变化。这种变围压的实验方法，不能反映气藏开发过程中流体压力变化导致岩样基质膨胀对渗透率的影响。

本书应力敏感性实验采用变孔压的实验方法，即实验中先将流体压力和围压同步加到地层实际压力值，然后保持围压和岩心两端驱替压差不变，逐步同时降低岩心两端流动压力至废弃压力，再逐步同时升高岩心两端流动压力至原始地层压力，测试储层渗透率随有效应力的变化。该实验方法在出口端增加了回压装置，是通过改变流体压力来模拟净上覆压力变化和基质膨胀对渗透率的影响，这种实验方法可较好地模拟气藏开发过程中流体压力从原始地层压力降到废弃压力阶段储层的应力敏感情况。

制备压裂剪切裂缝岩心有压缝法和劈缝法。压缝法是将柱状岩心放在微机控制电液伺服压力试验机上沿轴向对岩样逐渐增加载荷，当岩心在压力作用下出现裂缝时，压力机自动停止加压并显示最高破裂压力。该方法成功率较低，岩心易被压碎，且裂缝互相贯穿、极不规则，重现性较差。劈缝法是将柱状岩心置于液压机上，岩心顶部放一把三角锉，刃口正对岩心轴线，逐渐加压直至岩心被劈为两半。劈缝法制备裂缝岩心的成功率较高，可形成一条断面相互吻合的裂缝，裂缝开度和渗透率可由填充物的性质和大小决定，可以准确模拟各种开度的裂缝。本书采用劈缝法。

（二）实验步骤

本书的渗透率应力敏感性实验主要采用干燥高纯氮气作为实验流体，实验温度保持室温。保持岩样围压等于上覆地层压力，流动压力以地层压力为起始点不断降低，待降到废弃压力后又不断升高至原始地层压力，测定压力不断变化过程中岩样的渗透率，以评价岩样渗透率的应力敏感性。具体实验步骤如下。

(1)连接实验装置，检查装置气密性，将样品装入岩心夹持器中；保持围压和流体压力差值为 2MPa，逐步缓慢提高围压和流体压力值，直到流体压力值达到实际地层压力值后保持流体压力值不变，再将围压增至实际上覆压力值。施压过程中避免施压过快造成岩心的人为破坏，并开启连通岩心入口端和出口端的阀门。

(2)保持围压和驱替压力 24h，使岩心充分恢复至地层应力状态。

(3)关闭连通岩心入口端和出口端的阀门，通过回压泵降低岩心出口端压力，使岩心两端建立压差，初始压差根据岩心初始渗透率选择，待气体流动稳定后，记录岩心出口端、入口端的压力和出口端流量。

(4)保持围压不变，同步降低夹持器出、入口端的流压，逐步增大净围压，并根据出口端的流量情况不断增大岩石两端的压差，记录各净围压下的数据。

(5)重复步骤(4)，分别记录 38MPa、36MPa、34MPa、32MPa、30MPa、27MPa、24MPa、20MPa、15MPa、10MPa、5MPa 下稳定流量后岩心两端的压力值及出口端流量。

(6)计量废弃压力点渗透率后，保持围压不变，同步升高夹持器出、入口端的流压，逐步减小净围压，并根据出口端的流量情况不断减小岩石两端的压差，记录各净围压下的数据。

(7)重复步骤(6)，对于涪陵地区龙马溪组岩心分别记录 5MPa、10MPa、15MPa、20MPa、24MPa、27MPa、30MPa、32MPa、34MPa、36MPa、38MPa 下稳定流量后岩心两端的压力值及出口端流量。

(8)逐步降低围压和流压值，直至降到大气压水平，取出岩心，观察岩心是否断裂和岩心端面是否完好，结束实验。

对于铺砂裂缝岩样分别采用 30～50 目和 40～70 目树脂覆膜砂作为支撑剂，铺砂浓度为 $2kg/m^2$。

二、龙马溪组页岩储层应力敏感性实验结果

根据设计的实验流程，开展了模拟涪陵地区龙马溪组页岩储层压力条件的渗透率应力敏感性实验，测试了渗透率随有效应力的变化关系。由于模拟储层条件的储层应力敏感性实验压力高、危险大、周期长，实验过程中孔隙度的准确计量难度大，主要开展了龙马溪组天然裂缝岩心、压裂剪切裂缝岩心和人工铺砂裂缝岩心的渗透率应力敏感性实验。

(一)实验样品

结合页岩储层存在大量天然裂缝及大型压裂的实际情况，选取天然裂缝岩样，基于上述岩样造缝形成压裂剪切裂缝和人工铺砂裂缝，并开展三类岩样(天然裂缝页岩岩样、压裂剪切裂缝页岩岩样、人工铺砂裂缝页岩岩样)的应力敏感性实验。

1. 天然裂缝页岩岩样

选取焦页 1 井等的天然裂缝页岩岩样，实际样品如图 7-35 所示。

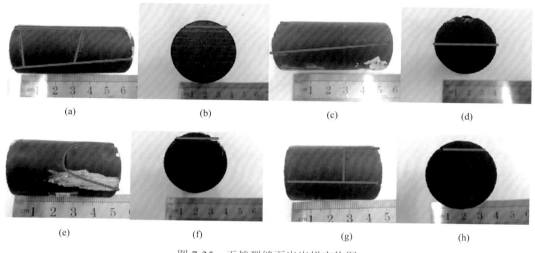

图 7-35 天然裂缝页岩岩样实物图

2. 压裂剪切裂缝页岩岩样

选取焦页 1 井的天然裂缝页岩岩样，采用劈缝法形成压裂剪切裂缝。实际样品如图 7-36 所示。

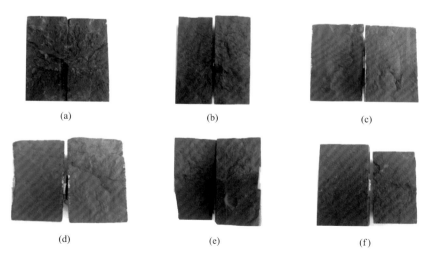

图 7-36 压裂剪切裂缝页岩岩样实物图
(a)焦页 1-6 水平钻 1 钻；(b)焦页 1-7 水平钻 1 钻；(c)焦页 1-10 水平钻 1 钻；
(d)焦页 1-10 水平钻 1 钻(2)；(e)焦页 1-11 水平钻 1 钻；(f)焦页 1-24 水平钻

3. 人工铺砂裂缝页岩岩样

选取焦页 1 井的天然裂缝页岩岩样，采用劈缝法形成压裂剪切裂缝，并按照现场压裂施工的粒度和比例铺砂。实际样品如图 7-37 所示。

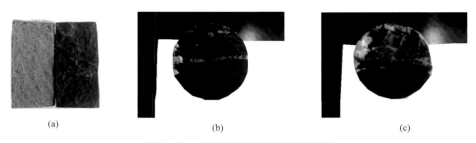

图 7-37　铺砂裂缝页岩岩样实物图

(a)焦页 1-6 水平钻 1 钻；(b)焦页 1-6 水平钻 1 钻；(c)焦页 1-6 水平钻 1 钻

(二)天然裂缝页岩应力敏感性实验结果

选取涪陵地区龙马溪组页岩气藏天然裂缝岩心开展了模拟地层压力条件的储层应力敏感性实验。取有效应力 20MPa 作为渗透率无因次化处理的起始点，实验结果如图 7-38 所示。

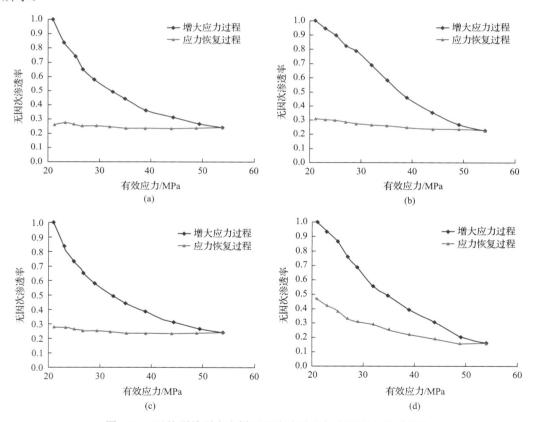

图 7-38　天然裂缝页岩岩样无因次渗透率与有效应力关系曲线

(a)焦页 1-6 井水平钻 1 钻；(b)焦页 1-6 井水平钻 1 钻(2)；(c)焦页 1-11 井水平钻 1 钻；(d)焦页 1-24 井水平钻

分析实验数据可以看出，岩心以有效应力约 40MPa(有效应力增加约 20MPa)为分界点，渗透率随有效应力的增加表现为明显的两段，有效应力低于 40MPa 之前(初期阶段)

渗透率降低幅度较大，有效应力高于 40MPa 之后（后期阶段），渗透率降低幅度较小。对比岩心的渗透率变化曲线，总体上可以看出渗透率越低，应力敏感性越强，渗透率的整体损失也越大。

对无因次渗透率与有效应力关系曲线进行分段拟合，指数关系式拟合较好。从图 7-38 中可以看出，有效应力增加的初期渗透率大幅降低，后期渗透率缓慢降低或基本保持不变，而当有效应力降到初始值时，渗透率损失大。往复加、卸压时，渗透率仅能恢复 30%～45%。

（三）压裂剪切裂缝页岩应力敏感性实验结果

选取涪陵地区龙马溪组页岩气藏的完整岩心，采用劈裂法对岩心进行人工造缝，用压裂剪切裂缝岩心开展了模拟地层压力条件的储层应力敏感性实验。取有效应力 20MPa 作为渗透率无因次化处理的起始点，实验结果如图 7-39 所示。

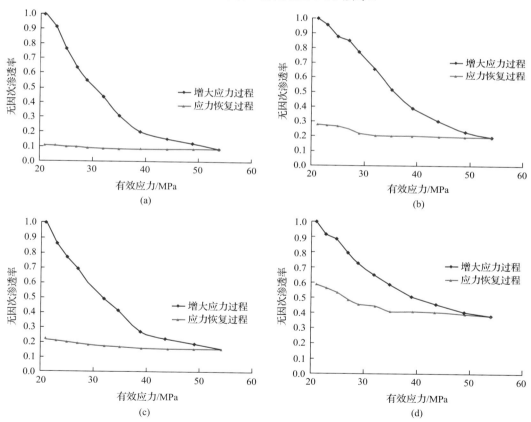

图 7-39　压裂剪切裂缝页岩岩样无因次渗透率与有效应力关系曲线

(a)造缝焦页 1-6 井水平钻 1 钻(2)；(b)造缝焦页 1-7 井水平钻 1 钻；(c)造缝焦页 1-10 井水平钻 1 钻；

(d)造缝焦页 1-10 井水平钻 1 钻(2)

分析实验数据可以看出，岩心以有效应力约 40MPa（有效应力增加约 20MPa）为分界点，渗透率随有效应力的增加表现为明显的两段，有效应力低于 40MPa 之前（初期阶段），渗透率降低幅度较大,有效应力高于 40MPa 之后(后期阶段),渗透率降低幅度较小。对无因次渗透率与有效应力关系曲线进行分段拟合,指数关系式拟合较好。

对上述岩心均开展了增覆压和降覆压情况下渗透率应力敏感性实验。可以看出,有效应力增加初期渗透率大幅降低,有效应力增加后期渗透率缓慢降低或基本保持不变,而当有效应力降到初始值时,渗透率损失很大。往复加、卸压时,渗透率仅能恢复 9%~30%。

(四)人工铺砂裂缝页岩应力敏感性实验结果

选取涪陵地区龙马溪组页岩气藏压裂剪切裂缝岩心,分别用 30~50 目和 40~70 目树脂覆膜砂、采用 2kg/m² 的铺砂浓度进行铺砂,用铺砂裂缝岩心开展了模拟地层压力条件的储层应力敏感性实验。取有效应力 20MPa 作为渗透率无因次化处理的起始点,实验结果如图 7-40 所示。

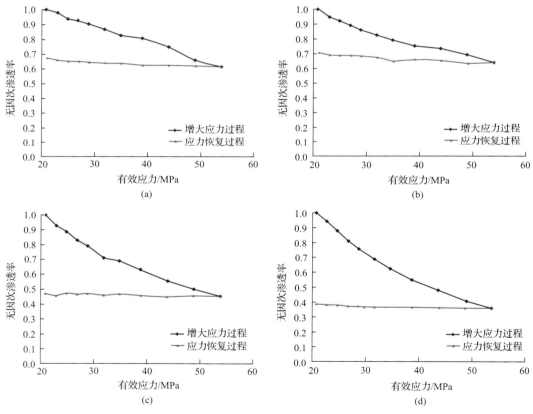

图 7-40　铺砂裂缝页岩岩样无因次渗透率与有效应力关系曲线

(a)铺砂焦页 1-6 井水平钻 1 钻(2);(b)铺砂焦页 1-7 井水平钻 1 钻;(c)铺砂焦页 1-28 井;(d)铺砂焦页 1-30 井

分析实验数据可以看出,人工铺砂裂缝页岩样品渗透率随有效应力的升高而降低,但总体降低幅度不大。当有效应力增加到 53MPa 时,岩心的渗透率保持水平为 60%~68%。对上述岩心均开展了增覆压和降覆压情况下渗透率应力敏感性实验,可以看出,往复加、卸压时,渗透率能恢复 60%~75%。

（五）应力敏感性评价

1. 基于渗透率损害率的页岩应力敏感程度评价

基于以上三种裂缝类型页岩的应力敏感性实验结果，依据表 7-5 中的渗透率损害率分类标准，可定量化实验岩样的应力敏感程度。

表 7-5　渗透率损害率分类标准

	损害率/%					
	≤5	5～30	30～50	50～70	70～90	≥90
应力敏感程度	无	弱	中等偏弱	中等偏强	强	极强

根据实验结果，天然裂缝岩样渗透率损害率为 70%～84%，具有强应力敏感程度；压裂剪切裂缝岩样渗透率损害率为 78%～91%，为强—极强应力敏感程度；人工铺砂裂缝岩样渗透率损害率为 23%～54%，具有弱—中等偏弱应力敏感程度。

2. 应力敏感实验结果综合分析

1）曲线拟合

对无因次渗透率与有效应力关系曲线进行拟合，指数关系式拟合较好。无因次渗透率与有效应力满足方程：

$$K_i / K_o = ae^{-b(p_i - p)} \tag{7-42}$$

式中，b 值表征应力敏感程度；K_i 为实验压力条件下的渗透率，$10^{-3}\mu m^2$；K_o 为储层原始条件下的渗透率，$10^{-3}\mu m^2$；p_i 为初始压力，MPa；p 为实验压力，MPa。

实验样品拟合的 b 值与渗透率损害率关系如图 7-41 所示。b 值越大，储层应力敏感性越强。

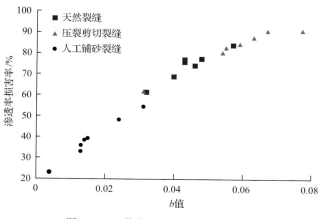

图 7-41　b 值与渗透率损害率关系图

对于天然裂缝岩心，有效应力的增加使岩样渗流能力的主要贡献者裂缝被压缩闭合，缝宽的减小引起渗透率急剧降低；随着有效应力的继续增大，天然裂缝被逐渐压实，缝宽趋于稳定，加之岩石骨架颗粒之间的支撑作用，渗透率变化幅度减缓；在有效应力降低、孔隙压力恢复至地层压力过程中，天然裂缝岩样由于没有流体和填隙物的支撑作用，闭合的裂缝难以再开启，渗透率恢复率低，渗透率损害不可逆转(图 7-42)。

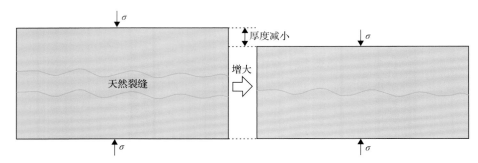

图 7-42　应力加载过程天然裂缝岩心内裂缝和喉道闭合示意图

对于压裂剪切裂缝岩心(图 7-43)，有效应力加载初期，裂缝面之间接触的点较少，在法向有效应力的作用下抵抗变形的能力较差，随着有效应力的增加，微凸体很容易发生变形，裂缝宽度明显减小，渗透率急剧降低；随着有效应力的进一步增大，裂缝面之间接触的点越来越多，甚至某些点由点接触变为面接触，整个裂缝面的接触面积较大，此时裂缝面抵抗外力的能力较强，不易随着有效应力的增加进一步发生显著变形，缝宽趋于稳定，渗透率降低减缓；在有效应力降低、孔隙压力恢复至地层压力过程中，天然裂缝岩样由于没有流体和填隙物的支撑作用，闭合的裂缝难以再开启，渗透率恢复率低，渗透率损害不可逆转(图 7-44)。

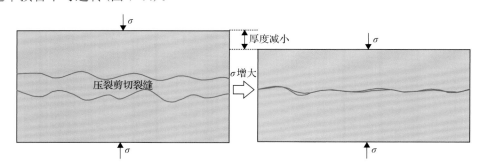

图 7-43　应力加载过程压裂剪切裂缝岩心内裂缝闭合示意图

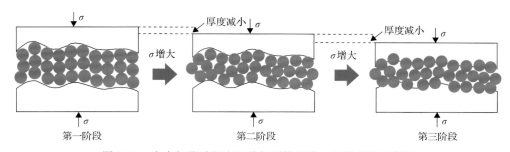

图 7-44　应力加载过程岩石骨架颗粒压缩、孔隙变形示意图

2）综合分析

对比同一岩样三种不同裂缝类型应力敏感性实验结果可知（图 7-45），应力敏感程度有如下大小关系：压裂剪切裂缝岩样＞天然裂缝岩样＞人工铺砂裂缝岩样。在有效应力加载初期，压裂剪切裂缝岩样渗透率下降最大，明显高于其余两种裂缝岩样。

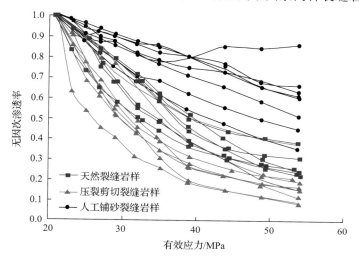

图 7-45 不同裂缝类型岩样无因次渗透率与有效应力关系图

第八章　页岩气井产能评价与页岩气藏动态分析技术

页岩气井产能评价、动态分析等气藏工程方法与常规气藏存在较大差异。本章介绍了目前国外页岩气广泛应用的气藏工程方法及适用性，并在页岩气地质特征、流动机理及压裂水平井渗流特征认识的基础上，结合国内页岩气测试及生产动态资料特点，建立了不同阶段和不同生产方式下页岩气井产能评价与预测、动态储量评价、递减分析等方法。

第一节　页岩气井物质平衡快速产能评价方法

一、页岩气多段压裂水平井渗流特征

页岩气井压裂后气体从气藏流入生产井筒大致分为四个阶段：①在压降作用下，基质表面吸附的页岩气发生解吸，进入基质孔隙系统；②解吸的吸附气与基质孔隙系统内原本存在的游离气混合，共同在基质孔隙系统内流动；③在浓度差作用下，基质岩块中的气体扩散进入裂缝系统；④在地层流动势影响下，裂缝系统内的气体流入生产井筒。页岩基质渗透率一般在几到几百纳达西，压力传播速度慢，基质到裂缝的瞬态流动时间长，因此页岩气井产气主要来自压裂改造区。

（一）页岩气压裂水平井数值模型

页岩气井体积压裂过程中形成形态复杂的网状裂缝，为了更准确地研究复杂的网状裂缝的渗流特征，通过网格对数加密方法刻画人工压裂主缝和体积压裂形成的网状裂缝，建立能够反映页岩体积压裂缝特征的数值模型。其中网状裂缝分均匀矩形网状裂缝的多段压裂水平井模型和不均匀树枝状网状裂缝的多段压裂水平井模型(图 8-1)。

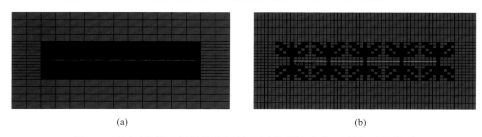

(a)　　　　　　　　　　　　　　　　　　(b)

图 8-1　均匀矩形网状裂缝和树枝状网状裂缝多段压裂水平井模型

在数值模拟模型中，裂缝采用局部网格对数加密处理，裂缝宽度为 0.1m，基质渗透率为 1×10^{-5}mD，基质孔隙度为 4.5%，裂缝孔隙度为 0.23%，网状裂缝导流能力为 2mD·m，主裂缝导流能力为 10mD·m，水平段长度为 1000m，主裂缝半长为 120m。第一种均匀

矩形网状裂缝模型共有 11 条主缝，网状裂缝缝间距 $L_x = 25\text{m}$；第二种树枝状网状裂缝模型共有 5 组主缝，网状裂缝缝间距 $L_x = 20\text{m}$。

(二)渗流特征

采用建立的两个数值模型，模拟页岩气井生产，根据数值模拟计算得到的产量、压力数据，绘制在定产生产条件下的压力平面分布图(图 8-2、图 8-3)和压力导数曲线，进而分析各个流动阶段的渗流情况。

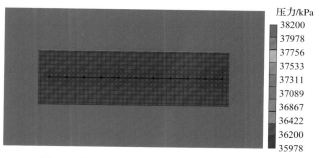

图 8-2 均匀网状裂缝模型生产一年压力分布

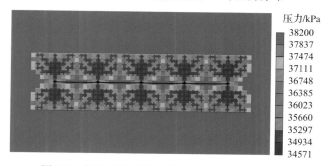

图 8-3 树枝状网状裂缝模型生产一年压力分布

图 8-4 是根据模拟计算的生产数据绘制的压力及压力导数双对数曲线。可以看出，在生产过程中，均匀矩形网状裂缝的多段压裂水平井首先出现人工裂缝内的线性流动，时间很短(1h 左右)，压力导数双对数曲线斜率为 1/2；生产大约 2h 后，出现地层与压裂缝的双线性流动阶段，压力导数双对数曲线斜率为 1/4；大约 10h 后，出现地层到压裂缝的线性流阶段，压力导数双对数曲线斜率为 1/2；大约 1000h 后，进入很长的过渡流阶段，这个流动阶段压力导数双对数曲线上翘，斜率接近于 1，此时整个压裂改造区都开始泄压，部分学者称这个阶段为假拟稳态流动阶段。当没有邻井干扰时，压力波继续由压裂改造区向外传播，大约 10 年后出现外围线性流阶段；如果气井外围有阻流边界，经过非常长的生产时间后气井会进入边界控制流阶段(导数双对数曲线斜率为 1)。实际情况中，页岩气井在生产过程中每个流动阶段能否出现和出现得早晚、时间长短与模型的基本参数有关。

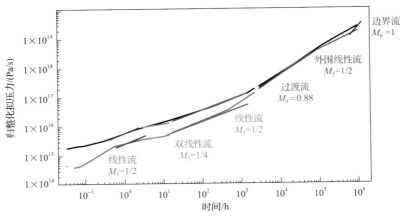

图 8-4　压力及压力导数双对数曲线(均匀矩形网状裂缝模型)

页岩储层基质物性极低，页岩气井很难达到拟稳态流生产阶段，页岩气井生产早期主要反映压裂缝内线性流和双线性流的渗流特征，其中裂缝内线性流持续时间非常短，一般观察不到。基质向裂缝的线性流阶段是低渗基质孔隙向人工裂缝瞬态渗流造成的，持续时间较长，是实际生产井可观察到的主要渗流阶段。

树枝状网状裂缝的多段压裂水平井模型渗流特征与均匀矩形网状裂缝水平井渗流特征基本一致，页岩气井定产量生产时压力动态特征理论上先后经历人工裂缝线性流、地层和裂缝双线性流、地层线性流、过渡流等几个渗流阶段。

二、页岩气多段压裂水平井拟稳态产能评价方法

(一)页岩气压裂水平井拟稳态产能方程

假设压裂水平井处于封闭均质气藏之中，气藏宽度与压裂缝长度相同；压裂缝对称分布，主压裂缝半长和导流能力相同；主裂缝为有限导流裂缝；不考虑吸附气解吸的影响，页岩气井生产达到拟稳态生产阶段。基于上述假设条件，考虑地层向裂缝的变质量流，可以建立单条裂缝拟稳态渗流方程，然后考虑几条裂缝并联，并考虑主裂缝内的高速非达西效应，推导建立针对页岩气压裂水平井拟稳态渗流条件下的产能方程为

$$\psi_e - \psi_{wf} = Aq_{gsc} + Bq_{gsc}^2 \tag{8-1}$$

式中，ψ_e 为平均地层压力对应的拟压力；ψ_{wf} 为井底流压对应的拟压力；A、B 由以下公式确定：

$$A = 19.95 \times \frac{1}{n} \times \frac{z_e\sqrt{c}}{hK_m} \times \frac{T}{1 - e^{-\sqrt{c}x_f}} \times (1 + S)$$

$$B = 9.97 \times \frac{1}{n^2} \times \frac{z_e\sqrt{c}}{K_m h} \times \frac{T}{1 - e^{-\sqrt{c}x_f}} \times D$$

$$c = \frac{2K_m}{K_f z_e w}$$

其中，q_{gsc} 为页岩气井标准状态下的产气量，$10^4\text{m}^3/\text{d}$；T 为气井温度，K；h 为页岩储层厚度，m；K_m 为基质有效渗透率，mD；x_f 为裂缝半长，m；n 为裂缝条数；K_f 为人工裂缝渗透率，mD；w 为人工裂缝宽度，m；z_e 为人工裂缝面到阻流边界的距离，m；D 为人工裂缝高速非达西系数。

可以看出，页岩气多段压裂水平井在拟稳态流动阶段的产能方程仍然满足二项式形式，只是产能方程的系数 A、B 的计算公式不同。

（二）产能影响因素分析

页岩气压裂水平井拟稳态产能主要受人工裂缝条数、页岩储层厚度、人工裂缝导流能力、页岩基质有效渗透率、高速非达西系数等参数控制。以川南地区某井为例。

从图 8-5 可以看出，人工裂缝条数从 20 条增加到 50 条，页岩气井无阻流量从 $12 \times 10^4\text{m}^3/\text{d}$ 增加到 $50 \times 10^4\text{m}^3/\text{d}$，几乎呈线性增加；从图 8-6 可以看出，基质有效渗透率对页岩气井无阻流量的影响非常明显。

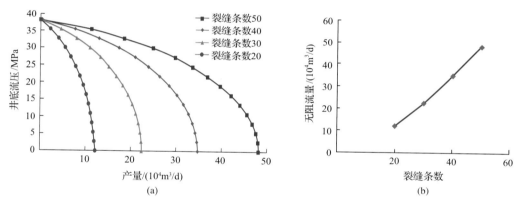

图 8-5　不同裂缝条数对页岩气多段压裂水平井 IPR 曲线和无阻流量的影响

（a）IPR 曲线；（b）裂缝条数对无阻流量的影响

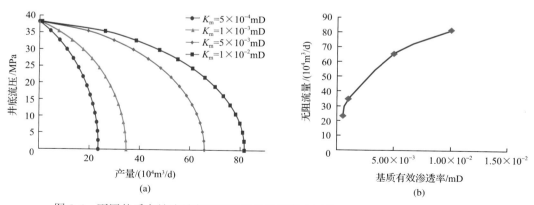

图 8-6　不同基质有效渗透率对页岩气多段压裂水平井 IPR 曲线和无阻流量的影响

（a）IPR 曲线；（b）基质渗透率对无阻流量的影响

从图 8-7 可以看出，基质有效渗透率对页岩气井无阻流量的影响非常明显。即固定 K_m，变 F_{cd} 进行影响分析。裂缝导流能力 10mD·m 为最优拐点值，该点之后无阻流量增加不明显。

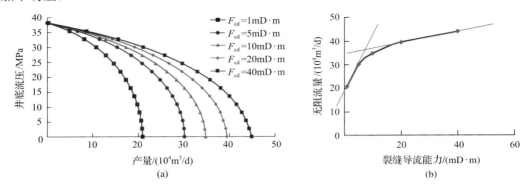

(a)

(b)

图 8-7　不同压裂缝导流能力对页岩气多段压裂水平井 IPR 曲线和无阻流量的影响(K_m=1×10^{-3}mD)

(a)IPR 曲线；(b)裂缝导流能力对无阻流量影响；F_{cd}-裂缝导流能力

从图 8-8 可以看出，裂缝半长对页岩气井无阻流量有明显影响，压裂缝半长越长，无阻流量越大。当裂缝半长大于 80m 后，无阻流量的增加率随压裂缝半长的增大而降低，裂缝半长的最优值范围为 100~140m。

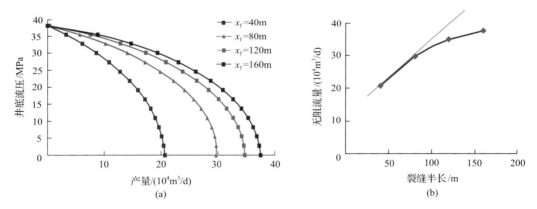

(a)

(b)

图 8-8　不同裂缝半长对页岩气多段压裂水平井 IPR 曲线和无阻流量的影响

(a)IPR 曲线；(b)裂缝半长对无阻流量的影响

从页岩气压裂水平井产能方程系数及前面的分析可以看出，人工裂缝条数越多、基质渗透率和人工裂缝导流能力越强，产能方程系数 A 越小，页岩气井无阻流量越大。

页岩气井拟稳态二项式产能测试要求采用正序列方式测试三种以上工作制度，每种制度下的压力和产量要求达到稳定。由于页岩基质物性极低，通过页岩气井产能测试确定的 IPR 方程主要反映裂缝系统向气井的流入动态，该方法在投产初期测试时评价的无阻流量主要反映裂缝系统的初始产能。此外，由于页岩气藏物性差，气井在投产早期存在压裂液返排，二项式产能方程直线有时会出现倒转现象，可对二项式采用 C 值校正。

（三）"多流量法"产能评价方法

如果页岩气井在进行多工作制度系统测试时没有测试地层压力，则采用"多流量法"开展产能评价，可以同时计算得到目前地层压力和无阻流量。

基于页岩气井系统试井原理，在页岩气井正常生产过程中，至少改变三种工作制度（产量由小到大），要求利用每种工作制度生产至稳定状态，利用各种制度对应稳定的产量、井底流压，联立求解方程组，可得到通式：

$$\frac{p_{\text{wf}(i-1)}^2 - p_{\text{wf}i}^2}{q_{g_i} - q_{g(i-1)}} = A + B(q_{g_i} + q_{g(i-1)})$$

式中，i、$i-1$ 为测试顺序号。

做 $\dfrac{p_{\text{wf}(i-1)}^2 - p_{\text{wf}i}^2}{q_{g_i} - q_{g(i-1)}}$ 和 $(q_{g_i} + q_{g(i-1)})$ 交会图，拟合到直线截距为 A，斜率为 B。根据二项式产能方程的通式即可得到地层压力和无阻流量。但采用这种方法分析确定的页岩气藏地层压力偏低。

三、页岩气井物质平衡快速产能评价方法

（一）页岩气藏物质平衡方程

页岩气储量主要包括游离气储量和吸附气储量。在开发过程中，页岩气藏地层压力不断下降，必将引起游离气膨胀、储层压实、岩石颗粒弹性膨胀、地层束缚水弹性膨胀及吸附气解吸。针对封闭页岩气藏，根据质量守恒原理，假设页岩气藏原始自由气储量为 G_f，当原始地层压力由 p_i 降到 p 时，原始游离气储量 + 原始吸附气储量 = 剩余游离气储量 + 剩余吸附气储量 + 累计产气量。基于此，建立综合考虑吸附气解吸和异常高压影响的页岩气藏物质平衡方程：

$$\frac{p}{Z^*} = \frac{p_i}{Z_i^*}\left(1 - \frac{G_p}{G}\right) \tag{8-2}$$

式中，Z^* 为修正偏差因子；Z_i^* 为初始地层压力下天然气修正偏差因子；G 为动态总储量。

$$Z^*(p) = \frac{Z}{S_{gi} - [c_f(p_i - p) + c_w S_{wi}(p_i - p)] + \dfrac{\rho_B}{\phi}\dfrac{V_L}{p_L + p}\dfrac{p_{sc}ZT}{Z_{sc}T_{sc}}}$$

其中，下标 i 为初始状态；下标 sc 为标准状态；下标 g 为气体；下标 w 为液体；G_f 为页岩气藏原始游离气储量，10^4m^3；S_{gi} 为页岩气藏原始含气饱和度；S_{wi} 为页岩气藏原始含水饱和度；c_f 为孔隙有效压缩系数，MPa^{-1}；c_w 为地层水压缩系数，MPa^{-1}；V_L 为朗缪尔体

积，m³/t，s 代表标准状态下的体积；p_L 为朗缪尔压力，MPa；ρ_B 为页岩密度，t/m³；Z 为气体偏差因子，是气藏压力的函数；p_{sc} 为标准大气压，MPa；Z_{sc} 为标准状态下的气体偏差因子。

(二)页岩气井物质平衡产能评价模型

针对压裂改造后形成的复合区(改造区和未改造区)，建立两个区的物质平衡方程。

压裂改造区的物质平衡方程：

$$\frac{\overline{p}_1}{Z_1^*} = \frac{p_i}{Z_i^*}\left(1 - \frac{G_{p1} - G_{p2}}{G_1}\right) \tag{8-3}$$

未压裂改造区的物质平衡方程：

$$\frac{\overline{p}_2}{Z_2^*} = \frac{p_i}{Z_i^*}\left(1 - \frac{G_{p2}}{G_2}\right) \tag{8-4}$$

式中，G_{p1} 为页岩气井累计产气量，10^4m³；G_{p2} 为压裂改造区向未压裂改造区的累计窜流产量，10^4m³；$\overline{p}_1$ 为压裂改造区的平均地层压力，MPa；$\overline{p}_2$ 为未压裂改造区的平均地层压力，MPa；Z_1^*、Z_2^* 和 Z_i^* 分别综合考虑了自由气、吸附气和异常高压对页岩气藏物质平衡方程的影响。

页岩气井二项式产能方程：

$$\psi_e - \psi_{wf} = Aq_{gsc} + Bq_{gsc}^2$$

复合区之间的窜流方程：

$$q_2 = A_2\left(\overline{p}_2^2 - \overline{p}_1^2\right) \tag{8-5}$$

式(8-2)～式(8-5)即为页岩气井物质平衡快速产能评价和预测模型。

当给定页岩气井二项式产能方程、复合区之间的窜流系数及对应的动态储量等参数后，可以按照下列步骤对页岩气井产能进行预测。

(1)计算 t=0 时刻的初始产量。根据原始地层压力下的页岩气井二项式产能方程，按稳定产量 q_{gs} 计算井底流压平方值 p_{wf}^2。利用该方程计算得到井底流压平方值 p_{wf}^2 小于0(即为负值)，与井底流压平方值 p_{wf}^2 必然≥0 的数学原理相矛盾，这反过来证明原设定的稳定产量是不合理的，才导致得到错误的结果，也就是说该页岩气井无法以产量 q_{gs} 稳产，需要以稳产期末最低井底流压 p_{wL} 来生产；如果井底流压高于稳产期末最低井底流压 p_{wL}，则页岩气井初始产量为 q_{gs}，否则页岩气井按稳产期末最低井底流压 p_{wL} 来生产。

页岩气井可以稳产时，由产能方程计算页岩气井的井底流压，否则，需要按稳产期末最低井底流压 p_{wL} 来计算页岩气井的产气量。

(2)下一个时步，设定当前时步对应的时间 $t=t_0+\Delta t$，根据压裂改造区页岩气藏物质平衡方程，按照牛顿法迭代计算新时步下压裂改造区的平均地层压力 $\overline{p}_1$。

(3)计算当前时步未压裂改造区的平均地层压力 $\overline{p}_2$。将当前时步下压裂改造区的平

均地层压力值 $\bar{p}_1$ 代入窜流方程，由未压裂改造区页岩气藏物质平衡方程迭代得到当前时步未压裂改造区的平均地层压力值 p_2。

（4）计算当前时步的页岩气井产量、内外区间窜流量、内外气井累产气量及内外区间累计窜流量。

（5）判断当前时间是否大于最大评价天数，如果不满足，将当前时步的地层压力值作为下一个时步迭代的初值，跳转到（2）。

（6）输出页岩气井产能评价结果。

页岩气井物质平衡快速产能评价方法是基于页岩气井产能方程和单井控制储量建立起来的，它可以综合考虑吸附气解吸、扩散、压裂改造区及未压裂改造区对页岩气井产能评价的影响，可用于开发初期没有建立页岩气藏地质模型的页岩气井产能评价。

该方法优点：不需要建立复杂裂缝网络的页岩气藏地质模型和很多的地质和压裂参数；可综合考虑吸附气解吸、异常高压及压裂改造区、未改造区等因素对页岩气井产能评价的影响。

在页岩气井物质平衡快速产能评价模块中，如果页岩气井开展了系统产能测试并且有一定的生产历史，可以先确定二项式产能方程，输入系数 A 和 B，并通过调整压裂改造区内、外的动态储量及窜流系数来拟合页岩气井井底流压，在拟合的基础上预测页岩气井的开发指标。如果测试资料少，则页岩气井产能方程的系数需要通过生产历史拟合确定。

（三）页岩气井实例分析

根据焦页 1 井的试气资料，采用多流量产能评价方法（图 8-9）确定焦页 1 井初始地层压力为 38.2MPa，二项式产能方程的系数：$A=21.107$，$B=2.949$，无阻流量为 $18.9\times10^4\mathrm{m}^3/\mathrm{d}$。该井使用 115.5mm 套管试采，试采期间井底积液严重，后期下油管，试采期间共测试九次井底流压。根据评价的产能方程，调整气井压裂改造区动态储量 G_1，拟合井底流压（图 8-10）。可以看出，下油管之前井底积液严重，由套压计算的井底流压偏低，后期模型预测流压与实际流压吻合较好。在历史拟合的基础上，采用物质平衡法对焦页 1 井开发指标进行了快速预测（图 8-11）。可以看出，预测 20 年累计产气量为 $1.46\times10^8\mathrm{m}^3$。

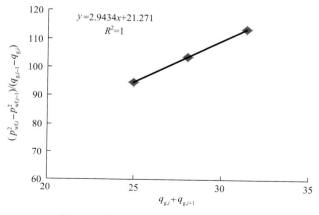

图 8-9　焦页 1 井二项式产能评价结果

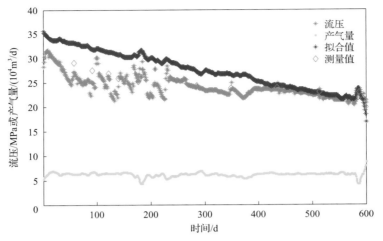

图 8-10   焦页 1 井物质平衡法压力史拟合结果

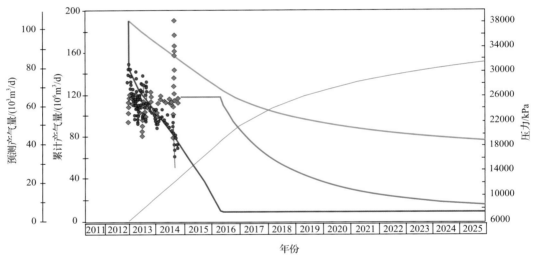

图 8-11   焦页 A 井物质平衡开发指标预测结果

第二节   页岩气多段压裂水平井非稳态产能预测方法

一、页岩气藏多尺度渗流数学模型

页岩气在基质中由压力差所引起渗流、由浓度差引起扩散及由压力降低引起的页岩气解吸过程。本书在实验及渗流机理研究的基础上，建立了页岩气藏的渗流数学模型。

在对基本渗流模型进行推导前，需要进行如下假设。

（1）无限大页岩储层由基质系统和裂缝系统组成，其中裂缝系统水平方向和垂直方向具有各向异性。

（2）与气体压缩性相比，页岩储层的压缩性可忽略不计。

（3）裂缝系统中气体为游离态页岩气，其流动遵循达西定律。

（4）基质块形状为球形，基质中页岩气同时以吸附态和游离态两种状态存在。

（5）页岩气在基质中的流动是压力差和浓度差共同作用的结果，即同时存在达西渗流和气体扩散。基质中页岩气在压力差的作用下以拟稳态或非稳态方式向裂缝系统窜流，且同时在浓度差的作用下以拟稳态或非稳态方式向裂缝系统扩散，相对应的渗流模型分别被称为非稳态模型和拟稳态模型。

（6）基质中吸附态页岩气的解吸规律用朗缪尔等温吸附定律描述。

（7）整个页岩气藏在开采前处于平衡状态，吸附态和游离态页岩气也处于动态平衡。

（8）页岩气井以定产量生产。

（9）单相气体等温渗流，忽略重力影响。

模型中假设基质系统与裂缝系统之间的气体交换为压力差所引起的非稳态渗流和浓度差所引起的非稳态扩散，基质系统有其独立的流动微分方程和定解条件，同一时刻基质中不同位置处的压力和浓度都不同。

（一）基质系统非稳态流动方程

假设基质块形状为球形，基质中页岩气的流动为非稳态渗流和非稳态扩散，并考虑基质中吸附气解吸的影响，得到基质系统的渗流微分方程如下，等号右端第二项代表压力降低时，基质中吸附态页岩气解吸的影响：

$$\frac{1}{r_m^2}\frac{\partial}{\partial r_m}\left(r_m^2\rho_m v_m\right) = \frac{\partial(\rho_m\phi_m)}{\partial t} + \rho_{sc}\frac{\partial}{\partial t}\left(\frac{V_L p_m}{p_L + p_m}\right) \tag{8-6}$$

式中，ρ_{sc} 为标准状态下气体密度，kg/m^3；ρ_m 为基质中气体密度，kg/m^3；ϕ_m 为基质系统孔隙度，%；p_m 为基质系统压力，Pa；r_m 为球形基质块半径。

式(8-6)中气体流动速度 v_m 为压力差和浓度差共同作用下的气体总速度。根据 Ertekin 等的研究，压力场和浓度场为两个平行的动力学场，由压力差和浓度差所引起的气体速度可以相互叠加，则式(8-6)中的气体流动速度 v_m 可写成如下形式：

$$v_m = v_m^p + v_m^c \tag{8-7}$$

式中，v_m^p 为由压力差所引起的气体渗流速度，m/s；v_m^c 为由浓度差所引起的气体扩散速度，m/s。

其中，压力差所引起的气体渗流速度可由达西定律获得

$$v_m^p = \frac{K_m}{\mu}\frac{\partial p_m}{\partial r_m} \tag{8-8}$$

式中，μ 为天然气黏度，$mPa\cdot s$。

由浓度差所引起的气体扩散速度可由克努森扩散定律获得

$$v_m^c = \frac{D_c}{\rho_m} \frac{\partial \rho_m}{\partial r_m} \tag{8-9}$$

式中，D_c 为扩散系数。

将式(8-8)和式(8-9)代入连续性方程式(8-6)，可得到

$$\frac{1}{r_m^2} \frac{\partial}{\partial r_m} \left[r_m^2 K_m \beta_m \frac{p_m}{\mu Z} \frac{\partial p_m}{\partial r_m} \right] = \frac{\phi_m p_m}{Z} \left\{ c_{gm} + \frac{\rho_{sc}}{\rho_m \phi_m} \frac{V_L p_L}{(p_L + p_m)^2} \right\} \frac{\partial p_m}{\partial t} \tag{8-10}$$

式中，Z 为气体偏差因子；c_{gm} 为基质系统中气体压缩系数，Pa^{-1}；$\beta_m = 1 + \dfrac{b_m}{p_m}$，

$b_m = \dfrac{D_c c_{gm} \mu p_m}{k_m}$。

引入拟时间定义和拟压力定义可得到综合考虑解吸、非稳态扩散和非稳态渗流多重机制作用的基质系统微分方程：

$$\frac{1}{r_m^2} \frac{\partial}{\partial r_m} \left(r_m^2 \frac{\partial \psi_m}{\partial r_m} \right) = \frac{\phi_m \mu_i}{k_m \beta_m} c_{tmi} \frac{\partial \psi_m}{\partial t_a} \tag{8-11}$$

式中，t_a 为拟时间，h；c_{tmi} 为初始条件下基质综合压缩系数。

对上述基质系统渗流微分方程组进行无因次变化，得到如下无因次化模型：

$$\frac{1}{r_{mD}^2} \frac{\partial}{\partial r_{mD}} \left(r_{mD}^2 \frac{\partial \psi_{mD}}{\partial r_{mD}} \right) = \frac{15(1 - \omega\gamma)}{\lambda\gamma\beta_m} \frac{\partial \psi_{mD}}{\partial t_D} \tag{8-12}$$

式中，r_{mD} 为无因次半径，$r_{mD} = \dfrac{r_m}{L}$，L 为参考长度。其中定义的无因次变量如下。

裂缝储容比：

$$\omega = \frac{\phi_f \mu_i c_{gfi}}{\Lambda}$$

式中，$\Lambda = \mu_i \left(\phi_m c_{gmi} + \phi_f c_{gfi} \right)$，$c_{gmi}$ 为基质天然气压缩系数；c_{gfi} 为裂缝天然气压缩系数。

无因次裂缝系统拟压力：

$$\psi_{fD} = \frac{\pi k_{fh} h T_{sc}}{p_{sc} q_{sc} T} (\psi_i - \psi_f)$$

无因次基质系统拟压力：

$$\psi_{mD} = \frac{\pi k_{fh} h T_{sc}}{p_{sc} q_{sc} T} (\psi_i - \psi_m)$$

考虑吸附气的储容比：

$$\gamma = \frac{\phi_{\mathrm{m}} c_{\mathrm{gmi}} + \phi_{\mathrm{f}} c_{\mathrm{gfi}}}{\phi_{\mathrm{m}} c_{\mathrm{tmi}} + \phi_{\mathrm{f}} c_{\mathrm{gfi}}} = \frac{\varLambda}{\mu_{\mathrm{i}} \left(\phi_{\mathrm{m}} c_{\mathrm{tmi}} + \phi_{\mathrm{f}} c_{\mathrm{gfi}} \right)}$$

窜流系数：

$$\lambda = 15 \frac{K_{\mathrm{m}}}{K_{\mathrm{fh}}} \frac{L^2}{R^2}$$

式中，c_{g} 为天然气压缩系数；下标 i 为初始状态；下标 g 为天然气；下标 f 为自然裂缝系统；下标 m 为基质系统；下标 sc 为标准状态；ϕ 为总孔隙度；ϕ_{f} 为裂缝孔隙度；ϕ_{m} 为基质系统孔隙度；ψ 为拟压力；T 为温度；L 为参考长度，针对压裂水平井，L 选择为裂缝半长；R 为基质块半径。

（二）裂缝系统渗流微分方程

假设页岩气在裂缝中的流动为达西渗流，基质中页岩气向裂缝同时进行非稳态窜流和非稳态扩散，结合质量守恒定律，得到裂缝系统的渗流微分方程如下：

$$\frac{\partial}{\partial x}\left(K_{\mathrm{fh}} \frac{p_{\mathrm{f}}}{\mu Z} \frac{\partial p_{\mathrm{f}}}{\partial x} \right) + \frac{\partial}{\partial y}\left(K_{\mathrm{fh}} \frac{p_{\mathrm{f}}}{\mu Z} \frac{\partial p_{\mathrm{f}}}{\partial y} \right) + \frac{\partial}{\partial z}\left(K_{\mathrm{fv}} \frac{p_{\mathrm{f}}}{\mu Z} \frac{\partial p_{\mathrm{f}}}{\partial z} \right) - \frac{3 k_{\mathrm{m}} \beta_{\mathrm{m}}}{R} \frac{p_{\mathrm{f}}}{\mu Z} \frac{\partial p_{\mathrm{m}}}{\partial r_{\mathrm{m}}} \bigg|_{r_{\mathrm{m}}=R} = \phi_{\mathrm{f}} c_{\mathrm{gf}} \frac{p_{\mathrm{f}}}{Z} \frac{\partial p_{\mathrm{f}}}{\partial t}$$

$$(8\text{-}13)$$

式中，K_{fh} 为水平渗透率；K_{fv} 为裂缝网络垂向渗透率。

根据拟压力定义，取 μ 和 c_{gf} 为气藏初始状态下的值对式(8-13)进行线性化处理，可得到

$$\frac{\partial^2 \psi_{\mathrm{f}}}{\partial x^2} + \frac{\partial^2 \psi_{\mathrm{f}}}{\partial y^2} + \frac{\partial}{\partial z}\left(\frac{K_{\mathrm{fv}}}{K_{\mathrm{fh}}} \frac{\partial \psi_{\mathrm{f}}}{\partial z} \right) - \frac{K_{\mathrm{m}} \beta_{\mathrm{m}}}{K_{\mathrm{fh}}} \frac{3}{R} \frac{\partial \psi_{\mathrm{m}}}{\partial r_{\mathrm{m}}} \bigg|_{r_{\mathrm{m}}=R} = \frac{\phi_{\mathrm{f}} \mu_{\mathrm{i}} c_{\mathrm{gfi}}}{K_{\mathrm{fh}}} \frac{\partial \psi_{\mathrm{f}}}{\partial t} \qquad (8\text{-}14)$$

式(8-14)等号左端第四项代表基质中页岩气向裂缝系统不稳态窜流和不稳态扩散的影响。对式(8-14)进行无因次化，可得到

$$\frac{\partial^2 \psi_{\mathrm{fD}}}{\partial x_{\mathrm{D}}^2} + \frac{\partial^2 \psi_{\mathrm{fD}}}{\partial y_{\mathrm{D}}^2} + \frac{\partial^2 \psi_{\mathrm{fD}}}{\partial z_{\mathrm{D}}^2} = \omega \frac{\partial \psi_{\mathrm{fD}}}{\partial t_{\mathrm{D}}} + \frac{\lambda \beta_{\mathrm{m}}}{5} \frac{\partial \psi_{\mathrm{mD}}}{\partial r_{\mathrm{mD}}} \bigg|_{r_{\mathrm{mD}}=1} \qquad (8\text{-}15)$$

式(8-16)无因次变化中所涉及的无因次变量定义如下：

$$x_{\mathrm{D}} = \frac{x}{L}, \quad y_{\mathrm{D}} = \frac{y}{L}, \quad z_{\mathrm{D}} = \frac{z}{L} \sqrt{\frac{K_{\mathrm{fh}}}{K_{\mathrm{fv}}}}$$

式中，x、y、z 为笛卡尔坐标位置。

（三）系统综合渗流微分方程

对裂缝系统无因次渗流微分方程式(8-15)进行基于 t_D 的拉普拉斯变换，可得到

$$\frac{\partial^2 \overline{\psi}_{\mathrm{fD}}}{\partial x_{\mathrm{D}}^2} + \frac{\partial^2 \overline{\psi}_{\mathrm{fD}}}{\partial y_{\mathrm{D}}^2} + \frac{\partial^2 \overline{\psi}_{\mathrm{fD}}}{\partial z_{\mathrm{D}}^2} = \omega u \overline{\psi}_{\mathrm{fD}} + \frac{\lambda \beta_{\mathrm{m}}}{5} \frac{\partial \overline{\psi}_{\mathrm{mD}}}{\partial r_{\mathrm{mD}}}\bigg|_{r_{\mathrm{mD}}=1} \tag{8-16}$$

式中，u 为拉普拉斯变量；t_D 为无因次时间。

根据基质系统压力和裂缝系统压力的关系，对裂缝系统渗流微分方程进行化简，得到页岩气藏最终的综合微分方程：

$$\frac{\partial^2 \overline{\psi}_{\mathrm{fD}}}{\partial x_{\mathrm{D}}^2} + \frac{\partial^2 \overline{\psi}_{\mathrm{fD}}}{\partial y_{\mathrm{D}}^2} + \frac{\partial^2 \overline{\psi}_{\mathrm{fD}}}{\partial z_{\mathrm{D}}^2} = f(u) \overline{\psi}_{\mathrm{fD}} \tag{8-17}$$

式中，

$$f(u) = \omega u + \frac{\lambda \beta_{\mathrm{m}}}{5}\left[\sqrt{\frac{15(1-\omega\gamma)u}{\lambda\gamma\beta_{\mathrm{m}}}} \coth\left(\sqrt{\frac{15(1-\omega\gamma)u}{\lambda\gamma\beta_{\mathrm{m}}}} \right) - 1 \right]$$

式(8-17)即为考虑基质中页岩气为非稳态窜流和非稳态扩散的三维无限大页岩气藏综合微分方程。

二、页岩气多段压裂水平井非稳态产能模型

（一）页岩气多段压裂水平井渗流物理模型

对页岩气藏体积压裂裂缝特征进行抽象简化[图 8-12(a)]，再与页岩储层一起进一步抽象一般物理模型[图 8-12(b)]。图中标注 K_1 的白色部分为压裂改造区，外围深色(标注 K_2)的为未改造区。

不考虑主压裂缝长度、导流能力及裂缝间距之间的差异，根据人工裂缝的对称性，取一条裂缝区域的 1/4 为研究对象(图 8-13)。该单元包括人工裂缝和 1、2、3、4 共四个

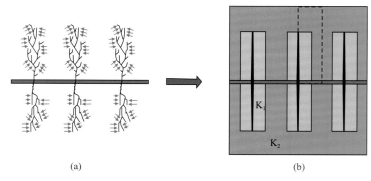

(a)   (b)

图 8-12　页岩气多段压裂水平井渗流物理模型抽象

区域。各区域之间的流线方向如图中所示，1、2、3、4 四个区域均为双孔介质，各区域之间的渗透率、孔隙度等参数可以相同，也可以不同。

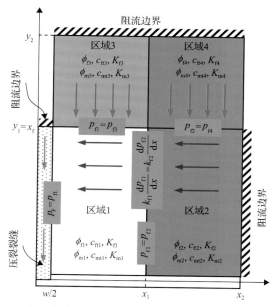

图 8-13　页岩气多段压裂水平井 1/4 裂缝单元五线性流示意图

（二）数学模型建立及求解

将式（8-16）应用于一维情形，即可分别得到各区的一维线性流渗流微分方程，加上边界条件、初始条件和界面连接条件即可构成各区的渗流数学模型：

$$\frac{\partial^2 \bar{\psi}_{\text{fD}}}{\partial x_{\text{D}}^2} + \frac{\partial^2 \bar{\psi}_{\text{fD}}}{\partial y_{\text{D}}^2} + \frac{\partial^2 \bar{\psi}_{\text{fD}}}{\partial z_{\text{D}}^2} = f(u)\bar{\psi}_{\text{fD}} \tag{8-18}$$

1. 区域 4 的渗流数学模型

将式（8-18）应用于区域 4，得到区域 4 的渗流数学模型：

$$\frac{\partial^2 \bar{\psi}_{\text{4fD}}}{\partial y_{\text{D}}^2} - F_4(u)\bar{\psi}_{\text{4fD}} = 0 \tag{8-19}$$

$$F_4(u) = \omega_4 \eta_{14} u + \frac{\lambda_4 \beta_{\text{m4}}}{5}\left[\sqrt{\frac{15(1-\omega_4\gamma_4)\eta_{14}u}{\lambda_4\gamma_4\beta_{\text{m4}}}}\coth\left(\sqrt{\frac{15(1-\omega_4\gamma_4)\eta_{14}u}{\lambda_4\gamma_4\beta_{\text{m4}}}}\right)-1\right] \tag{8-20}$$

界面连接条件：

$$\bar{\psi}_{\text{4fD}}(y_{\text{1D}}) = \bar{\psi}_{\text{2fD}}(y_{\text{1D}}) \tag{8-21}$$

2. 区域 3 的渗流数学模型

采用与区域 4 相同的方法可得到区域 3 的渗流数学模型:

$$
\begin{cases}
\dfrac{\partial^2 \bar{\psi}_{3fD}}{\partial y_D^2} = F_3(u)\bar{\psi}_{3fD} \\[3mm]
\left.\dfrac{\partial \bar{\psi}_{3fD}}{\partial y_D}\right|_{y_{2D}} = 0 \\[3mm]
\left.\bar{\psi}_{3fD}\right|_{y_{1D}} = \left.\bar{\psi}_{1fD}\right|_{y_{1D}}
\end{cases}
\tag{8-22}
$$

式中,

$$
F_3(u) = \omega_3 \eta_{13} u + \frac{\lambda_3 \beta_{m3}}{5}\left[\sqrt{\frac{15(1-\omega_3\gamma_3)\eta_{13}u}{\lambda_3\gamma_3\beta_{m3}}}\coth\left(\sqrt{\frac{15(1-\omega_3\gamma_3)\eta_{13}u}{\lambda_3\gamma_3\beta_{m3}}}\right)-1\right]
$$

3. 区域 2 的渗流数学模型

将式(8-18)应用于区域 2,得到区域 2 的渗流方程:

$$
\frac{\partial^2 \bar{\psi}_{2fD}}{\partial x_D^2} + \frac{K_4}{K_2 y_{1D}}\left.\frac{\partial \bar{\psi}_{4fD}}{\partial y_D}\right|_{y_{1D}} - F_2(u)\bar{\psi}_{2fD} = 0
\tag{8-23}
$$

区域 1 与区域 2 压力连续边界条件:

$$
\bar{\psi}_{2fD}(x_{1D}) = \bar{\psi}_{1fD}(x_{1D})
$$

4. 区域 1 的渗流数学模型

采用与区域 2 相同的方法可得到区域 1 的渗流数学模型:

$$
\frac{\partial^2 \bar{\psi}_{1fD}}{\partial x_D^2} - c_2(u)\bar{\psi}_{1fD} = 0
\tag{8-24}
$$

式中,

$$
c_2(u) = F_1(u) - \frac{K_3}{K_1 y_{1D}}\sqrt{F_3(u)}\tanh\left[(y_{1D}-y_{2D})\sqrt{F_3(u)}\right]
$$

$$
F_1(u) = \omega_1 \eta_{11} u + \frac{\lambda_1 \beta_{m1}}{5}\left[\sqrt{\frac{15(1-\omega_1\gamma_1)\eta_{11}u}{\lambda_1\gamma_1\beta_{m1}}}\coth\left(\sqrt{\frac{15(1-\omega_1\gamma_1)\eta_{11}u}{\lambda_1\gamma_1\beta_{m1}}}\right)-1\right]
$$

区域 1 与区域 2 流量连续边界条件:

$$
\left.\frac{K_2}{\mu}\frac{\partial \bar{\psi}_{2fD}}{\partial x_D}\right|_{x_{1D}} = \left.\frac{K_1}{\mu}\frac{\partial \bar{\psi}_{1fD}}{\partial x_D}\right|_{x_{1D}}
$$

区域 1 与压裂缝区压力连续条件：

$$\overline{\psi}_{1\mathrm{fD}}(w_\mathrm{D}/2) = \overline{\psi}_{\mathrm{FD}}(w_\mathrm{D}/2)$$

式(8-19)~式(8-24)中，$\overline{\psi}_{1\mathrm{fD}}$、$\overline{\psi}_{2\mathrm{fD}}$、$\overline{\psi}_{3\mathrm{fD}}$、$\overline{\psi}_{4\mathrm{fD}}$ 分别为区域 1、区域 2、区域 3、区域 4 对应的无因次自然裂缝系统拟压力；ω_1、ω_2、ω_3、ω_4 分别为区域 1、区域 2、区域 3、区域 4 对应的裂缝储容比；λ_1、λ_2、λ_3、λ_4 分别为区域 1、区域 2、区域 3、区域 4 对应的窜流系数；γ_1、γ_2、γ_3、γ_4 分别为区域 1、区域 2、区域 3、区域 4 对应的考虑吸附气的裂缝储容比；K_1、K_2、K_3、K_4 分别为区域 1、区域 2、区域 3、区域 4 对应的渗透率；β_{m1}、β_{m2}、β_{m3}、β_{m4} 的计算方法同式(8-14)中的 β_m。

5. 裂缝区的渗流数学模型

将式(8-19)应用于裂缝区，得裂缝区的渗流方程：

$$\frac{\partial^2 \overline{\psi}_{\mathrm{FD}}}{\partial y_\mathrm{D}^2} + \frac{2}{F_{\mathrm{CD}}}\frac{\partial \overline{\psi}_{1\mathrm{FD}}}{\partial x_\mathrm{D}}\bigg|_{w_\mathrm{D}/2} - \eta_{1f}u\overline{\psi}_{\mathrm{FD}} = 0 \tag{8-25}$$

裂缝向井的流动(压裂直井)、裂缝向水平井的流动在后面用流线汇聚表皮系数来描述：

$$\frac{\partial \overline{\psi}_{\mathrm{FD}}}{\partial y_\mathrm{D}}\bigg|_0 = -\frac{\pi}{F_{\mathrm{CD}}u} \tag{8-26}$$

于是，可以求得裂缝区井底压力解为

$$\overline{\psi}_{\mathrm{wD}} = \overline{\psi}_{\mathrm{FD}}(0) = \frac{\pi}{F_{\mathrm{CD}}u\sqrt{c_6(u)}\tanh\left(\sqrt{c_6(u)}\right)} \tag{8-27}$$

6. 气流汇聚的影响

上述推导过程中压裂缝中的流动为一维线性流。但是，水力压裂缝中的流线并不总是线性的，随着气流接近水平井向井底汇流，这个汇流效应会产生附加压降，将其称为汇流表皮。裂缝中气流汇聚引起的表皮因子表达式为

$$S_\mathrm{c} = \frac{K_\mathrm{m}h}{K_\mathrm{f}w_\mathrm{f}}\left[\ln\left(\frac{h}{2r_\mathrm{w}}\right) - \frac{\pi}{2}\right] \tag{8-28}$$

考虑井底气流汇聚影响的气井井底无因次拟压力为

$$\overline{\psi}_{\mathrm{wD}} = \frac{\pi}{F_{\mathrm{CD}}u\sqrt{c_6(u)}\tanh\left(\sqrt{c_6(u)}\right)} + \frac{S_\mathrm{c}}{u} \tag{8-29}$$

式(8-19)~式(8-29)中，F_{CD} 为人工裂缝无因次导流能力，$F_{\mathrm{CD}} = \dfrac{K_\mathrm{F}w_\mathrm{F}}{K_{\mathrm{fh}}X_\mathrm{f}}$，其中 K_F 为

主裂缝渗透率，w_F 为主裂缝宽度；K_{fh} 为储层渗透率，X_f 为裂缝半长；η_i 为区域 i 导压系

数，$\eta_i = \dfrac{K_{fh,i}}{\mu_{gi}(\phi_m c_{tmi} + \phi_f c_{tfi})}$，$i = 1, 2, 3, 4$；$\eta_f$ 为人工裂缝导压系数，$\eta_f = \dfrac{k_F}{\mu_{gi}\phi_F c_{tFi}}$；$\phi_F$ 为人

工裂缝孔隙度；$\eta_{11} = 1$；$\eta_{12} = \dfrac{\eta_1}{\eta_2}$；$\eta_{13} = \dfrac{\eta_1}{\eta_3}$；$\eta_{24} = \dfrac{\eta_2}{\eta_4}$；$x_{1D} = \dfrac{x_1}{X_f}$；$x_{2D} = \dfrac{x_2}{X_f}$；$y_{1D} = 1$；

$y_{2D} = \dfrac{y_2}{X_f}$；$w_D = \dfrac{w}{X_f}$。

通过拉普拉斯数值反演将以上解吸解转化为实空间的解，给定基础地质和压裂参数，即可以计算定压生产和定产量生产情况下压裂水平井的产量和压力变化。

三、页岩气多段压裂水平井产量变化影响因素

(一)流动阶段及特征

通过拉普拉斯数值反演，将拉普拉斯空间页岩气井产量压力解吸解转化为实空间的数值解，并在双对数图上作无因次产量 q_D 与无因次时间 t_{DXf} 的特征曲线，分析流动阶段及产量变化特征。页岩气井在定压生产时的无因次产量递减曲线由六部分构成(图 8-14)，这六部分的特征及所反映的井和地层信息如下。

(1)早期为裂缝线性流，产量时间曲线呈斜率为–1/2 的直线。

(2)裂缝-区域 1 为双线性流，产量时间曲线呈斜率为–1/4 的直线。

(3)区域 1 线性流，产量时间曲线呈斜率为–1/2 的直线。

(4)区域 1-区域 3 的双线性流，产量时间曲线呈斜率为–1/4 的直线。

(5)区域 1-区域 2 的复合线性流，产量时间曲线呈斜率为–1/2 的直线。

(6)边界作用流动阶段，产量时间曲线迅速向下。

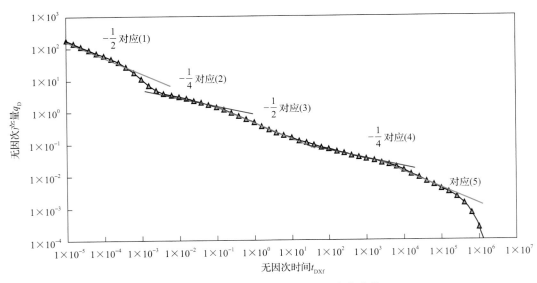

图 8-14　五线性流模型产量递减变化曲线

图 8-14 计算参数如下：裂缝无因次导流能力 $F_{CD}=100$，无因次距离 $x_{1D}=1$、$x_{2D}=50$、$y_{1D}=1$、$y_{2D}=50$，渗透率比 $K_2/K_1=0.2$、$K_3/K_1=0.2$、$K_4/K_2=1$，导压系数比 $\eta_{1F}=0.001$，导压系数比 $\eta_{12}=\eta_{13}=\eta_{14}=5$，储容比 $\omega=0.01$，窜流系数 $\lambda=10$，渗流扩散系数 $\beta_m=2$，考虑吸附气的储容比 $\gamma=0.8$。在实际地层参数条件下，部分流动阶段不会出现。

（二）人工裂缝导流能力、裂缝储容比、窜流系数、吸附气储容比及扩散相关参数的影响

图 8-15 显示了导流能力对产量曲线的影响。人工裂缝导流能力主要影响早期压裂缝的线性流阶段，无因次裂缝导流能力越大，无因次产量越高。

图 8-16 显示了裂缝储容比对产量曲线的影响。裂缝储容比对页岩气井产量曲线的影响主要在基质岩块向天然裂缝的窜流阶段。裂缝储容比越大，窜流过渡阶段的无因次产量越高。裂缝储容比基本不影响除窜流以外的其他流动阶段。

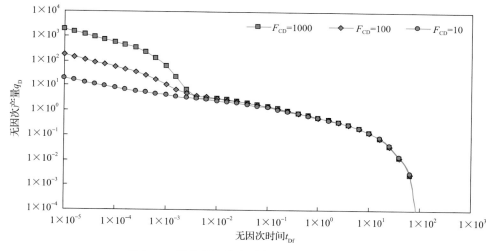

图 8-15 裂缝导流能力对产量递减曲线的影响

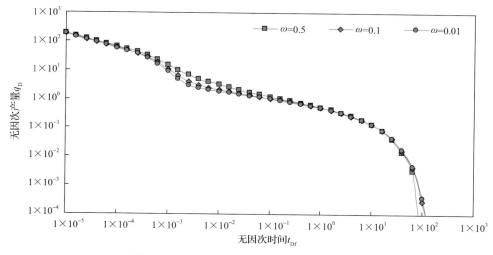

图 8-16 裂缝储容比对产量递减曲线的影响

图 8-17 显示了裂缝窜流系数对产量曲线的影响。窜流系数对页岩气井产量曲线的影响主要在基质岩块向天然裂缝的窜流阶段；窜流系数越大，窜流发生得越早，窜流过渡阶段的无因次产量越高；窜流系数基本不影响除窜流以外的其他流动阶段。

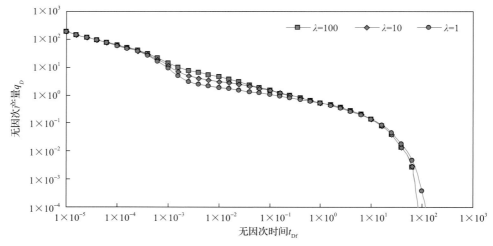

图 8-17　窜流系数对产量递减曲线的影响

图 8-18 显示了考虑吸附气的储容比 γ 产量曲线的影响。计算结果表明，解吸能力越强，γ 值越小，地层流动阶段页岩气井的产量越高。

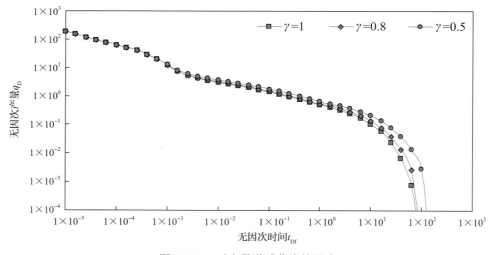

图 8-18　γ 对产量递减曲线的影响

图 8-19 显示了扩散相关参数对产量曲线的影响。在模型中，扩散的影响用参数 β 来描述。扩散系数越大，参数 β 值越大。计算结果表明，扩散能力越强，β 值越大，在地层流动阶段页岩气井的产量越高。

四、多参数自动历史拟合优化算法

多参数自动历史拟合也就是多参数非线性最优化求解。当给定一组多元参数初值之后，根据一定的优化算法，寻找目标函数最小的点对应的多元参数值，即多元非线性目标最优化的解。在求解时，目标函数不仅可以拟合井底流压，也可以拟合页岩气井产气量，在拟合前可以剔除生产数据中的异常点。

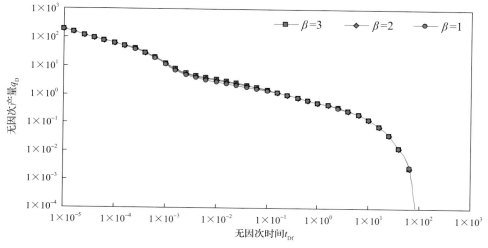

图 8-19 β 对产量递减曲线的影响

按井底流压拟合对应的目标函数：

$$\text{obj}(x_1, x_2, \cdots) = \frac{\sum_{i=1}^{n} \left(\frac{\left| \left(p_{\text{wf测量}} \right)_i - \left(p_{\text{wf计算}} \right)_i \right| w_i}{\left(p_{\text{wf测量}} \right)_i} \right)}{\sum_{i=1}^{n} w_i} \tag{8-30}$$

式中，$\left(p_{\text{wf测量}} \right)_i$ 为第 i 个点的井底流压测量值，MPa；$\left(p_{\text{wf计算}} \right)_i$ 为第 i 个点的井底流压计算值，MPa；$\left(q_{\text{g测量}} \right)_i$ 为第 i 个点的日产气量测量值，$10^4 \text{m}^3/\text{d}$；$\left(q_{\text{g计算}} \right)_i$ 为第 i 个点的日产气量计算值，$10^4 \text{m}^3/\text{d}$；w_i 为数据点 i 对应的权重，如果该点不做拟合，则 w_i=0。

本算法采用 Nelder-Mead 方法进行优化求解。该方法是一种非线性优化算法，由 Nelder 和 Mead 提出，它使用直接搜索策略，其特点是对初始值不敏感，在优化过程中不需要求导，因此不受限于目标函数是否连续或可微分。

五、页岩气井实例应用

（一）产能评价方法验证

利用建立的页岩气多段压裂水平井解吸解模块，对川南地区龙马溪组页岩气井生产历史进行拟合(图 8-20、图 8-21)。可以看出,模型预测的产气量、井底流压与页岩气井实际的产气量、井底流压基本一致,表明建立的五线性流模型能够正确反映页岩气藏双孔气藏储层特征和压裂水平井渗流特点,可以进行生产动态预测。

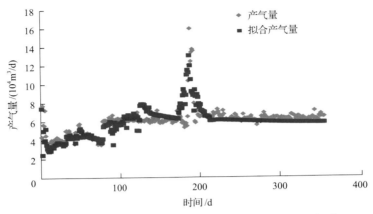

图 8-20 焦页 1HF 井产气量拟合结果(给定流变拟合产量)

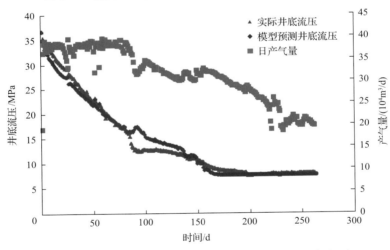

图 8-21 A6 井井底流压拟合结果(给定产量拟合井底流压)

(二)应用实例

Y1 井水平段长度为 1500m、有效裂缝 43 条,储层厚度 41.5m,孔隙度 5.2%,含气饱和度 56.0%,原始地层压力 75MPa,由于生产井积液现象不严重,利用多相管流模型折算得到气井井底流压。调整模型参数完成气井生产历史拟合(图 8-22),得到有效裂缝半长为 41m,导流能力为 5.5mD·m,一区渗透率为 0.013mD,双重介质窜流系数为 4.0×10^{-7},裂缝储容比为 0.01,未改造区渗透率为 1.0×10^{-5}m。利用拟合得到的模型,预测页岩气井以 6×10^{4}m^{3}/d 的配产可继续稳产 120d,30 年末累产气量为 82×10^{6}m^{3}(图 8-23)。

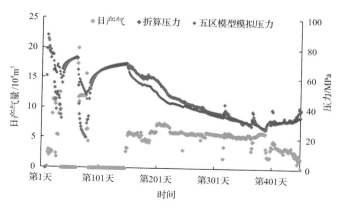

图 8-22　Y1 井生产历史拟合图

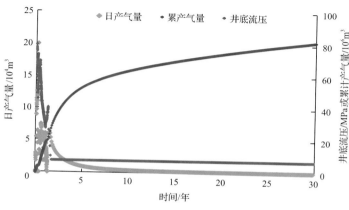

图 8-23　Y1 井生产指标预测图

六、页岩气井产能影响因素

（一）页岩气藏模型基础参数

模型大部分基础参数参考涪陵地区龙马溪组页岩气藏相关参数，见表 8-1。

表 8-1　基础参数表

	取值		取值
含气量/(m³/t)	6.0	压裂段数	30
扩散系数/(cm²/s)	10^{-4}	主裂缝导流能力/(mD·m)	20
朗缪尔压力/MPa	5	主裂缝半长/m	120
朗缪尔体积/(m³/t)	2	裂缝间距/m	30
基质渗透率/$10^{-3}\mu m^2$	5×10^{-5}	初始地层压力/MPa	38.2
裂缝渗透率/$10^{-3}\mu m^2$	0.01	储量/$10^8 m^3$	3.5
基质孔隙度/%	4.5	含水饱和度/%	20%
储容比	0.1	生产方式	定产 $6.5\times10^4 m^3/d$ 最低流压 7.5MPa
水平井长度/m	1000		
井网间距/m	600		

(二)储层参数对压裂水平井产能的影响

1. 含气量

涪陵地区龙马溪组富有机质泥页岩段自下而上含气量逐渐减少，为研究含气量对页岩气井产能的影响，分析了含气量为 $5m^3/t$、$4m^3/t$、$3m^3/t$ 的情况下日产气量、累计产气量随生产时间的变化曲线(图 8-24)。可以看出，随着含气量从 $3m^3/t$ 增加至 $5m^3/t$，稳产时间从 1.4 年增加到 2.2 年；20 年末累产气量从 $0.81×10^8m^3$ 增加到 $1.25×10^8m^3$。以上结果表明：在其他因素不变的情况下，含气量对稳产期和累产气量影响明显。含气量越高，累产气量越高。

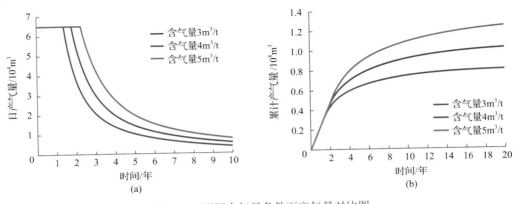

图 8-24　不同含气量条件下产气量对比图

2. 吸附气比例

在其他条件不变的情况下，设计吸附气比例分别为 30%、40%、50%三套方案进行计算，分析日产气量、累计产气量随生产时间的变化曲线(图 8-25)。可以看出，吸附气比例从 30%增至 50%，稳产期从 2.2 年降至 1.8 年，20 年末累产气量从 $1.25×10^8m^3$ 降至 $1.0×10^8m^3$，20 年末采出程度从 35.6%降至 28.3%。因此，吸附气比例对稳产期影响不大，但吸附气比例越高，累产气量越小，采出程度越低。

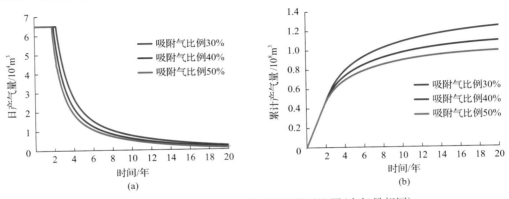

图 8-25　不同吸附气比例条件下产气量对比图(含气量相同)

3. 解吸附

在其他参数一定的条件下，设计朗缪尔压力分别为 3MPa、5MPa、7MPa 三套方案。分析日产气量、累计产气量随生产时间的变化曲线(图 8-26)。可以看出，当吸附气量相同时，随着朗缪尔压力从 3MPa 增至 7MPa 时，稳产期从 2.0 年增至 2.4 年，20 年末累计产气量从 $1.15 \times 10^8 \mathrm{m}^3$ 增加至 $1.34 \times 10^8 \mathrm{m}^3$，采出程度从 32.8% 增加至 38.2%，提高了 5.4%。结果表明：朗缪尔压力越高，吸附气解吸越容易，吸附气的贡献越大，累计产气量越高，采出程度也越大。

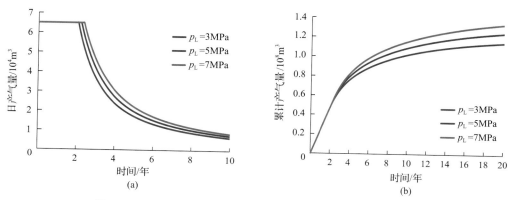

图 8-26　不同朗缪尔压力条件下产气量对比图(吸附气量相同)

4. 基质渗透率

当基质渗透率分别取 $10^{-4} \mathrm{mD}$、$10^{-5} \mathrm{mD}$、$10^{-6} \mathrm{mD}$、$10^{-7} \mathrm{mD}$ 进行计算。分析产气量随生产时间的变化曲线(图 8-27)。从图 8-27 可以看出，基质渗透率从 $10^{-7} \mathrm{mD}$ 增至 $10^{-4} \mathrm{mD}$ 时，页岩气井稳产期从 0.2 年增加至 3.7 年，20 年末累计产气量从 $0.35 \times 10^8 \mathrm{m}^3$ 增加至 $1.49 \times 10^8 \mathrm{m}^3$，采出程度从 10% 提高至 42%。结果表明：①基质渗透率越大，页岩气井稳产期越长，累计产气量及采出程度越高；②从图 8-28 可以看出，当基质渗透率大于 $10^{-5} \mathrm{mD}$ 时，基质渗透率的增加，累计产气量增加变缓。

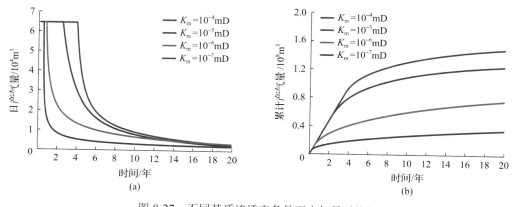

图 8-27　不同基质渗透率条件下产气量对比图

(三)压裂改造参数对压裂水平井产能的影响

1. 次生裂缝渗透率

本书设计了四套方案,日产气量、累计产气量随生产时间的变化曲线(图 8-28)。可以看出,次生裂缝渗透率从 10^{-4}mD 增至 10^{-1}mD 时,稳产期从 0.4 年增加至 2.3 年,20 年末累计产气量从 0.89×10^8m^3 增加至 1.25×10^8m^3,采出程度从 25.5% 提高至 35.8%。

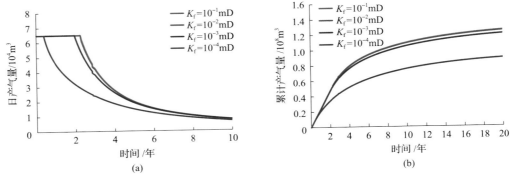

图 8-28　不同次生裂缝渗透率条件下产气量对比图

主裂缝导流能力 F_c=5mD·m,在基础模型其他参数不变的条件下,当次生裂缝渗透率小于 10^{-2}mD 时,随着次生裂缝渗透率的增大,稳产期和累计产气量明显增加;当次生裂缝渗透率大于 10^{-2}mD 时,随着次生裂缝渗透率的增大,稳产期和累计产气量增加不明显。

为了研究体积压裂改造裂缝间距对页岩气井产能的影响,在基础模型参数的基础上设计体积压裂改造缝间距 L_x=5m、L_x=10m、L_x=25m、L_x=35m、L_x=50m 五套方案。分析日产气量、累计产气量随生产时间的变化曲线(图 8-29)。可以看出,当基质渗透率为 10^{-5}mD 时,L_x 从 50m 降低至 5m 时,稳产期从 1.2 年增加至 3.6 年,20 年末累产气量从 1.07×10^8 增加至 1.45×10^8m^3,采出程度从 30.5% 增加至 41.3%。结果表明:体积压裂改造缝间距对稳产期和累计产气量影响明显。体积压裂改造缝间距 L_x 越小,即改造区裂缝密度越大,稳产期越长,20 年末累计产气量越高,采出程度越高。

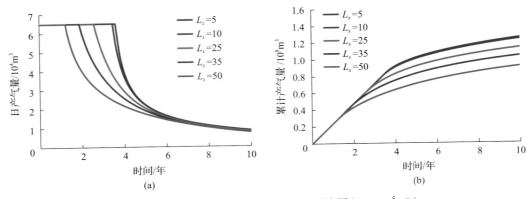

图 8-29　不同体积压裂缝间距产气量对比图(K_m=10^{-5}mD)

2. 人工压裂主裂缝半长

在基础模型参数上设计了主裂缝半长(X_f)分别为 50m、75m、100m、125m、150m 五套方案。分析日产气量、累计产气量随生产时间的变化曲线(图 8-30)。可以看出，主裂缝半长从 50m 增加至 150m，稳产期从 0.6 年增加至 3.1 年，20 年末累计产气量从 $0.75 \times 10^8 m^3$ 增加至 $1.34 \times 10^8 m^3$，采出程度从 21.4% 增加至 38.3%。主裂缝半长越大，也就是改造区范围越大，稳产期越长，累计产气量和采出程度越高。因此体积压裂改造应尽量追求大的改造范围，改造范围越大，采出程度越高。

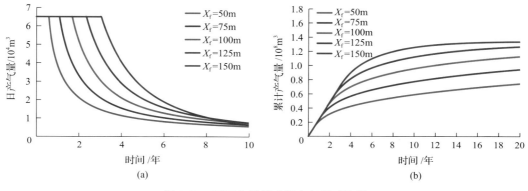

图 8-30　不同主裂缝半长产气量对比图

3. 人工压裂主裂缝导流能力

在基础模型参数的基础上设计了主裂缝导流能力分别为 $1mD \cdot m$、$5mD \cdot m$、$10mD \cdot m$、$25mD \cdot m$、$50mD \cdot m$、$100mD \cdot m$ 六套方案。分析日产气量和累计产气量随生产时间的变化曲线(图 8-31)。可以看出，当裂缝渗透率 $K_f = 10^{-3}mD$ 时，导流能力从 $1mD \cdot m$ 增加至 $100mD \cdot m$，稳产期从 0.1 年增加至 2.1 年，20 年末累计产气量从 $0.80 \times 10^8 m^3$ 增加至 $1.22 \times 10^8 m^3$，采出程度从 22.9% 增加至 34.8%。

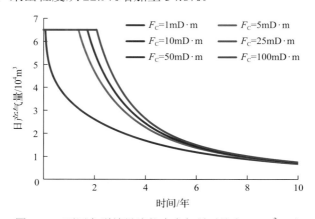

图 8-31　不同主裂缝导流能力产气量对比 $(K_f = 10^{-3}mD)$

4. 人工压裂主裂缝条数

设计主裂缝条数分别为 10 条、20 条、30 条、40 条四套方案。分析日产气量、累计产气量随生产时间的变化曲线(图 8-32)。可以看出,当主裂缝条数从 10 条增至 40 条时,稳产期从 0.8 年增加至 3.2 年,20 年末累计产气量从 $0.96 \times 10^8 \mathrm{m}^3$ 增加至 $1.39 \times 10^8 \mathrm{m}^3$,采出程度从 27.3%增加至 39.8%。结果表明:主裂缝条数越多,稳产期越长,累计产气量和采出程度越高。但随着主裂缝条数的增加,累计产气量增加幅度越来越小,这是由缝间干扰加剧所致。

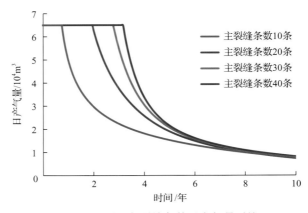

图 8-32　不同主裂缝条数日产气量对比

第三节　页岩气井动态储量评价方法

一、页岩气藏物质平衡方程及动态储量评价方法

(一)数学模型

页岩气藏物质平衡方程一般是基于质量守恒原理建立的,在方程中可以考虑异常高压气藏岩石孔隙和束缚水弹性能、水侵等的影响。对于页岩气藏还需要考虑吸附气解吸及吸附相占据孔隙体积的影响。

King(1993)在常规气藏物质平衡方程的基础上,考虑吸附气解吸、有限水侵及岩石和束缚水弹性能的影响,建立了页岩气藏物质平衡方程。针对异常高压页岩气藏,岩石孔隙压缩系数是随地层压力变化的,可以在页岩气藏物质平衡方程中进一步考虑孔隙压缩系数随地层压力变化的影响。针对封闭气藏,根据物质守恒原理,可以推导出

$$\frac{p}{Z^*} = \frac{p}{Z_i^*}\left(1 - \frac{G_p}{G}\right) \tag{8-31}$$

其中,

$$Z^*(p) = \cfrac{Z}{S_{gi} - \left[\left(a_0 p_{eff} + \cfrac{a_1}{2} p_{eff}^2 + \cfrac{a_2}{3} p_{eff}^3 + \cfrac{a_3}{4} p_{eff}^4\right)\Bigg|_{p_i}^{p} + c_w S_{wi}(p_i - p)\right] + \cfrac{\rho_B}{\phi} \cfrac{V_L}{p_L + p} \cfrac{p_{sc} Z T}{Z_{sc} T_{sc}}}$$

(8-32)

式中，岩石孔隙压缩系数定义为有效应力的函数：

$$c_f = a_0 + a_1 p_{eff} + a_2 p_{eff}^2 + a_3 p_{eff}^3$$

(8-33)

（二）物质平衡动态储量评价方法

以某井台 1 号井为例，该井自 2015 年 6 月投产，目前已累计产气 $5629 \times 10^4 m^3$。该井分别在生产两个月及两年时测试一次静压。初始地层压力 38.2MPa，测井解释孔隙度 5.46%，初始含水饱和度 34.79%。该区块岩心测试朗缪尔等温吸附曲线参数为：朗缪尔压力 6MPa，朗缪尔体积 $2.5m^3/t$，页岩密度 $2.55t/m^3$。按照物质平衡法，两次静压评价动态储量如图 8-33 所示。

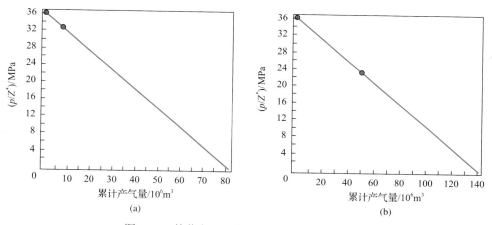

图 8-33 某井台 1 号井实测静压评价动态储量

根据图 8-33（a）评价结果，该井生产两个月实测静压评价的动态总储量为 $0.81 \times 10^8 m^3$，生产两年实测静压评价的动态总储量为 $1.40 \times 10^8 m^3$。可以看出生产两个月评价的动态总储量偏低一半左右，这反映页岩气井评价的动态储量具有阶段性，早期评价的动态储量偏低。图 8-34 中两次实测静压结合初始地层压力评价的动态总储量为 $1.53 \times 10^8 m^3$。

二、定产生产条件下的流动物质平衡和动态物质平衡储量评价方法及应用

页岩气藏物质平衡方程是基于地层压力建立的，在使用中受以下限制：①需要关井测试平均地层压力，而关井会影响页岩气井正常生产；②页岩气藏储层物性低，需要相

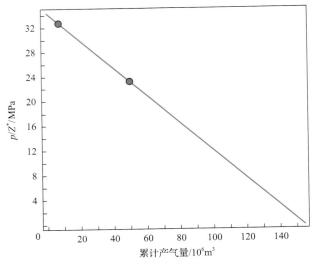

图 8-34　某井台 1 号井两次实测静压评价动态储量

对很长的关井时间，测试的静压才能接近平均地层压力。因此在页岩气藏物质平衡方程的基础上，结合页岩气井产能方程推导出定产生产条件下的流动物质平衡方程，根据该模型可以由流压和累产气量评价页岩气井动态总储量，而不需要关井测试静压。

（一）数学模型

对页岩气藏物质平衡方程两边按时间求导，并按照链式求导方式，左边可以推导：

$$\frac{\mathrm{d}}{\mathrm{d}t}\left(\frac{p}{Z^*}\right)=\frac{\mathrm{d}}{\mathrm{d}p}\left(\frac{p}{Z^*}\right)\frac{\mathrm{d}p}{\mathrm{d}\psi}\frac{\mathrm{d}\psi}{\mathrm{d}t_{ca}}\frac{\mathrm{d}t_{ca}}{\mathrm{d}t} \tag{8-34}$$

式中，ψ 为拟压力；t_{ca} 为考虑气藏 PVT 随地层压力变化而引入的物质平衡拟时间。

Z^* 定义可以推导出：

$$\frac{\mathrm{d}}{\mathrm{d}p}\left(\frac{p}{Z^*}\right)=\frac{p}{Z}\left(c_{f}+c_{g}+c_{d}\right) \tag{8-35}$$

式中，c_f 为孔隙有效压缩系数；c_g 为天然气压缩系数；c_d 为解吸压缩系数。

对式（8-32）右侧时间 t 进行求导，可以得到

$$\frac{\mathrm{d}}{\mathrm{d}t}\left(\frac{p}{Z^*}\right)=\frac{\mathrm{d}}{\mathrm{d}t}\left[\frac{p_{i}}{Z_{i}^{*}}\left(1-\frac{G_{p}}{G}\right)\right] \tag{8-36}$$

所以有

$$\frac{\mathrm{d}}{\mathrm{d}t}\left(\frac{p}{Z^*}\right)=-\frac{p_{i}q(t)}{Z_{i}^{*}G} \tag{8-37}$$

将式(8-35)、式(8-37)及拟压力，拟时间导数代入式(8-34)可以得到

$$\mu_i c_{cti}\frac{\mathrm{d}\psi}{\mathrm{d}t_{ca}}=-\frac{2p_i q(t)}{Z_i^* G}\tag{8-38}$$

将式(8-38)进行变量分离并积分，可以得到

$$\frac{\psi_i-\psi}{q(t)}=\frac{2p_i t_{ca}}{Z_i^* G\mu_i c_{ti}}\tag{8-39}$$

式中，ψ_i 为初始地层压力对应的拟压力；ψ 为平均地层压力对应的拟压力。为了使用井底流压来评价页岩气井动态储量，可以利用页岩气井产能方程建立井底流压与地层压力之间的关系。为方便起见，推导中假设模型页岩气井为圆形封闭气藏中的一口直井，在拟稳态条件下的井底流压可以表示为

$$\psi_i-\psi_{wf}=\frac{2qp_i(1-S_w)}{\mu_i c_{ti}G_f Z_i}t_{ca}+qb_{pss}\tag{8-40}$$

式中，ψ_{wf} 为流压对应的拟压力；q 为产气量；$b_{pss}=\frac{p_{sc}T}{\pi KhT_{sc}}\left(\ln\frac{r_e}{r_{wa}}-0.75\right)$；$G_f=\phi\pi r_e^2 h(1-S_w)\Big/\left(\frac{TZp_{sc}}{T_{sc}Z_{sc}p}\right)$。

联合式(8-39)和式(8-40)两式，消除原始地层压力项，可以得到拟稳态条件下的平均地层压力为

$$\overline{\psi}=\psi_{wf}+\frac{2p_i t_{ca}q(1-S_w)}{\mu_i c_{ti}Z_i G_f}-\frac{2p_i t_{ca}q}{Z_i^* G\mu_i c_{cti}}+qb_{pss}\tag{8-41}$$

在忽略含水饱和度影响的条件下，式(8-41)可以进一步推导简化为

$$\overline{\psi}=\psi_{wf}+qb_{pss}\tag{8-42}$$

从式(8-42)可以看出，页岩气井在定产生产达到拟稳态条件下，井底流压与平均地层压力相差一个常数，因此与常规气藏流动物质平衡法类似，通过井底流压和累产气量评价页岩气井动态总储量。

(二)实测流压评价定产生产页岩气井动态储量

某井台 1 号井在投产后基本按 $6\times10^4 m^3/d$ 配产生产，并做了 16 次井底压力测试，测试时气井产量在 $6\times10^4\sim10\times10^4 m^3/d$，其中绝大部分实测点配产为 $6\times10^4 m^3/d$。按照 $6\times10^4 m^3/d$ 配产条件下测试的井底流压评价该井动态总储量(图 8-35)。可以看出，修正偏差因子校正的井底流压(p_{wf}/Z^*)与累产气量呈明显的线性关系。过原始地层压力点做实测压力点的平行线，外推到横坐标轴的截距即为页岩气井的动态总储量。该井实测井底流压评价的动态总储量为 $1.49\times10^8 m^3$，与关井实测静压评价的动态总储量一致。

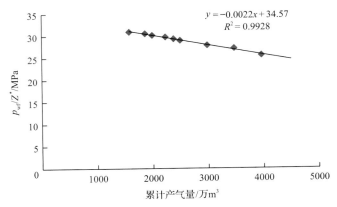

图 8-35 某井台 1 号井实测井底流压评价动态总储量

三、变产变压生产条件下的动态物质平衡储量评价方法及应用

(一)数学模型

在定产生产条件下流动物质平衡模型推导的基础上,可以进一步推导出变产变压条件下的动态物质平衡评价方法。

$$\frac{q(t)}{\psi_i - \psi_{wf}} = \frac{1}{b_{pss}} - \frac{1}{b_{pss}} \frac{2p_i(1-S_w)}{(\mu Z c_{ct})_i G}\left(1 + \frac{1}{(1-S_w)\phi}\frac{\rho_B V_L}{p_L + p_i}\frac{p_{sc}Z_i T}{Z_{sc}T_{sc}}\right)\frac{q(t)}{\psi_i - \psi_{wf}}t_{ca} \tag{8-43}$$

式(8-43)中的拟压力项不便于动态储量评价计算,式(8-44)定义的规整化拟压力可以将其转成规整化压力形式,量纲与压力相同:

$$\psi_n(p) = \frac{(\mu Z)_i}{2p_i}\int_p^{p_i}\frac{2p}{\mu Z}\mathrm{d}p \tag{8-44}$$

将式(8-43)两边同时除以 $\dfrac{(\mu Z)_i}{2p_i}$,同时将式(8-44)代入式(8-43),可以得到

$$\frac{q(t)}{\psi_{n,i} - \psi_{n,wf}} = \frac{1}{b_{n,pss}} - \frac{1}{b_{n,pss}}\frac{(1-S_w)}{c_{cti}G}\left(1 + \frac{1}{(1-S_w)\phi}\frac{\rho_B V_L}{P_L + p_i}\frac{p_{sc}Z_i T}{Z_{sc}T_{sc}}\right)\frac{q(t)}{\psi_{n,i} - \psi_{n,wf}}t_{ca} \tag{8-45}$$

式中,

$$b_{n,pss} = \frac{(\mu z)_i}{2p_i}\frac{p_{sc}T}{\pi KhT_{sc}}\left(\ln\frac{r_e}{r_{wa}} - 0.75\right) \tag{8-46}$$

式(8-46)即为考虑吸附气的页岩气井动态物质平衡储量评价模型。方程左边为压力规整化产量 $\dfrac{q(t)}{\psi_{n,i} - \psi_{n,wf}}$,右边为规整化累计产气量 $\dfrac{q(t)}{\psi_{n,i} - \psi_{n,wf}}t_{ca}$。在直角坐标上,按照

规整化产量和规整化累计产气量画出生产数据，通过拟合直线斜率 m 和截距 b，根据方程中的系数关系，页岩气井动态总储量可以通过式(8-47)来计算：

$$G = \frac{b}{m}\frac{1}{c_{\text{cti}}}\left(S_{\text{g}} + \frac{\rho_{\text{B}}V_{\text{L}}}{\phi p_{\text{L}} + p_{\text{i}}}\frac{p_{\text{sc}}Z_{\text{i}}T}{Z_{\text{sc}}T_{\text{sc}}}\right) \tag{8-47}$$

从式(8-47)可以看出，该模型在评价过程中需要计算物质平衡拟时间。拟时间计算需要平均地层压力，而平均地层压力的计算需要输入总储量，因此评价算法是个迭代过程，算法整体流程如下。

(1)假设页岩气井总储量为 G_0。

(2)根据日产气量及总储量数据，计算物质平衡拟时间 t_{ca}。

(3)计算规整化累产气量。

(4)在直角坐标系中做出规整化产量与规整化累计产气量曲线。

(5)拟合直线确定出斜率 m 和在 y 轴上的截距 $1/b_{\text{n,pss}}$。

(6)计算页岩气井动态总储量 G。

(7)判断 $|G–G_0|<$ 给定误差，如果误差过大，按牛顿法迭代。

(二)动态物质平衡评价方法应用

以 A6 井为例，该井在第一年以放压方式生产，初始地层压力为 38.2MPa。在使用动态物质平衡法评价动态储量前，先通过井筒管流公式将井口油套压转换成井底流压，然后按照前面所述的流程评价该井的动态储量。由于该评价过程是个迭代过程，当输入的总储量 G_0 与评价的动态储量误差小于给定误差时，评价完成。最终该井动态物质平衡评价曲线如图 8-36 所示，动态总储量 $2.39 \times 10^8 \text{m}^3$。

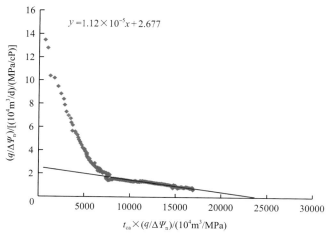

$$y = 1.12 \times 10^{-5}x + 2.677$$

图 8-36　A-2 井动态数据储量评价

$1\text{cP} = 10^{-3}\text{Pa} \cdot \text{s}$

第四节 页岩气井产量递减曲线分析方法

一、定压降产生产页岩气井产量递减曲线分析方法

国外页岩气井主要采用放压（定压降产）方式生产，在投产后迅速进入产量递减阶段。针对页岩气井产量递减快、不稳定流动期长的特点，北美提出了幂律指数递减法（Ilk et al., 2008）、改进的 Arps 方法（Seshadri and Mattar, 2010）、扩展指数递减法（Valko and Lee, 2010）及 Duong 递减法（Duong, 2010）等多种产量递减分析方法，用于产量和可采储量预测。这类分析是直接根据页岩气井产量进行递减分析，其基本要求是生产阶段井底流压变化不大，并且在根据产量模型进行递减预测时，要求生产条件不变。

（一）递减分析模型

1. 改进的 Arps 双曲递减法

Arps 递减模型有双曲、指数和调和三种递减类型，其一般形式为

$$q_g(t) = \frac{q_{gi}}{\left[1 + bD_i t\right]^{1/b}} \tag{8-48}$$

式中，q_{gi} 为初始产气量，m^3/d；D_i 为初始递减率，d^{-1}；b 为递减指数，且 $0 \leqslant b \leqslant 1$；$t$ 为时间，d。其中，递减率定义为

$$D = \frac{1}{\dfrac{1}{D_i} + bt} \tag{8-49}$$

Arps 方法要求页岩气井进入边界控制流阶段，否则使用不同的 b 都可能拟合历史数据，但预测结果差别较大（图 8-37）。

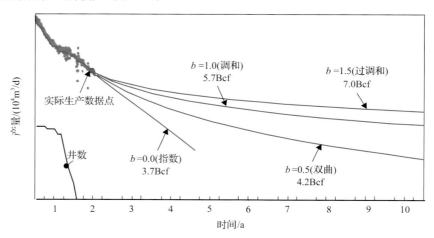

图 8-37 利用 1.5 年的生产数据对页岩气井递减曲线的预测

$1Bcf = 0.283 \times 10^8 m^3$

Arps 双曲模型中当 t 增大到一定值时，递减率 D 随时间变化不大，这与页岩气井存在很长时间的不稳态生产阶段、递减率早中期变化大的产量递减特征不符。改进的 Arps 双曲递减模型对此做了改进，当 D 达到某个临界值 D_{min} 之后，页岩气井产量按指数递减。

$$q = \begin{cases} \dfrac{q_i}{\left(1 + bD_i t\right)^{\frac{1}{b}}}, & D > D_{min} \\ q_i \exp\left(-D_{min} t\right), & D \leqslant D_{min} \end{cases} \tag{8-50}$$

改进的 Arps 双曲递减方法的关键是确定临界递减率 D_{min}，此时一般对应线性流到边界流的转换。对于页岩气井，根据早期有限数据诊断所处流动阶段及确定 D_{min} 困难。Baihly 等（2010）确定的五个北美页岩气田改进 Arps 双曲递减模型参数见表 8-2。一般来说，Arps 模型预测的产量和可采储量偏于乐观。

表 8-2　Baihly 等（2010）确定的北美五个页岩气田改进 Arps 双曲递减模型参数

	巴尼特	费耶特维尔	伍德福德	海恩斯维尔	鹰滩
b	1.5933	0.6377	0.8436	1.1852	1.694
D_{min}	0.0089	0.0325	0.0227	0.0632	0.0826

2. 幂律指数递减法

幂律指数递减法最初由 Ilk 等（2008）提出，Mattar 等（2008）、Mcneil 等（2009）、Johnson 等（2009）及 Currie 等（2010）等分别对此模型进行了验证。模型定义为

$$q = \hat{q}_i \exp\left(-D_\infty t - \hat{D}_i t^n\right) \tag{8-51}$$

式中，q_i 为初始产量（$t=0$），m^3/d；D_∞ 为无限大时间下的递减率常数，d^{-1}；$\hat{D}_i$ 为初始递减率常数，d^{-1}；n 为时间指数。

在早期阶段，式中 D_∞, t 趋于 0，模型近似于双曲递减；当时间足够长时，$\hat{D}_i, t^n$ 趋于 0，模型近似于指数递减。

幂律指数递减法能够根据早、中期不稳定流阶段的生产数据进行产量拟合和递减预测，快速确定页岩气井可采储量（EUR）的上、下限值。随着开发时间的延长，两者的差异越来越小，预测的结果比 Arps 方法更为可靠（表 8-3）。

表 8-3　Arps 递减法与幂律指数递减法预测的页岩气井可采储量对比表

时间/d	Arps 递减法（双曲）				幂律指数递减法				
	q_{gi}/(m³/d)	D_i/d⁻¹	b	EUR/10⁸m³	$\hat{q}_{gi}$/(m³/d)	$\hat{D}_i$/d⁻¹	n	D_∞/d⁻¹	EUR/10⁸m³
50	357089	0.142	1.85	1.11	2044760	1.684	0.16	0	0.66
100	357089	0.1635	2.06	1.37	1881950	1.684	0.15	0	0.86
250	357089	0.1607	2.08	1.42	1881950	1.684	0.15	0	0.86

时间/d	Arps 递减法（双曲)				幂律指数递减法				
	q_{gi}/(m³/d)	D_i/d⁻¹	b	EUR/10⁸m³	$\hat{q}_{gi}$/(m³/d)	$\hat{D}_i$/d⁻¹	n	D_∞/d⁻¹	EUR/10⁸m³
500	290471	0.0756	1.79	1.16	1881950	1.684	0.15	0	0.86
1000	240069	0.0408	1.59	1.04	1881950	1.684	0.15	0	0.86
1500	194676	0.0225	1.4	0.92	1881950	1.684	0.15	0	0.86
2000	194676	0.0225	1.4	0.92	1881950	1.684	0.15	0	0.86
2500	194676	0.0222	1.39	0.92	1881950	1.684	0.15	0	0.86
3000	194676	0.0213	1.37	0.91	1881950	1.684	0.15	0	0.86
3191	194676	0.0215	1.36	0.90	1881950	1.684	0.15	0	0.86

3. 扩展指数递减法

扩展指数递减方法是由 Valko 和 Lee(2010)提出的，用于页岩气井的产量递减分析。与 Arps 递减分析相比，该方法有几大明显优势：①预测的产量或可采储量有范围限制；②采出程度呈线性关系；③可以不依赖拟合前的数据预处理(如异常数据剔除)。该方法在国外应用比较广泛，该递减模型的定义及特征见表 8-4。

表 8-4   Valko 的扩展指数递减模型

扩展指数递减分析模型	
$\dfrac{dq}{dt}=-n\left(\dfrac{t}{\tau}\right)^n\dfrac{q}{t}$	定义模型的差分方程
$q=q_0\exp\left[-\left(\dfrac{t}{\tau}\right)^n\right]$	将产量表示为时间的函数
$Q=\dfrac{q_0\tau}{n}\left\{\Gamma\left[\dfrac{1}{n}\right]-\Gamma\left[\dfrac{1}{n},\left(\dfrac{t}{\tau}\right)^n\right]\right\}$	将累计产量表示为时间的函数
$EUR=\dfrac{q_0\tau}{n}\Gamma\left[\dfrac{1}{n}\right]$	将 EUR 表示为模型中的参数
$r_p=1-Q/EUR=\dfrac{1}{\Gamma\left[\dfrac{1}{n}\right]}\Gamma\left[\dfrac{1}{n},-\ln\dfrac{q}{q_0}\right]$	使用模型中的两个参数从实际产量数据中计算采出程度

虞绍永和姚军(2013)通过数值模拟方法研究发现，对于实际页岩气井，只有根据早期产量历史正确求出 n 值和 τ 值，SEPD 模型才能比较准确地预测将来产量和最终累计产量。为了能利用生产井的早期产量历史求出准确的 n 值和 τ 值，他通过推导指出 SEPD 模型满足以下关系：

$$\ln\left[\frac{q_0}{q(t)}\right]=\tau^{-n}t^n \tag{8-52}$$

从式(8-52)中可以看出，若以 $\ln(q_0/q)$ 为纵坐标，以 t 为横坐标，在双对数坐标中将出现一条直线，直线的斜率即为 n；根据直线的截距值 b 可以通过式(8-53)计算 τ 值：

$$\tau = \exp\left[\frac{-\ln b}{n}\right] \tag{8-53}$$

当通过拟合直线确定了 SEPD 模型的参数 n 值和 τ 值后，就可以预测气井未来的产量和累产气量。为了便于后续比较，此处将其列为改进的 SEPD 模型(即 YM-SEPD)，以便与 Valko 的 SEPD 模型区分开。

4. Duong 递减法

页岩气井存在很长时间的线性不稳定流阶段，持续时间与 $x_f^2 K_m$ 有关。Duong 根据裂缝延伸理论推导得到产量模型。在线性流阶段，产气量与时间平方根(或 1/4 次方)呈线性关系，则可以推导出产气量与累产气量之间满足：

$$\frac{q}{G_p} = at^{-m} \tag{8-54}$$

$$q(t) = q_1 t^m e^{\frac{a}{1-m}\left(t^{1-m}-1\right)} \tag{8-55}$$

式中，q_1 为初始产量；a、m 为系数。

在双对数图上(图 8-38)，q/G_p 和时间 t 呈线性关系，只要确定系数 a 和 m，即可以确定页岩气井的产量递减关系。Duong 方法分析流程：①数据质量检查；②确定系数 a 和 m；③确定初始产量 q_1；④验证和预测。

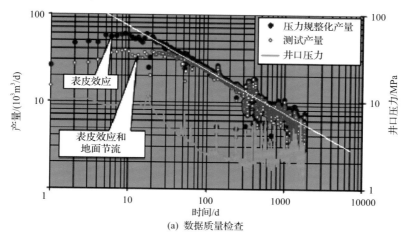

(a) 数据质量检查

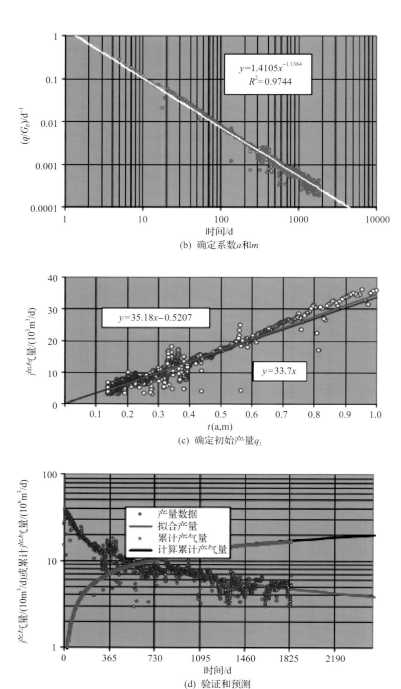

图 8-38　Duong 方法分析流程

(二) 典型页岩气井产量递减分析

A6 井在前期以大压差生产 9 个月，累产气量为 $0.84 \times 10^8 \mathrm{m}^3$，后因邻井压裂产水上升关井 1 个月，之后放压生产，复产之后的月产量递减曲线如图 8-39(a)所示，图 8-39(b)为 Arps 双曲递减模型拟合结果。

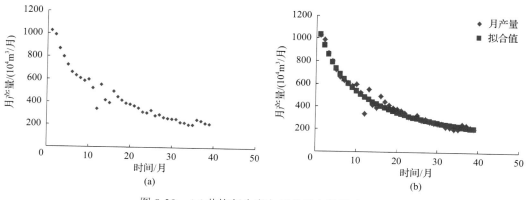

图 8-39　A6 井恢复生产之后的月产量递减曲线
(a)月产量递减曲线；(b)Arps 双曲递减模型拟合曲线

改进 SEPD 模型特种曲线拟合结果如图 8-40(a)所示，通过直线斜率确定 $n=0.7641$，通过截距计算 $\tau=19.8879$。SEPD 产量拟合及预测结果如图 8-40(b)所示。

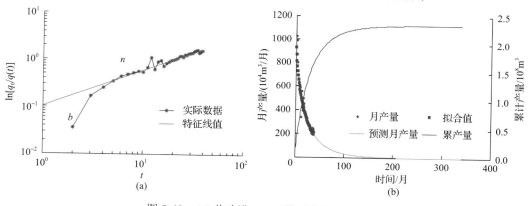

图 8-40　A6 井改进 SEPD 模型产量递减分析
(a)递减模型参数拟合；(b)SEPD 递减模型拟合曲线及产量预测结果

表 8-5 比较了不同方法评价 A6 井复产之后的累计产气量及气井总产气量。可以看出，Arps 双曲模型预测结果偏高(b 接近 1)，Duong 模型明显偏高(按照线性流方式预测)，SEPD 和改进的 SEPD 模型预测结果相对合理。

表 8-5　A6 井产量递减分析结果表

	改进的 Arps 双曲递减法	SEPD	改进的 SEPD	Duong 递减法
复产预测累产气量/10^8m^3	3.57	2.6	2.34	5.98
预测总累产气量/10^8m^3	4.41	3.44	3.18	6.82

二、变产变压生产页岩气井规整化产量递减曲线分析方法

(一)规整化产量递减分析方法

产量递减分析模型要求产量是递减的,而且分析阶段与预测阶段的生产条件要求一致,即都应该是定压降产生产。而国内页岩气井在投产初期大多采用定产降压方式开采,一般有 2~3 年的稳产期,所以开采前期有较长一段时间为变产变压生产,这就意味着现有的产量递减分析方法无法用于变产变压产量递减分析。

为了解决这一问题,先将变产变压生产数据转换为压差规整化产量,然后建立规整化产量经验递减分析方法,最后利用幂律指数递减模型预测规整化产量递减规律,并预测页岩气井产量、压力变化。

$$\frac{q}{\Delta p^2} = \left(\frac{q}{\Delta p^2}\right)_i \exp(-D_\infty - \hat{D}_i t_{mb}^n) \tag{8-56}$$

式中,Δp^2 为页岩气井规整化压力平方差,$\Delta p^2 = p_i^2 - p_{wf}^2$;$t_{mb}$ 为物质平衡时间,d;$t_{mb} = \int_0^t q(t)dt / q$。

也可以采用拟压力形式的规整化压力,此时页岩气井幂律指数递减模型为

$$\frac{q}{\Delta \psi} = \left(\frac{q}{\Delta \psi}\right)_i \exp(-D_\infty t_{mb} - \hat{D}_i t_{mb}^n) \tag{8-57}$$

式中,$\Delta \psi = \psi_i - \psi_{wf}$;$\left(\dfrac{q}{\Delta \psi}\right)_i$ 为初始时刻拟压力规整化的产量。

从式(8-56)或式(8-57)可以看出,定压降产生产过程中,规整化压差保持不变,因此其是变产变压生产的一个特例。图 8-41 可以看出规整化产气量与物质平衡时间满足很

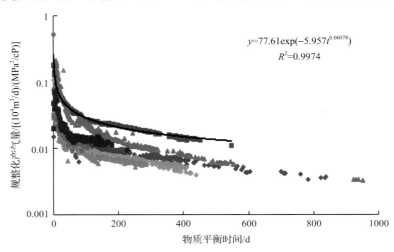

图 8-41 某区块页岩气井规整化产量与物质平衡时间关系曲线

好的幂函数关系。由于页岩气井产量早期递减快、后期递减慢，具有分段递减特征，而幂律指数模型具有分段特征，可以用该模型拟合规整化产量曲线，根据拟合曲线预测页岩气井规整化产量随时间的变化规律，再根据规整化产量定义、最小井底流压，就可以将规整化产量转换成对应的产气量、井底流压，预测页岩气井最终的累产气量。

(二)涪陵地区页岩气井产量递减规律分析

A10 井于 2013 年 11 月投入试采，生产曲线如图 8-42 所示，可以看出产量、压力都处于波动状态，早期套管生产，产量、压力都处于递减状态，生产一年后下入油管，按 $6 \times 10^4 m^3/d$ 配产。由于该井未进入递减阶段，无法用递减曲线分析方法评价未来产量和预测 EUR。该井初始地层压力为 38.2MPa，页岩储层垂深 2300m，按照垂直管流法将井口压力折算成井底流压，然后将变产变压生产数据整理为规整化产量数据，并用幂律指数模型来拟合规整化产量数据，如图 8-43 所示。可以看出，实际规整化产量曲线与模型拟合曲线之间相关性高。

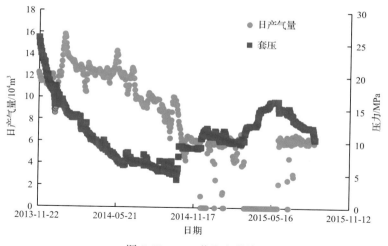

图 8-42 A10 井生产曲线

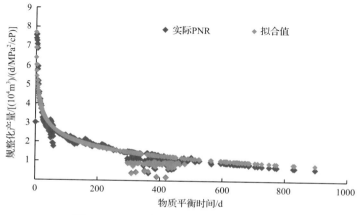

图 8-43 A10 井规整化产量递减曲线拟合

当确定了规整化产量递减模型之后，可以预测页岩气井规整化产量随时间的变化规律，如图 8-44 所示。根据规整化产量定义，给定对应的井底流压，就可以由规整化产量计算模型预测产气量；给定产气量，就可以由产气量计算井底流压。具体选择由产气量计算流压还是由井底流压计算产气量，就可以根据页岩气井稳产期配产及对应的最小井底流压来确定。首先以稳产期配产计算井底流压，当模型计算的井底流压大于最小井底流压时，则按照产气量计算井底流压；否则以最小井底流压预测页岩气井递减产气量。图 8-45 是根据页岩气井规整化产量递减模型预测的该井产气量和井底流压随时间的变化曲线。

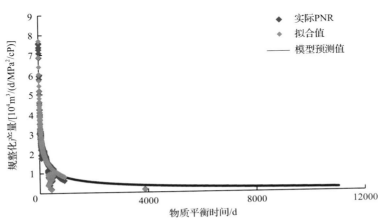

图 8-44　A10 井规整化产量递减曲线拟合

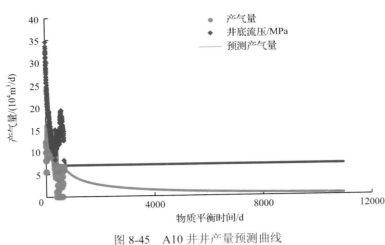

图 8-45　A10 井井产量预测曲线

第五节　页岩气数值模拟技术

页岩气藏数值模拟不仅需要考虑页岩气特殊的赋存及流动机理，还需要考虑水平井水力压裂形成的多尺度裂缝网络。CMG 公司的 Gem 模拟器是通过双孔双渗模型（dual porosity dual permeability model, DPDP）来模拟页岩气藏，Eclipse300 模拟器的实现方式不同于 CMG 的 Gem 模拟器，它是通过双孔模型来模拟页岩气开发。

下面以 Gem 模拟器为主，对页岩气数值模拟涉及的渗流数学模型、数值离散及求解方法应用等作详细介绍。

一、页岩多尺度孔隙介质中流体流动数学模型

（一）基本控制方程

由于页岩气开发过程中流体运移机制复杂，为准确描述油气水三相流动规律，主要采用组分模型描述渗流过程。在基质中，碳组分的物质守恒方程为

$$\int \frac{\partial}{\partial t}\left[\phi\left(S_o x_c \rho_o + S_g y_c \rho_g\right)\right]\mathrm{d}V + \int\left(x_c q_o + y_c q_g\right)\mathrm{d}A + q_c^s = 0 \tag{8-58}$$

式中，V 为控制体积；A 为控制体表面积；ϕ 为孔隙度；S_o 和 S_g 分别为油饱和度和气饱和度；ρ_o 和 ρ_g 分别为油相摩尔密度和气相摩尔密度；x_c 和 y_c 分别为碳组分在油相和气相的摩尔分数；q_o 和 q_g 分别为油相和气相的摩尔流速；q_c^s 为基质解吸附的碳组分扩散进入基质网格的摩尔速率。

水组分的物质守恒方程相对简单，可以写成

$$\int \frac{\partial}{\partial t}\left[m_w\right]\mathrm{d}V + \int\left(q_w\right)\mathrm{d}A = 0 \tag{8-59}$$

式中，$\frac{\partial}{\partial t}\left[m_w\right]$ 为控制体水累计量变化量；q_w 为水相的摩尔流速。

在裂缝中，碳组分和水的守恒方程为

$$\int \frac{\partial}{\partial t}\left[\phi\left(S_o x_c \rho_o + S_g y_c \rho_g\right)\right]\mathrm{d}V + \int\left(x_c q_o + y_c q_g\right)\mathrm{d}A + q_c^W + q_c^b = 0$$
$$\int \frac{\partial}{\partial t}\left[m_w\right]\mathrm{d}V + \int\left(q_w\right)\mathrm{d}A + q_w^W + q_w^b = 0 \tag{8-60}$$

与基质中的守恒方程有所不同，裂缝中不需要考虑吸附解吸。但是由于裂缝与井筒、边界水体相连接，控制方程中需要综合考虑井筒和边界的影响。q_c^W 和 q_c^b 分别为碳组分在井筒、网格边界流入/出的摩尔流速，而 q_w^W 和 q_w^b 分别为水在井筒、网格边界流入/出的摩尔流速。

基质和与之相连的裂缝之间的流动可视为相邻的两个控制体之间的流动，可以通过计算流动项 $(x_c q_o + y_c q_g)$ 得到。

（二）吸附解吸模型

不同盆地原始状态下的吸附气占比差别较大，一般吸附气占比在 20%～60%。安特里姆（Antrim）页岩吸附气占比达到 70%，是由成熟度低（0.4%～1.0%）生物生气为主所致。

在页岩气数值模拟中，一般用朗缪尔等温吸附曲线描述吸附气含量与压力的关系，其数学形式是

$$\overline{C}_c = V_{Lc} \frac{B_c y_c p_g}{1.0 + \sum_c B_c y_c P_g} \tag{8-61}$$

式中，$\overline{C}_c$ 为碳组分的平衡吸附浓度，通常单位是 scf/ton①；V_{Lc} 为碳组分的朗缪尔体积；p_g 为气体压力；y_c 为碳组分在气相的摩尔分数；B_c 为体积转化系数。

应用吸附曲线刻画解吸附过程时，通常假设压力降低时解吸附过程瞬时达到平衡，但在页岩中，当基质压力变化时，并不能立刻达到解吸附平衡，导致气体解吸的体积对于压力降低的响应有延迟。在数值模拟中扩散效应最终表现为特征延迟时间 τ。设时间间隔 Δt 内气体的吸附浓度从 C_0 变到 C，则有

$$C - C_0 = \left(C - \overline{C}\right)\left[1 - \exp\left(\frac{\Delta t}{\tau}\right)\right] \tag{8-62}$$

式中，$\overline{C}$ 为来自于等温吸附曲线的平衡吸附浓度。

(三)克努森扩散模型

页岩储层基质中气体分子的平均自由程与孔径处于同一量级，气体分子与孔壁的碰撞会对气体的流态产生影响，使其与黏性流有明显差别，表现为相同压差下流量增大，这种现象称为克努森(Knudsen)扩散。在实际储层中，考虑 Knudsen 扩散效应时，通常采用表观渗透率与应力的关系来处理。在宏观流动模型中，一般通过修正系数的方式表征表观渗透率和固有渗透率之间的关系。Tang 等(2005)年提出：

$$\frac{K_a}{K_\infty} = 1 + 8C_1 Kn + 16C_2 Kn^2 \tag{8-63}$$

$$K_a = K_\infty + \left(\frac{a}{p} + \frac{b}{p^2}\right) \tag{8-64}$$

式中，K_a 为气相表观渗透率；K_∞ 为储层固有渗透率；C_1 和 C_2 分别为与边界滑移模型相关的常数，$C_1=1.0$，$C_2=8/9$；Kn 为 Knudsen 数，其定义是 λ/D，其中 λ 为气体分子平均自由程，D 为孔隙直径。对于实际气体，通常可以通过室内流动试验拟合得到参数 a 和 b。

(四)页岩储层应力敏感性数学模型

研究页岩储层的流动规律时还需要考虑流固耦合效应的影响。目前商业数值模拟软件主要有两种方式考虑储层应力敏感性，一是建立孔隙度、渗透率随孔隙压力变化的数

---

① 1ton(UK)=2240lb=1.01605t。

学模型，或是通过室内实验得到孔隙度、渗透率随孔隙压力变化数据表，或是直接在流动方程中考虑孔隙度、渗透率参数；二是采用有关岩石力学的渗透率、孔隙度基础模型，即建立孔隙压力变化引起的岩石体应变对孔隙度和渗透率影响的关系模型。对于单重介质系统，目前普遍使用的是 P&M 模型（Palmer and Mansoori，1998）和 S&D 模型（Shi and Durucan，2005），二者都假设单轴向应变和固定的垂向应力，由裂缝闭合及甲烷解吸引起的体应变推导出孔隙度，然后根据渗透率和孔隙度间的三次方关系，得到适合单轴应变的渗透率解吸模型，CMG 软件可用此模型描述流固耦合效应。

（五）页岩储层多尺度裂缝模型

目前主要用两类数值模型来表征含有裂缝的储层。

第一类是用等效介质模型来模拟裂缝和基质的耦合作用，包括双孔模型、多孔模型。在这类模型中，基质孔隙提供流体的主要储集空间，裂缝提供主要渗流通道。这类方法假设油藏裂缝均匀分布，裂缝和基质之间的流动交换用形状因子来描述，由于表征简单，在业界应用广泛。

第二类方法是将裂缝的真实形态和分布完全应用到流动模型中，充分反映裂缝的几何特征，称为离散裂缝模型（discrete fracture model，DFM）。该方法为裂缝油藏的数值模拟提供了最精确和直接的解法，但是该方法对输入信息要求较高。下面主要对广泛应用的第一类模型进行介绍。

1. 双孔介质模型

Warren 和 Root（1963）首次提出双孔介质模型，假定基质被裂缝均匀切割成一个个小立方体，而每个立方体的外表面都被裂缝所包围。这个简化模型后来成为大多数裂缝油藏模拟器的理论基础。Kazemi 等（1976）对 Warren 和 Root 提出的模型进行了拓展，使其能够模拟两相流动。Donato 和 Blunt（2004）提出了一种结合流线模拟技术的双孔模型，用流线来模拟裂缝之间的流体流动，而基质和裂缝之间的流动仍然用传输方程来刻画，该模型能够比较好地处理毛细管压力存在下的油藏流动问题。

在双孔介质模型中每一个网格块包含两种孔隙度——基质孔隙度和裂缝孔隙度。流体在高渗透率和高孔隙度的裂缝中流动，而基质块仅作为扩散方程中的源项。气体在基质中的流动服从分子扩散。单相流从基质到裂缝的流动过程可以用达西定律描述：

$$Q_{mf} = \sigma \frac{K}{\mu}(p_m - p_f) \tag{8-65}$$

式中，Q_{mf} 为窜流速率；K 为渗透率；μ 为流体黏度；σ 为形状因子；p_m 和 p_f 分别为基质和裂缝网格的压力。

基于双孔模型，页岩气的流动可以描述为随着裂缝中天然气的采出，裂缝和基质之间的压差增大，基质表面的吸附气体解吸并通过裂缝网络流向井筒，基质内部的气体在浓度差作用下扩散到表面，通过裂缝网络流向井筒。

双孔模型并未考虑基质内部的流动，基质仅作为气体的源汇项，在其基础上发展的双孔双渗模型，是目前商业油藏模拟器中最普遍采用的刻画页岩气流动过程的模型，该模型中流体在基质中也服从达西流动规律，裂缝和基质分别具有各自的孔隙度和渗透率，一般基质渗透率远小于裂缝渗透率。

2. 多孔介质模型

Wu 和 Pruss 等(1998)提出了多孔介质模型。除了裂缝系统之外，基质孔隙系统被离散为多个嵌套结构的子系统，从而描述基质内部的不稳定流动。Eclipse 组分模型中可以在煤层气模块中建立多孔模型，用来描述页岩气的开发过程，基质内部每个网格的流动方式可以配置成通过扩散或达西渗流形式。

在多孔介质模型中，流体从内部基质一层层向外流动，最终通过最外层基质流向裂缝。模拟器可以通过给定体积比例系数对基质孔隙进行离散。两级基质之间的传导率可以由下述公式计算得到

$$T_{l,l+1} = T_{\mathrm{mf}} \frac{A_l}{L_l - L_{l+1}} \tag{8-66}$$

式中，T_{mf} 为基质-裂缝传导率：

$$T_{\mathrm{mf}} = V\left(\frac{f_x K_x}{L_x^2} + \frac{f_y K_y}{L_y^2} + \frac{f_z K_z}{L_z^2} \right) \tag{8-67}$$

其中，V 为总网格体积，通常选取：

$$f_x = f_y = f_z = \pi^2 \tag{8-68}$$

L_l 为无量纲长度，定义为

$$L_l = 1 - \frac{(d_l + d_{l-1})}{2}, \quad l \geqslant 1 \tag{8-69}$$

A_l 为无量纲面积，定义为

$$A_l = (1 - d_l)^2, \quad l \geqslant 1 \tag{8-70}$$

$T_{l,l+1}$ 符合串联电阻定律：

$$\sum_{l=0}^{l=N_{\mathrm{Poro}}-1} \left(\frac{T_{l,l+1}}{A_l} \right)^{-1} = (T_{\mathrm{mf}})^{-1} \tag{8-71}$$

相比于双孔单渗和双孔双渗模型，多孔介质模型对于开采早期基质内部不稳态流动的描述更加精确，在降压过程中，外层基质的气体优先流出，压力降低较多，内层基质的压降较不明显；而双孔介质模型则认为整个基质网络具有均一的压力。

二、页岩气藏多尺度孔缝介质耦合流动数值模型

在油气藏数值模拟中，上述描述流体运移的控制方程需要经过空间和时间离散方能求解。空间上常用的离散方法是基于控制体积的有限差分，时间上常用的离散方法是隐压显饱法（implicit presssure，explicit saturation，IMPES）、全隐式（full implicit，FIM）或自适应隐式（adaptive implicit method，AIM），然后用牛顿法求解。

（一）控制方程的空间离散

空间离散基于不同类型的网格。早期的数值模拟器大多只能支持直角正交网格，径向网格的引入提升了近井流动模拟的准确性。Ciment 和 Sweet（1973）发展了局部网格加密技术，更加准确地模拟了流体高速流动区域。在页岩气数值模拟中，局部网格加密技术被广泛用来模拟气体在主裂缝附近高速流动区域的流动。为了提升模拟器适应复杂构造油气藏的能力，角点网格技术目前也被大部分商业模拟器所采用。最近十年，非结构化网格因其灵活性，非常适用于处理构造复杂、存在断层及裂缝的油藏模拟问题。在使用非结构化网格时，需要利用连接表来追踪网格的连接关系，并且需要采用多点流动格式以保证非结构化网格非正交时流动模拟的准确性。

确定网格系统之后，可以对控制方程进行空间离散。对编号为 i 的油藏网格单元（网格 i），碳组分的物质守恒方程可以写为

$$\left(\frac{\partial m_c}{\partial t}\right)_i + \sum_j \left(x_c q_o + y_c q_g\right)_{ij} + \left(q_c^W\right)_i + \left(q_c^b\right)_i + \left(q_c^s\right)_i = 0 \tag{8-72}$$

式中，$\left(\dfrac{\partial m_c}{\partial t}\right)_i$ 为累积项：

$$\left(\frac{\partial m_c}{\partial t}\right)_i = \frac{\partial}{\partial t}\left[V\phi\left(S_o x_c \rho_o + S_g y_c \rho_g\right)\right]_i \tag{8-73}$$

式中，V 为总网格体积；ϕ 为孔隙度；S_o 和 S_g 分别为油饱和度和气饱和度；ρ_o 和 ρ_g 分别为油相摩尔密度和气相摩尔密度；x_c 和 y_c 分别为碳组分在油相和气相的摩尔分数；q_o 和 q_g 分别为油相和气相的摩尔流速；下标 ij 为从网格 i 流向网格 j，j 为与网格 i 接触的网格。

式（8-72）中的第 3~5 项表示碳组分的源汇项流量，其中上标 W 表示井，上标 b 表示边界，上标 s 代表吸附气解吸。

（二）控制方程的时间离散

控制方程累积项的时间离散关系到数值模拟的准确性和稳定性。在油气藏数值模拟中，最常用的格式是 FIM。FIM 允许的时间步跨度较大，但需要将所有变量耦合在同一雅可比（Jacobian）矩阵里同时求解，因而计算量很大。另外一种常用格式是 IMPES，该

格式首先解耦出压力方程并隐式求解。其次将压力方程的解回代，显式求解饱和度。因此，为保证计算的稳定性，采用 IMPES 格式时时间步不宜过长。

近年来，有研究者提出了自适应隐式格式。该格式通过设定稳定性准则，对部分网格采用 FIM 格式，其余网格采用 IMPES 格式。例如，在近井地带，由于该区域压力、饱和度变化剧烈，在该区域需要采用 FIM 格式。而在远离井地带，压力和饱和度变化趋势不明显，采用 IMPES 格式即使计算时间步较长也能够保证计算的稳定性。

三、页岩气藏数值模型求解方法

油气藏数值模型的求解主要是求解雅可比矩阵及其余误差向量组成的线性方程组，这是数值模拟中最耗时的部分。由于页岩储层经体积压裂改造后存在多尺度裂缝系统，为了准确描述人工裂缝展布，还可能采用非结构化网格，而在这种情况下就需要采用更加优化的求解方案。

高效的线性求解器是高效的数值模拟器的关键组成部分。稀疏矩阵的高斯消元法是一种稳定的求解方法，又被称为直接法。当网格数超过百万，且每个网格有多个变量时，直接法会使分解后的矩阵非零元数目过多，无法有效求解。Krylov 子空间迭代法配合适当的预条件方法是求解的常用方法。常用的单步预条件方法有不完全 LU 分解(ILU)和嵌套分解，ILU 只适用于规模小且渗透率均质性强的问题，嵌套分解只适合于结构化网格生成的带状矩阵，如果网格非相邻连接较多，那么嵌套分解的收敛性骤降。

在页岩气藏数值模拟中，网格通常是非结构的，即便使用结构化网格，由于断层和嵌入式离散裂缝的存在，网格的非相邻连接也非常多。Constrained pressure residual(CPR) 法被证明是求解非结构网格油藏矩阵非常有效的预条件方法，CPR 也可以处理包含多段井的问题。通常的 CPR 法是两步预条件方法，先从原线性方程组中提取压力方程，近似求解压力方程，用压力方程的解修正全局解，然后对整个矩阵做 ILU 分解，用 ILU 的解进一步修正全局解。

在油气藏渗流方程中，压力变量具有椭圆性质，在求解线性方程组时，压力的误差难以被 ILU 加 Krylov 迭代移除，而饱和度、摩尔分数具有双曲性质，它们的误差容易被 ILU 加 Krylov 迭代移除，CPR 高效的原因正是单独求解了压力，但解压力方程也是 CPR 的瓶颈。压力方程是椭圆方程，最合适的求解方法是代数多重网格法(AMG)，AMG 的成果才使 CPR 超过其他方法成为主流。目前 CPR 已被 Schlumberger Intersect 和 AD-GPRS 等新一代模拟器采用。

综合以上分析，页岩气多段压裂水平井井筒-储层一体化模型的求解可以针对该模型方程椭圆性和双曲性共存的特点，分别采用各自的最优方法加以求解。

四、应用

以某井台为例，共有三口压裂水平井，水平段长度 1200～1500m，井距 600m。页岩气层埋深 2550m，总厚度 90m。

根据页岩气在第六章建立的页岩气藏地质模型的基础上，采用双孔双渗模型结合局部加密网格、子网格细分来模拟页岩在复杂多尺度孔缝介质中气体的流动过程，其中局部加密网格主要用于精细刻画垂直于水力裂缝面的流动过程，子网格细分主要用于刻画基质到自然裂缝的非稳态流动过程。井组模型长约 2400m，宽约 2700m，下部①～⑤小层厚约 38m，总网格数 117 万。

在历史拟合过程中，由于模型变化参数较多，可调自由度较大，为了避免参数修改的随意性，需要进行参数敏感性分析(表 8-6)。

表 8-6　某井台生产历史拟合参数敏感性表

	是否可靠	是否敏感	备注
基质系统孔隙度	×	√	根据地震及测井资料获得，可靠性较高
基质系统渗透率	×	√	根据孔隙度、泥质含量等反演，可靠性较低
微裂缝系统孔隙度	×	×	反演方法仍不成熟，可靠性较低
微裂缝渗系统透率	×	√	反演方法仍不成熟，可靠性较低
形状因子	×	√	反演方法仍不成熟，可靠性较低
初始含水饱和度	√	×	根据测井资料获得，可靠性高
初始压力	√	√	可靠性较高

针对本例，主要调整压裂改造区范围、压裂改造区微裂缝渗透率、形状因子(与裂缝间距有关)等参数，微调基质渗透率，以产气量为基准拟合井底流压，拟合结果如图 8-46 所示。

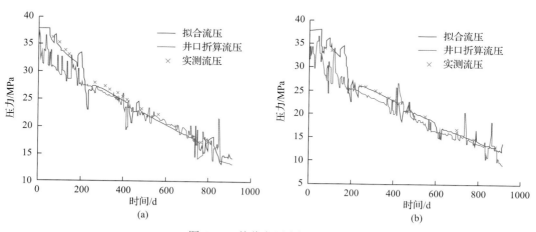

图 8-46　某井台历史拟合结果

以历史拟合所获得的数值模型为基础，对该井组的三口井进行了产能预测。预测阶段工作制度设置：页岩气井分别按 $6×10^4 m^3/d$ 的产量稳产生产，稳产期末最低井底流压 7.5MPa，总预测时间为 30 年，预测结果如图 8-47 所示。

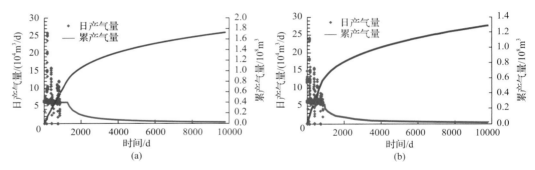

图 8-47 某井台单井产能预测

(a) 1 号井；(b) 2 号井

从拟合结束算起，1 号井按 $6 \times 10^4 m^3/d$ 配产还能稳产 1 年，30 年末总累产气量 $1.72 \times 10^8 m^3$。2 号井和 3 号井按 $6 \times 10^4 m^3/d$ 无法继续稳产，其中，2 号井预测总累产气量为 $1.30 \times 10^8 m^3$，3 号井预测总累产气量为 1.48 亿 m^3。图 8-48 是数值模拟预测的生产 30 年末地层压力分布图。

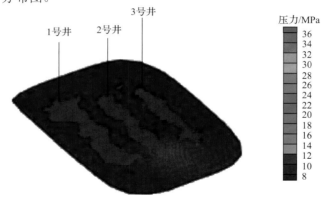

图 8-48 某井台预测生产 30 年末地层压力分布图

第九章 页岩气采气工艺技术

页岩气井产量递减快，井眼复杂、近井改造复杂等导致页岩气井生产较为复杂。而页岩气井系统优化设计和科学管理，是实现页岩气田高效开发的重要一环。页岩气水平井地层-井筒一体化模拟、井筒多相流动计算、产液状态及积液后井底压力分析预测、排采工艺优选等是支撑页岩气井稳定生产的重要手段。

第一节 页岩气水平井储层-井筒一体化数值模拟

一、页岩气储层解吸、扩散与渗流数学模型

（一）解吸、渗流模型建立

1. 几何模型

为了研究页岩气渗流规律，需简化页岩储层几何模型。本书使用沃伦-鲁特模型（Warren-Root-Model），如图 9-1 所示，用于表征改造区域内的孔渗结构，而在未改造区则是单重介质结构，其渗透率为基质渗透率。同时，开采初期存在压裂液返排，因此需考虑气液两相流动。

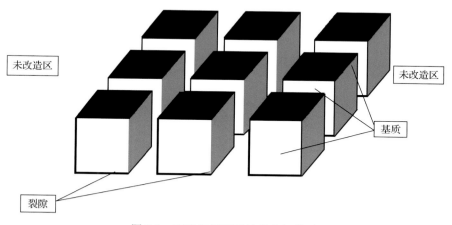

图 9-1 页岩气储层系统的几何模型

2. 基本假设

（1）页岩储层是各向异性及非均质储层微孔隙系统和裂隙系统构成的双孔隙系统。

（2）页岩中存在气、液两相，因微孔隙很小，液相不能进入其中；页岩气从页岩储层的产出经历了解吸及扩散、渗流三个阶段。

（3）页岩储层内气、液相的运移及页岩气解吸过程都是等温的。

(4)在裂隙系统中的气体是自由气体，可将其考虑为理想气体；液相是可压缩的流体。在微孔隙系统中，各种气体组分不会有选择性吸附现象。

(5)页岩基质表面的解吸作用极快，足以弥补孔隙中自由气向裂隙内扩散的气体量，因而基质内部的吸附气和基质孔隙中的自由气体处于一种不平衡状态。

(6)双重孔隙结构仅用于描述压裂改造区域范围内的储层结构，即在缝长、缝高、缝宽控制范围内。未改造区域则认为是单重介质结构，其渗透率由基质渗透率表征。

3. 数学模型

针对裂隙系统，气体从基质中不断地扩散而进入其中，这可以看作连续性微分方程中的源项，则系统中气相的流动方程为

$$\frac{\partial}{\partial t}\left(\frac{\phi_f S_g}{B_g}\right) = \nabla \cdot \left[\frac{K_f K_{rg}}{B_g \mu_g}\nabla(p_{fg} - \gamma_g H) + D_f \nabla\left(\frac{S_g}{B_g}\right)\right] + q_{vm} - q_{vg} \tag{9-1}$$

式中，H 为网格对应深度，m；ϕ_f 为裂隙的孔隙度；S_g 为裂隙中气相的饱和度；K_f 为裂隙的渗透率；K_{rg} 为气相的相对渗透率；μ_g 为气相的动力黏度，Pa·s；B_g 为气相体积系数；p_{fg} 为裂隙系统中的气相压力，Pa；γ_g 为气相的重度，$\gamma_g = \rho_g g$，ρ_g 为气相的密度；D_f 为裂隙的气体扩散系数；q_{vg} 为井点所在网格单位体积储层的产气量，$\mathrm{m^3/(m^3 \cdot d)}$；$q_{vm}$ 为单位体积储层的页岩基质表面页岩气经解吸扩散进入裂隙系统中的速率，$\mathrm{m^3/(m^3 \cdot d)}$。

系统中的液相主要是以渗透的方式运移，因此利用连续性方程和达西定律，可以得到基质裂缝中液相的渗流方程为

$$\frac{\partial}{\partial t}\left(\frac{\phi_f S_w}{B_w}\right) = \nabla \cdot \left[\frac{K_f K_{rw}}{B_w \mu_w}\nabla(p_{fw} - \gamma_w H)\right] - q_{vw} \tag{9-2}$$

式中，S_w 为裂隙中液相的饱和度；B_w 为液相体积系数；K_{rw} 为液相的相对渗透率；μ_w 为液相的动力黏度，Pa·s；p_{fw} 为裂隙系统中的液相压力，Pa；γ_w 为液相的重度，$\gamma_w = \rho_w g$，ρ_w 为液相的密度；q_{vw} 为井点所在网格单位体积储层的产液量，$\mathrm{m^3/(m^3 \cdot d)}$。

为了完整描述进而求解气、液相在裂缝系统中的运移产出过程，除了气、液相的流动方程之外，还需要如式(9-3)及式(9-4)所示的辅助方程来完善数学模型：

饱和度方程：

$$S_g + S_w = 1 \tag{9-3}$$

毛细管压力方程：

$$p_c = p_{fg} - p_{fw} \tag{9-4}$$

式中，p_c 为毛细管压力，MPa。

页岩气从基质向裂缝的扩散遵循菲克第一扩散定律，即认为解吸速度和页岩基质内

表面气体浓度与页岩基质中平均浓度的差成正比：

$$\frac{\partial V_m}{\partial t} = DF_s \left[V_E (p_{fg}) - V_m \right] \tag{9-5}$$

式中，V_m 为基质中吸附气平均含量，m^3/t；F_s 为裂缝面积，m^2；D 为基质扩散系数，m^2/d；V_E 为基质–裂缝面上气体的平衡吸附量，m^3/t。

联立式(9-4)和式(9-5)得

$$\frac{\partial V_m}{\partial t} = \frac{1}{\tau} \left[V_E (p_{fg}) - V_m \right] \tag{9-6}$$

且

$$q_{vm} = \frac{-\rho_c}{B_g} \frac{\partial V_m}{\partial t} \tag{9-7}$$

则

$$q_{vm} = -\frac{\rho_c}{B_g \tau} \left[V_E (p_{fg}) - V_m \right] \tag{9-8}$$

式中，τ 为平均吸附时间。

针对页岩储层应力敏感性特征，考虑裂缝变形、基质变形和解吸变形影响建立了渗透率动态变化方程：

$$\frac{K}{K_0} = e^{3\left\{ c_0 \frac{1-e^{\alpha(p_p-p_{p0})}}{-\alpha} + \frac{3}{\phi_0}\left[\frac{1-2v}{E}(p_p-p_{p0}) - \frac{S_1 p_1}{p_1+p_{p0}} \ln\left(\frac{p_1+p_p}{p_1+p_{p0}}\right) \right] \right\}} \tag{9-9}$$

式中，K_0 为原始渗透率；ϕ_0 为原始孔隙度；p_1 为临界解吸压力，MPa；p_p 为孔隙压力，MPa；p_{p0} 为原始孔隙压力，MPa；C_0 为原始流动参数；α 为体积压缩系数；v 为速度；S_1 为临界饱和度；E 为活化能。

4. 定解条件

求解上述方程组的解只是通解。要求出对于特定的页岩气解吸和渗流过程的定解，还需要根据具体情况给出边界条件及时间条件。

边界条件：页岩气储层数值模拟中的微分方程组的边界条件可分为外边界条件及内边界条件两大类。

其中外边界条件为页岩储层外边界所处的状态，包括定压边界条件、定流量边界条件。

内边界条件是页岩气生产井所处的状态，包括定产量边界条件、定井底流压边界条件。

时间条件：也称为初始条件，即研究初始时刻页岩气储层的压力分布、饱和度分布及含气量。

综上所述，描述页岩储层中页岩气解吸、扩散、运移及产出的完整数学模型如下：

$$
\begin{cases}
\dfrac{\partial}{\partial t}\left(\dfrac{\phi_{\mathrm{f}} S_{\mathrm{g}}}{B_{\mathrm{g}}}\right) = \nabla \cdot \left[\dfrac{K_{\mathrm{f}} K_{\mathrm{rg}}}{B_{\mathrm{g}} \mu_{\mathrm{g}}} \nabla(p_{\mathrm{fg}} - \gamma_{\mathrm{g}} H) + D_{\mathrm{f}} \nabla\left(\dfrac{S_{\mathrm{g}}}{B_{\mathrm{g}}}\right)\right] + q_{\mathrm{vm}} - q_{\mathrm{vg}} \\[3mm]
\dfrac{\partial}{\partial t}\left(\dfrac{\phi_{\mathrm{f}} S_{\mathrm{w}}}{B_{\mathrm{w}}}\right) = \nabla \cdot \left[\dfrac{K_{\mathrm{f}} K_{\mathrm{rw}}}{B_{\mathrm{w}} \mu_{\mathrm{w}}} \nabla(p_{\mathrm{fw}} - \gamma_{\mathrm{w}} H)\right] - q_{\mathrm{vw}} \\[3mm]
q_{\mathrm{vm}} = -\dfrac{\rho_{\mathrm{c}}}{B_{\mathrm{g}} \tau}\left[V_{\mathrm{E}}(p_{\mathrm{fg}}) - V_{\mathrm{m}}\right] \\[3mm]
\dfrac{\partial V_{\mathrm{m}}}{\partial t} = \dfrac{1}{\tau}\left[V_{\mathrm{E}}(p_{\mathrm{fg}}) - V_{\mathrm{m}}\right] \\[3mm]
S_{\mathrm{g}} + S_{\mathrm{w}} = 1 \\[2mm]
p_{\mathrm{c}} = p_{\mathrm{fg}} - p_{\mathrm{fw}} \\[3mm]
\Delta \varepsilon' = \sum_{i=1}^{n} \dfrac{V_{\mathrm{L}i} b_i y_i \rho_y R T}{E V_0 \sum_{i=1}^{n} b_i y_i}\left[\ln\left(1 + p\sum_{i=1}^{n} b_i y_i\right) - \ln\left(1 + p_{\mathrm{i}}\sum_{i=1}^{n} b_i y_i\right)\right] - C_{\mathrm{p}}(p - p_{\mathrm{i}}) \\[3mm]
\dfrac{\phi_{\mathrm{f}}}{\phi_{\mathrm{fi}}} = 1 + \left(1 + \dfrac{2}{\varphi_{\mathrm{fi}}}\right)\Delta \varepsilon' \\[3mm]
q_{\mathrm{vg}} = \dfrac{2\pi K_{\mathrm{f}} K_{\mathrm{rg}}\ \rho_{\mathrm{g}}}{\mu_{\mathrm{g}}\left(\ln\dfrac{r_{\mathrm{e}}}{r_{\mathrm{w}}} + s\right)}(p_{\mathrm{fg}} - p_{\mathrm{wf}}) \\[3mm]
q_{\mathrm{vw}} = \dfrac{2\pi K_{\mathrm{f}} K_{\mathrm{rw}}\ \rho_{\mathrm{w}}}{\mu_{\mathrm{w}}\left(\ln\dfrac{r_{\mathrm{e}}}{r_{\mathrm{w}}} + s\right)}(p_{\mathrm{fw}} - p_{\mathrm{wf}}) \\[3mm]
p_{\mathrm{fg}}\big|_{\Gamma} = f_1(x,y,z,t), \qquad p_{\mathrm{fg}}\big|_{t=t_0} = p_{\mathrm{i}}, \qquad S_{\mathrm{w}}\big|_{t=t_0} = S_{\mathrm{wi}}, \qquad V_{\mathrm{m}}\big|_{t=t_0} = V_{\mathrm{mi}}
\end{cases}
\tag{9-10}
$$

式中，$\Delta \varepsilon'$ 为基质收缩变化量；ρ_{c} 为页岩密度，kg/m³；p_{wf} 为井底压力；ρ_{w} 为返排水密度；r_{w} 为井眼半径，m；$p_{\mathrm{fg}}\big|_{t=t_0}$ 为裂缝原始压力，MPa；$S_{\mathrm{w}}\big|_{t=t_0}$ 为裂缝原始含水饱和度；$V_{\mathrm{m}}\big|_{t=t_0}$ 为裂缝原始含气量，m³/t；s 为表皮系数；p_{i} 为原始压力；S_{wi} 为原始含水饱和度；V_{mi} 为吸附气体积；C_{p} 为流动参数。

(二) 页岩气储层流动数学模型数值求解方法

前面建立的描述页岩气在页岩储层中运移规律的数学模型是一个非常复杂的非线性偏微分方程组，无法通过解吸法直接求解。通常，将方程及其定解条件离散化，然后采用数值法进行求解。本书采用有限差分法建立描述页岩储层内页岩气运移规律的数值模型，即有限差分方程组。

1. 非线性差分方程组的建立

在不均匀网格条件下，采用块中心差分格式，对气、液相偏微分方程的左端项进行空间差分，同时对方程的右端项进行时间差分。气、液两相的隐式差分方程组为

$$
\begin{cases}
\Delta T_{\mathrm{g}} \Delta \left(p_{\mathrm{fg}} - \gamma_{\mathrm{g}} \Delta H \right) + \Delta T_{\mathrm{D}} \Delta \left(\dfrac{S_{\mathrm{g}}}{B_{\mathrm{g}}} \right) + \left(q_{\mathrm{vm}} \Delta V \right)_{i,j,k} - \left(q_{\mathrm{vg}} \Delta V \right)_{i,j,k} \\[2mm]
= \dfrac{\Delta V_{i,j,k}}{\Delta t} \left[\left(\dfrac{\phi_{\mathrm{f}} S_{\mathrm{g}}}{B_{\mathrm{g}}} \right)^{n+1}_{i,j,k} - \left(\dfrac{\phi_{\mathrm{f}} S_{\mathrm{g}}}{B_{\mathrm{g}}} \right)^{n}_{i,j,k} \right] \\[4mm]
\Delta T_{\mathrm{w}} \Delta \left(p_{\mathrm{fw}} - \gamma_{\mathrm{w}} \Delta H \right) - \left(q_{\mathrm{vw}} \Delta V \right)_{i,j,k} = \dfrac{\Delta V_{i,j,k}}{\Delta t} \left[\left(\dfrac{\phi_{\mathrm{f}} S_{\mathrm{w}}}{B_{\mathrm{w}}} \right)^{n+1}_{i,j,k} - \left(\dfrac{\phi_{\mathrm{f}} S_{\mathrm{w}}}{B_{\mathrm{w}}} \right)^{n}_{i,j,k} \right]
\end{cases} \tag{9-11}
$$

其中，

$$
\Delta T_{\mathrm{g}} = \alpha' \left(F \frac{K_{\mathrm{f}} K_{\mathrm{rg}}}{\Delta B_{\mathrm{g}} \mu_{\mathrm{g}}} \right)
$$

$$
\Delta T_{\mathrm{D}} = F \frac{D_{\mathrm{fx}}}{\Delta L}
$$

$$
\Delta T_{\mathrm{w}} = \alpha \left(F \frac{K_{\mathrm{f}} K_{\mathrm{rw}}}{\Delta L B_{\mathrm{w}} \mu_{\mathrm{w}}} \right)
$$

令 $\Delta \Phi = \Delta (p - \gamma H)$ ，$Q_{\mathrm{vm}} = q_{\mathrm{vm}} \Delta V$ ，$Q_{\mathrm{vg}} = q_{\mathrm{vg}} \Delta V$ ，$Q_{\mathrm{vw}} = q_{\mathrm{vw}} \Delta V$ ，可得描述页岩储层中，气、液两相流体运移规律的差分方程组，即数值模型为

$$
\begin{cases}
\Delta T_{\mathrm{g}} \Delta \Phi_{\mathrm{g}} + \Delta T_{\mathrm{D}} \Delta \left(\dfrac{S_{\mathrm{g}}}{B_{\mathrm{g}}} \right) + Q_{\mathrm{vm}_{i,j,k}} - Q_{\mathrm{vg}_{i,j,k}} = \dfrac{\Delta V_{i,j,k}}{\Delta t} \left[\left(\dfrac{\phi_{\mathrm{f}} S_{\mathrm{g}}}{B_{\mathrm{g}}} \right)^{n+1}_{i,j,k} - \left(\dfrac{\phi_{\mathrm{f}} S_{\mathrm{g}}}{B_{\mathrm{g}}} \right)^{n}_{i,j,k} \right] \\[4mm]
\Delta T_{\mathrm{w}} \Delta \Phi_{\mathrm{w}} - Q_{\mathrm{vw}_{i,j,k}} = \dfrac{\Delta V_{i,j,k}}{\Delta t} \left[\left(\dfrac{\phi_{\mathrm{f}} S_{\mathrm{w}}}{B_{\mathrm{w}}} \right)^{n+1}_{i,j,k} - \left(\dfrac{\phi_{\mathrm{f}} S_{\mathrm{w}}}{B_{\mathrm{w}}} \right)^{n}_{i,j,k} \right]
\end{cases} \tag{9-12}
$$

式中，ΔV 为划分网格中的单位体积。

上述方程[式(9-12)]实际上包括了四个未知变量 p_{fg}、p_{fw}、S_{g}、S_{w}，但只有两个是独立变量，其余变量可作为这两个独立变量的函数进行处理。本模型选择的是气相压力 p_{fg} 和液相的饱和度 S_{w} 作为独立变量进行求解，而液相压力 p_{fw} 和气相的饱和度 S_{g} 可分别按照前述的补充方程写为气相压力 p_{fg} 和液相的饱和度 S_{w} 的函数。

2. 全隐式数值解法求解非线性差分方程组

全隐式数值解法的基本做法：在第一个时间步开始时，先选择一组迭代初值。随后，在每一个 $n+1$ 时间步的开始，都先按第 n 时间步末所得的求解变量的值，求出方程组内各系数的值，接着求解方程组，然后开始迭代。每一次迭代都求出求解变量的一组新值，以此求出新的系数来更新原来的近似系数值，然后再求解方程组，这样逐次迭代下去，

直至求出一组满足精度要求的值为止，最后的一组迭代值便可作为 $n+1$ 时间步的终值。然后再转入下一个时间步的迭代，这样一步一步地迭代下去。

二、页岩气井井筒多相流动计算

(一) 井筒多相流温度压力预测

页岩气井筒中的流动为气液两相流动，部分井存在支撑剂返排，为气液固三相流动。其中液相通常为压裂液。

1. 井筒中气液固三相均相流动模型

假设气液相为连续相，以井口为原点，沿油管轴线向下为正，取长为 dL 的微元体，建立如图 9-2 所示的稳定一维流动，θ 为油管与水平方向的夹角。建立质量、动量和能量守恒方程。

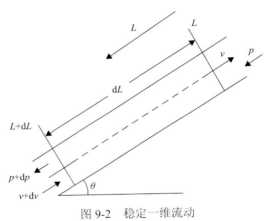

图 9-2　稳定一维流动

L-长度，m；p-压力，Pa；v-速度，m/s

质量守恒方程：

$$\rho \frac{\mathrm{d}v}{\mathrm{d}L} + v \frac{\mathrm{d}\rho}{\mathrm{d}L} = 0 \tag{9-13}$$

动量守恒方程：

$$\frac{\mathrm{d}}{\mathrm{d}t}(\rho v) + \frac{\mathrm{d}}{\mathrm{d}L}(\rho v^2) = \frac{\mathrm{d}p}{\mathrm{d}L} - \frac{f\rho v^2}{2d} - \rho g \sin\theta \tag{9-14}$$

式中，d 为管壁内径；$\rho g \sin\theta$ 为重力项，Pa/m；$\frac{\mathrm{d}}{\mathrm{d}L}(\rho v^2)$ 为动能项，Pa/m；$\frac{f\rho v^2}{2d}$ 为摩阻项，Pa/m；$\frac{\mathrm{d}}{\mathrm{d}t}(\rho v)$ 为动量变化，Pa/m；$\frac{\mathrm{d}p}{\mathrm{d}L}$ 为压力梯度，Pa/m。

能量守恒方程：根据流体力学及热力学，对质量为 m 的任何流动的流体，在某一状态参数下$(p，T)$和某一位置上所具有的能量包括内能 U、位能 mgh、动能 $mv^2/2$、压缩或膨胀能 pV、气流与管壁摩擦产生的热量为 q_f 及对外做功为 W 时，能量守恒。据此，就可写出如图 9-2 所示的管流的能量平衡关系：

$$\Delta U + \Delta mgh + \Delta\left(\frac{mv^2}{2}\right) + \Delta(pV) + dQ + q_f + W = 0 \tag{9-15}$$

式中，d 为管壁内径，m；Q 为井筒中流体流量。

根据质量守恒方程和动量守恒方程可得单相井筒流动的压力梯度方程为

$$\frac{\mathrm{d}p}{\mathrm{d}L} = \frac{f\rho v^2}{2d} + \rho g \sin\theta + \rho v \frac{\mathrm{d}v}{\mathrm{d}L} \tag{9-16}$$

对于三相流动的情况，应对相关的参数做如下修正：

$$\rho = \rho_m，\quad f = f_m，\quad v = v_m$$

得到多相流的能量方程式为

$$\frac{\mathrm{d}p}{\mathrm{d}L} = \rho_m v_m \frac{\mathrm{d}v_m}{\mathrm{d}L} + g\rho_m \sin\theta + \frac{f_m \rho_m v_m^2}{2d}$$

式中，下标 m 为混合物的物理量。

2. 温度预测模型

1）基本假设

(1)气液固三相在井筒中的流动是稳定流动，且只沿流动方向进行一维流动。

(2)气液固三相处于热力学平衡状态，在过流断面的任意位置上，压力、温度处处相等，流体流动状态为稳定流动。

(3)气液固三相间无质量传递。

(4)井筒中的传热为稳态传热，井筒周围地层中的传热为非稳态传热。

(5)井筒及地层中的热损失是径向的(图 9-3)，不考虑沿井深方向的传热。

2）能量方程建立

井筒温度的预测同样是基于质量、动量、能量守恒原理，还有井筒径向传热理论，并结合压力梯度和比焓梯度方程式。因为焓是一个状态函数，即 $H = H(p,T)$，所以焓的变化可以考虑为温度或压力的独立影响：

$$\mathrm{d}H = \left(\frac{\mathrm{d}H}{\mathrm{d}T}\right)_p \mathrm{d}T + \left(\frac{\mathrm{d}H}{\mathrm{d}p}\right)_T \mathrm{d}P = c_{pm}\mathrm{d}T + \left(\frac{\mathrm{d}H}{\mathrm{d}p}\right)_T \mathrm{d}p \tag{9-17}$$

假设等焓过程得

$$\mathrm{d}H = c_{pm}\mathrm{d}T - c_{pm}C_{Jm}\mathrm{d}p \tag{9-18}$$

式中，C_{Jm} 为井筒流体混合物焦耳-汤姆孙系数；C_{pm} 为井筒流体混合物的平均比定压热容，$\mathrm{J/(kg \cdot K)}$。

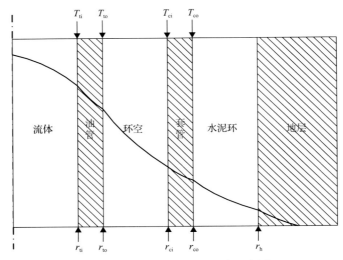

图 9-3　井筒结构及径向温度分布图

T_{ti}-油管内壁温度；T_{to}-油管外壁温度；T_{ci}-套管内壁温度；T_{co}-套管外壁温度；
r_{ti}-油管内径；r_{to}-油管外径；r_{ci}-套管内径；r_{co}-套管外径；r_{h}-水泥环外径

将式 (9-18) 代入能量守恒方程式中得到

$$c_{p\mathrm{m}}\frac{\mathrm{d}T_{\mathrm{f}}}{\mathrm{d}L} - c_{p\mathrm{m}}C_{\mathrm{Jm}}\frac{\mathrm{d}p}{\mathrm{d}L} + \frac{v_{\mathrm{m}}\mathrm{d}v_{\mathrm{m}}}{\mathrm{d}L} + g\sin\theta + \frac{fv_{\mathrm{m}}^2}{2d} = -\frac{\mathrm{d}q}{\mathrm{d}L} \tag{9-19}$$

简化后得

$$\frac{\mathrm{d}T_{\mathrm{f}}}{\mathrm{d}L} = -A(T_{\mathrm{f}} - T_{\mathrm{e}}) - \frac{g\sin\theta}{c_{p\mathrm{m}}} - \frac{v_{\mathrm{m}}\mathrm{d}v_{\mathrm{m}}}{c_{p\mathrm{m}}\mathrm{d}L} + C_{\mathrm{Jm}}\frac{\mathrm{d}p}{\mathrm{d}L} + \frac{f_{\mathrm{m}}v_{\mathrm{m}}^2}{c_{p\mathrm{m}}2d} \tag{9-20}$$

式中，$\mathrm{d}L$ 为单位长度；T_{f} 为储层温度；T_{e} 为地层温度。

其中：

$$A = \frac{2\pi r_{\mathrm{to}}U_{\mathrm{to}}\lambda_{\mathrm{e}}}{c_{\mathrm{pm}}G_{\mathrm{m}}[r_{\mathrm{to}}U_{\mathrm{to}}f(t) + \lambda_{\mathrm{e}}]}$$

式中，G_{m} 为总质量流量，$\mathrm{kg/s}$；U_{to} 为总传热系数，$\mathrm{W/(m \cdot K)}$；λ_{e} 为地层导热系数，$\mathrm{W/(m \cdot K)}$；$f(t)$ 为地层瞬时传热函数，计算方法如下：

$$\begin{cases} 1.1281\sqrt{t_{\mathrm{D}}}\left(1 - 0.3\sqrt{t_{\mathrm{D}}}\right), & t_{\mathrm{D}} = \dfrac{\alpha t}{r_{\mathrm{cem}}^2} \leqslant 1.5 \\[2mm] \left(0.4063 + 0.5\ln\sqrt{t_{\mathrm{D}}}\right)\left(1 + \dfrac{0.6}{\sqrt{t_{\mathrm{D}}}}\right), & t_{\mathrm{D}} > 1.5 \end{cases}$$

式中，r_{cem} 为水泥环半径，m；α 为地层扩散系数，m^2/s；t 为生产时间，s；t_D 为无因次时间。

式(9-20)的通解为

$$T_f = Ce^{-AL} + T_e + \frac{1}{A}\left(-\frac{g\sin\theta}{c_{pm}} - \frac{v_m dv_m}{c_{pm}dL} + C_{Jm}\frac{dp}{dL} + g_T\sin\theta + \frac{f_m v^2}{c_{pm}2d}\right) \quad (9\text{-}21)$$

代入边界条件：$L=L_{in}$，$T_f = T_{fin}$，$T_e = T_{ein}$ 得

$$C = \frac{\left[T_{fin} - T_{ein} - \frac{1}{A}\left(-\frac{g\sin\theta}{c_{pm}} - \frac{v_m dv_m}{c_{pm}dL} + C_{Jm}\frac{dp}{dL} + g_T\sin\theta + \frac{f_m v_m^2}{2c_{pm}d}\right)\right]}{e^{-AL_{in}}} \quad (9\text{-}22)$$

则得到每段出口处温度计算公式：

$$T_{fout} = T_{eout} + \frac{1 - e^{-A(L_{out}-L_{in})}}{A}\left(-\frac{g\sin\theta}{c_{pm}} - \frac{v_m dv_m}{c_{pm}dL} + C_{Jm}\frac{dp}{dL} + g_T\sin\theta + \frac{f_m v_m^2}{2c_{pm}d}\right)$$
$$+ e^{-A(L_{out}-L_{in})}(T_{fin} - T_{ein}) \quad (9\text{-}23)$$

式中，T_{ein}、T_{eout} 分别为地层内流体进、出口段温度，K；T_{fin}、T_{fout} 分别为井筒流体进、出口段温度，K；L_{in}、L_{out} 分别为该段进、出口处所在位置长度，m；T_e 为地层温度，K，$T_e = T_{ebh} - g_T L\sin\theta$，$T_{ebh}$ 为井底处温度，K；g_T 为地温梯度，K/m。

(二)页岩气井积液后井底压力计算

页岩气井井底积液后，气流经过积液段过程中气、液两相速度差异较大，使用均相和分相多相流计算模型计算误差较大。为解决这一问题，本书基于漂移流模型建立了积液后气井井底积液计算方法。

积液后的井底压力由积液液面以上的气流压力和液面以下的气液两相压力构成。液面以上的气流压力计算可使用本书建立的两相流计算方法。针对积液液面以下的气液两相压力计算，可先计算真实含气率 f_g：

$$f_g = \frac{v_{sg}}{C_0 v'_m + v_\infty} \quad (9\text{-}24)$$

式中，v_{sg} 为气相表观速度；C_0 为流动参数；v'_m 为气液两相流平均速度；v_∞ 为气泡上升速度：

$$v_\infty = 1.53[g(\rho_l - \rho_g)\sigma / \rho_l^2]^{0.25} \quad (9\text{-}25)$$

式中，ρ_l、ρ_g 分别为液、气相密度，kg/m^3。

C_0 的取值为 1～1.2，具体取决于该处两相流的流态。

三、页岩气储层与井筒耦合流动模型

井筒与页岩气藏耦合模型分为储层模型和井筒压降模型两部分，其中储层模型采用前述的页岩气藏储层模拟数学模型［式 (9-10)］。

对于井筒内部，考虑井筒的摩擦压降和流入导致的速度变化而产生的加速压降。将井筒分为 n 段，则相邻两井段的压力关系为

$$p_{wf,i-1} = p_{wf,i} + 0.5\left(\Delta p_{wf,i-1} + \Delta p_{wf,i}\right), \quad i = 2,3,\cdots,n \qquad (9\text{-}26)$$

式中，$p_{wf,i-1}$ 为 i–1 段压力；$p_{wf,i}$ 为 i 段压力。

若为定压生产，即跟端井底压力 P_{wfc} 为已知，则

$$p_{wf,n} = p_{wfc} + 0.5\Delta p_{wf,n} \qquad (9\text{-}27)$$

式中，$p_{wf,n}$ 为第 n 段压力。

若为定产生产，因跟端井底压力 P_{wfc} 未知，需增加一个方程，其产量应为所有分段产量之和：

$$q_{sum} = \sum_{i=1}^{n} PID_i \frac{K_{rg}}{\mu_g}(p_g - p_{wf,i}) \qquad (9\text{-}28)$$

式中，q_{sum} 为总产量，m^3/d；$\Delta p_{wf,i} = \Delta p_{fric,i} + \Delta p_{acc,i}$，$\Delta p_{fric,i}$ 为井筒内的摩擦压降，$\Delta p_{acc,i}$ 为井筒内的加速压降，摩擦压降由下式计算得到：

$$\Delta p_{fric,i} = \frac{1}{2}\frac{\rho_i f_i}{D} V_i^2 \Delta x_i \qquad (9\text{-}29)$$

式中，f_i 为第 i 井段管壁摩擦系数，与井筒内流动速度 V_i 有关，V_i 的大小取决于流量 Q_i。Q_i 的大小决定了该井段内的流态是紊流、层流还是瞬变流。f_i 的大小可通过井在该位置的流动状态来计算。具体是通过计算各个井段的雷诺数，便可确定流体的流动状态，应用与摩擦系数的关系，计算出摩擦系数。对于径向流摩擦系数 f_i 可采用下面的公式：

对于层流：

$$f_i = \frac{64}{N_{Re}}\left[1 + 0.04304 Re_w^{0.6142}\right] \qquad (9\text{-}30)$$

对于紊流：

$$f_i = f_0\left[1 - 0.0153 Re_w^{0.3978}\right] \qquad (9\text{-}31)$$

式中，f_0 为没有流体流入井筒时的摩阻因子；Re 为雷诺数；$Re_i = \dfrac{V_i \rho_i D}{\mu_i}$；$Re_w$ 为流入雷诺数，$Re_w = \dfrac{q_s \rho}{\pi \mu}$，变量 q_s 为单位长度井的流入量，要注意到有效的摩阻因子导致层流时流入量增加，紊流时流入量减少；D 为井筒直径；V_i 为第 i 井段流体平均流速；ρ_i 为第 i 段井筒内流体密度，在气、水两相流的情况下：

$$\rho_i = \frac{\rho_{g,i} q_{g,i} + \rho_{w,i} q_{w,i}}{q_{g,i} + q_{w,i}} \tag{9-32}$$

$$\mu_i = \mu_{w,i}{}^{f_{w,i}} \mu_{g,i}{}^{1-f_{w,i}} \tag{9-33}$$

$$f_{w,i} = \frac{\rho_{w,i} q_{w,i}}{\rho_{g,i} q_{g,i} + \rho_{w,i} q_{w,i}} \tag{9-34}$$

井筒内的加速压降由下式计算得到：

$$\Delta p_{acc,i} = \rho_i (V_i + V_{i-1})(V_i - V_{i-1}) \tag{9-35}$$

根据质量守恒得

$$\rho_i V_{i-1} \frac{\pi D^2}{4} + \rho_i V_{v,i} \pi D \Delta x_i - \rho_i V_i \frac{\pi D^2}{4} = 0 \tag{9-36}$$

又由于

$$Q_i = V_i \frac{\pi D^2}{4}, \quad q_i = V_{v,i} \pi D \Delta x_i \tag{9-37}$$

则压力降可由流量表示为

$$p_{wf,i} = \frac{2 \rho_i f_i}{\pi^2 D^5} (2Q_i + q_i)^2 \Delta x_i + \frac{16 \rho_i q_i}{\pi^2 D^4} (2Q_i + q_i) \tag{9-38}$$

式中，μ_i 为该段井筒内流体黏度；$V_{v,i}$ 为该段地层流体流入井筒的流速；Q_i 为从井筒相邻上游段流入该段的流量；q_i 为从地层流入该段井筒的流量，$q_i = q_{w,i} + q_{g,i}$。

流量最终可以转化为井底压力和地层压力的函数，这样就和地层模型耦合起来，最终转化为只含有地层压力、地层气水饱和度和井底压力几个未知数的非线性方程组，构成井筒与储层耦合的渗流模型。

综合上述方法，本书建立了页岩气井储层、井筒耦合数值模拟计算平台，其计算流程如图 9-4 所示。

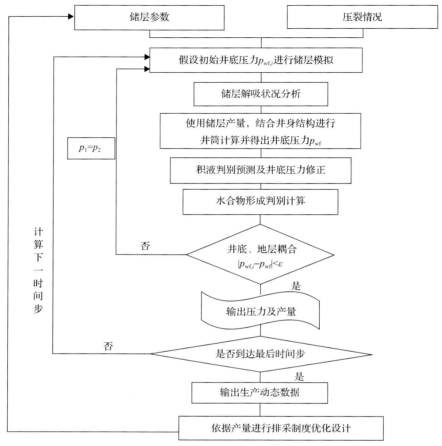

图 9-4　页岩气井储层、井筒耦合数值模拟流程图

ε-误差控制范围

第二节　页岩气田气井井筒流动规律

一、水平井流动稳定性实验研究

(一)近水平井井筒模拟管路设计

实验设计的两相流倾斜-垂直管路(图 9-5)主要是由水平角度可调管、90°垂直弯管和垂直管组成，能模拟地层起伏的水平井井筒进入垂直段的气液两相流动。

直管段使用透明的有机玻璃材质制成，内部清晰可见。一共有四根管段，相互之间使用法兰盘进行衔接。管段长 1m，内径为 5cm，每根管段均分布有两个测压点，且压力传感器接入点方向垂直于井筒所在平面向外。

弯管段同样使用透明的有机玻璃材质制成。共有三种不同曲率半径的弯管段，相互之间使用法兰盘连接。每根管段均分布有一个测压点，且压力传感器接入点方向垂直于井筒所在平面向外。

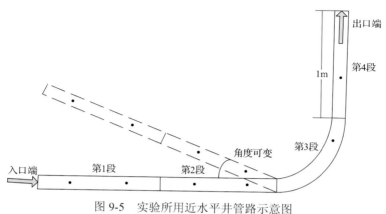

图 9-5 实验所用近水平井管路示意图

近水平井井筒实验装置一共设计了五种倾斜角度（0°、6°、9°、15°、30°）直管段和三种曲率半径（0.6m、0.8m、1m）弯曲管段，可根据实际需要进行替换。

（二）近水平井流动压力分布模拟分析

1. 不同半径对压力分布的影响

本实验共设计了曲率半径分别为 0.6m、0.8m、1m 的三种实验管路。根据控制变量法原则分别选定：①倾斜角为 6°，液体流量为 0.255m³/h，气体流量为 1.5m³/h（图 9-6）。②倾斜角为 6°，液体流量为 0.255m³/h，气体流量为 6m³/h（图 9-7）。③倾斜角为 6°，液体流量为 0.255m³/h，气体流量为 18m³/h（图 9-8）三种情况下通过改变不同的曲率半径所得到的各测压点压力数值。

从实验结果可以看出，在气液比、倾斜角一定的情况下，随着曲率半径的增加，管内各点的压力逐渐增加，这是因为随着曲率半径的增加，管内积聚的液体流量也随之增加，液柱高度增加从而使得管损压力增加，带动管内各测压点压力随之上升。

2. 不同倾斜角对于压力分布的影响

由于角度变化不大，数据变化相对较小，本书仅列举曲率半径为 0.6m、液体流量为

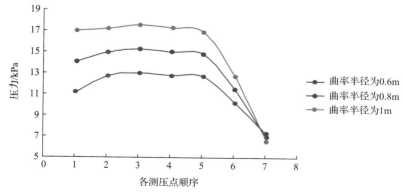

图 9-6 倾斜角为 6°、液体流量为 0.255m³/h、气体流量为 1.5m³/h 条件下不同曲率半径的压力变化

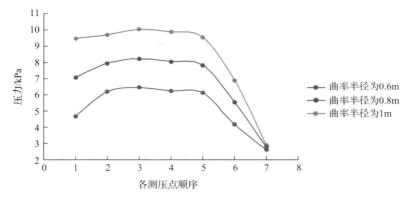

图 9-7 倾斜角为 6°、液体流量为 0.255m³/h、气体流量为 6m³/h 条件下不同曲率半径的压力变化

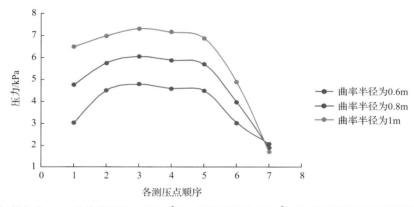

图 9-8 倾斜角为 6°、液体流量为 0.255m³/h、气体流量为 18m³/h 条件下不同曲率半径的压力变化

0.255m³/h、气体流量为 1.2m³/h 状况下不同倾斜角对于压力变化的影响分析,如图 9-9 所示。从图中可以看出,0°~6°管段内,随着倾斜角的增加,管内各点的压力逐渐增加。在 6°~30°管段内,随着倾斜角的增加,管内各点的压力逐渐降低。当倾斜角为 0°时,直管段与弯管连接处的积液较少,因而液相压力降低,从而导致整个管段内的压力较低;而当倾斜角大于 0°之后,直管段与弯管连接处开始积液。

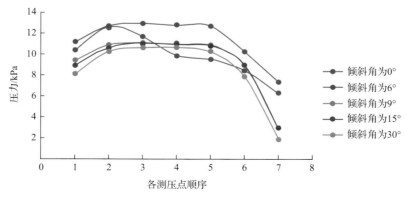

图 9-9 曲率半径为 0.6m、液体流量为 0.255m³/h、气体流量为 1.2m³/h 条件下不同倾斜角的压力变化

3. 不同气液比对于压力分布的影响

根据控制变量法的原则，对比选取曲率半径为 0.6m、倾斜角为 6°、液体流量为 0.375m³/h 条件下，变换不同的气体流量，得出压力分布数据，如图 9-10 所示。从图中可以看出，在曲率半径、倾斜角及液体流量保持不变的条件下，随着气体流量的增加，管内各点的压力逐渐减小。这是因为随着管内气体流量的增加，单位体积内含气量迅速上升，从而降低了气液混合物的混合密度，根据帕斯卡定律，随着液体密度的下降，压力也随之下降，因此管内各点的压力随气液比的增加而减小。

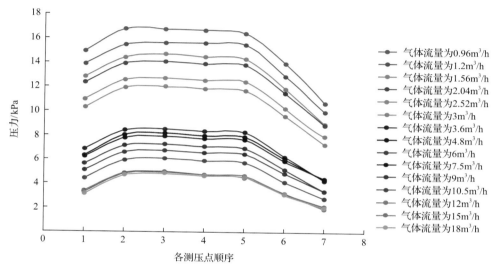

图 9-10　曲率半径为 0.6m、倾角为 6°、液体流量为 0.375m³/h 条件下不同气体流量的压力变化

二、页岩气井井筒积液判别方法

（一）井筒积液判别

1. 直观法

日产气量和套管压力波动是气井积液的重要标志，观察这种波动，也是判断积液面上升的主要依据，对于低产气井，积液的征兆是出现套压变高；对于高产气井则是呈现套压变低。在低产高套压期间，气体在环形空间被压缩，此压缩气体不断促使套压升高，从而使积液从油套环形空间流入油管，并呈现为段塞流，喷至地面。若套压不能达到足以使液柱喷至地面的压力，井就会被积液"压死"。在实际生产中，还可以根据套压与油压之差，来判断气井井筒是否有积液存在，根据 Libson 的经验认为，若套压与油压之差大于 200psi（大约 1.38MPa）时，通常显示气井开始积液；若套压与油压之差大于 3MPa 时，显示气井积液严重。在气井关井以后，如果套压与油压之差在较长时间后还达不到平衡，套管又没有泄漏现象，说明井底处有积液的可能。

2. 压力测试判断积液状态

压力测试，即为流压、静压测试，主要通过井下压力计测取不同深度压力值求取对应深度下的压力变化，单位通常用 MPa/100m，表征随着气井深度每增加 100m 所增加的压力。对于页岩气井来说，通常井筒内梯度 $0 < \dfrac{\mathrm{d}p}{\mathrm{d}L} < 1\text{MPa}/100\text{m}$，表征为气液两相流。

压力梯度表达式为

$$\frac{\mathrm{d}p}{\mathrm{d}L} = \frac{p_2 - p_1}{H_2 - H_1} = \frac{\rho \Delta h g}{\Delta h} = \rho g \times 10^{-6} \tag{9-39}$$

从式(9-39)看出，压力梯度可以表征井筒中流体密度，根据气测显示，在一定温度压力条件下，一定水汽比条件下页岩气与产出液混合密度是一定的，对比实测压力梯度与井深关系图，可以判断井筒积液情况及液面深度。

3. 临界流量计算法

为保证页岩气井可以正常携液生产，其产量必须大于临界携液流量。国内外许多学者已经提出了计算页岩气井临界流量的数学公式，现场常见的临界流速模型有 Duggan 模型(Duggan，1961)、Turner 模型(Turner 等，1969)、Coleman 模型(Coleman 等，1991)、Nosseir 模型(Nosseir 等，2000)、李闽模型(Li 等，2001)。Duggan 模型基于统计数据得到了气井临界携液流量表达式，后四种模型以液滴模型为基础，以井口或井底条件为参考点，推导出了临界携液流量公式。

1) Duggan 模型

1961 年，Duggan 经过对现场大量数据的整理，提出了最小气体流速的概念。Duggan 认为，页岩气井最小气体流速是保证其无积液生产的最低流速。经过统计分析，Duggan 指出，1.524m/s 的井口流速是页岩气井生产的最低流速，低于该生产速度，气井就会出现积液。

2) Turner 模型

在 Duggan 的临界流速思想的指导下，Turner 在 1969 年提出了液滴模型，认为液滴模型可以准确预测积液的形成。Turner 假设液滴在高速气流携带下是球形液滴，通过球形液滴的受力分析，液滴在自身向下的重力和气流向上的推力作用下达到平衡，从而导出了气井携液的临界流速公式。

气流对液滴向上的推力 F：

$$F = \pi d^2 C_d u_c \rho_g / 8 \tag{9-40}$$

液体自身的重力：

$$G = \pi d^3 (\rho_1 - \rho_g) g / 6 \tag{9-41}$$

式(9-40)和式(9-41)中，u_c 为页岩气井临界流速，m/s；d 为最大液滴直径，m；ρ_1、ρ_g 分别为液相和气相密度，kg/m^3；C_d 为曳力系数，取 0.44。

当 $F-G \geq 0$ 时，液滴不会滑落。Turner 认为，只要页岩气井中最大直径的液滴不滑落，气井积液就不会发生。

液体的最大直径由韦伯数 We 决定，当韦伯数超过 30 后，气流的惯性力和液滴表面张力间的平衡被打破，液滴将会破碎。所以，当 $We = 30$ 时，液滴不会破碎的最大直径是

$$d_{\max} = \frac{30\sigma}{u_g^2 \rho_g} \tag{9-42}$$

综合式(9-40)~式(9-42)可以求得页岩气井临界流速:

$$u_c = 5.48 \left[\sigma(\rho_1 - \rho_g) / \rho_g^2 \right]^{0.25} \tag{9-43}$$

换算成标况下的气井流量公式:

$$q_c = 2.5 \times 10^8 A u_c \frac{p}{ZT} \tag{9-44}$$

式中, q_c 为气井临界流量, m^3/d; We 为韦伯数, 无因次; σ 为气液表面张力, N/m; A 为油管横截面积, m^2; p 为压力, MPa; T 为温度, K; Z 为气体压缩因子, 无因次。

Turner 模型是建立在高气液比的页岩气井生产前提下的, 通过与该生产制度下的现场数据对比发现, 将计算出的临界流速提高 20%后更加符合现场实际。

3) Coleman 模型

Coleman 观察 Turner 数据, 发现 Turner 模型是在井口压力大于 3.4475MPa 的情况下得出的, 而积液井井口压力一般低于 3.4475MPa。Coleman 研究了大量低压页岩气井的生产数据, 运用 Turner 理论的思想, 推导出了低压页岩气井的临界流速公式:

$$u_c = 4.45 \left[\sigma(\rho_1 - \rho_g) / \rho_g^2 \right]^{0.25} \tag{9-45}$$

换算成标况下的气井流量公式, 见式(9-46)。

4) Nosseir 模型

Turner 模型中使用的曳力系数是 0.44, Nosseir 和 Darwich(1997)研究发现 Turner 的数据雷诺数小于 2×10^5, 而当 $2 \times 10^5 < Re < 10^6$ 时, 曳力系数是 0.2, 而不是 0.44。Nosseir 等(2000)运用光滑、坚硬、球形液滴理论, 建立瞬变流模型出口变流模型。以得到两个公式。

在低压流动系统中, 可以出现瞬变状态, 此时曳力系数取 0.44, 瞬变流公式为

$$u_c = 4.55 \sigma^{0.35} (\rho_1 - \rho_g)^{0.21} / (u_g^{0.134} \rho_g^{0.426}) \tag{9-46}$$

在高速紊流状态下, 曳力系数取 0.2, 紊变流公式为

$$u_c = 6.65 \sigma^{0.25} (\rho_1 - \rho_g)^{0.25} / \rho_g^{0.5} \tag{9-47}$$

5) 李闵模型

Li 等(2001)认为, 被高速气流携带的液滴在高速气流作用下, 其前后存在一个压力差, 在这个压力差的作用下液滴会变成一椭球体(图 9-11)。扁平椭球液滴具有较大的有效面积, 更加容易被携带到井口中, 因此所需的临界流量和临界流速都会小于球形模型的计算值。李闵模型计算的临界流速和临界流量为 Turner 模型的 38%。

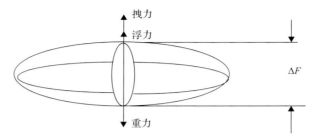

图 9-11　扁平椭球液滴

ΔF 为作用力差值(拖拽力、浮力、重力)

在临界流状态下，液滴相对于井筒不动。液滴的重力等于浮力加阻力，即

$$\rho_l gV = \rho_g gV + 0.5\rho_g u_c^2 SC_D$$

式中，V 为椭球的体积，m^3；S 为椭球的垂直投影面积($S = \dfrac{V\rho_g u_c^2}{2\sigma}$)，m^2；$C_D$ 为阻力系数，取 1。

综合上面的公式，就可得到临界流速公式：

$$u_c = 2.5\left[\sigma(\rho_l - \rho_g)/\rho_g^2\right]^{0.25} \tag{9-48}$$

换算成标况下的气井流量公式，见式(9-46)。

4. 动能因子法

通过分析积液前后页岩气井生产动态，确定井筒积液判断标准。气体在多相流条件下，有一个最小携带液体的速度，从而得到最小液体携带临界流速，如果实际产气量低于临界携液流量，井筒流体不能有效地排出而导致底部积累，增加了井底回压，减少了产气量。

通过分析现场生产数据资料，携液能力也是评判是否积液的一个指标。当页岩气井的产水量维持在一个固定值时，说明携液正常，没有积液；当产液量下降的时候，携液能力下降，有积液产生。当动能因子变化时携液能力也会变化，动能因子是携液能力和井筒积液的一个重要判断指标。动能因子公式表示为

$$F_e = V_S\sqrt{\rho_S} = 9.3\times10^{-7}\times\frac{Q}{D^2}\times\sqrt{\frac{\gamma T_S Z_S}{p_S}} \tag{9-49}$$

式中，F_e 为动能因子；V_S 为井底的气体流速，m/s；ρ_S 为气体折算到井底的重度，kg/m^3；Q 为日产气量，m^3；γ 为气体比重；T_S 为井下温度，K；p_S 为井底的流动压力，kg/cm^2；D 为油管内径，m；Z_S 为 p_S 状态下的压缩因子。

当生产条件一定时，页岩气井自身携液能力主要与日产气量和气体相对密度有关，而影响动能因子的因素主要有产气量、井底流压与气液两相的相对密度。

（二）井筒积液高度

页岩气井产出水大部分是压裂液，不同区块的返排差异大，同时井筒气流携液能力可能不足，导致井底积液。

从涪陵地区页岩气井生产统计资料发现，页岩气井由于产液量极少（每天 1～2m³），井口往往呈现雾状流，现场无法计量真实产水量。基于沿井筒数值模拟结果，将其与现场实测压力结果进行拟合、对比，调整计算过程中的液相流量，从而确定井筒产液量，并在此基础上判别预测井底积液情况。

仍以焦页 1HF 井为例进行计算。图 9-12 给出了焦页 1HF 井井身结构示意图。在 2013 年 8 月 5 日之前，该井未下入油管，使用 Φ 139.7mm 套管生产。

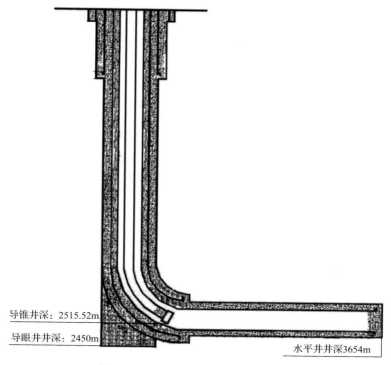

导锥井深：2515.52m

导眼井井深：2450m

水平井井深3654m

图 9-12 焦页 1HF 井井身结构示意图

表 9-1 给出的是焦页 1HF 井 2013 年 3 月 8 日测量的井筒压力数据。图 9-13 中显示的是将计算结果与现场实测结果拟合后的对比图。拟合后的结果显示，焦页 1HF 井在该日实际的日产水量为 1.5m³，在此产水量下井底积液不明显。

焦页 1HF 井 2013 年 5 月 10 日实测井筒压力与计算压力对比如图 9-14 所示。计算结果显示，该日产水量仍为 1.5m³，井口为雾状流，因此现场无法计量产水量。在该产水量下井筒内至井深 2600m 处无明显积液现象。

表 9-1　焦页 1HF 井 2013 年 3 月 8 日井筒压力测量结果

序号	斜深/m	垂深/m	温度/℃	压力/MPa	温度梯度/(℃/100m)	压力梯度/(MPa/100m)
1	0	0	25.93	19.543	1.392	
2	500	500	32.89	21.841	2.237	0.460
3	1000	1000	44.07	23.650	2.735	0.362
4	1500	1500	57.75	25.060	3.451	0.282
5	2000	1999.4	74.98	27.303	2.042	0.449
6	2300	2271.2	80.53	28.568	1.082	0.465
7	2450	2365.5	81.55	28.973		0.429

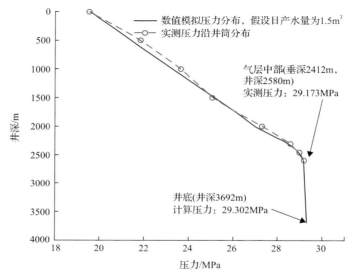

图 9-13　2013 年 3 月 8 日实测井筒压力与计算压力对比

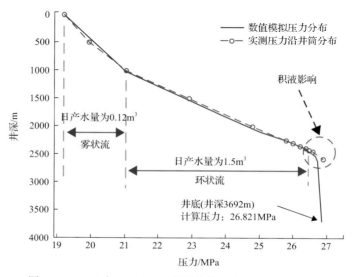

图 9-14　2013 年 5 月 10 日实测井筒压力与计算压力对比

为了进一步证明本书建立的井底积液判别预测方法的准确性，针对有现场实测积液位置结果的页岩气井进行计算，得出的积液位置与现场实测结果对比如图 9-15 所示，结果显示积液判别精度为 100%，积液高度预测误差为 2.3%。

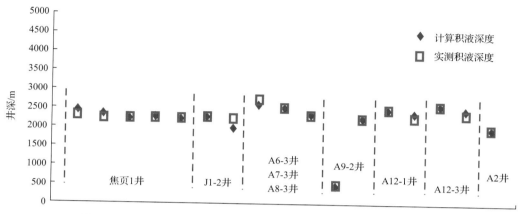

图 9-15 焦石坝地区 9 口页岩气井积液位置判别与现场实测结果对比

第三节 页岩气排采工艺优选理论及方法

一、排水采气工艺对比分析

目前排水采气工艺技术很多，对于一口具体的产水页岩气井究竟选择何种排水采气工艺，需要进行不同排水采气方式的比较。排水采气方法对开采条件有一定的要求，如果不注意地质、开采及环境因素的敏感性，就会降低排水采气工艺的效益，甚至导致失败。因此，在确定排水采气工艺时，除了井的动态参数以外，产出流体性质、出砂、结垢等开采条件及经济投入产出均是需要考虑的主要因素。

目前比较常用的排水采气工艺主要有优选管柱排水采气、泡沫排水采气、气举排水采气、柱塞气举排水采气、游梁抽油机排水采气、电潜泵排水采气和射流泵排水采气等工艺。表 9-2 中列出了各种排水采气工艺技术的适应性和目前技术现状。

表 9-2 排水采气工艺技术适应性

对比项目	优选管柱排水采气	泡沫排水采气	气举排水采气	柱塞气举排水采气	游梁抽油机排水采气	电潜泵排水采气	射流泵排水采气
目前最大排液量/(m³/d)	100	120	400	50	70	500	300
目前最大井(泵)深/m	3800	4000	4000	4000	2400	2700	2800
井身情况(斜井或弯曲井)	较适应	适宜	适宜	受限	受限	受限	适宜
地面及环境条件	适宜	适宜	适宜	适宜	一般适宜	适宜,需高压电源	适宜

对比项目		优选管柱排水采气	泡沫排水采气	气举排水采气	柱塞气举排水采气	游梁抽油机排水采气	电潜泵排水采气	射流泵排水采气
开采条件	高气液比	很适宜	很适宜	适宜	很适宜	较适宜	一般适宜	适宜
	含砂	适宜	适宜	适宜	受限	较差	含砂<5%适宜	很适宜
	地层水结垢	化学防护, 较好	很适宜	化学防护, 较好	较差	较差	较好	较好
	腐蚀性 H_2S	加腐蚀剂, 适宜	较适宜	适宜	适宜	高含 H_2S 受限	较差	适宜
设计难易		简单	简单	较易	较易	较易	较复杂	较复杂
维修管理		很方便	方便	方便	方便	方便	较方便	方便
投资成本		低	低	较低	较低	较低	较高	较高

技术现状综合分析对比, 上述各种工艺中, 气举排水采气工艺一般应用于气井水淹后复产, 游梁抽油机排水采气适用于最大井深为 2400m 的气井, 电潜泵排水采气、射流泵排水采气适用于大水量气井排液和水淹井复产。结合页岩气田试采试气井生产情况, 考虑投资成本及生产管理等因素, 本节着重对优选管柱排水采气、泡沫排水采气、气举排水采气、柱塞气举排水采气、电潜泵排水采气和井下射流泵排水采气等工艺进行适用性分析。

二、水平井排水采气工艺

(一)优选管柱排水采气工艺

1. 工艺原理

在产水页岩气井生产过程中, 一方面游离态液体随着天然气进入井筒, 另一方面热损失导致天然气凝析形成液体。如果页岩气井的产量高于临界携液流量时, 所有的液体都被天然气带出井筒外, 气体流动具有相对可预测的稳态特征, 且井筒不形成积液; 当页岩气井的产量低于临界携液流量时, 液体不能完全被天然气带出井筒, 井筒开始积液, 液体开始以混合气柱的形式滞留在井筒之中; 随着产出液体的聚集, 井筒液柱高度增加, 井口压力和天然气产量随之急剧递减。在这种情况下, 必须对页岩气井实施合理的排水采气措施, 提高气井携液能力, 排出井底积液, 使气井恢复正常生产。因此, 要保证页岩气井井筒不积液的条件是必须要求产气量大于临界携液流量。小直径油管具有较大的举升能力。优选管柱排水采气工艺就是针对页岩气井的产水及生产情况, 研究优选出不同尺寸的生产管柱, 提高页岩气井的携液能力, 保证页岩气井连续携液生产。

2. 管柱优化考虑因素

选择小尺寸油管对清除井底积液有利, 但油管尺寸过小会造成附加摩阻, 增加井底回压。因此, 优选管柱排水工艺设计需要考虑如下因素。

1)临界携液

考虑临界携液因素是设计的基础, 其反映了页岩气井举液能力。影响气页岩井举液能力的因素主要有流体性质、井底流压及管柱大小等。

2）油管尺寸与产量敏感性

通过页岩气井产量与油管尺寸敏感性分析（图 9-16），可以得到随着油管内径增加（$\Phi62$mm 至 $\Phi97.2$mm），井底流压降低，产气量增大，但增加幅度减小。油管设计优选时，只要保证所选油管不会明显影响页岩气井产量即可。但一般来说，页岩气井只有在产能较低情况下才会出现排液困难的问题，此时小油管对页岩气井产量的影响基本上可以忽略不计。

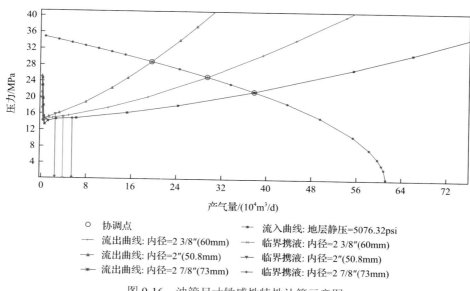

图 9-16 油管尺寸敏感性特性计算示意图

3）油管尺寸对井筒压降损失的影响

页岩气井油管粗糙程度造成的流动摩阻损失，对于页岩气井产能，特别是高压页岩气井产能评价的影响是非常大的。因此，在进行油管选择时，需要考虑气体管内流动的摩阻损失。可以通过达西阻力公式求得

$$L_{\mathrm{w}} = \frac{fu^2 L}{2d} \tag{9-50}$$

式中，f 为摩阻系数，无量纲；d 为管壁内径，m；L 为长度，m。

对于紊流（$Re > 2300$）：

$$f = \left[1.14 - 2\lg\left(\frac{e}{d} + \frac{21.25}{Re^{0.9}} \right) \right]^{-2} \tag{9-51}$$

对于层流（$Re < 2300$）：

$$f = Re/64 \tag{9-52}$$

式中，Re 为雷诺数；e 为绝对粗糙度。

4）油管抗气体冲蚀性能

选择小油管采气，提高气体流速，保证携液，但同时面临着一个问题，就是油管在高流速下可能发生冲蚀，产生冲蚀的流速称为冲蚀流速。1984 年，Beggs 提出计算冲蚀流速的公式：

$$v_{\mathrm{s}} = \frac{C}{\rho_{\mathrm{g}}^{0.5}} \tag{9-53}$$

式中，v_{s} 为冲蚀速度，m/s；ρ_{g} 为气相的密度，kg/m^3；C 为常数，对于一般碳钢管 C=122。

5）管柱抗拉强度

查阅《井下作业实用数据手册》可以得到不同油管的尺寸、钢级、壁厚、每米质量、抗拉强度等参数，在油管下入深度、直径确定的情况下，通过计算油管抗拉强度与质量之间的关系，可以对其抗拉强度进行校正，油管的抗拉安全系数需要大于 1.8。而对于高温高压深井，由于井深较深，在 1.8 的安全系数下很难选择油管，规范被适当放宽至抗拉安全系数大于 1.6，焦石坝区块页岩气井埋深较浅，安全系数为 1.42。

3. 连续油管生产完井管柱

1）外置式连续油管完井管柱

该管柱自下而上主要由导锥、筛管、堵塞器、连续油管连接器、外置式连续油管悬挂器等组成。井内连续油管通过外置式连续油管悬挂器实现悬挂和环空密封。在下入连续油管之前，先在 1 号主阀上安装连续油管悬挂器、操作窗、注入头等设备，并采用连续油管设备将管柱下到设计位置。利用连续油管作业车将连续油管穿过操作窗、悬挂器下入到位后，启动悬挂器密封机构，并开启操作窗放入卡瓦，实现对连续油管的悬挂。当确认连续油管悬挂和密封合格后，切割连续油管，把采气树安装在连续油管悬挂器法兰上，打开连续油管堵塞器，开始正常生产。

2）内置式连续油管完井管柱

连续油管完井管柱从上到下主要由内置式连续油管悬挂器(坐挂在油管头内部)、连续油管、入井工具组合等组成。内置式连续油管完井管柱分两趟下入井筒：第一趟，下入内置式连续油管悬挂器；第二趟，下入入井工具组合、连续油管及连续油管坐挂接头。内置式连续油管悬挂器通过专用的液压投送工具进行投送，对油管头顶丝进行固定。完井连续油管穿过内置式连续油管悬挂器下入井内。在完井连续油管切割前，入井连续油管由防喷器实现悬挂并封隔环空。切割连续油管并安装坐挂接头后，利用专用的液压投送工具通过井口防喷装置，可靠地坐挂在内置式连续油管悬挂器内。连续油管在自身质量的作用下，密封总成被压缩发生变形，实现对油套环空的有效密封。连续油管完井后，通过连续油管加压开启底部堵塞器，实现正常生产。

(二)气举排水采气工艺

1. 工艺原理

天然气连续循环气举工艺是在页岩气井生产过程中利用压缩机或气源井将天然气作

为补充能量沿页岩气井油套环空注入井中，注入的天然气与储层产气混合，提高井筒天然气的流速，达到连续稳定排水采气的目的。

利用同井场的井口压力高、产气量大、产液量低的气井作为高压气源井，通过井口重新改造的管线，将高压气引入被助排的低压弱喷产水页岩气井的低压井油套环空中，利用间歇注入，借助高压气源井的高压气流，降低举升管中的压力梯度，利用气体的能量排出低压页岩气井井筒积液(图 9-17)。

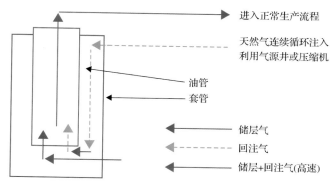

图 9-17 邻井气举原理图

高低压井互联气举排水采气主要借鉴天然气连续循环技术，相较车载式压缩机或撬装压缩机等井口连续气举工艺，其工艺流程简单，操作管理方便，实施费用较低，投入产出比较高。

2. 气举工艺流程设计

根据工艺试验要求和站内地面流程现状，本着流程改造简单、实用的原则，对站内流程进行了改造，改造后同站气举流程如图 9-18 所示。

3. 气举选井条件

利用邻井高压气举排水采气工艺时的选井条件：同一平台内高、低压页岩气井共存；低压页岩气井产水量大，压力、产气量波动较大，已无法连续携液生产；高压页岩气井生产稳定，产水量低或不产水，井口压力大于被举气井井口套压，页岩气井压力递减缓慢，具有一定的稳产能力；被举井具有一定的剩余可采储量，具有实施该工艺的经济价值。

(三)泡沫排水采气工艺

1. 工艺原理

能显著降低水的表面张力或界面张力的物质称为表面活性剂，也称为起泡剂。泡沫排水采气是向井内注入某种能够遇水产生大量泡沫的表面活性剂，当井底积水与表面活性剂接触后，大大降低了水的表面张力。借助于天然气流的搅动，表面活性剂与井底积液充分接触，把水分散并生成大量较稳定的低密度的含水泡沫，从而改变了井筒内气水流态。在地层能量不变的情况下，起泡剂泡沫效应、分散效应、减阻效应、洗涤效应的实现，提高了出水气井的带水能力，将井底积液携带到地面，从而达到排水采气的目的。

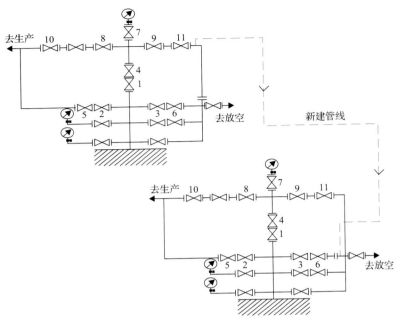

图 9-18 邻井气举现场流程图

图中数字代表地面流程中阀门代号

该工艺适用于弱喷及间喷产水井的排水,最大排水量为 120m³/d,最大井深为 3500m;可用于低含硫气井;具有设计、施工和管理简便、经济成本较低等的优点。

2. 泡沫排水采气工艺设计方法

1)应用时机

应用初点:当井底存在积液时就可以考虑应用泡沫排水采气工艺。当生产中油套压差增大,且关井一段时间再次开井,井口有携带出的液体,说明页岩气井积液。最简单快速的判断方法是根据油套压差来估算井筒积液的高度和积液量。

应用末点:当注入的起泡剂不能返排出来时,就是泡沫排水采气工艺应用的末点,可以考虑其他排液工艺。

加药时机:前期是根据油套压差大于 3MPa 并结合产气量及产水量共同确定的,后期对加药时机进行不断优化。

2)起泡剂的评价及选择

起泡剂性能受地层水矿化度、温度等多种因素影响,通过各种起泡剂在不同工况下的起泡能力、泡沫的稳定性能等重要参数的实验研究,优选出适合与目标区块地层流体或与其他药剂性能配伍的泡沫剂。

3)加注周期和加注量

加注周期:一般来说,产水量较少的页岩气井,最好采取间隔加药的方式;而产水量较多的页岩气井,最好连续加药或者缩短注入周期。对于低压低产页岩气井,产液往往不能连续,有经验的井场工作人员会根据油套压差变化来确定合理的泡沫排水采气加注周期。

加注量：起泡剂合理加药量的确定需要从两方面考虑，一是弄清井底积液量，二是优选起泡剂的携水能力。前者可由井口油套压差的大小来计算，而合理的加药浓度则需要室内模拟实验来确定。无论选用哪种药剂和流态，排水能力最佳的浓度范围为 0.4%～0.6%。另外通过页岩气井的每天产水量配置选定的起泡剂浓度下起泡剂的日用量。并随时根据起泡剂的排水情况而对加注量进行调整。

4）注入方式

注入方式的选择根据现场情况、井口压力及日产水情况进行。一般产水量较少、产气量也较少的井可以采用固体药剂投棒注入，而产水量较多的井一般采用液体泡排车注入，平衡罐主要是应用于产水量多且泡排车不方便进井场的井。此外，还需考虑井口压力因素。

3. 起泡剂注入方式和注入流程

起泡剂注入方式有泵注法、平衡罐注法、泡排车注法和投注法。

1）泵注法

该方法是将起泡剂溶液过滤后，从井口套管或油管泵入井内。适用于有人看守或距井站较近页岩气井，日产水量大于 $30m^3$。

2）平衡罐注法

该方法是将起泡剂溶液过滤后，倒入平衡罐内，在压差的作用下，将平衡罐内的起泡剂从井口套管或油管注入井内。主要用于无动力电源或需间隙式注入起泡剂的页岩气井，其日产水量小于 $30m^3$。

3）泡排车注法

该方法与泵注法相同，只是注入起泡剂的动力不是来自高压电源，而是由车载泵供给动力。主要用于偏远又无人看守或需间隙式注入起泡剂的页岩气井，其日产水量小于 $20m^3$。

4）投注法

投注法是将棒状固体起泡剂从井口油管投入井内，在重力作用下落入井底。主要用于间隙式生产或间隙式注入起泡剂，以及无人看守的偏远小产量页岩气井，其产水量小于 $80m^3/d$，液体在井筒内的流速不宜过高。

(四)柱塞气举排水采气工艺

柱塞气举是间歇气举的一种特殊形式，柱塞作为一种固体的密封界面，将被举升的液段与举升气体分开，减少气体窜流和液体回落，以提高气举效率。

柱塞气举的能量主要来源于地层气，这就要求气液比相当高，通常适用于 534.3～$890.5m^3/m^3$。但当地层内气能量不足时，需向井内注入高压气，这些气体将柱塞及其上部的液体从井底推向井口，排除井底积液，增大生产压差，延长页岩气井的生产期。靠页岩气井自身能量进行举升的称为常规柱塞气举；需要额外注入气体的称为组合式柱塞气举。

柱塞气举适用于小产水量间歇自喷井的排水，最大排水量为 $50m^3/d$；装置设计、安装和管理简便；耐硫化氢腐蚀性较好，经济投入较低；但对斜井或弯曲井受限。

1. 柱塞排采原理

(1)当气动薄膜阀关闭时，柱塞在自身重力作用下在油管内穿过气液进行下落。

(2)柱塞下落到达井下缓冲卡定器位置处，撞击缓冲卡定器的缓冲弹簧，液面通过柱塞与油管的间隙上升至柱塞以上聚积。

(3)地面控制系统控制气动薄膜阀打开，生产管线畅通，套管气和进入井筒内的地层气向油管膨胀，到达柱塞下面，推动柱塞及上部液体离开卡定器开始上升，直到柱塞及其上部液体到达井口。

(4)根据页岩气井生产情况，采用合适的柱塞运行制度，重复上述步骤，及时排除井筒积液。

2. 柱塞排采技术

1)柱塞类型

弹块式柱塞：弹块式柱塞主要设计用于油管受损或有缺陷的柱塞举升井。此类柱塞在通过油管容易遇卡的地方时，能够自动"收缩"外部的弹块。咬合式弹块柱塞有两种设计，有单弹块式的，也有三弹块式的。但只有双弹块式柱塞的弹块才是直缝的。

实心钢质柱塞：非常适用于通过井或钻磨过油管的井。实心钢质柱塞由一根 4140 工具钢加工而成，该系列柱塞没有移动部件，加工成形后符合油管容差及通径规格，能最大化举升效率。

空心钢质柱塞：由于它的空心特质，有很大的浮力，返回地面的速度非常快。

刷式柱塞：适用于液体中悬浮有砂子和颗粒的井。由于受到上下介质的双重束缚作用，柱塞上的纤维毛刷不会从心轴上脱落。毛刷还具有弹性，可防止固体颗粒堆积在刷子纤维中，还可以使柱塞顺利通过可能遇阻或有异常的油管区域。

2)柱塞排采适应条件研究

影响单井选用柱塞排采的主要因素包括地层压力、外输压力、产水量及管柱下深。可用利用图版法建立柱塞排采适应条件判别方法。

利用经典 Beeson 等(1955)柱塞优选图版，计算乌江南区块当前气液比及管柱下深条件下柱塞排采所需的净工作压力为 2.5MPa，在乌江南区块平均输压 3.5MPa 的前提下，柱塞排采所需的套压为 6MPa，而乌江南区块平均套压为 8.8MPa，因此，该区块是适合采用柱塞排采工艺的。

(五)电潜泵排水采气工艺

电潜泵全称为电动潜油离心泵。1926 年美国开始在 Russell 油田应用电潜泵抽油，我国从 1964 年开始进行了电潜泵的研制和抽油试验。

电潜泵用于产水气田的排水采气是电潜泵技术应用上的一个新发展。因为电潜泵采气无论从抽汲介质、泵的工况、排液目的及生产方式都与电潜泵采油不同，所以在气井中使用电潜泵与油井中有很大的差异。排水采气的目的在于恢复气井产气能力。

电潜泵的特点是排量范围大，扬程范围广，能大幅度降低井底流压而扩大生产压差，适用于各种类型的水淹气井，是气井强排水的重要手段。

用于边水、底水水体封闭的产水气藏的强排水，可控制水侵、阻止边底水干扰，从而达到延缓气藏综合递减，提高有水气藏的最终采收率的目的。

对于单井排水采气，电潜泵可用于复活各类水淹井，特别适用于产水量大（100m³/d以上，最大排水量可达 500m³/d）、扬程高（1500m 以上，目前最大泵深 2700m）、单井控制剩余储量大的水淹井复产，通过强排水，降低井底回压，使水淹页岩气井保持足够的生产压差，实现边排水、边采气。

在选择电泵时，对排量有如下总原则和要求。

（1）对水淹页岩气井复产。选择的泵排量应大于页岩气井产层的供液量，要求电泵抽吸时形成的"复产压差"大于页岩气井被水淹死前自喷携液生产所需的"生产压差"。

（2）气藏排水提高采收率。选择的泵排量应等于或略大于排水页岩气井的供液量，以达到获得稳定气水界面的目的。

潜油电泵排水采气具有很多优点，如排量大，适应性强，采用变速驱动装置使排量的变化相当灵活；操作简单，管理方便；容易处理腐蚀和结蜡问题；能用于斜井和水平井；容易安装井下压力传感器，便于压力测量；检泵周期较长；可用于单井排水。但也存在不少缺点，如不适应于高温深井；下泵深度受电机额定功率、油管尺寸和井底温度的限制；大功率设备没有足够的环空间隙冷却电机，电机会损坏；初期投资和维修成本较高；多级大排量、大功率的泵及电缆投资费用较高，设备维修费用较高；高气液比井的举升效率低，而且也会因气锁使泵发生故障。

（六）井下射流泵排水采气

射流泵是一种特殊的水力泵，它在井下没有运动件，泵送是靠动力液与地层流体的动量转换来实现的。射流泵的工作件是喷嘴、喉管和扩散管。喷嘴是引擎，喉管和扩散管相当于泵，泵送是通过两种流体之间的动量交换实现能量传递来工作的，地面泵提供的高压动力流体通过喷嘴将其位能（压力）转换成高速流动的动能。喷射流体将其周围的井液从汇集室吸入喉管而充分混合，进行动量交换。喉管是一入口很平滑的直圆柱孔眼，其直径大于喷嘴直径，这样才能使动力液周围的井液进入喉管。在喉管中混合时，动力液把动量转给井液而增大井液的能量。在喉管末端，两种完全混合的流体仍具有很高的动能，此时它们进入扩散管通过流速降低而把部分动能转换成压能，流体获得的这一压能足以把自己从井下返到地面。喉管的面积和动力液压力决定输入功率，喷嘴与喉管面积比决定喷射泵的工作能力。

20 世纪 80 年代以后，美国和加拿大已开始用射流泵排水采气。川渝地区气田实践证明，该工艺适用于水淹井复产。目前国内应用的最大排水量为 300m³/d，最大泵深为 2800m。

射流泵排水采气工艺具有如下优点：①没有运动部件，适合高气水比、高温、高含水、高含砂、高腐蚀流体的气水井；②结构紧凑，适用于倾斜、水平井；③自由投捞作业，安装和捡泵方便，维护费用低；④产量范围大，控制灵活方便；⑤适用于高温深井，不受举升深度的限制；⑥对非自喷井，可用于产能测试和钻杆测试。其缺点是：①初期投资较高；②射流泵为了避免气蚀，必须有较高的吸入压力，使射流泵的应用受到限制；③腐蚀和磨损会使喷嘴损坏。④射流泵泵效较低，所需要的输入功率比水力活塞泵高。

第十章 页岩气田高产规律及开发目标评价技术

在页岩气田开发中，有利目标评价与优选是一重要课题。对于油气勘探开发公司而言，页岩气的开发要追求效益最大化，因此页岩气开发不仅强调资源丰富、技术可行，还强调产量高、累产高，从而获得较高的经济效益。本章为了准确优选开发目标，开展了页岩气井(藏)高产规律及其控制因素系统分析，并在此基础上建立了地质-工程一体化的开发目标评价技术和开发技术政策论证技术。

第一节 高产规律及其控制因素分析

一、地质条件

(一)页岩岩石相

大量页岩气井实施效果证明：水平井穿行层位的地质特征直接影响井产量。在四川盆地及其周缘，五峰组—龙马溪组一段页岩气层段平面发育十分稳定，但纵向变化较大，优质页岩基本上发育于下部①～⑤小层，特别是主要穿行在①、③小层的水平井产量普遍高于穿行在其他小层的井，分析其原因有两点：一是优质页岩段特别是①、③小层TOC高，有利于页岩气的生成、赋存与富集，尤其是游离气占比高，为高产提供了丰富的资源基础；二是①、③小层硅质含量高，有利于压裂改造。按照第二章的研究，可用页岩岩石相评价技术来综合分析上述两方面的影响。

根据对构造位置相近(即背斜轴部)、水平段长度相近(在1300～1700m)的39口水平井产量及解释的无阻流量统计，水平段穿行富碳高硅页岩相(基本发育①、③小层)长度越长或者所占比例越高，水平井产量越高。如图10-1所示，当穿行富碳高硅页岩相的比

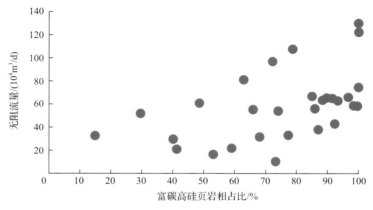

图10-1 五峰组—龙马溪组水平井穿行富碳高硅页岩相比例与无阻流量关系图

例越高时，水平井试气解释的无阻流量越高，基本上呈一线性带变化趋势。

处于同一钻井平台的井，如 B4 平台的 1 号井、2 号井、3 号井三口井所处的地质、构造条件一样，均不发育断层，仅仅因为三口井水平段穿行的富碳高硅页岩相占比不同，无阻流量大不相同（表 10-1）：占比最高（100%）的 2 号井，其无阻流量高达 $165.5 \times 10^4 \mathrm{m^3/d}$；占比 80.6% 的 3 号井，其无阻流量则降至 $58.8 \times 10^4 \mathrm{m^3/d}$；占比最小（41.2%）的 1 号井，无阻流量最低，为 $19.0 \times 10^4 \mathrm{m^3/d}$。

表 10-1　同一钻井平台的产能差异

井名	最佳岩石相占比/%	试气无阻流量/($10^4 \mathrm{m^3/d}$)
1 号井	41.2	压裂测试，19.0
2 号井	100.0	165.5
3 号井	80.6	58.8

分析上述现象的原因，主要是页岩气井生产早中期基本上是游离气在做贡献。而现场含气量测定及测井解释均表明：各井下部优质页岩段（即富碳高硅页岩相）总含气量高，一般为 $5.1 \sim 6.3 \mathrm{m^3/t}$，且游离气所占比例高达 $60\% \sim 65\%$；而上部页岩段一般为高（中、低）碳高（中）硅页岩相，含气量为 $1.7 \sim 4.1 \mathrm{m^3/t}$，且游离气所占比例在 40% 左右。也就是说，各井自下而上游离气含量逐渐降低，从而导致穿行下部优质页岩段（即富碳高硅页岩相）较多的井产量较高。

（二）保存条件

四川盆地及周缘龙马溪组沉积以后直到三叠纪均处于稳定发展阶段，五峰组—龙马溪组一段经历了逐步沉降，整体达到 6000m 以上的埋深，其有机质达到高-过熟阶段，生成并富集了大量页岩气。

中新生代以来的构造运动对页岩气保存具有显著影响。印支期运动主要形成 NNE 轴向的褶皱，分布在鹤峰—来凤断裂以东。燕山早期形成 NE 轴向的褶皱，波及齐岳山断裂以东。燕山晚期形成 NNE 轴向的褶皱，构造变形波及华蓥山断裂以东。喜马拉雅运动以垂直隆升为主，褶皱的分布主要位于四川盆地内，方向为近 EW 向。这几次构造运动导致了四川盆地及周缘地区普遍抬升，但其剥蚀作用程度具有显著差异。特别是 J_3—K_1 时期的中晚燕山运动导致了齐岳山断裂东、西两侧抬升剥蚀的巨大差异：其西侧的四川盆地抬升幅度不大，K_2 及以前地层之间为整合或平行不整合，同时卷入褶皱变形；以东的外围地区持续挤压变形、褶皱冲断、大幅度抬升剥蚀，K_2 与以前地层之间为角度不整合接触关系，五峰组—龙马溪组一段在其中背斜部位已剥蚀殆尽，仅在桑柘坪、武隆、道真等一些向斜中残留。

另外，中新生代以来的构造运动还导致四川盆地及周缘褶皱构造样式存在显著的地区差异性：华蓥山构造带以西地区，五峰组—龙马溪组一段普遍处于 3500m 以深的深埋区，构造简单，以较低幅度的短轴背斜为主，断层及其伴生的构造裂缝不发育；华蓥山构造带至齐岳山断裂带为隔挡式褶皱发育带，高陡背斜与焦石坝箱状背斜、短轴背斜等并存，其中高陡背斜褶皱强烈，断层发育，而箱状背斜、短轴背斜形态完整，顶部断裂及其伴生裂缝不发育；齐岳山断裂带以东为隔挡式向隔槽式褶皱的变化区，构造产状陡，连向斜轴部都可能发育断层。

以上两点造成五峰组—龙马溪组一段页岩气保存条件变化很大，华蓥山构造带以西地区和华蓥山构造带至齐岳山断裂带中的箱状背斜、短轴背斜、向斜、部分形态完整的长轴背斜等保存条件好，如焦石坝、平桥、长宁、威远、威荣、永川南北两侧、丁山北部等地区均具有良好的保存条件，表现为所有页岩气井测试压力系数达到 1.4 以上，绝大多数单井产量均可达到以 $5.5\times10^4\text{m}^3/\text{d}$ 以上的产量水平稳产 2～3 年以上，如焦石坝主体区开发井产量均能在 $6\times10^4\text{m}^3/\text{d}$ 以上稳产 3 年以上，其中 1/3 井已累产 $1\times10^8\text{m}^3$ 以上；在华蓥山构造带至齐岳山断裂带中少数高陡背斜，如永川地区的新店子构造，因为埋藏浅，且多数发育复杂断层，所以保存条件较差，表现为多数页岩气井压力系数在 1.0～1.2，单井测试产量一般在 $10\times10^4\text{m}^3/\text{d}$ 以内，且递减很快，累产很低，目前累产均在 $3000\times10^4\text{m}^3$ 以下；齐岳山断裂带以东地区一般保存条件差，仅在一些残留向斜中形成相对有利的保存条件，一般表现为低压和常压特征，即压力系数从<1 至 1.2，产量一般较低，达不到现今商业开发水平。另外，在盆地边部页岩气区距离盆地边缘越近且到盆地边界为一上翘斜坡，则保存条件越差，页岩气沿上翘方向缓慢散失，导致资源丰度低，压力系数低，从而单井产量低。例如，E1 井，虽然也是深井，位于斜坡上，但距离盆地边界 5km 以内，保存条件较差，页岩气易通过层理缝和盆边断层散失，页岩含气性差，总含气量平均为 $0.512\text{m}^3/\text{t}$，钻井中油气显示差；丁山构造向南逐步抬升直到盆地边缘，埋深小，上覆地层遭受剥蚀严重，边部已剥蚀掉志留系韩家店组上部，因此保存条件较差，D2HF 井井位处仅保留飞仙关组及韩家店组，压裂测试产量仅为 $1.40\times10^4\sim3.97\times10^4\text{m}^3/\text{d}$。

(三)构造部位

在良好保存条件下，构造高部位井产量往往比低部位井高。从焦石坝地区各井的无阻流量数据可以发现：北部构造高部位及向西南延伸的构造轴部的井相对较高产(图 10-2)，而两翼和西南端构造低部位的井产量有较大幅度下降。

分析其原因可能有两个：一是页岩中大量赋存游离气，构造低部位页岩气层压力较高，在其驱使下，游离气通过极其缓慢的扩散、渗流，向构造高部位的低压区运移富集，为页岩气井高产提供了物质基础。二是在构造高部位的井，水平段在垂深仅 2400m 左右的地层中穿行，地层压力一般小于 40MPa，加之该部位为背斜轴部，地应力较低，压裂形成的缝内净压力一般高于应力差与天然裂缝张开压力之和，从而有利于形成复杂缝网，整体改造效果较好，因此页岩气井产量较高；而构造低部位，产层埋深已达 3500m，地层压力已高于 50MPa，压裂时需要的施工压力高，导致部分压裂段压裂时净压力小于6MPa，不利于网状裂缝的形成，因此页岩气井产量偏低。

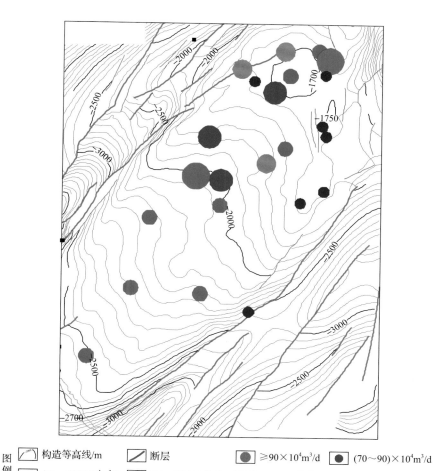

图例 构造等高线/m 断层 ≥90×10⁴m³/d (70~90)×10⁴m³/d
(50~70)×10⁴m³/d (30~50)×10⁴m³/d <30×10⁴m³/d

图 10-2 平台试气无阻流量分布图

同样地，南方构造复杂区内的残留向斜，在整体保存条件不好、常压背景下，也存在构造部位不同产量具有差异的现象，如中国石化华东油气分公司在彭水区块的勘探工作显示，在桑柘坪向斜，从 C4 井至 C3 井，基本上打出了一个地质剖面(图 10-3)，C4 井位于向斜靠边部位，压力系数为 0.9，产量仅 $1.7×10^4m^3/d$；C1 井位于向斜稍深部位，压力系数为 1.0，产量也有所增加，为 $2.5×10^4m^3/d$；C3 井位于向斜深部，接近轴部，压力系数为 1.1，产量最高，达到 $3.8×10^4m^3/d$。可见，随着向向斜深部钻探，证实保存条件变好，表现为压力系数增加、产量上升。

（四）断层及较大型构造裂缝

从前面断裂解释和裂缝预测可以得出如下规律：某地区构造是一个宽缓背斜，两翼被断裂夹持，北端为一 SN 向断裂所限，南端则为多条断裂构成的复杂化构造；沿断裂形成一个宽窄不一的构造裂缝发育带，这些裂缝规模一般较大，产状较陡，甚至可能有一部分裂缝切穿页岩层而与盖层沟通。这些断裂和沟通上面层系的大型

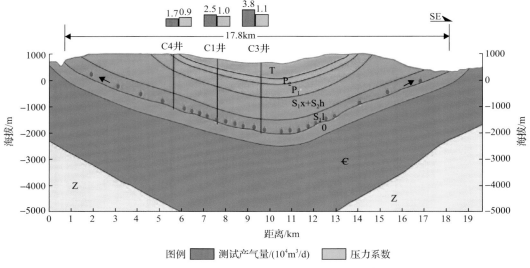

图 10-3　桑柘坪向斜探井钻探情况示意图[①]

构造断裂，一般致使保存条件变差，页岩气部分逸散，页岩层压力系数降低。处在断层和构造裂缝发育带的页岩气井，如 A2 井、A9-3 井、A42-3 井、A3-2 井等，在钻井过程中发生了漏失、溢流、含气量降低等现象，压裂后产量相对较低。A42 平台，断层和构造裂缝发育带对产量的影响非常显著：A42-3 井水平段穿行富碳高硅页岩相的比例高达 100%，但其试气无阻流量仅 $21.8 \times 10^4 m^3/d$（表 10-2），而 A42-1 井、A42-2 井和 A42-4 井水平段穿行富碳高硅页岩相的比例均比其低，试气无阻流量均比它高 $10 \times 10^4 m^3/d$ 以上，分析其原因是 A42-3 井水平段经过断层及构造裂缝发育带所致。

表 10-2　同一钻井平台的产能差异

井名	富碳高硅岩石相占比/%	试气无阻流量/($10^4 m^3/d$)
A42-1 井		43.7
A42-2 井	96.8	压裂测试，37.46
A42-3 井	100.0	21.8
A42-4 井	86.8	33.1

　　断裂和大型构造裂缝导致页岩气层压力降低，不仅使页岩气井初产较低，而且使页岩气井累产降低。针对焦页 1HF 井，按照高压和常压分别预测开发指标，数值模拟结果（图 10-4）表明：按现今的高压（38.2MPa）模拟，储量为 $4.59 \times 10^8 m^3$，$6 \times 10^4 m^3/d$ 稳产 3.6 年，30 年末累计产气量为 $1.88 \times 10^8 m^3$；而假如用常压（p_i=26.0MPa）模拟时，储量为 $3.82 \times 10^8 m^3$，$6 \times 10^4 m^3/d$ 稳产 1.5 年，30 年末累计产气 $1.38 \times 10^8 m^3$。也就是说，当断裂和大

① 高玉巧, 张培先, 等. 2020. 彭水地区常压页岩气勘探开发示范工程, 中国石油化工股份有限公司华东油气田分公司.

型构造裂缝导致页岩气层压力降为常压时，累计产气量将减少 $0.5×10^8m^3$。

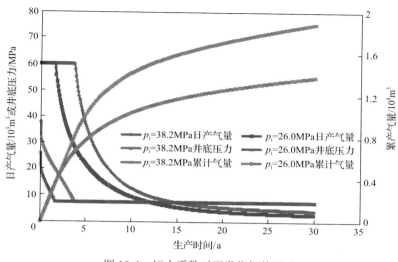

图 10-4 压力系数对开发指标的影响

(五)储层基质物性差异性

实验分析和测井解释成果表明：页岩储层基质物性在总体非常低(即致密储层)的情况下，仍然存在强烈的非均质性。图 10-5 表明，对于优质页岩段，孔隙度由小于 4%增大到大于 5%。从页岩气产量与孔隙度分布区的对应关系来看，孔隙度大于 4.5%区域内的井一般高产(大于 $30×10^4m^3/d$)，而在孔隙度小于 4.5%区域的井一般相对低产(小于 $30×10^4m^3/d$)。

另外，数值模拟结果(图 10-6)表明：基质渗透率对页岩气井稳产期、累计产气量和采出程度影响明显。当基质渗透率为 $10^{-4}mD$ 时，页岩气井稳产期约 4 年，20 年累计产气量一般在 $1.5×10^8m^3$ 左右；当基质渗透率为 $10^{-5}mD$ 时，页岩气井稳产期即降到 $2\sim3$ 年，20 年累计产气量一般在 $1.2×10^8m^3$ 左右；但当基质渗透率降到 $10^{-7}mD$ 时，页岩气井基本没有稳产期，20 年累计产气量也仅 $0.4×10^8m^3$ 左右，无法实现经济有效生产。

二、压裂工程条件及效果

本书所述的压裂工程仅指水平井分段大型水力压裂工程，既未涉及直井或大斜度井等井型，也未涉及专家正在研究的诸如 CO_2 压裂、小型核爆炸等其他无水压裂工艺。

(一)压裂工程地质条件差异性

一般而言，压裂地质条件涉及诸多方面，但主要是岩石的可压裂性、温度、压力、应力场等。

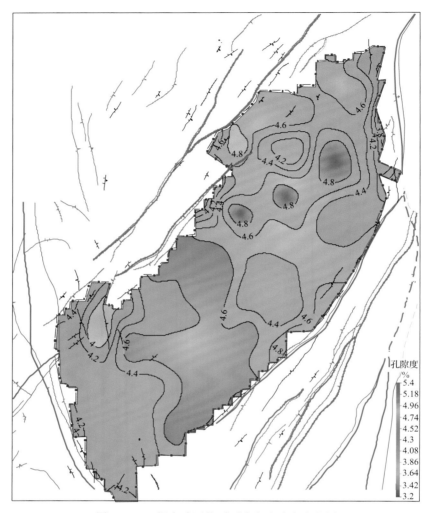

图 10-5　一期产建区优质页岩段孔隙度分布图

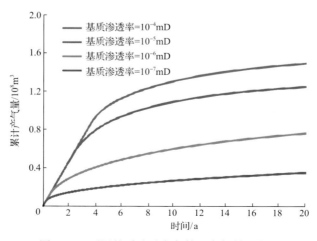

图 10-6　不同基质渗透率条件下产气量对比图

1. 可压裂性

就四川盆地五峰组—龙马溪组一段页岩而言，其可压裂性的变化还是比较明显的。从图 10-7 可以看出，四川盆地深层区五峰组—龙马溪组一段富有机质页岩与 Barnett 页岩具有相似的矿物学特征，黏土矿物含量平均值在 35% 以下。脆性矿物体积分数平均为 65.4%，其中石英体积分数一般为 20%～50%，平均值为 40.4%；长石体积分数为 1%～16.3%，平均值为 5.2%；碳酸盐岩体积分数介于 1%～44.0%，平均值为 10.7%；黄铁矿体积分数介于 0.6%～10.0%，平均值为 3.3%。石英与碳酸盐岩矿物，虽然按勘探专家意见均属脆性矿物，但其脆性程度有一定的差异。根据张晨晨等 (2017) 收集整理的资料显示：石英的弹性模量为 95.94GPa，泊松比为 0.07，断裂韧性为 0.24MPa·m$^{0.5}$；方解石的弹性模量为 79.58GPa，泊松比为 0.31，断裂韧性为 0.31MPa·m$^{0.5}$；白云石的弹性模量为 121.00GPa，泊松比为 0.24；可见石英是脆性很强的矿物，但碳酸盐岩矿物中则出现白云石脆性很强，而方解石脆性相对较弱的现象。与川东南涪陵等地区相比，川南威荣等地区页岩中石英含量较低，而碳酸盐岩含量较高，体积分数为 23.75%，且方解石、白云石含有较多的泥杂质，这比顺层剪切裂缝与高角度缝中充填的或成岩作用形成的洁净方解石、白云石在压裂时更容易被人工酸化溶解。其一旦在压裂时被人工酸化溶解，推测页岩骨架有可能发生塌陷和变软，脆性降低，会对支撑剂造成一定程度的不利影响。

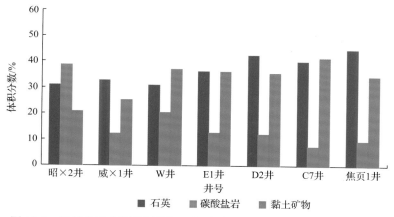

图 10-7 四川盆地典型井五峰组—龙马溪组优质页岩段矿物含量对比图

2. 温度与压力

随着深度增加和保存条件变好，页岩气层所处的温度呈线性上升，而压力可能呈超线性上升。在威荣页岩气田，五峰组—龙马溪组一段页岩气层温度为 127.43～134.97℃，压力为 68.69～77.48MPa；在永川页岩气田的两翼，深部温度、压力也很高，如 Y1 井地层温度为 134℃，地层压力为 72.2～78.3MPa。地层压力增加，能使页岩内部矿物颗粒更加紧密组合，甚至层理缝等微裂隙趋于闭合，从而提高了页岩抗压强度。而且地层压力增加也会降低岩石的脆性。另外，随着地层温度的增加，特别是在高温情况下，页岩向塑性方面发展，从而削弱了脆性。川南页岩气深层地区，如威荣页岩气田和永川页岩气田南北向斜区，高温高压导致页岩脆性降低，从而影响压裂效果，可能是其产量不高的原因之一。

3. 应力场

在多期构造叠加地区，构造复杂，导致应力场复杂，特别是与构造、断裂、裂缝展布形成多样性关系，因此往往不能保证水平井轨迹尽可能与最大水平主应力方向垂直。永川页岩气田五峰组—龙马溪组一段地应力为走滑断层应力机制，即 σ_H（最大水平主应力）$>\sigma_v$（垂向主应力）$>\sigma_h$（最水水平主应力）。水平主应力差值范围为 8.1～18.6MPa，平均值为 11.28MPa，水平两向应力差异系数范围为 0.09～0.23，平均值为 0.13；上覆应力与最小水平主应力差值范围为 4.5～12.7MPa，平均值 6.4MPa，上覆应力与最小水平主应力差异系数范围为 0.04～0.15，平均值为 0.07；上覆应力与最大水平主应力差值范围为 3.9～5.9MPa，平均值 4.9MPa，上覆应力与最大水平主应力差异系数范围为 0.04～0.06，平均值为 0.05。整体来说，水平应力差异大，天然裂缝开启难度高，裂缝沿天然裂缝转向困难。岩心观察层页理相对发育，由于垂向应力差异相对较小，层理相对容易开启。因此，压后人工裂缝形态以垂直缝为主，同时存在一定比例的水平层理开启缝或少量天然分支裂缝。其应力场特征比涪陵地区差，从而导致整体压裂效果比涪陵地区差。

（二）大型压裂效果

压裂工艺成功与否，对页岩气井的产量影响非常大。A9-2 井仅压裂成功两段，因此其测试最高产量仅 $6.13\times10^4\text{m}^3/\text{d}$，很快产量就降至 $2.38\times10^4\text{m}^3/\text{d}$，累计产量达 $1991\times10^4\text{m}^3$。本书分析了近 60 口井，大多数井整体改造效果较好，但也有个别井段未能达到改造目的。表 10-3 展示了 A16-1 井与 A7-1 井，它们均不受断裂影响，井眼轨迹穿越富碳高硅页岩相比例高，但在压裂时都出现部分层段净压力小于 6MPa，分支缝的规模大大降低，不利于形成复杂缝网，这些井的无阻流量均小于邻井。

表 10-3　典型井净压力与压后产量对比

井名	富碳高硅页岩相占比/%	构造影响	排量/(m³/min)	净压力<6MPa 的段	试气无阻流量/(10⁴m³/d)
A16-1	89.9	不受断裂影响	14	⑧	37.8
A7-1	77.2	不受断裂影响	14	③、④	34.89

统计发现，凡无阻流量大于 $80\times10^4\text{m}^3/\text{d}$ 的高产页岩气井，其单井压裂用液量均在 32000m³ 以上，排量在 13～14m³/min，粉陶量在 170m³ 以上。相反，A3 井压裂 15 段，累产液量 23869m³，平均各段产液量为 1591m³，压后无阻流量为 $27.6\times10^4\text{m}^3/\text{d}$，该井压裂甜点较优，目前产能与地层情况不符。图 10-8 表明，压裂水平井无阻流量与施工总液量基本呈正相关关系。

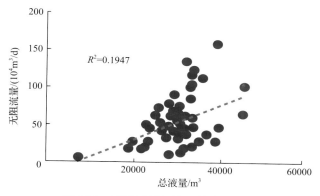

图 10-8 无阻流量与施工总液量关系

压裂效果可用如下参数表征：人工裂缝间距、主裂缝条数、主裂缝半长、裂缝渗透率、主裂缝导流能力。数值模拟研究表明：

体积压裂改造的人工裂缝间距是影响基质向裂缝供气能力的一个重要参数。人工裂缝间距对稳产期和累计产气量影响明显，人工裂缝间距 L_x 越小，即改造区人工裂缝密度越大，稳产期越长，20 年末累计产气量越高，采出程度越高。不同基质渗透率条件下，对体积压裂人工裂缝间距要求不同，总体是基质渗透率越低，越需要缩短体积压裂产生的人工裂缝间距，否则储量难以动用。

压裂改造形成的主裂缝条数是直接影响页岩气井产能的重要参数之一。主裂缝条数越多，稳产期越长，累计产气量和采出程度越高，但随着主裂缝条数的增加，累计产气量增加幅度越来越小，这是由缝间干扰加剧所致。当主裂缝条数从 10 条增至 40 条时，稳产期从 0.8 年增加至 3.2 年，采出程度从 27.3% 增加至 39.8%。但是考虑到最佳投入产出比，则存在一个最佳的裂缝条数值。在基础模型参数下(水平井长度 1000m)，当裂缝条数大于 30 条时，累计产气量增加变缓，主裂缝条数为 30~35 条相对较优。

页岩储层经过体积压裂改造之后，会沿着压裂缝的延伸方向形成一条主裂缝，主裂缝的相关参数，直接影响页岩气井的产能。主裂缝半长越大，也就是改造区范围越大，稳产期越长，累计产气量和采出程度也越高；主裂缝半长从 50m 增加至 150m 时，稳产期从 0.6 年增加至 3.1 年，采出程度从 21.4% 增加至 38.3%。

体积压裂裂缝渗透率是影响气体渗流过程的重要参数，也是影响页岩气水平井产能的主要因素之一。裂缝渗透率越大，稳产期和累计产气量越高，采出程度越好。裂缝渗透率从 10^{-4}mD 增至 10^{-1}mD 时，稳产期从 0.4 年增加至 2.3 年，20 年末累计产气量从 0.89×10^8m³ 增加至 1.25×10^8m³，采出程度从 25.5% 提高至 35.8%。

主裂缝导流能力对稳产期和累计产气量影响明显，主裂缝最优导流能力为 10mD·m。当主裂缝导流能力大于 10mD·m 时，随着导流能力的增加，累计产气量增加不明显；当裂缝渗透率大于 10^{-3}mD 时，主裂缝导流能力对稳产期和累计产气量的影响变弱，主裂缝最优导流能力为 5mD·m，当主裂缝导流能力大于 5mD·m 时，随着导流能力的增加，累计产气量增加不明显。

第二节 开发目标评价与开发技术政策论证

一、开发目标评价技术

(一)开发目标评价思路

总体思路:按照勘探—开发—储运—销售一体化的要求,以经济效益(追求公司利益)和社会效益(支持国家能源需求和改善人民生活水平)为目标,地下与地面相结合、地质与工程相结合,从资源规模与质量、技术可行性、经济效益与社会效益水平、环境保护要求等方面进行评价,优选开发目标。

(二)开发目标评价技术

评价工作大致包括如下流程及技术。

1. 研究区确定

第一,在矿权区内,去除生态保护区、文物保护区、水源保护区等各种保护区(亦称红线区)。

第二,研究区内勘探评价和研究工作要有较大进展和较清晰的页岩气藏地质特征、单井产能认识。虽然强调勘探、开发一体化,但是开发是一个大规模工程,投资大,效益要求高,不可随意进行。页岩气藏虽然被专家称为连续气藏,但气藏纵向非均质性很强,横向上也受到断裂、裂缝、岩相等诸多因素影响而发生变化,甚至是发生巨大变化。因此,落实页岩气藏纵横向"地质甜点"十分重要,这就需要有钻井测录井和压裂测试资料以落实"地质甜点"各参数纵向变化和单井产能,要有岩心样品和流体样品测试数据以落实储层特征和流体性质,有地震资料(至少要有二维地震资料,最好有三维地震资料)以落实构造特征及"地质甜点"各参数平面展布,所有这些都要求对研究区有一定的勘探评价和研究工作。对于工作量很少且页岩气藏地质特征认识模糊、产能未达到效益开发要求的地区,不宜贸然开展产能建设。

2. 开发目标地质综合评价方法

首先,根据井震结合确定的页岩气层段厚度图,按照一个有利开发厚度下限值圈定有利开发区范围。这里的有利开发厚度下限值,在不同的地区有所不同,一般是根据页岩气层段内岩性组合、页岩气资源密度、水平井压裂改造的裂缝高度、开发追求经济效益目标等确定。另外,在该有利开发区内还要剔出大型断裂的影响带(往往地震反射特征均不清晰)。

其次,采用地质综合评价方法,根据区内及邻区地质研究、测井评价和地震预测等相关研究成果,结合试气、试采和产能评价结果,选取沉积相与岩石相(控制有机质聚积)、断层与裂缝(与保存条件有关)、TOC(与生烃条件有关)、孔隙度与含气性(与储层性能有关)、源-储配置、脆性矿物含量与岩石力学(与可压裂性有关)等参数,进行多因素叠合,评价出有利开发目标,为开发方案及井位部署提供依据。其中,开发目标评价标准亦是依据各地区实际地质条件而制定。例如，我们在开展涪陵地区南部开发目标评价时，制定的评价标准见表 10-4，依次评价出 6 个有利开发目标区，其中 I 类区 2 个，面积为 75.5km²；II 类区 3 个，面积 86km²；III 类区 1 个，面积为 48km²。

表 10-4　开发目标评价标准综合表

评价类别	生烃条件	储集性能			源-储耦合系数	保存条件		试气或试采
	TOC/%	孔隙度/%	含气量/(m³/t)	脆性矿物质量分数/%		压力系数	断裂密度/(条/km)	无阻流量/(10⁴m³/d)
好（I 类）	≥4.0	≥4	≥2.5	≥55	≥15	>1.5	<1	≥20
中（II 类）	2.0~4.0	2~4	1.5~2.5	40~55	7.5~15	1.2~1.5	1~5	6~20
差（III 类）	<2.0	<2	<1.5	<40	<7.5	<1.2	>5	<6

同时，根据各小层的 TOC、矿物成分(特别是脆性矿物含量)、物性、含气性(特别是游离气含量)，确定优质页岩段、有利页岩岩石相分布，最终确定最佳水平井穿行靶窗等。

3. 工程技术条件评价

本书评价方法中，参与工程技术条件评价的参数主要有如下几个方面。

页岩可压裂性评价参数包括硅质矿物含量、可压系数、水平应力差异系数。硅质矿物含量主要指页岩全岩 X 射线衍射分析得到的石英矿物含量。

页岩埋深是一个重要参数，埋藏深度越大会导致单井钻井和压裂作业成本越高，而且埋深引起温度和压力增加，导致压裂工艺和压裂材料发生变化。目前，3500m 以浅压裂技术基本成熟，但 3500m 以深压裂技术还需大量攻关。因此，在深层区压裂技术的适应性和压裂效果还需要重点评价。

上覆地层和靶窗可钻性评价。上覆地层岩性不同，其可钻性不同，并且还会发育溶蚀孔洞引起井漏、也可能存在气层引起气窜等，所有这些导致钻井技术(包括钻井液)可行性千差万别，需要重点评价。另外，目的层靶窗大小和靶窗所处的构造、应力条件也使钻井工程遭到挑战，靶窗小、构造复杂(特别是断层发育)、应力场变化大，将导致目前一些成熟的钻井技术的可行性大大降低。

地表条件评价参数可分为如下三种：①地形高差小，具备良好的地表条件，以平原和丘陵为主等，占到目标区面积的 75% 以上，为有利开采，满足环保要求。②地形高差较小，具备较好的地表条件，平原和低山面积占到 50% 以上，山地占到一定面积，为较有利开采，可满足环保要求。③地形高差大，地表条件差，以山地、高原为主，地形地貌条件较差，现有条件不能适应地面和环保要求。

水源情况影响页岩气井的压裂效果和投资，可分为如下三种：①附近具有充足水源，如有大型河流、水库；②附近有较充足水源，有一些中小型河流、水库；③水系欠发育，水库较少。

上述参数如何组合、如何定量，目前没有统一的方法技术，主要是依据实际情况及已有技术进行定性分析。实际上，在工程技术适应性评价中，针对不同的工艺、不同的设备和工具、不同的材料，其评价思路、方法、参数是大不相同的，不可统而概之。前面有关章节所述的相关的压裂选段方法、压裂效果评价方法均可纳入本部分评价技术中。

4. 经济条件评价定量指标

1) 评价方法

一般是先建立单井产量模式，必要时可建立不同类型单井产量模式，以计算单井在评价期或生命周期内各年度产量和累计产量，再按已有或新部署的不同类型井组合计算整个开发区年度产量和累计产量。以此为基础，应用现金流法，一方面计算不同投资及产量模式下的单井技术经济界限或在某一生产水平下的单井投资；另一方面计算开发区整体开发效益。

评价期的确定一般是依据行业或公司统一规定，不同的公司、不同类型项目可能规定不同的评价期，一般取生产期(即不包括产建期)为 20 年，每年生产 330d。

效益测算指标一般包括内部收益率、净现值、经济增加值(EVA)、投资回收期，其中内部收益率是公司决策的最主要指标，目前国内石油勘探开发公司一般以税后内部收益率为 8%作为项目必须达到的基准收益率。

2) 评价参数的确定

气价：应根据目标市场实际销售价格或预先签署的协议价，减去管输费倒算到集气总站的价格，或用国家或公司规定价格。有时可根据相关预期或某一考虑而适当对某一时期的气价进行变动。

补贴：依据国家或地区实际政策确定。

产量模式：由于不同类型页岩气藏的地质条件、物性参数和开发生产后的规律不同，需要采用不同的产量递减模式来体现其差异。根据气藏压力，分为超压气藏(采用阶梯定产模式或海恩斯维尔模式)和常压气藏(选巴尼特模式)两种类型(图 10-9～图 10-11)。对于一个独立而较小的区块，考虑适当建设管道和提高运营效率，往往需要以无阻流量较低的比例配制单井产量以求有一定的稳产期。如涪陵页岩气田一期开发区就基本以单井 $6 \times 10^4 m^3/d$ 的水平生产，稳产期为 3 年。实践证明，其一期产量配置合理，取得了良好效益。

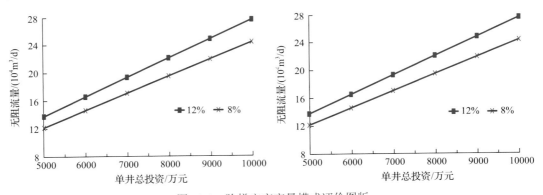

图 10-9　阶梯定产产量模式评价图版

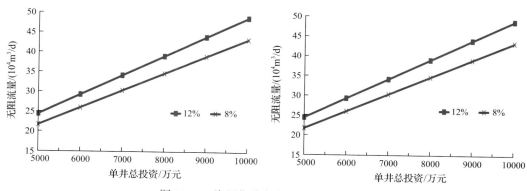

图 10-10 海恩斯维尔产量模式评价图版

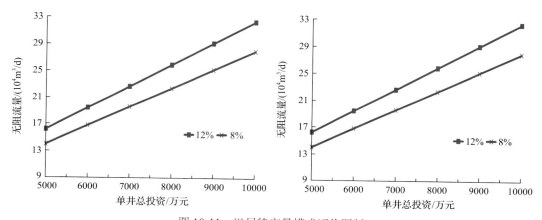

图 10-11 巴尼特产量模式评价图版

商品率：对于干气藏，一般取 95%～96%。

税金及附加：参照常规气藏相关规定取值。

3）投资、成本测算

勘探开发投资根据部署工作量，按造价进行测算。对于已发生的地震勘探投资，按面积比例分摊；对于利用老井，视情况全部或部分计入投资。

安全环保投资：产建期按投资比例提取。生产期按产量提取。

成本：分项成本测算采用三种方法，第一种方法为政策性的包括折旧、利息、维护修理费等成本项按相关规定进行估算；第二种方法根据实物工作量和单位工作量定额进行估算；除第一种、第二种方法之外的成本项采用统计规律法估算。成本参数的获得有三种方式，一是根据目前的价格成本水平确定；二是通过询价方式获得；三是通过类比分析确定。根据生产要素法进行成本测算，评价期内不考虑成本的上涨，后期考虑增压费用计入其他费用中。

二、开发技术政策论证技术

制定合理的开发技术政策对页岩气的经济有效开发具有重要意义。在地质研究、产能评价及试采动态分析的基础上，本小节主要研究开发方式、水平段长度、开发层系、合理井距、生产方式、气井合理产量等重要开发技术政策的论证技术。

（一）开发方式

四川盆地及周缘五峰组—龙马溪组一段页岩气为弹性气驱干气藏，可采用水平井大规模压裂、衰竭式开发方式，后期为提高采收率及优化合适时机，采用压缩机增压开采。主要依据如下。

(1) 龙马溪组页岩气主要成分是甲烷，衰竭式开采时没有重烃析出，基本没有重烃残留在地下而影响天然气采收率；

(2) 衰竭式开采比其他开发方式都经济和简便易行。

(3) 国内外相似页岩气藏开发也基本采取衰竭式开采。

应用模拟方法研究 Y1 井区页岩气井增压效果，利用该地区的地质参数建立压裂水平井数值模型，按不同外输压力预测累产气量，见表 10-5。分析发现增压开采可以提高 EUR，外输压力从 6MPa 降至 2MPa 时，EUR 增加 $600 \times 10^4 m^3$ 左右。不考虑井筒的影响，不同增压时机对 EUR 影响不大（图 10-12），当产量递减到临界携液产量时，开始增压。

表 10-5　Y1 井不同外输压力下生产指标

生产方式	外输压力/MPa	极限井底压力/MPa	30 年末累产气量/$10^8 m^3$
先定产 后定压	6	7.5	0.82
	2	2.5	0.88
放喷	6	7.5	0.82
	2	2.5	0.88

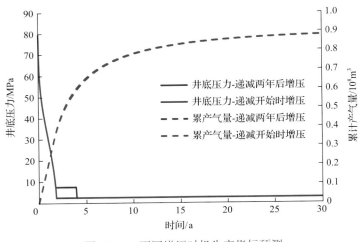

图 10-12　不同增压时机生产指标预测

（二）水平段长度

水平段长度一般采用多种方法确定。

1. 类比法

北美已开发的页岩气藏中，页岩气井水平段长度为 760～2300m，如图 10-13 所示。其中与永川区块地质条件较为类似的海恩斯维尔页岩气藏水平段长度为 1200～2300m，多为 1500m。

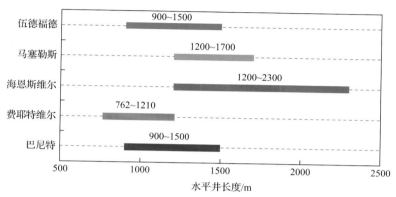

图 10-13　北美已开发页岩气藏水平井段长度统计

海恩斯维尔页岩气开发试验井组表明，1500m 水平段均获得较高产能，明显高于 1000m 水平段井(图 10-14)。但水平井的长度不是越长越好，水平段越长施工难度越大，脆性页岩垮塌和破裂等复杂问题越突出。同时，由于井筒压差的存在，水平段越长，抽吸压力越大，单位长度的页岩气产量反而降低。

由于永川区块试采井少，可以参考成熟产建区页岩气井资料进行统计分析，研究水平段长度与单井产能的关系，来优化水平段长度设计。某成熟产建区气井水平段长度与页岩气井开发评价指标之间的相关性并不强，尤其是与 EUR 之间的相关性较差(图 10-15、图 10-16)。

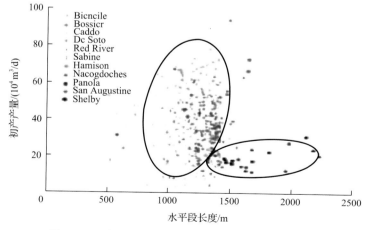

图 10-14　海恩斯维尔水平段长度与初期产量关系图

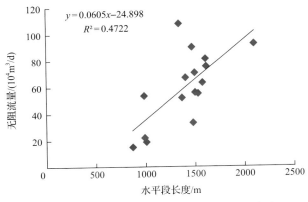

图 10-15　气井无阻流量与水平段长度关系图

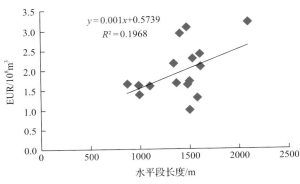

图 10-16　EUR 与水平段长度关系图

针对某成熟产建区试采时间水平段长度分布,将开发井分为三组,结合页岩气井试采动态、动态储量评价、试采参数解释和产能评价与预测结果,统计不同水平段长度分组下的页岩气井动态开发指标(表 10-6)。1500m 水平井相对于 1000m 水平井,动态储量、30 年末预测 EUR 增产倍比不明显,并不是水平段长度的简单倍数,EUR 增产倍比平均为 24.65%。水平段长度并非越长越好,还需考虑技术经济指标。

表 10-6　不同水平段长度动态指标对比表

水平段长度 分档/m	井数/口	水平段长度/m	12mm 油嘴产气量 /(10⁴m³/d)	后期弹性产率 /(10⁴m³/MPa)	动态储量 /10⁸m³	预测 EUR /10⁸m³	预测 EUR 增产倍比/%
800~1100	3	963	22.81	328	2.00	1.42	
1200~1610	22	1451	34.04	416	2.50	1.77	24.65
1800~2100	1	2069	47.00	720	3.98	2.92	

2. 技术经济水平段长度

在优化水平段长度时,应综合考虑页岩储层地质构造特征、投资效益及工艺实施的可操作性。建立概念模型参数,采用数值模拟计算不同长度水平井开发指标,结合经济评价分析投入产出比,优化水平段长度。根据投资预算,投资随水平段长度的增加呈线性变化，如图 10-17 所示。随着水平段长度的增大，投入产出比不断变大，但增幅逐渐变小，如图 10-18 所示。

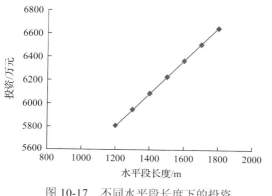

图 10-17 不同水平段长度下的投资

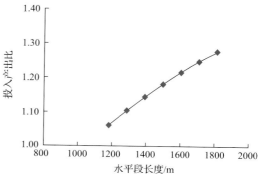

图 10-18 不同水平段长度下的投入产出比

综合技术和经济指标、压裂施工难度分析，考虑目前 1500m 左右长水平井钻井和压裂技术适应性好，技术比较成熟，Y1 井区主要采用 1500m 水平井部署。但为提高单井控制储量和储量动用程度，建议开展长水平段实验。

(三)合理井距论证

结合 Y1 井区地质特征，采用类比法、气藏工程、压后模拟、生产动态分析、数值模拟等方法综合确定合理井距，为方案部署提供支撑。

1. 类比国内外页岩气田井距

广泛调研国外成功开发的页岩气田资料，主要包括海恩斯维尔、马塞勒斯等页岩气田的资料。国外页岩气田开发井距的确定方法主要包括生产动态分析、数值模拟、微地震监测、矿场实验及统计分析等方法，结果见表 10-7。

表 10-7 国外各页岩气田井距优化结果

页岩气田	裂缝半长/m	井距/m	方法
马塞勒斯	152	322	确定裂缝半长，数值模拟优化井距
	70 左右	152	矿场实验、微地震、生产历史拟合
		305	产能指数、递减分析、RTA 分析
海恩斯维尔		初期大于 400m	统计分析
	152	322	确定裂缝半长，数值模拟优化井距

马塞勒斯页岩气田通过井距试验、微地震监测、动态分析和数值模拟方法确定最优井距为 305m；海恩斯维尔页岩气田初期井距大于 400m，后期调整为 200～322m。综上所述，北美页岩气田通过矿场实验、微地震监测、数值模拟优化，以及生产数据分析(Arps 递减、历史拟合及预测、PNR 分析)，目前确定最优井距范围为 200～305m。

国内主要页岩气井井距为 300～600m。中国石油威远某井区井距为 350～450m；长宁某井区前期制定井距为 500m，后根据微地震监测和试采动态综合优化井距为 300～400m；中国石化 W 页岩气田开发方案设计井距为 400m；A 页岩气田方案设计井距为 600m，其中一个平台微地震监测单井压裂半缝长为 50～296m，三口井历史拟合平均裂缝半长为 130m，预测 600m 井距中间 200～250m 范围储量基本未动，动态分析（RTA 分析、试井分析等）裂缝平均半长为 117～130m，总体反映 600m 井距偏大。

A 页岩气田实施五口加密井，在压力 11.2～21.1MPa 下测试产量为 16.6×10^4～$24.3 \times 10^4 \mathrm{m}^3/\mathrm{d}$。压力监测表明加密井地层压力比老井目前地层压力高 14～21MPa，比老井原始地层压力低 4～14MPa（图 10-19、图 10-20），说明老井之间储量存在部分动用，但不充分。

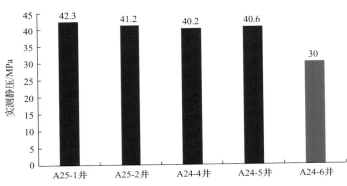

图 10-19　焦页 24-6HF 与邻井投产前静压对比图

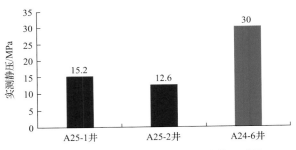

图 10-20　焦页 24-6HF 与邻井目前静压对比

2. 经济极限井距

经济极限井距是对应于单井极限控制储量时的井距。根据评价的单井经济可采储量界限及井控储量采出程度确定单井极限控制储量界限，再根据气藏储量丰度，可计算出经济极限井距。

按照税后基准收益率 8%、气价 1.431 元/m^3（不含税）、储量丰度 $5.84 \times 10^8 \mathrm{m}^3/\mathrm{km}^2$，测算单井投资 5000 万～7000 万元、采收率 25%～30%时的经济极限井距,结果见表 10-8。反推可以得出，当单井控制投资在 6900 万元时，若采收率按 25%～30%计算，Y1 井区经济极限井距 316～379m。

表 10-8　$5.5 \times 10^4 m^3/d$ 配产稳产两年情况下 Y1 井区经济极限井距

单井开发工程投资/万元	初期日产量界限值/$10^4 m^3$	评价期内累产界限值/$10^8 m^3$	经济极限井距/m		
			采收率 20%	采收率 25%	采收率 30%
5000	3.83	0.62	331	265	221
5500	4.24	0.69	368	294	245
6000	4.67	0.76	404	323	269
6500	5.09	0.82	441	353	294
7000	5.52	0.89	478	382	319

3. 压后模拟分析

永川区块 Y1 井、Y2 井、Y3-1 井压裂评估裂缝波及半缝长为 264～292m，平均值为 278m，见表 10-9；压裂模拟的缝长为实际有效缝长的上限，水平井井距应小于压后模拟缝长，则 Y1 井区水平井井距应小于 550m。

表 10-9　永川地区页岩气井压后评估裂缝参数

井号	半缝长/m	带宽(3 簇)/m	缝高/m	单段改造体积(3 簇)/$10^4 m^3$	裂缝复杂性指数
Y1 井	292	65	45	171	0.22
Y2 井	279.9	68	45.3	173	0.24
Y3-1 井	264	56	45	133	0.21

4. 压裂及生产动态分析

Y1 平台中 Y1-2 井在第 14 段压裂过程中，与间距约 410m 的 Y1HF 井发生压窜现象，在 Y1-2 井压裂施工结束后，Y1 井开井生产的井口压力高于前期最大关井压力 5MPa，分析压窜的主要原因是沟通了相邻的断层。

压裂施工后，通过跟踪 Y1 井、Y1-2 井生产动态，发现并未出现井间干扰现象。主要表现为，Y1-2 井测试后关井，同期 Y1 开井以 $1 \times 10^4 \sim 4 \times 10^4 m^3/d$ 生产，Y1-2 井关井压力呈持续恢复趋势，截至 2018 年 12 月，关井套压为 61MPa（图 10-21）。

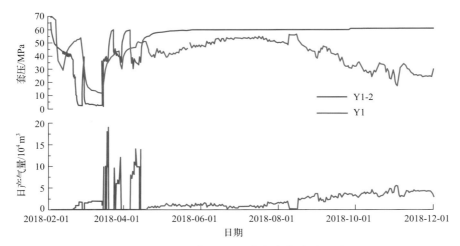

图 10-21　Y1 井和 Y1-2 井生产曲线对比图

Y1 平台生产动态证实 410m 井距未出现井间干扰,合理井距可小于 410m。

5. 数值模拟分析

通过建立 Y1 井不等长裂缝分区数值模型来研究页岩气井动用范围。模型划分为三个区域(图 10-22):Ⅰ区为主裂缝区(主裂缝两侧各 10m);Ⅱ区为支裂缝改造区,受压裂改造影响较为明显;Ⅲ区为未改造区,主要受储层参数影响。

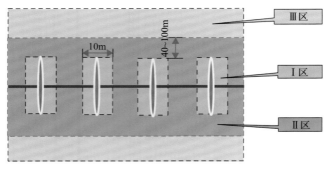

图 10-22 数值模拟模型示意图

通过拟合生产动态,预测 Y1 井配产 $5.5×10^4m^3/d$ 时不同时间阶段压力波及范围(图 10-23)。随着开采时间的延长,压力波及半径越大;裂缝缝长较长的压力扩散速度较快,主要流动区为体积压裂范围及临近区域;远井区受体积压裂的影响小,地层渗透性差,压力扩散很慢、压降小,动用程度差。模拟生产 1 年,气井平面波及范围为 160m;生产 10 年,气井平面波及范围增加到 320m;生产 30 年,预测 1500m 水平井平面最大波及范围为 1580m×360m(图 10-24)。数值模拟表明 Y1 井区压力波及范围为 350~360m,由此确定井距为 350m。

综合多种方法分析结果,永川区块按目前气价和投资下的合理井距为 300~400m。

(四)生产方式研究

1. 数值模拟分析

根据国内外页岩气藏及致密低渗气藏开发经验,压裂投产井生产压差过大往往会导致裂缝闭合,从而降低气井产能。

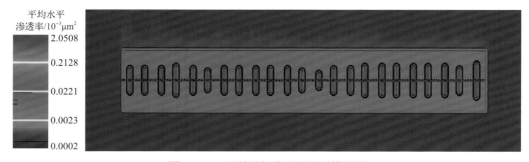

图 10-23 压裂后气井平面分区模拟图

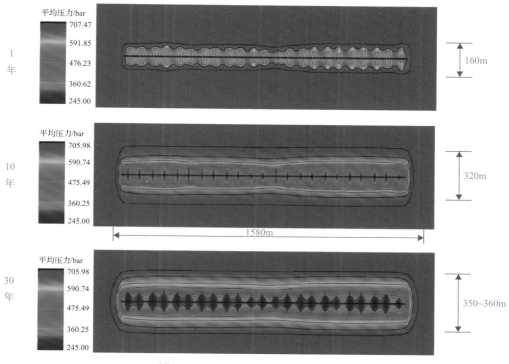

图 10-24　Y1 井压力预测平面分布图

1bar=10^5Pa

　　根据实验数据资料，裂缝渗透率随有效应力的增加而下降，如图 10-25 所示。利用建立的地质模型，模拟了不同开发方式下的产能状况，结果如图 10-26 所示。可以看出，配产 $5×10^4m^3/d$ 时，稳产期为 1 年，30 年末累产气量为 $0.083×10^8m^3$；配产 $10×10^4m^3/d$，稳产期为 0.2 年，30 年末累产气量为 $0.067×10^8m^3$。总体来看，配产越高，应力敏感性越强，稳产期越短，累计产气量越低。

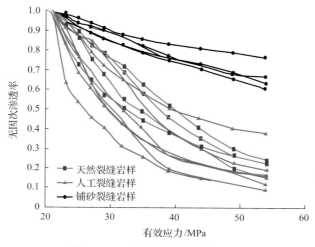

图 10-25　无因次渗透率变化曲线

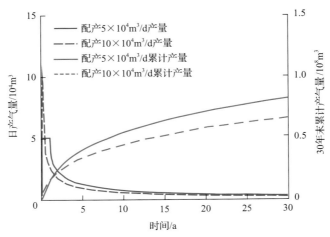

图 10-26　不同生产方式下日产气量和累计产气量曲线

2. 国外开发经验

国外近几年页岩气开发规律显示，初期小油嘴控制生产，累产气量高于初期大油嘴生产。海恩斯维尔采用 9.5mm 油嘴；平均初期日产气量为 $45.3 \times 10^4 m^3$，1 年后平均递减率 83%；采用 5.5mm 油嘴，平均初期日产气量为 $22.7 \times 10^4 m^3$，第一年平均递减率 38%，如图 10-27 所示。综合国外开发经验，并综合考虑稳定供气及现场管理方便，推荐国内大部分地区采取定产生产方式，以保证气井能够保持一定的稳产期。

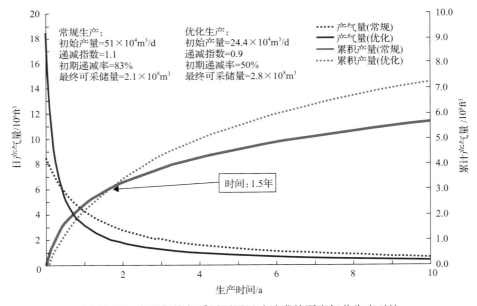

图 10-27　海恩斯维尔采用不同尺寸油嘴的页岩气井生产对比

(五)气井合理产量

确定页岩气井合理产量应该遵循以下原则：能够充分利用地层能量，提高储量动用程度；满足合理采气速度的要求，气藏保持一定的稳产期；平稳供气，满足市场需求；大于单井经济界限产量；较小的冲蚀，页岩气井井深结构不受破坏；满足一定的携液能力。

在单井初期经济界限产量和技术界限产量研究的基础上，采用采气指示曲线法、试采分析法、数值模拟法确定气井合理配产。

1. 临界携液产量

页岩气井初期生产均为气液两相流动，并且产液量较大。为了保证页岩气井生产过程中能够将井筒中的液体携带到地面，页岩气井的配产必须大于页岩气井临界携液流量。对于某区块，由于属深层地区，产液量大，通过计算，用内径 62mm 油管生产时，配产要大于 $5 \times 10^4 \mathrm{m}^3/\mathrm{d}$，如图 10-28 所示。

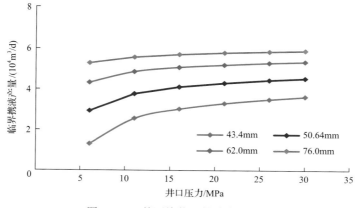

图 10-28 某区块临界携液产量计算

2. 经济界限产量

设定不同的不含税气价条件，测算单井投资与初期平均产量的关系图版(图 10-29)，再根据此图版，可查出不同气价下不同投资要求达到的初期产量，如在不含税 1341 元/$10^3\mathrm{m}^3$ 气价下，单井投资 6900 万元时，要求单井产量界限为 $5.43 \times 10^4 \mathrm{m}^3/\mathrm{d}$ 左右。

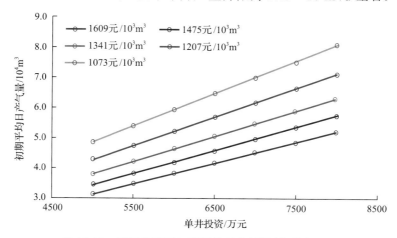

图 10-29 不同投资下初期平均日产界限(收益率 8%)

3. 数值模拟分析

应用模拟方法，确定不同水平段长度，如 1500m、1600m、1800m、2000m，求取配产 $5.5×10^4m^3/d$ 对应的稳产期和 20 年末累产气量(图 10-30)。再按相同稳产期(两年)考虑，求取上述不同水平段长度对应的页岩气井配产和 20 年末累产气量(图 10-31)。应用这些图版，可对新井分别进行配产。

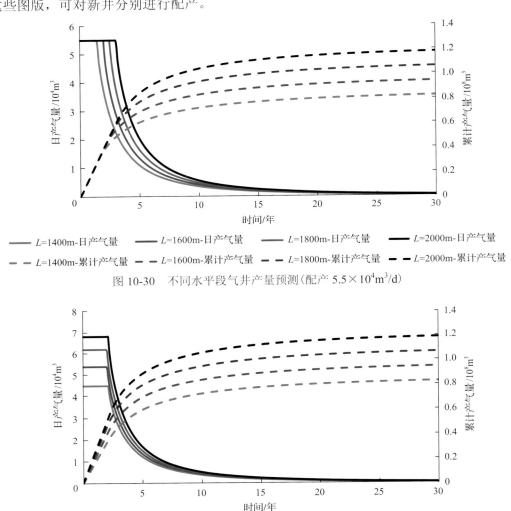

图 10-30 不同水平段气井产量预测(配产 $5.5×10^4m^3/d$)

图 10-31 不同水平段气井产量预测(稳产两年)

参 考 文 献

白玉, 王俊亮. 2007. 井下作业实用数据手册. 北京: 石油工业出版社.

陈旭, 戎嘉余, 周志毅. 2001. 上扬子区奥陶—志留纪之交的黔中隆起和宜昌上升. 科学通报, 46(12): 1052-1056.

邓继新, 王欢, 周浩, 等. 2015. 龙马溪组页岩微观结构、地震岩石物理特征与建模. 地球物理学报, 58(6): 2123-2136.

董宁, 霍志周, 孙赞东, 等. 2014. 泥页岩岩石物理建模研究. 地球物理学报, 57(6): 1990-1998.

冯增昭, 彭勇民, 金振奎, 等. 2004. 中国寒武纪和奥陶纪岩相古地理. 北京: 地质出版社: 1-276.

郭英海, 李壮福, 李大华, 等. 2004. 四川地区早志留世岩相古地理. 古地理学报, 6(1): 20-29.

胡起, 陈小宏, 李景叶. 2014. 基于单孔隙纵横比模型的有机页岩横波速度预测方法. 地球物理学进展, 29(5): 2388-2394.

黄思静, 黄可可, 冯文立, 等. 2009. 成岩过程中长石、高岭石、伊利石之间的物质交换与次生孔隙的形成: 来自鄂尔多斯盆地上古生界和川西凹陷三叠系须家河组的研究. 地球化学, 38(5): 498-506.

蒋裕强, 董大忠, 漆麟, 等. 2010. 页岩气储层的基本特征及其评价. 天然气工业, 30(10): 7-12.

李庆辉, 陈勉, 金衍, 等. 2012. 页岩气储层岩石力学特性及脆性评价. 石油钻探技术, 40(4): 17-22.

李一凡, 樊太亮, 高志前, 等. 2012. 渝东南地区志留系黑色页岩层序地层研究. 天然气地球科学, 23(2): 299-306.

梁狄刚, 郭彤楼, 陈建平. 2009. 中国南方海相生烃成藏研究的若干新进展(三): 南方四套区域性海相烃源岩的沉积相及发育的控制因素. 海相油气地质, 14(2): 1-19.

刘宝珺, 许效松. 1994. 中国南方岩相古地理图集(震旦纪—三叠纪). 北京: 科学出版社: 1-239.

刘大锰. 1995. 微束分析技术在有机岩石学研究中的应用现状. 地质科技情报, 14(2): 91-97.

刘洪, 廖如刚, 李小斌, 等. 2018. 页岩气"井工厂"不同压裂模式下裂缝复杂程度研究. 天然气工业, 38(12): 70-76.

刘若冰. 2015. 超压对川东南地区五峰组—龙马溪组页岩储层影响分析. 沉积学报, 30(4): 817-827.

路菁, 李军, 武清钊, 等. 2016. 页岩油气储层有机碳含量测井评价方法研究及应用. 科学技术与工程, 16(6): 143-147.

栾国强, 董春梅, 马存飞, 等. 2016. 基于热模拟实验的富有机质泥页岩成岩作用及演化特征. 沉积学报, 34(6): 1208-1216.

罗贞耀. 1990. 用侧向资料计算裂缝张开度的初步研究. 地球物理测井, 14(2): 83-92.

马成龙, 张新新, 李少龙. 2017. 页岩气有效储层三维地质建模——以威远地区威 202H2 平台区为例. 断块油气田, 24(4): 495-499.

马永生, 陈洪德, 王国力. 2009. 中国南方层序地层与古地理. 北京: 科学出版社: 254-280.

乔辉, 贾爱林, 位云生. 2017. 页岩气水平井地质信息解耦与三维构造建模. 西南石油大学学报(自然科学版), 40(1): 78-88.

申宝剑, 仰云峰, 腾格尔等. 2016. 四川盆地焦石坝构造区页岩有机质特征及其成烃能力探讨. 石油实验地质, 38(4): 480-488.

石浩. 2017. 涪陵页岩气田 P 区块储层三维地质建模及应用浅析. 江汉石油职工大学学报, 30(6): 1-4.

时贤, 程远方, 蒋恕, 等. 2014. 页岩储层裂缝网络延伸模型及其应用. 石油学报, 35(6): 1130-1137.

王鸿祯. 1985. 中国古地理图集. 北京: 中国地图出版社.

王秀平, 牟传龙, 王启宇, 等. 2015. 川南及邻区龙马溪组黑色岩系成岩作用. 石油学报, 35(4): 22-27.

王宇, 李晓, 武艳芳, 等. 2014. 脆性岩石起裂应力水平与脆性指标关系探讨. 岩石力学与工程学报, 33(2): 264-275.

吴林钢, 李秀生, 郭小波, 等. 2012. 马朗凹陷芦草沟组页岩油储层成岩演化与溶蚀孔隙形成机制. 中国石油大学学报(自然科学版), 36(3): 38-53.

徐康泰, 李江飞, 毛重超. 2017. 页岩气 DFN 离散裂缝网络地质建模研究. 周口师范学院学报, 34(2): 70-73.

许效松, 刘伟, 周棣康, 等. 2009. 黔中—黔东南地区下志留统沉积相. 古地理学报, 11(1): 13-20.

虞绍永, 姚军. 2013. 非常规气藏工程方法. 北京: 石油工业出版社.

张晨晨, 董大忠, 王玉满, 等. 2017. 页岩储集层脆性研究进展. 新疆石油地质, 38(1): 111-118.

张广智, 陈娇娇, 陈怀震, 等. 2015. 基于页岩岩石物理等效模型的地应力预测方法研究. 地球物理学报, 58(6): 2112-2122.

赵金洲, 李勇明, 王松, 等. 2014. 天然裂缝影响下的复杂压裂裂缝网络模拟. 天然气工业, 34(1): 68-73.

郑海桥, 陈义才. 2016. 涪陵地区焦石坝构造龙马溪组页岩气地质建模. 重庆科技学院院报(自然科学版), 18(2): 5-9.

郑和荣, 胡宗全. 2010. 中国前中生代构造-岩相古地理图集. 北京: 地质出版社: 1-194.

郑和荣, 高波, 彭勇民, 等. 2013. 中上扬子地区下志留统沉积演化与页岩气勘探方向. 古地理学报, 15(5): 645-656.

朱华, 姜文利, 边瑞康, 等. 2009. 页岩气资源评价方法体系及其应用——以川西坳陷为例. 天然气工业, 29(12): 130-134.

Baihly J, Altman R, Malpani R, et al. 2010. Shale gas production decline trend comparison over time and basins. The SPE Annual Technical Conference and Exhibition, Florence.

Bayuk I O, Ammerman M, Chesnokov E M. 2007. Elastic moduli of anisotropic clay. Geophysics, 72(5): 107-117.

Beeson, C M., Knox D G, John H S. 1955. Plunger lift correlation equations and nomographs. The Fall Meeting of the Petroleum Branch of AIME, New Orleans.

Beggs H D. 1984. Gas Production Operations. Tulsa: Oil & Gas Consultants International Inc.

Benzeggagh M L, Kenane M. 1996. Measurement of mixed-mode delamination fracture toughness of unidirectional glass/epoxy composites with mixed-mode bending apparatus. Composites Science and Technology, 56: 439-449.

Berger G, Lacharpagne J C, Velde B, et al. 1997. Kinetic constraints on illitization reactions and the effects of organic diagenesis in sandstone/shale sequences. Applied Geochemistry, (12): 23-35.

Briggs D E G, Kear A J, Baas M, et al. 1995. Decay and composition of the hemichordate Rhabdopleura: Implications for the taphonomy of graptolites. Lethaia, 28: 15-23.

Broomhead D S, Lowe D. 1998. Multivariable functional interpolation and adaptive networks. Complex Systems, 11: 321-355.

Carcione J M. 2000. A model for seismic velocity and attenuation in petroleum source rocks. Geophysics, 65(4): 1080-1092.

Cather M, Guo B, Schechter D S. 1998. An integrated geology-reservoir description and modeling of the naturally fractured Spraberry Trend area reservoirs. The 49th Annual Technical Meeting, Calgary, Canada.

Chuprakov D A, Akulich A V, Siebrits E, et al. 2011. Hydraulic-fracture propagation in a naturally fractured reservoir. SPE Production & Operations, 26(1): 88-97.

Ciment M, Sweet R A. 1973. Mesh refinements for parabolic equations. Journal of Computational Physics, 12(4): 513-525.

Cipolla C L. 2009. Modeling production and evaluating fracture performance in unconventional gas reservoirs. Journal of Petroleum Technology, 61(9): 84-90.

Coleman S B, Clay H B, McCurdy D G, et al. 1991. A new look at predicting gas-well load-up. Journal of Petroleum Technology, 43(3): 329-333.

Crouch S L, Starfield A M. 1983. Boundary Elements in Solid Mechanics. Journal Application Mechanics, 50(3): 704-705.

Crouch S L. 1976. Crack edge element of three-dimensional displacement discontinuity method with boundary division into triangular leaf elements. Communications in Numerical Methods in Engineering. 12(6): 365-378.

Currie G M, Ilk D, Blasingame T A, et al. 2010. Application of the "Continuous Estimation of Ultimate Recovery" methodology to estimate reserves in unconventional reservoirs. The Canadian Unconventional Resources & International Petroleum Conference, Alberta.

Donato G, Blunt M J. 2004. Streamline‐based dual‐porosity simulation of reactive transport and flow in fractured reservoirs. Water Resources Research, 40(4): W04203.

Duggan J. 1961. Estimating flow rate required to keep gas wells unloaded. Journal of Petroleum Technology, 13(12): 1173-1176.

Duong A N. 2010. An unconventional rate decline approach for tight and fracture-domiated gas wells. The Canadian Unconventional Resources and International Conference, Calgary.

Falivene O, Arbues P, Gardiner A, et al. 2006. Best practice stochastic facies modeling from a channel-fill turbidite sandstone analog (the Quarry outcrop, Eocene Ainsa Basin, northeast Spain). AAPG Bulletin, 90(7): 1003-1029.

Fertl W H, Chilingar G V. 1988. Total organic carbon content determined from well logs. SPE Formation Evaluation, 3(2): 407-419.

Gao D, Duan T. 2017. Seismic structure and texture analyses for fractured reservoir characterization: an integrated workflow. Interpretation, 5: 623-639.

Gong B, Qin G, Towler B F, et al. 2011. Discrete modeling of natural and hydraulic fractures in shale-gas reservoirs. SPE Annual Technical Conference and Exhibition, Colorado, SPE-146842.

Goodarzi F. 1984. Organic petrography of graptolite fragments from Turkey. Marine and Petroleum Geology, 1: 202-210.

Guo Z Q, Li X Y, Liu C, et al. 2013. A shale rock physics model for analysis of brittleness index, mineralogy and porosity in the Barnett Shale. Journal of Geophysics and Engineering, 10: 1-10.

Guo Z Q, Li X Y, Liu C. 2014. Anisotropy parameters estimate and rock physics analysis for the Barnett Shale. Journal of Geophysics and Engineering, 11: 1-10.

Guo Z Q, Li X Y. 2015. Rock physics model-based prediction of shear wave velocity in the Barnett Shale formation. Journal of Geophysics and Engineering, 12(3): 527-534.

Hammes U, Hamlin H S, Ewing T E. 2011. Geologic analysis of the Upper Jurassic Haynesville shale in east Texas and west Louisiana. AAPG Bulletin, 95(10): 1643-1666.

Hammes U, Hamlin H S, Ewing T E. 2011. Geologic analysis of the Upper Jurassic Haynesville Shale in east Texas and west Louisiana. AAPG Bulletin, 95(10): 1643-1666.

Herron S L, Tendre L L, Bagawan B S. 1990. Wireline source-rock evaluation in the Paris Basin. AAPG Studies Geology, 30: 57-71.

Hornby B E, Schwartz L M, Hudson J A. 1994. Anisotropic effective-medium modeling of the elastic properties of shales. Geophysics, 59(10): 1570-1583.

Huang J, Safari R, Mutlu U, et al. 2014. Natural-hydraulic fracture interaction: Microseismic observations and geomechanical predictions. Unconventional Resources Technology Conference, Denver.

Ilk D, Rushing J A, Blasingame T A. 2008. Exponential vs. hyperbolic decline in tight gas sands, understanding the origin and implications for reserves estimates using Arps' decline Curve. The SPE Annual Technical Conference and Exhibition, Denver.

Jacobi D J, Gladkikh M, LeCompte B, et al. 2008. Integrated petrophysical evaluation of shale gas reservoirs. CIPC/SPE Gas Technology Symposium 2008 Joint Conference, Calgary.

Johnson N L, Currie S M, Ilk D, et al. 2009. A Simple Methodology for Direct Estimation of Gas-in-Place and Reserves Using Rate-Time Data. SPE Rocky Mountain Petroleum Technology Conference, Colorado, USA. SPE123298.

Kazemi H, Merrill L S, Porterfield K L, et al. Numerical simulation of water-oil flow in naturally fractured reservoirs. Society of Petroleum Engineers Journal, 1976, 16(6): 317-326.

King G R. 1993. Material-balance techniques for coal-seam and devonian shale gas reservoirs with limited water influx. SPE Reservoir Engineering 8 (1): 67-72.

Koesoemadinata A, E-Kaseeh G, Banik N, et al. 2011. Seismic reservoir characterization in Marcellus shale. Proceedings of Society of Exploration Geophysicists San Antonio 2011 Annual Meeting, New York.

Li M, Li S L, Sun L T. 2001. New view on continuous-removal liquids from gas wells. The Permian Basin Oil and Gas Recovery conference, Midland.

Li X, Zhang D, Li S. 2015. A multi-continuum multiple flow mechanism simulator for unconventional oil and gas recovery. Journal of Natural Gas Science and Engineering, 26: 652-669.

Link C M, Bustin R M, Goodarzi F. 1990. Petrology of graptolites and their utility as indices of thermal maturity in Lower Paleozoic strata in northern Yukon, Canada. International Journal of Coal Geology, 15: 113-135.

Loucks R G, Reed R M, Ruppel S C, et al. 2009. Morphology, genesis, and distribution of nanometer-scale pores in siliceous mudstones of the Mississippian Barnett Shale. Journal of Sedimentary Research, 79: 848-861.

Mattar L, Gault B, Morad K. 2008. Production analysis and forecasting of shale gas reservoirs: Case history-based approach. The SPE Shale Gas Production Conference, Fort Worth.

Mba K C, Prasad M. 2010. Mineralogy and its contribution to anisotropy and kerogen stiffness variations with maturity in the Bakken Shales . The SEG Annual Meeting, Denver.

Mcneil R, Jeje O, Renaud A. 2009. Application of the power law loss-ratio method of decline analysis. The Candian International Petroleum Conference, Calgary.

Mhiri A, Blasingame T A, Moridis G J. 2015. Stochastic modeling of a fracture network in a hydraulic fractured shale-gas reservoir. SPE Annual Conference and Exhibition, Houston.

Nosseir M A, Darwich Dr T A. 1997. A new approach for accurate prediction of loading in gas wells under different flowing conditions. The SPE Production and Facility, 15(4): 241-246.

Olorode O M, Freeman C M, Moridis G J, et al. 2012. High-resolution numerical modeling of complex and irregular fracture patterns in shale gas and tight gas reservoirs. SPE Latin American and Caribbean Petroleum Engineering Conference, Mexico.

Palmer I, Mansoori J. 1996. How permeability depends on stress and pore pressure in coalbeds: A new model. The SPE Annual Technical Conference and Exhibition, Denver.

Passey Q R, Creaney S, Kulla J B, et al. 1990. A practical model for organic richness from porosity and resistivity logs. AAPG Bulletin, 74: 1777-1794.

Pemper R R, Han X, Mendez F E, et al. 2009. The direct measurement of carbon in wells containing oil and natural gas using a pulsed neutron mineralogy tool. SPE Annual Technical Conference and Exhibition, New Orleans, U.S.A. SPE124234,

Porta G D, Kenter J A M, Immenhauser A, et al. 2012. Lithofacies character and architecture across a Pennsylvanian inner-platform transect (Sierra De Cuera, Asturias, Spain). Journal of Sedimentary Research, 72(6): 898-916.

Rezaee M R, Slatt R M, Sigal R F. 2007. Shale gas rock properties prediction using artificial neural network techique and multi regression analysis, an example from a North American shale gas reservoir. Perth.

Rickman R, Mullen M, Petre E, et al. 2008. A practical use of shale petro-physics for stimulation design optimization: all shale players are not clones of the Barnett Shale. SPE Annual Technical Conference and Exhibition, Colorado.

Sayers C M. 2005. Seismic anisotropy of shales. Geophysical Prospecting, 53: 667-676.

Schmoker J W. 1979. Determination of organic content of appalachian Devonian Shales from formation-density logs. AAPG Bulletin, 63: 1504-1509.

Schoenberg M, Sayers C M. 1995. Seismic anisotropy of fractured rock. Geophysics, 60(1): 204-211.

Seshadri J, Mattar L. 2010. Comparison of power law and modifed hyperbolic decline methods. The Candian Unconventional Resources & International Petroleum Conference, Alberta.

Shanmugam G. 2003. Deep-marine tidal bottom currents and their reworked sands in modern and ancient submarine canyons. Marine and Petroleum Geology, 20: 471-491.

Shi J Q, Durucan S. 2005. Gas storage and flow in coalbed reservoirs: Implementation of a bidisperse pore model for gas diffusion in coal matrix. SPE Reservoir Evaluation & Engineering, 8(2): 169-175.

Sibbit A M, Faivre Q. 1985, The dual laterolog response in fractured rocks. SPWLA 26th Annual Logging Symposium, Dallas.

Sondergeld C H, Newsham K E, Comisky J T, et al. 2010. Petrophysical considerations in evaluating and producing shale gas resources. SPE Unconventional Gas Conference, Pittsburgh.

Spikes K T. 2011. Modeling elastic properties and assessing uncertainty of fracture parameters in the Middle Bakken Siltstone. Geophysics, 76(4): 117-126.

Tang G, Tao W, He Y. 2005. Gas slippage effect on microscale porous flow using the lattice Boltzmann method. Physical Review E, Statistical, Nonlin ear, and Soft Matter Physics, 72(5): 056301.

Turner R G, Hubbard M G, Dukler A E. 1969. Analysis and prediction of minimum low rate for the continuous removal of liquids from gas wells. Journal of Petroleum Technology, 21(11): 1475-1482.

Vail P R, Mitchum R R M, Thompson S. 1977. Seismic stratigraphy and global changes of sea level, Part 3: Relative changes of sea level from coastal on lap// Payton C E. Seismic Stratigraphy Application to Hydrocarbon Exploration. AAPG Memoir, 26: 63-97.

Valko P P, Lee W J. 2010. A Better Way to Forecast Production From Unconventional Gas Wells. The SPE Annual Technical Conference and Exhibition, Florence, Italy.

Vernik L, Nur A. 1992. Ultrasonic velocity and anisotropy of hydrocarbon source rocks. Geophysics, 57(5): 727-735.

Vernik L, Liu X. 1997. Velocity anisotropy in shales: A petrophysical study. Geophysics, 62(2): 521-532.

Vernik L, Milovac J. 2011. Rock physics of organic shales. The Leading Edge, 30(3): 318-323.

Wang G, Carr T R. 2013. Organic-rich Marcellus Shale lithofacies modeling and distribution pattern analysis in the Appalachian Basin. AAPG Bulletin, 97(12): 2173-2205.

Warren J E, Root P J. 1963. The behavior of naturally fractured reservoirs. Society of Petroleum Engineers Journal, 3(3): 245-255.

Wu K, Olson J E. 2014. Mechanics analysis of interaction between hydraulic and natural fractures in shale reservoirs. The SPE/AAPG/SEG Unconventional Resources Technology Conference, Denver.

Wu Y, Pruess K. 1988. A multiple-porosity method for simulation of naturally fractured petroleum reservoirs. SPE Reservoir Engineering, 3(1): 327-336.